U0227034

普通高等教育"十一五"国家级规划教材
教育部大学计算机课程改革项目成果
"新工科建设"教学实践成果

信息技术导论

（第3版）

杨 威 主 编

电子工业出版社

Publishing House of Electronics Industry

北京·BEIJING

内 容 简 介

本书为普通高等教育"十一五"国家级规划教材,也是教育部大学计算机课程改革项目的成果之一。

本书根据高等学校计算机与信息技术基础课程的最新教学改革成果编写,系统介绍了信息技术基础知识和计算机应用的知识,主要内容包括:信息技术概论,计算机基础知识,Windows 7 操作系统的使用,Office 2010 软件(包括 Word、Excel、PowerPoint、Access)的使用,数据库技术基础,多媒体技术基础,计算机网络基础,常用工具软件的使用,信息安全技术基础,以及微机组装与维护等。

本书内容丰富,深入浅出,图文并茂,并配有相应的《信息技术基础学习指导——实验和习题解答》(第3版)。本书既可作为普通高校、各类高等职业学校、成人高等学校的非计算机专业学生学习计算机与信息技术基础课程的教材,也可作为各类培训班的教材和自学参考书。

图书在版编目(CIP)数据

信息技术导论 / 杨威主编. —3 版. —北京:电子工业出版社,2019.1
ISBN 978-7-121-35887-6

Ⅰ. ① 信…　Ⅱ. ① 杨…　Ⅲ. ① 电子计算机－高等学校－教材　Ⅳ. ① TP3
中国版本图书馆 CIP 数据核字(2019)第 005363 号

策划编辑:章海涛
责任编辑:章海涛
印　　刷:三河市鑫金马印装有限公司
装　　订:三河市鑫金马印装有限公司
出版发行:电子工业出版社
　　　　　北京市海淀区万寿路 173 信箱　邮编:100036
开　　本:787×1092　1/16　　印张:20.75　　字数:526 千字
版　　次:2003 年 8 月第 1 版
　　　　　2019 年 1 月第 3 版
印　　次:2024 年 8 月第 17 次印刷
定　　价:38.00 元

前　言

《信息技术导论》问世以来，被很多大中专院校广泛选用，在 2007 年被评定为**普通高等教育"十一五"国家级规划教材**，对推动高校计算机与信息技术基础教育起到了积极作用。广大读者对该教材的认可和支持是对我们最大的鼓励和鞭策。在此，谨向广大读者致以诚挚的谢意。

每次修订我们都满怀着对广大读者热切期望的激情，为跟踪计算机信息技术的发展，跟进高校计算机信息技术教育平台建设，适应高校入学学生计算机信息技术知识结构的变化而不断求精、摒弃缺点、跟踪新的计算机信息技术、整合知识点、锤炼结构和文字。

随着计算机与信息技术的发展，中学信息技术教育的普及与提高，社会对高校非计算机专业毕业生计算机能力要求的提升，第 2 版教材已不能适应这些变化和要求，修订和升级在所必然。

同时，本书主编作为**教育部大学计算机课程改革项目**之一的"基于计算思维的大学计算机系列课程及教材建设"项目的成员，对计算思维在计算机基础教学中的实践进行了探索。

修订后的本书，在保持原教材风格的前提下，引入了计算思维的概念和理念，并在通俗、新、精、实用和工学结合上下功夫；将 Windows XP 升级到 Windows 7；将 Office 2003 升级到 Office 2010；原第 9 章内容压缩合并至计算机网络基础一章；删除原第 10 章；增加了"数据库技术基础""常用工具软件""信息安全技术基础""微机组装与维护"等内容。

由于教材的修订，与之配套的 CAI 课件已做了相应的修改，请读者予以关注。

修订后的本书与读者见面了，希望能让广大读者从中吸取更多更新的计算机与信息技术知识，增长才干，为今后的学习打下良好的基础。在教材修订过程中，尽管做出了种种努力、付出了许多艰辛，但计算机与信息技术基础知识浩如烟海，如何合理取舍构成计算机与信息技术基础相对合理的知识结构，仍然是值得探讨的问题。加之作者水平有限，疏漏乃至错误在所难免，我们随时等待着与读者的热切交流。

本书由杨威主编。参加编写、修订、补充和审校工作的还有：潘伟民、张学良、王崇国、冯泽森、李志刚、朱雪莲、刘战东、梁义、闵东、田翔华、赵小龙、毕雪华、田军、石永芳、齐全、朱东芹、李海燕、张杨、任疆红、石刚、刘淑娴、李莉、孟小艳、王东。

编　者

目　　录

第1章　信息技术概论

21世纪是信息技术占主导地位的世纪，人类社会进入信息技术高度发达的信息时代，计算机与信息技术的发展和应用对人类社会产生了巨大而深远的影响，以信息技术为代表的高新技术突飞猛进，以信息化和信息产业发展水平为主要特征的经济高速发展，催生了大量的新兴产业，并形成了先进的生产力。当今世界正在发生着人类历史上最迅速、最广泛、最深刻的变化。

1.1　信息与信息技术概述

当今社会被称为"信息社会"，信息与信息技术遍布人类生活的每个角落，越来越多的人在接触和使用信息，信息量骤增，信息间的关联也日益复杂，人们对信息的开发利用不断深入，因此，对信息的处理显得越来越重要。计算机的出现使得人们对大容量的信息进行高速处理成为可能。为此，学习和掌握有关信息和信息技术的基础知识，既有助于我们更好地进行工作和交流，也有助于我们进一步深入学习信息技术相关知识。

1.1.1　信息与数据

（1）信息

广义地说，信息（Information）是一切人类的生存活动和自然存在所传达出来的信号和消息。同物质和能源一样，它是人类生存和社会发展的三大基本资源之一。

信息是客观世界中的事物在人脑中的反映。现实世界是一个充满信息的世界，信息的内容千差万别，有的是看得见、摸得着的有形的客观事物，如物体的形状、颜色等信息；有的则是看不见、摸不着的抽象的事物和概念，如商品的价格、气味、各种理论等信息。

（2）数据

数据（Data）是信息在计算机内部的表现形式，是一些未经组织的事实的集合，如人们看到的形象和听到的事实。数据可以在物理介质上记录或传输，并经外围设备被计算机接收、处理进而得到结果。

（3）数据与信息的关系

信息和数据是两个相互关联、相互依存又相互区别的概念。数据是信息的载体。如数值、文字、声音、图形、图像和视频等数据都可以表达信息，因此信息是从数据中加工、提炼出来的，是抽象出来的逻辑意义，用于帮助人们正确决策的有用数据，数据是它的具体表现。根据不同的目的，可以从原始数据中得到不同的信息。虽然信息都是从数据中提取的，但并非所有数据都能产生信息。

（4）信息处理与信息系统

信息处理就是对所获得的数据进行转换、识别、分类、加工、整理、存储等。长期以来，人类主要使用大脑对信息进行手工处理，计算机的应用使信息处理实现了自动化，使数据处理的速度更快、效率更高。

信息系统是指与信息的收集、存储、传递、加工和利用等有关的系统。信息系统一般包括数据处理系统、管理信息系统、决策支持系统和办公自动化系统等。现在的信息系统是一个以计算机软件、硬件、存储和通信等技术为核心的人机共存的系统，特指利用计算机技术和网络技术的系统。

1.1.2 信息技术

1. 信息技术

信息技术（Information Technology，IT）是指对信息获取、处理、传输、控制及综合应用的技术。在计算机、通信、微电子等技术基础上发展起来的信息技术被称为现代信息技术，现在所说的信息技术多指现代信息技术。没有计算机，就不会有现代信息处理技术的形成和发展。

计算机技术与通信技术是现代信息技术的核心。通信技术是信息技术的先导，是快速、准确传递和交流信息的重要手段，是人类信息传递系统功能的延伸和扩展，包括信息检测、信息变换、信息处理、信息传递及信息控制等技术。在古代，除了用语言传递信息，人类还用"击鼓""烽火"和"书信"等手段传递信息；在近代，"电""激光"等被引入信息技术后，有线通信、无线通信、卫星通信和激光通信等新的信息传递方式迅速发展，为人类提供了种类更多、传递距离更远、速度更快、容量更大、效率和可靠性更高的通信手段。

2. 信息技术的发展

历次信息技术革命都会极大地促进社会生产力的发展。在认识世界的过程中，人们认识到信息是构成世界的三大要素（物质、能量、信息）之一。人类社会经历了五次信息技术革命。第一次是语言的使用，第二次是文字的使用，第三次是印刷术的发明，第四次是电报、电话、广播和电视的使用，第五次是以计算机和现代通信技术为核心的现代信息技术的广泛应用。

（1）语言的使用

语言的使用是人类历史上的第一次信息技术革命，它使人类信息交流的范围进一步扩大，交流能力和效率进一步提高，使人类社会生产力得到了跳跃式的发展。在远古时期，人类仅能用眼、耳、鼻、舌等感觉器官获取信息，用眼神、声音、表情和动作传递和交流信息，用大脑存储、加工信息，在长期的生产生活实践过程中逐步产生和形成了用于信息交流的语言。

（2）文字的使用

人类历史上的第二次信息技术革命是文字的使用。纯语言的信息交流方式在时间和空间上都存在着很大的局限性，人类不再满足于仅使用语言进行信息的交流与传递，逐步创造了各种文字符号表达信息。信息的符号化（文字）使信息的交流和传递突破了时空的限制，使信息的传递和保存发生了革命性的变化，从而可以将信息传递得更远，保存的时间更长。

（3）印刷术的发明

活字印刷术是人类信息技术的第三次革命。公元 1040 年，中国的毕昇发明了活字印刷术。活字印刷术的应用，使文字、图形等信息交流更方便、传递范围更广。通过图书、报刊等印刷品的流通，信息共享范围进一步扩大。

（4）电报、电话、广播、电视的发明

电话、电报、广播、电视的发明是信息技术的第四次革命。继"电"的发明之后，美国人莫尔斯（Morse）在 1837 年发明了电报，英国人贝尔（Bell）在 1876 年发明了电话，意大利人马可尼（Marconi）在 1896 年发明了无线电发报机，英国人贝尔德（Baird）在 1924 年发明了最原始的电视机。这些发明奠定了通信、广播、电视产业的基础。人们通过电磁信号来表示、发送和接收文字、声音、图像等信息，使得信息的传递速度得到了极大的提高。电视、电话的普及与应用，使人们突破距离的限制进行实时信息交流，从而让相互传递信息变得更加方便、快捷。

（5）计算机、现代通信技术的广泛应用

20 世纪 60 年代，计算机的发明预示了第五次信息技术革命的到来。计算机的普及，通信技术的发展和应用，尤其是 Internet 的兴起，使得信息的传递、存储、加工处理等完全实现了自动化。人类社会进入了崭新的信息化社会，现代信息技术已成为社会最重要的组成部分。

3．发展信息技术的意义

信息技术的快速发展和广泛应用，对现代社会的产业结构变化以及信息化进程产生了巨大的推动作用，对人类生产和生活的各方面产生了极大的影响。

信息技术的发展对传统产业结构产生了重大的影响，孕育并产生了一个有着无限发展潜力的信息产业，信息技术的重大突破使信息产业成为世界上最大的产业。信息产业是以信息产生、加工和应用为核心的产业，不仅为传统的农业、工业和服务业注入了新的活力，实现了农业现代化、工业自动化和服务高效化，还改变着整个社会的产业结构，引发了新的产业革命。信息产业的兴起必将影响到人们就业结构的变化。在一些发达国家，从事信息行业的人数占总从业人数的一半以上，还在不断增加。

信息技术和互联网的发展，大大加快了社会信息化建设的步伐，使全球信息共享成为现实。信息技术为人们提供了全新的、更加有效的信息获取、传递、处理和控制的手段与工具，增强了人类信息活动的能力，极大地扩展了人类信息活动的范围和空间。

信息技术对人们的生产、生活产生了巨大的影响，它正在改变着人们的工作和生活方式。家庭信息化和工作家庭化给人类的生活和工作带来了许多便利，使人们的生活方式从工业社会中的极端社会化生活逐步演变为信息社会中具有强烈个性色彩的个性化生活，使人们获得更多的生活乐趣。

1.1.3　信息技术当前的研究热点

当前信息技术的研究热点包括可信计算、云计算、物联网、绿色计算和信息物理融合系统等。

1．可信计算

可信计算（Trusted Computing）是一种新的信息系统安全技术，它把人类社会成功的管理经验用于计算机信息系统和网络空间，以确保计算机信息系统和网络空间的安全可信。什么是可信目前尚未形成统一的定义。国际标准化组织（ISO）与国际电子技术委员会（IEC）在其发布的目录服务系列标准中基于行为预期性定义了可信性，即如果第二个实体完全按照第一个实体的预期行动时，则第一个实体认为第二个实体是可信的。

可信计算组织（Trusted Computing Group，TCG）认为，可信计算的总体目标是提高计算机系统的安全性，确保实现系统数据的完整性、数据的安全存储和平台可信性的远程证明等目标。可信计算包括可信硬件、可信软件、可信网络和可信计算应用等方面。

2．云计算

云计算（Cloud Computing）还没有一个公认的定义，一般采用如下定义：“云计算是一种由规模经济驱动的大规模分布式计算模式，通过这种计算模式，实现抽象的、虚拟的、可动态扩展、可管理的计算、存储、平台和服务等资源池，由互联网按需提供给外部用户"。

云计算具有如下特征。

① 大规模。云计算是一种分布式计算模式，是由规模经济驱动的计算模式。因此，大规模是云计算的首要特征，只有大规模的云计算才能实现云计算的各种服务优势，尤其是服务的能力和服务的规模经济。

② 虚拟化。通过虚拟化技术，云计算把各层次的功能封装为抽象实体，为用户提供各层次的云服务。在任意位置的用户可以使用各种终端从云中获取应用服务，而不需了解它的具体实现和具体位置。

③ 可靠性。云计算的发展依赖于云服务市场，云服务的发展依赖于云服务的可靠性，因此，云计算必须采取措施来确保服务的高可靠性，可靠性是云计算必不可少的特性。

④ 可扩展性。"云"的规模可以动态扩展，以满足用户和应用规模不断增长的需要。同时，云服务也支持用户应用在云中的可扩展性。

⑤ 动态配置。云服务可以按需定制，按需供应。

⑥ 经济性。云计算依靠规模经济，规模经济带来的是低成本优势。经济性是云计算的一个重要特征。

3. 物联网

物联网（Internet of Things）就是物物相连的互联网，是一个基于互联网、传统电信网等信息载体，让所有能够被独立寻址的普通物理对象实现互连互通的网络。物联网是指通过射频识别（Radio Frequency Identification，RFID）、红外感应器、全球定位系统、激光扫描器等信息传感设备，与互联网结合而形成一个巨大的网络。信息传感设备通过实时采集任何需要监控、连接、互动的物体或过程等需要的信息，实现对物品的智能化识别、定位、跟踪、监控和管理。

物联网具有以下特征。

① 物联网是各种感知技术的广泛应用。物联网上部署了海量的多种类型的传感器，每个传感器都是一个信息源，不同类别的传感器所捕获的信息内容和信息格式不同。传感器获得的数据具有实时性，周期性地按一定的频率采集环境信息，不断更新数据。

② 物联网是一种建立在互联网上的泛在网络。物联网技术的重要基础和核心仍旧是互联网，通过各种有线网络和无线网络与互联网融合，将物体的信息实时、准确地传递出去。在物联网上的传感器定时采集的信息需要通过网络传输，由于其数量极其庞大，形成了海量信息，为了保障数据的正确性和及时性，在传输过程中必须适应各种异构网络和协议。

③ 除了提供传感器的连接，物联网也具有智能处理的能力，能够对物体实施智能控制。物联网将传感器和智能处理相结合，利用云计算、模式识别等技术，扩充其应用领域，分析、加工和处理从传感器获得的海量信息，得出有意义的数据，以适应不同用户的不同需求。

4. 绿色计算

绿色计算（Green Computing）还没有一个公认的定义。绿色计算是指以环保的理念设计、使用计算机及其相关资源的行为。一般认为，绿色计算机就是符合环保概念的计算机主机和相关产品（含显示器、打印机等外设），具有省电、低噪声、低污染、低辐射、材料可回收及符合人体工程学特性的产品。在设计计算机时，除了需要获得高性能，也要考虑电力消耗、空间占用、热耗散等因素，达到节能、环保的要求。

5. 信息物理融合系统

信息物理融合系统（Cyber-Physical System，CPS）是一个综合计算、网络和物理环境的多维复杂系统。信息物理融合系统的概念最早由美国国家基金委员会在 2006 年提出，其核心是通过 3C（Computation，Communication，Control）即计算、通信与控制技术的有机融合和深度协作，实现大型工程系统的实时感知、动态控制和信息服务。信息物理融合系统实现计算、通信与物理系统的一体化设计，使系统更加可靠、高效和实时协同，具有重要而广泛的应用前景。近年来，信息物理融合系统不仅成为国内外学术界和科技界研究开发的重要方向，预计也将成为企业界优先发展的产业领域，开展信息物理融合系统研究与应用对于加快推进我国的工业化与信息化融合进程具有重要意义。

1.1.4　信息社会

信息社会也称为信息化社会，是人类在工业化社会之后的一个新的社会形态，信息活动成为社会发展的最基本活动，信息经济成为主导经济，信息将改变人们的教育、生活、工作方式以及价值理念。

1. 信息社会的特征

信息社会与农业社会、工业社会有着本质的区别，主要表现在以下几方面。

（1）社会生产方式

随着信息社会的发展，新的生产方式逐渐形成。自动化生产方式代替了传统的机械化生产方式，进而将人们从繁重的体力劳动中解放出来；从刚性生产方式到柔性生产方式的转变，使企业可以根据市场变化及时调整产品生产规模和品种；大规模集中型生产方式转变为规模适度的分散型生产方式。

（2）产业结构

信息社会必将形成新的产业结构。传统农业和工业生产在信息社会将占据越来越小的比重，信息产业将迅速发展并成为全社会的支柱产业，其产值将在国民经济总产值中占绝对优势。

（3）就业结构

产业结构的变化必将导致就业结构的变化。正如由农业社会到工业社会的演变，从事农业生产的农民向从事工业生产的工人转移，在信息社会，将有大量的各类劳动者转向信息产业，从事信息产业的人数将占从业人数的大多数。

（4）交易方式

信息社会交易方式出现了新的变化。信息技术促进市场迅速发展，促使真正意义上的全球化市场的形成。信息技术提供了新的交易手段，电子商务将成为基本的交易形态，扩大了市场的交易空间。

（5）城市化

工业化社会加快了城市化进程，城市为人们居住的主要聚集地，在完成了工业化的发达国家中，城市人口已超过 80%。随着工业社会向信息社会的演进，中心大城市的发展速度减缓，中、小规模城市的发展速度加快，各种规模和等级的城市通过发达的交通网和通信网，形成功能上相互补充、地域上相互渗透的城市群，使其在整个社会经济发展中都发挥重要的作用。

（6）生活方式

在高度信息化的社会，电话网、电视网和计算机网络将形成一个智能化网络，遍及社会的各个角落，电话、电视和计算机等数字化终端将无处不在。各种家用数字化产品和基于网络的家电将被广泛使用，无论你在何时、何地，都可以获取文字、声音和图像信息，可以控制家用电子化设备。

另外，在信息社会中，生产力与生产关系、社会组织与管理结构、数字化设备在生产与服务领域以及军事领域的应用都将表现出新的特征。

2．信息技术对当今社会的影响

信息技术被公认为 21 世纪的高新技术之一，已成为世界各国实现政治、经济、文化发展目标的最重要技术。信息技术已对人类社会生活的各个领域产生了广泛而深远的影响，推动了社会生产力的变革，提高了人类社会开发利用信息资源的能力。信息技术已经实现了贸易电子化、政府信息化、教育信息化和生活便捷化，这是信息技术发展的主流。信息技术的高度快速发展在给人类带来巨大的利益和物质财富的同时，也对社会产生了一定的负面影响。

① 信息过度增长，将导致信息爆炸，使人们处于一种信息超载的状态。

② 社会信息流中混杂着虚假错误、荒诞离奇、淫秽迷信和暴力凶杀等信息，这些信息使传统的道德准则和价值观念受到强烈冲击。

③ 工业社会的财富是资本，而信息社会的财富就是信息，获取和处理信息的能力造成了新的贫富差距。谁拥有信息，谁就等于拥有了财富，发展中国家和发达国家在信息资源占有能力和信息处理能力等方面存在较大的差距，获取信息的机会极不平等，发展中国家和发达国家之间的贫富差距会进一步扩大。

④ 由于管理方面的疏漏和技术方面的缺陷，信息系统变得更易受到破坏，信息安全问题时有发生，已成为世界各国一大社会忧患。信息技术完全突破了传统的信息获取方式，复制技术的发展使信息极易被多次复制和扩散，为大规模侵权提供了方便；另外，信息技术的高速发展也带来了信息经济利益分配、个人隐私和人际交流等问题。

1.2　信息处理装置的发展

人类最初发明计算机装置是为了使其承担枯燥、烦琐的数值计算，从而减轻人的脑力劳动强度，然而，随着各种信息编码技术的发明，在人类研究和开发计算机装置及计算技术的过程中，不仅使其具有加、减、乘、除等基本运算能力，还逐步赋予了计算机逻辑判断能力，使其可以根据问题的性质，执行不同的运算。计算机不仅能够处理数值，还能够处理更广泛的其他形态的信息，如文本、图形、图像、音频和视频等，使计算机成为了名副其实的信息处理装置。

1.2.1　机械式计算装置

为了适应人类社会生产发展的需要，人类发明了各种计算工具，以适应社会生产力的发展。中国唐末发明的算盘是人类历史上最早的一种计算工具。直到现在，算盘在我国还在使用。法国科学家帕斯卡（B. Pascal）于 1642 年发明了齿轮式加、减计算器。在当时，这个计算器很有影响。德国著名数学家莱布尼兹（W. Leibniz）对这种计算器非常感兴趣，在帕斯卡研究的基础上提出了进行乘、除法计算的设计思想，并用梯形轴作为主要部件，设计了一个计算器。它是一个能够进行四则运算的机械式计算器。齿轮式加、减计算器和机械式计算器都没有自动计算的功能。

英国数学家查尔斯·巴贝齐（C. Babbage）于 1822 年和 1834 年先后设计出了以蒸汽机为动力的差分机和分析机模型。受当时技术条件限制，该模型没有真正实现，但是分析机已具有输入、存储、处理、控制和输出五个基本装置，这正是现代计算机硬件系统组成的基本部分。因此，巴贝齐被世人公认为"计算机之父"，为现代计算机的研制奠定了理论基础。

20 世纪，电工技术的发展使得一些科学家和工程师意识到可以用电气元件来制造计算机。德国工程师楚泽（K. Zuse）于 1938 年设计了一台纯机械结构的计算机 Z1，后来他用电磁继电器对其进行改进，并于 1941 年研制成功一台机电式计算机 Z3，这是一台全部采用继电器的通用程序控制的计算机。事实上，美国哈佛大学的艾肯（H. Aiken）于 1936 年就提出了用机电方法来实现巴贝齐分析机的想法，并在 1944 年制造出了 MARK I 计算机。

1.2.2 图灵机

在现代计算机的发展过程中，世界上许多科学家都做出了很大的贡献。其中，英国数学家艾兰·图灵（A. Turing）是最杰出的代表之一，他提出的抽象计算模型，用来精确定义可计算函数，后来被称为图灵机（Turing Machine）的模型。

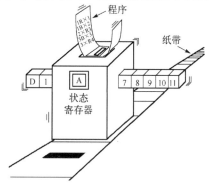

图灵的基本思想是用机器来模拟人用纸笔进行数学运算的过程。他将人的计算过程看成下列两种简单的动作：① 在纸上写上或擦除某个符号；② 把注意力从纸的一个位置移动到另一个位置，而每次的下一步动作走向依赖于人当前所关注的纸上某个位置的符号及人当前的思维状态。为了模拟人的这种运算过程，图灵构造出一台假想的机器，称为"图灵机"。

图灵机由一个状态寄存器、一条可无限延伸的纸带和一个在纸带上左右移动的读写头组成，如图 1.1 所示。

图 1.1 图灵机模型

纸带被划分为一个接一个的方格，每个格子中可包含一个来自有限字母表的符号，字母表中有一个特殊的符号表示空白，纸带上的方格从左到右依次被编号为 0、1、2、…，纸带的右端可以无限伸展。读写头可以在纸带上左右移动，既能读出当前所指的方格中的符号，也能改变当前格子中的符号。状态寄存器用来保存图灵机当前所处的状态。图灵机的所有可能状态的数目是有限的，并且有一个特殊的称为"停机"的状态。图灵机还有一套控制规则，根据当前机器所处的状态及当前读写头所指向的方格中的符号来确定读写头下一步的动作，并改变状态寄存器的值，令机器进入下一个新的状态。除了无限长的纸带，图灵机的每部分都是有限的，因此图灵机只是一个理想的设备。

从概念上，图灵机虽然只是一个非常简单的机器，但理论上可以计算任何直观可计算的函数，在有关计算理论和计算复杂性的研究方面得到广泛的应用，它对电子计算机的一般结构、可实现性和局限性产生了深远的影响。同时，图灵还提出了定义机器智能的图灵测试，这奠定了"人工智能"的理论基础。当今世界计算机科学界的最高奖是以他的名字命名的图灵奖。

1.2.3 现代计算机发展史

现代计算机是指一种能够存储数据和程序，并能自动执行程序，从而快速、高效地自动完成对各种数字化信息处理的电子设备。数据和程序存放在计算机的存储器中，通过执行程序，计算机对输入的各种数据进行处理、存储或传输，并输出处理结果。程序是计算机解决问题的有限指令序列。不同的问题只需执行不同的程序即可，因此计算机具有较好的通用性。

1. 第一台电子计算机的诞生

1946年初，在美国宾夕法尼亚大学，由物理学家莫克利等人研制的世界上第一台电子计算机 ENIAC（Electronic Numerical Integrator And Calculator）正式投入使用。ENIAC 计算机是一台公认的"大型"计算机。它的体积为 90 m3，重 30 t（吨），占地约 120 m2，耗电约 150 kW，使用了约 18800 只电子管、70000 多个电阻、1000 多个电容器、6000 多个开关。它的加法运算速度为 5000 n/s，能在 30 s 内计算出从发射到击中目标飞行 1 分钟的弹道轨迹，计算速率比人工计算提高了 8400 多倍，比当时最快的机电式计算机要快 1000 倍。这台计算机完全是为了军用而研制的。

ENIAC 的问世，在人类科学史上具有划时代的伟大意义，奠定了计算机发展的基础，开辟了电子计算机科学的新纪元。

ENIAC 虽然极大地提高了运算速度，但它需要在解题前根据计算的问题连接外部线路，而这项工作在当时只能由少数计算机专家才能完成，而且当需要求解另一个问题时，必须重新进行连线，使用极不方便。与此同时，对计算机做出巨大贡献的美籍匈牙利著名数学家冯·诺依曼（John Von Neumann）发表了《电子计算机装置逻辑初探》的论文，第一次提出了存储程序的理论，即程序和数据都事先存入计算机中，运行时自动取出指令并执行指令，从而实现计算的完全自动化。根据这一思想，他设计出了世界上第一台"存储程序式"计算机 EDVAC（The Electronic Discrete Variable Automatic Computer，电子离散变量自动计算机），并于 1952 年正式投入运行。尽管事实上实现存储程序设计思想的第一台电子计算机是英国剑桥大学的威尔克斯（M.V. Wilkes）领导设计的 EDSAC（Electronic Delay Storage Automatic Calculator，电子延迟存储自动计算器），于 1949 年 5 月研制成功并投入运行，但是基于"存储程序"方式工作的计算机习惯地被统称为冯·诺依曼计算机。

直到目前，尽管现在的计算机与当初的计算机在各方面都发生了惊人的变化，但其基本结构和原理仍然基于冯·诺依曼理论。

2. 计算机的四个发展阶段

自第一台计算机问世以来，按计算机所采用的逻辑器件，计算机的发展分为 4 个阶段。

第一代计算机（1946—1957 年）：采用电子管作为逻辑元件，其主存储器采用磁鼓、磁芯，外存储器采用磁带、纸带、卡片等；存储容量只有几千字节，运算速度为每秒几千次；主要使用机器语言编程，用于数值计算。这一代计算机的体积大，价格高，可靠性差，维修困难。

第二代计算机（1958—1964 年）：采用晶体管作逻辑元件，其主存储器使用磁芯，外存储器使用磁带和磁盘；开始使用高级程序设计语言；应用领域也由数值计算扩展到数据处理、事务处理和过程控制等方面。相对第一代计算机，这一代计算机的运算速度更高，体积变小，功能更强。

第三代计算机（1965—1970 年）：逻辑器件采用了中、小规模集成电路，其主存储器开始逐渐采用半导体器件，存储容量达几兆字节，运算速率可达每秒几十万至几百万次；体积更小，成本更低，性能进一步提高；在软件方面，操作系统开始使用，计算机的应用领域逐步扩大。

第四代计算机（1971 年至今年）：逻辑元件采用大规模和超大规模集成电路，集成度大幅度提高，运算速率可达每秒几百万次至几百万亿次，具有高集成度、高速度、高性能、大容量和低成本等优点；在软件方面，系统软件功能完善，应用软件十分丰富，软件业已成为重要的产业；计算机网络、分布式处理和数据库管理技术等都得到了进一步的发展和应用。

从 20 世纪 80 年代开始，一些发达国家开展了称为"智能计算机"的新一代计算机系统研究，企图打破现有的体系结构，使计算机具有思维、推理和判断能力，被称为第五代计算机。

1.2.4 计算机的发展趋势

计算机为社会发展做出了巨大的贡献。随着计算机在社会各领域的普及和应用，人们对计算机的依赖性越来越大，对计算机的功能要求越来越高，因此，有必要研制功能更强大的新型计算机。

计算机未来的发展趋势概括为以下 5 方面。

（1）巨型化

巨型化是指发展高速、大存储容量和功能更强大的巨型机，以满足尖端科学的需要。并行处理技术是研制巨型计算机的基础，巨型机能够体现一个国家计算机科学水平的高低，也能反映一个国家的经济和科学技术实力。

（2）微型化

发展小、巧、轻、价格低、功能强的微型计算机，以满足更广泛的应用领域。近年来，微机技术发展迅速，新产品不断问世，芯片集成度和性能不断大幅度提高，价格越来越低。

（3）网络化

计算机网络是计算机技术和通信技术结合的产物，是计算机技术中最重要的一个分支，是信息系统的基础设施。目前，世界各国都在规划和实施自己的国家基础设施（National Information Infrastructure，NII），即国家的信息网络。NII 将学校、科研机构、企业、图书馆、实验室等部门的各种资源连接在一起，供全体公民共享，使任何人在任意时间、地点能够将文字、图像、音频和视频等信息传递给在任何地点的任何人。

网络的高速率、多服务和高质量是计算机网络总的发展趋势。尽管网络的带宽不断大幅提高，服务质量不断改善，服务种类不断增加，但由于网络用户急剧增多，用户要求越来越高，网络仍然不能满足人们的需要。

（4）智能化

智能化是指用计算机模拟人的感觉和思维过程，使计算机具备人的某些智能，能够进行一定的学习和推理（如听、说、识别文字、图形和物体等）。

智能化技术包括模式识别、图像识别、自然语言的生成和理解、博弈、定理自动证明、自动程序设计、专家系统、学习系统和智能机器人等。

（5）多媒体化

多媒体化是指计算机能够更有效地处理文字、图形、动画、音频、视频等形式的信息，从而使人们更自然、有效地使用信息。

长期以来，计算机只能提供以字符为主的信息，难以满足人们的需要；多媒体技术的发展使计算机具备了综合处理文字、声音、图形和图像的能力，而在现实生活中人们也更乐于接受图、文、声并茂的信息。因此，多媒体化将成为未来计算机发展的一个重要趋势。

硅芯片技术高速发展的同时，硅技术越来越接近其物理极限。为此，人们正在研究开发新型计算机，以使计算机的体系结构与技术产生一次量与质的飞跃。新型计算机包括量子计算机、光子计算机、分子计算机、纳米计算机等。

1.3 计算思维

1.3.1 计算思维的基本概念

2006 年，美国卡内基·梅隆大学的 Jeannette M.Wing（周以真）教授首次提出了计算思维（Computational Thinking）的概念。她认为，计算思维是运用计算机科学的基础概念进行问题求解、系统设计、人类行为理解等涵盖计算机科学之广度的一系列思维活动。

计算思维具有以下特征：

① 计算思维是概念化的抽象思维而不只是程序设计。

② 计算思维是基本的而不是死记硬背的技能。

③ 计算思维是人的而不是计算机的思维方式。

④ 计算思维是数学和工程思维的互补与融合。

⑤ 计算思维是思想而不是人造品。

⑥ 计算思维面向所有的人和所有地方。

⑦ 计算思维关注依旧亟待理解和解决的智力上极具挑战性的科学问题。

通常，科学界专家认为，人类认识世界和改造世界包括三种思维：以数学学科为基础的理论思维、以物理学科为基础的实验思维和以计算机学科为基础的计算思维。计算思维汲取了解决问题所采用的一般数学思维方法、现实世界复杂系统设计与评估的一般工程思维方法以及复杂性、智能、心理、人类行为理解等的一般科学思维方法。

计算思维不仅是计算机专业工作者必须具备的技能，如同人们应具备基本的读、写和计算技能一样，每个现代人都应该具备。计算思维最根本的内容是抽象（Abstraction）和自动化（Automation）。与数学和物理科学相比，计算思维中的抽象显得更丰富，也更复杂。计算思维中的抽象超越物理的时空观，并完全用符号来表示。

虽然计算思维是近年提出的理念，但计算思维其实早在各学科领域甚至各行各业中发挥着重要的作用，而且随着计算技术的发展，这种作用将会不断增强。探讨计算思维的目的是使人们在学习和应用计算机过程中有意识地培养计算思维，更有效地利用计算机分析和解决现实问题。

1.3.2 计算思维的典型方法

随着计算技术的不断发展，计算思维在其他学科中的影响也在不断深化。计算机科学与技术的发展过程中已形成了许多使用计算思维解决问题的方法，较典型的有抽象、分解、并行、缓存、排序、索引等，还有递归、容错、冗余、调度学习等方法。这些方法在计算机科学与技术研究、工程实践中发挥了重要的作用，在其他领域甚至日常生活实践中也得到了广泛运用。

（1）抽象（Abstraction）

抽象是指抽取事物的共同的本质性特征，即忽略一个主题中与当前问题无关的因素，以便更充分地考虑与当前问题相关的因素。抽象是简化复杂问题的有效途径，如网络协议就是运用抽象思维解决复杂问题的典型代表。

（2）分解（Decomposition）

在计算机科学中，将大规模的复杂问题分解成若干个规模较小的、更简单并容易解决的问题加以解决，是一种常用的思维方式。问题分解首先需要明确描述问题，并对问题的解决方法做出决策，把问题分解成相对独立的子问题，再以相同的方式处理每个子问题，并得到每个子问题的解，直到最终获得整个问题的解。

日常工作中的层次化管理也是对分解思维方法的具体运用。以公司运行为例，一个大型公司就是一个复杂系统，采取层次化管理是一种常用的方法。将公司逐层分解，越上层的机构越少，越往下机构数目越多。各级机构管理好自己的下属机构，完成上级机构制定的目标，最终实现公司的整体目标。

计算思维采用了抽象和分解处理复杂的任务或者设计庞大的系统。通过选择合适的方式陈述问题，或者对一个问题的相关方面进行建模，从而简明扼要刻画复杂系统，能够在不必理会每个细节的情况下安全地使用、调整和影响一个大型复杂系统的信息。

（3）并行（Parallel）

并行是指无论从微观还是宏观，事件在系统中同时发生，是一种重要的计算思维方法。并行计算（Parallel Computing）一般指许多指令得以同时执行的模式。在计算机系统设计中，应用并行技术提高系统的效率，如指令流水线技术和多核处理器技术，前者属于时间并行，后者属于空间并行。这两种技术体现了运用并行方法解决问题的不同思路。如果各并行活动独立进行（即以完全平行的方式进行），问题就相对简单，只需要建立单独的程序来处理每项活动即可；如果并行活动之间有交互影响，就需要加以协调，因此设计并行系统较困难。

（4）缓存（Cache）

在计算机系统中，缓存将未来可能用到的数据存放在高速存储器中，使将来能够快速得到这些数据，从而提高系统的效率。在计算机的硬件结构设计和操作系统等软件的设计中，预取（Prefetching）和缓存技术都被用来提高系统的效率。

预取和缓存技术基于程序的局部性原理，即程序总是趋向于使用最近使用过的数据和指令，其访问行为不是随机的，而是相对集中的。例如，CPU 访问存储器，无论存取指令或数据，所访问的存储单元多聚集在一个较小的连续区域中。根据这一原理，计算机系统中采用了层次化的存储体系结构设计，包括高速缓存、内存储器、外存储器等。高速缓存的访问速度最快、成本高、容量最小，外存储器的访问速度最慢、成本低、容量大。计算机系统充分利用局部性原理，通过预存数据和动态调整策略，提高系统在缓存中命中数据的概率，从而以较多的低速大容量存储器、配合较少的高速缓存，以得到与高速存储器差别不大的存取效率，并在存储容量、速度和成本上获得较好的平衡。

（5）排序与索引（Sort & Index）

排序是信息处理中经常进行的一种操作，将一组元素从"无序"序列调整为"有序"序列。高效的排序算法是提高信息处理效率的基础保障。

索引是指对具有共性的一组对象进行编目，从而根据数据的某一属性能够快速访问数据。在数据库中，使用索引可以快速访问数据库表中的特定信息。

排序和索引技术并非计算机科学独有，在图书和出版行业早就利用排序和索引进行文献的管理。例如，每本图书的目录就是该书的一个索引。索引也是 Web 搜索引擎的核心技术之一。

1.3.3　计算机问题求解过程

使用计算机进行问题求解一般需要经过分析问题、设计算法、程序编码和测试四个阶段，把应用需求转变成能在计算机上运行的程序。

（1）分析问题

分析问题是使用计算机进行问题求解的第一步。分析问题的目的就是明确拟解决的问题，并写出求解问题的规格说明。因此，准确、完整地理解和描述问题是解决问题的关键。一个问题通常会涉及需求、对象和操作三方面的信息，所以问题的规格说明通常包括要求用户输入、输出的数据及形式、问题求解的数学模型或对数据处理的需求、程序的运行环境等。数学模型是用数学语言（符号、表达式与图像）描述的现实问题，是现实问题的公式化表示。用计算机解决问题必须有合适的数学模型，对实际问题加以提炼和抽象，并建立数学模型的过程称为数学建模。

在软件的开发过程中，需求分析完成后，形成软件的需求规格说明书，程序员要根据需求规格说明进行开发软件。

（2）算法设计

算法设计是把问题的数学模型或处理过程转化为计算机的解题步骤。算法设计的好坏直接影响着程序的质量。对于大型软件的开发，算法设计是一个非常复杂又重要的阶段，通常分为概要设计和详细设计两个阶段。概要设计阶段主要是根据需求规格说明建立软件系统的总体结构，设计全局数据结构，规定设计约束，制定组装测试计划等。详细设计阶段主要是逐步细化概要设计所生成的各模块，并详细描述程序模块内部的细节，如工作流程、数据结构、算法等，详细设计的结果应能方便地转换成程序。

（3）程序编码

程序编码的主要任务是用某种程序设计语言，将前一步设计的算法转换为能在计算机上运行的程序。在软件开发过程中，编码需要按照需求规格说明进行。程序编码涉及一系列的工作，包括：① 准备输入数据，制作算法流程图，测试、调试及验证程序等；② 检查每个执行步骤；③ 保存工作的准确记录。程序设计者要养成保存历史文档的习惯，如应保存问题的描述与分析文档、原始图、数据描述与数据结构、算法源程序和调试运行的过程记录等。

（4）测试

一般来说，编写程序很难做到一次成功，还需要通过测试和调试等步骤获得可正确运行的程序。测试和调试的主要目的在于发现（通过测试）和纠正（通过调试）程序中的错误。调试可分为程序调试和系统调试两阶段。在程序编码阶段对程序调试完毕，要进行系统的整体测试，以便检测所有的功能是否都正确实现，程序的可靠性如何。

软件测试分为两种：白盒测试和黑盒测试。黑盒测试是对功能的测试，只关心输入和输出的正确，而不关注内部的实现。白盒测试是测试程序的内部逻辑结构，也称为结构测试。

1.3.4　算法与程序的概念

（1）算法

算法是对特定问题求解步骤的一种描述，是指令的有限序列，其中每一条指令表示一个或多个操作。算法应当满足以下特性。

❖ 输入：零个或多个由外界提供的输入量。

❖ 输出：至少产生一个输出量。

❖ 确定性：每个指令都有确切的语义，无歧义。

❖ 有限性：在执行有限步骤后结束，且每一步都可在有穷时间内完成。

❖ 可行性：通过执行有限次运算可以实现算法中描述的操作。

算法的描述有多种方法，一般用自然语言、流程图和伪代码进行描述。

自然语言描述是指用人们日常生活中使用的语言（本国语言）描述算法，优点是容易理解。

流程图描述是算法的一种图形化表示方法，也称为程序框图。它描述的算法形象、简洁、直观。

伪代码描述是介于自然语言和计算机程序语言之间的一种算法描述方法，是专业软件开发人员常用的方法。

一个"好"的算法应达到以下目标。

① 正确性：算法应当满足具体问题的需求。

② 可读性：算法便于阅读、理解和交流。

③ 健壮性：当输入数据非法时，算法应能适当地做出反应或进行处理，而不会产生莫明其妙的输出结果。

④ 执行效率高与存储需求少：效率指的是算法的执行时间。对于同一个问题如果有多个算法可以解决，执行时间短的算法效率高。存储需求是指算法执行过程中所需的存储空间。

（2）程序

程序是为实现特定目标或解决特定问题，用计算机程序设计语言编写的指令序列集合。通过运行相应问题算法的程序实现使问题得以解决。算法是程序实现的基础，程序是某一算法的具体实现。一个程序应包括对数据的描述和对运算的操作两方面的内容。著名的计算机科学家沃思（Nikiklaus Wirth）就此提出一个公式：数据结构+算法＝程序。

1.4 信息的数字化

计算机最主要的功能是信息处理，除了处理数值数据，计算机更多地要处理字符、图像、图形、声音等非数值信息对应的非数值数据。要使计算机能处理信息，首先必须将各类信息转换成由 0、1 二进制数组合表示的代码。在计算机内部，各种信息都必须经过二进制编码后才能被传送、存储和处理。因此，要了解计算机的工作原理，必须了解和掌握信息编码的概念与处理技术。

1.4.1 数字化编码的概念

所谓编码，就是采用少量的基本符号，按照一定的组合原则，表示大量、多样、复杂的信息。基本符号的种类和这些符号的组合规则是一切信息编码的两大要素。例如，用 26 个英文字母表示英文词汇，用 10 个阿拉伯数码表示数字等，就是典型的编码例子。计算机广泛采用的是只用"0"和"1"两个基本符号组成的二进制码。

1.4.2 二进制

1. 二进制数的表示方法

数制，即进位计数制，是指用统一的符号规则来表示数值的方法。数制有多种形式，我们最熟悉的是十进制数，而计算机领域中更多的是使用二进制、八进制和十六进制等数制。

数制中的三个术语如下。

① 数码：用不同的数字符号来表示一种数制的数值，这些数字符号称为"数码"。

② 基：数制所允许使用的数码个数称为"基"。

③ 权：某数制中每一位所对应的单位值称为"权（权值）"。权=基^i，i 为数码所在位的编号，从小数点向左依次为 0、1、2、3、…，自小数点向右依次为 –1、–2、–3、…。

十进制数有十个基本数码 0～9，进位原则是逢 10 进 1，基数为 10。依照这个规律，二进制数的数码为 0 和 1，进位原则是逢 2 进 1，基数为 2。

十进制与二进制的表示方法如表 1.1 所示。

表 1.1　十进制与二进制的对应关系表

十进制数	0	1	2	3	4	5	6	7	8	9
二进制数	0	1	10	11	100	101	110	111	1000	1001

2．计算机为什么要使用二进制数

（1）实现容易

二进制数只有两个数码：0 和 1。很多电子器件的物理状态有两种稳定状态，从而实现容易。例如，晶体管的导通和截止、脉冲的有和无等，都可以用二进制的 1 和 0 表示。

（2）运算规则简单

例如，1 位二进制数的加法运算和 1 位二进制数的乘法运算规则为：

$$0+0=0 \qquad\qquad 0\times0=0$$
$$0+1=1+0=1 \qquad\qquad 0\times1=1\times0=0$$
$$1+1=10（逢二向高位进一） \qquad\qquad 1\times1=1$$

而减法和除法是加法和乘法的逆运算。根据上述规则，很容易实现二进制的四则运算。

（3）能方便使用逻辑代数

二进制数的 0 和 1 与逻辑代数的"假"和"真"相对应，可使算术运算和逻辑运算共用一个运算器，易于进行逻辑运算。逻辑运算与算术运算的主要区别在于：逻辑运算是按位进行的，没有进位和借位。

（4）记忆和传输可靠

电子元件对应的两种状态（导通与截止）是一种质的区别，而不是量的区别，识别起来较容易。用 0 和 1 表示电子元件的两种稳定状态，工作可靠、抗干扰强、便于存储，不易出错。

1.4.3　数制之间的转换

虽然计算机采用二进制，但二进制数的数位较多，不便书写和记忆，因此平时常用到十六进制数、十进制数和八进制数，下面介绍各数制之间的转换方法。

1．非十进制数转换成十进制数

转换方法：按权展开求和。

（1）二进制数转换成十进制数

【例 1-1】　$(1100.11)_2 = 1\times2^3+1\times2^2+0\times2^1+0\times2^0+1\times2^{-1}+1\times2^{-2}$
$\qquad\qquad\qquad = 8+4+0+0+0.5+0.25 = (12.75)_{10}$

（2）八进制数转换成十进制数

八进制数有 8 个基本符号 0、1、2、3、4、5、6、7，进位原则是逢 8 进 1。

【例 1-2】　$(163.24)_8 = 1\times8^2+6\times8^1+3\times8^0+2\times8^{-1}+4\times8^{-2} = (115.3125)_{10}$。

（3）十六进制数转换成十进制数

十六进制数有 16 个基本符号 0、1、2、3、4、5、6、7、8、9、A、B、C、D、E、F，进

位原则是逢 16 进 1。

【例 1-3】 $(A3F.3E)_{16} = 10 \times 16^2 + 3 \times 16^1 + 15 \times 16^0 + 3 \times 16^{-1} + 14 \times 16^{-2} = (2623.2421875)_{10}$。

2．十进制数转换成非十进制数

转换方法：整数部分采用除基数取余法，小数部分采用乘基数取整法。下面通过例子给予说明。

【例 1-4】 将 $(286.8125)_{10}$ 转换成二进制数。

对于整数部分：

0	1	2	4	8	17	35	71	143	286
	1	0	0	0	1	1	1	1	0

所以，$(286)_{10}=(100011110)_2$。

上述运算过程为：每次将"└─"中的数除基数，将商写在"└─"的左边，将余数写在"└─"的下面，重复这一过程直至商为 0，从左到右的余数即为所得结果。

对于小数部分：

$0.8125 \times 2 = 1.625$ 取出整数 1（最高位）

$0.625 \times 2 = 1.25$ 取出整数 1

$0.25 \times 2 = 0.5$ 取出整数 0

$0.5 \times 2 = 1.0$ 取出整数 1（最低位）

所以，$(286.8125)_{10} = (100011110.1101)_2$。

例 1-4 通过有限次乘 2 取整后余数变为"0"时，转换结束；而在许多情况下余数不为 0，转换次数为无限，这时可根据要求的精度，选取适当的位数后，停止转换。

用同样的方法，可将十进制数转换成其他进制数，只是转换计算略复杂。

3．二进制数、八进制数、十六进制数相互转换

二进制数、八进制数、十六进制数的基数有着整幂关系，每 3 位二进制数对应 1 位八进制数，每 4 位二进制数对应 1 位十六进制数，所以可以分别对应进行转换，具体方法如下。

（1）二进制数、八进制数之间的转换

将二进制数转换成八进制数的方法是：以小数点为中心，分别向前、向后每 3 位一组，不足 3 位则以"0"补足，再转换相应的每组数即可。

【例 1-5】 $(10110.1001)_2 = ($ $)_8$。

解：$(10110.1001)_2 = (\underline{0}10\ 110.100\ 1\underline{00})_2 = (26.44)_8$。

将八进制数转换成二进制数，只要将每位八进制数码展开为 3 位二进制数码，再去掉首、尾的"0"即可。

【例 1-6】 $(276.54)_8 = ($ $)_2$。

解：$(276.54)_8 = (\underline{0}10\ 111\ 110.101\ 1\underline{00})_2 = (10111110.1011)_2$。

（2）二进制数、十六进制数之间的转换

用类似二、八进制数的转换方法实现。

【例 1-7】 $(1011111010.100011)_2 = ($ $)_{16}$。

解：$(1011111010.100011)_2 = (\underline{00}10\ 1111\ 1010.1000\ 11\underline{00})_2 = (2FA.8C)_{16}$。

【例 1-8】 $(3DB.4A)_{16} = ($ $)_2$。

解：$(3DB.4A)_{16} = (\underline{00}11\ 1101\ 1011.0100\ 1010)_2 = (111101\ 1011.0100101)_2$。

二进制数在计算机内使用是适宜的，但书写、阅读不方便，记忆困难。由于十进制数符合

人的日常使用习惯，因此在使用计算机时仍然使用十进制数，并由计算机完成自动转换为二进制数的工作。八进制数、十六进制数在计算机中常用来表示常数或地址。

1.4.4 计算机中的常用编码

计算机只能识别二进制数码信息，因此一切非二进制数码的信息，如数字、字母、汉字等都要用二进制数的特定编码表示。编码可以有多种方法，但为了便于交换和处理，必须采用统一的编码方法。在这里将介绍常用的编码方法。

1．数字编码

人们习惯使用的是十进制，而计算机内部采用二进制进行运算，为了使数据在输入和输出时更直观，可以用 4 位二进制数的形式直接表示 1 位十进制数，这种表示方法称为二-十进制编码或称为 BCD（Binary Coded Decimal）编码。这种编码表示的数，计算机也能直接运算。因 4 位二进制编码自左向右每位对应的权为 8、4、2、1，所以这种编码也称为 8421 BCD 码。表 1.2 列出了十进制数 0～15 对应的 8421 BCD 码。

表 1.2　8421 BCD 码与十进制数的关系

十进制数	8421 BCD 码	十进制数	8421 BCD 码	十进制数	8421 BCD 码	十进制数	8421 BCD 码
0	0000 0000	4	0000 0100	8	0000 1000	12	0001 0010
1	0000 0001	5	0000 0101	9	0000 1001	13	0001 0011
2	0000 0010	6	0000 0110	10	0001 0000	14	0001 0100
3	0000 0011	7	0000 0111	11	0001 0001	15	0001 0101

可以看出，4 位二进制数从 0000～1111 有 16 种状态，而 0～9 只取了 0000～1001 十种状态。这种编码规则可使人们很容易地写出一个十进制数的 BCD 码。

比如，十进制数 1998.12 的 8421 BCD 码可写为 0001 1001 1001 1000.0001 0010；而 BCD 码 1001 1000 0001 0010.0010 1000 对应的十进制数为 9812.28。

2．字符编码

表示文字信息和控制信息的基础是各种字符。各种字符必须按一定规则用二进制编码表示，才能为计算机所识别。计算机中使用的字符编码有 ASCII、EBCDIC 码和 Unicode 码等，ASCII 是最常用的一种。

（1）ASCII

ASCII 是由美国国家标准委员会制定的一种包括数字、字母、通用符号、控制符号在内的字符编码集，全称为 American Standard Code for Information Interchange（美国国家信息交换标准代码）。ASCII 是一种 7 位二进制编码，能表示 128（2^7）种国际上最通用的西文字符，是目前计算机中特别是微型计算机中使用最普遍的字符编码集。

ASCII 字符集如表 1.3 所示，其中包括 4 类最常用的字符。

① 数字 0～9。这里的 0～9 为 10 个数字字符，从表中可以查出，它们对应的 ASCII 码值为 0110000B～0111001B，习惯上用十六进制数表示为 30H～39H。数字符号"0"～"9"的 ASCII 码减去 30H，即可得到对应数字字符的数值。

② 字母，包括 26 个大、小写的英文字母。字母"A"～"Z"的 ASCII 值为 41H～5AH，字母"a"～"z"的 ASCII 值为 61H～7AH。可以看出，对应的大、小写字母的 ASCII 值相差 20H，即小写字母的 ASCII 值减去 20H，即可得到对应的大写字母的 ASCII 值。

表 1.3 ASCII 字符集

$b_6b_5b_4$ / $b_3b_2b_1b_0$	000	001	010	011	100	101	110	111
0000	NUL	DLE	SP	0	@	P	`	p
0001	SOH	DC1	!	1	A	Q	a	q
0010	STX	DC2	"	2	B	R	b	r
0011	ETX	DC3	#	3	C	S	c	s
0100	EOT	DC4	$	4	D	T	d	t
0101	ENQ	NAK	%	5	E	U	e	u
0110	ACK	SYN	&	6	F	V	f	v
0111	BEL	ETB	'	7	G	W	g	w
1000	BS	CAN	(	8	H	X	h	x
1001	HT	EM	)	9	I	Y	i	y
1010	LF	SUB	*	:	J	Z	j	z
1011	VT	ESC	+	;	K	[	k	{
1100	FF	FS	,	<	L	\	l	|
1101	CR	GS	−	=	M	]	m	}
1110	SO	RS	.	>	N	^	n	~
1111	SI	US	/	?	O	_	o	DEL

③ 通用字符，如"+"、"−"、";"、","、"／"和"?"等，共 32 个。

④ 控制符号，包括空格 SP（20H）、回车 CR（0DH）、换行 LF（0AH）等，共 34 个。

ASCII 是一种 7 位编码，存放时必须占全 1 字节，即占用 8 位，可表示为 $b_7b_6b_5b_4b_3b_2b_1b_0$，其中，b_7 一般恒置为 0，其余 7 位便是 ASCII 值。

虽然字符本身不具有数值的概念，但是由于一个字符的 ASCII 值正好占用 1 字节的二进制代码，从代码的角度来看，ASCII 有值的概念，也就是说，字符的 ASCII 值可以比较大小。从表 1.3 可以看出，字符的 ASCII 值的规律是：小写字母大于大写字母、字母大于数字、所有的字符都大于空格、空格大于所有的控制符（控制符"DEL"除外）。

ASCII 常用于输入/输出设备，如键盘的输入、显示器输出和打印机输出等。从键盘输入字符信息时，编码电路将字符转换成对应的 ASCII 值输入计算机中，经处理后，再将 ASCII 值表示的数据转换成对应的字符后，在显示器和打印机上输出。

（2）EBCDIC 码

EBCDIC 码即扩展二-十进制交换码（Extended Binary-Coded Decimal Interchange Code）。这种字符编码主要用在 IBM 公司的计算机中，采用 8 位二进制表示，有 256 个编码状态，但实际运用时只选用其中一部分。

（3）Unicode 码

EBCDIC 码和 ASCII 表示的字符，对于使用英语和西欧地区语言的人来说已经够用了，但对于表示中国等亚洲国家所用的表意文字则远远不够，于是出现了 Unicode 码。Unicode 码是一种 16 位编码，能够表示 65000 个字符或符号。目前，世界上的各种语言一般都只用到 34000 多个符号，所以 Unicode 码可以用于大多数的语言。

Unicode 码与 ASCII 完全兼容，已在 Windows、OS/2、Office 等软件中广泛使用。

3. 汉字编码

计算机发明后的很长一段时间内，只能使用西文，不能使用中文。我国科技工作者在汉化方面做了很多努力，取得了很大的进展。

（1）国标码

为了适应计算机处理中文信息的需要，国家标准总局制定了"中华人民共和国国家标准信息交换汉字编码"，代号为 GB2312—1980，称为国标码。该编码集规定了计算机使用的汉字和图形符号总数为 7445 个，其中汉字总数 6763 个，按照常用汉字的使用频度分为一级汉字 3755 个，二级汉字 3008 个，图形符号 682 个。

由于汉字数量大，用 1 字节无法区分，故采用 2 字节对汉字进行编码。

GB2312—1980 中将全部国标汉字及符号组成一个 94×94 的矩阵。在此方阵中，每一行称为一个"区"，每一列称为一个"位"。这样就组成了一个有 94 个区（01～94），每个区有 94 个位（01～94）的汉字字符集。将区号和位号组合在一起就形成了"区位码"。区位码可以唯一确定某一个汉字或符号，反之也一样。

国标码用两个 7 位二进制数表示一个汉字，一般用 4 位十六进制数书写，国标码与区位码之间有如下关系（H 表示该数是十六进制数）：

国标码前两位=区码+20H

国标码后两位=位码+20H

国标汉字及符号的 94 区的分布情况如下：1～15 区为图形符号区，其中 1～9 区为标准区，10～15 区为自定义区；16～55 区为一级常用汉字区，按拼音排序；56～87 区为二级非常用汉字区，按部首排序；88～94 区为自定义汉字区。

（2）机内码

在计算机内部，汉字作为字符（不涉及字形）进行存储、加工等处理时所用的编码称为汉字机内码，简称机内码或内码。因为汉字的区码和位码都在 1～94 内，所以计算机中没有直接采用区位码作机内码，否则就会与 ASCII 码发生冲突。

目前使用的汉字机内码是国标码的变形，即把国标码的 2 字节中的每字节的最高位改为 1，即得到机内码。因此，机内码与国标码、区位码之间有如下关系：

机内码=国标码+8080H

机内码的第一字节=区码+A0H

机内码的第二字节=位码+A0H

例如，汉字"啊"的区位码是 1601，它的国标码是 3021H，机内码是 B0A1H。

汉字机内码每字节的最高位均是 1，而西文字符机内码（ASCII 码）的最高位是 0，因此可从机内码区分西文字符和汉字。汉字系统的整字识别功能就利用了机内码的这一特点。

（3）汉字字形码

汉字与西文相比，具有数量多、字形及笔画复杂等特点，因此对汉字的描述比较复杂，一般把一个汉字看成一个特定的图形，用点阵进行描述，还有矢量和曲线逼近等描述方式。

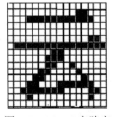

图 1.2　16×16 点阵字

汉字字形码即汉字字形的编码，亦称字模。

汉字点阵描述方法为，将一个汉字放入一个横竖都经过等分的正方块中，如图 1.2 所示，每个点用 1 位二进制数表示，有笔画的为 1，无笔画的为 0。8 个点组成 1 字节。字节的取向分为横向和竖向两种，前者一般用于显示，后者一般用于打印。

国家颁布了 16×16、24×24、32×32 和 48×48 点阵的字模标准。通常点阵越大，字符的笔画就越光滑，相应字模的存储量也随之加大。存放字模的数据文件称为汉字字库，简称字库。字库中汉字依照 GB2312—1980 排序。不同点阵的字库所占用的存储空间是不同的，点阵越大，占用的存储空间越大。

矢量字形技术是用一种称为形（shape）的图形实体定义字符技术，定义中使用直线和圆弧作为汉字的基本笔画。矢量字形的优点是存储信息量少，缺点是字形不够优美。

采用轮廓字形可以兼有字形信息量少而字形又美观的双重优点。轮廓字形采用直线或者二次曲线的集合描述一个字符的轮廓线。轮廓线构成一个或若干封闭的平面区域。采用适当的区域填充算法，可以从字符的轮廓线定义产生出字符位图点阵。区域填充算法可以用硬件实现，也可以用软件实现。这种方法可以准确地把字符信息描述下来，保证了还原字符的质量，并对字形数据进行了大量的压缩。调用字符时可以任意放大、缩小或进行花样变化，基本满足电子排版印刷对字形质量的要求。目前，国际上流行的 True Type 字形技术就属于字形轮廓字符生成技术，Windows 中文版中的汉字字库就是用这项技术生成的。

自 GB2312 标准之后，国家于 1993 年发布了 GB13000 标准，并在此基础上生成了 GBK 字符集。它与 GB2312 完全兼容，并收录了 20902 个简繁体汉字及符号。该标准是为了解决与我国香港、澳门、台湾地区以及海外的华人、华侨进行信息交流而制定的，仍然用 2 字节表示一个汉字。当繁体字中笔画与对应的简体字笔画完全相同时，则其机内码也相同；如果繁体字中的笔画与对应的简体字笔画不同，其机内码也不同。BIG5 编码是在我国台湾地区流行的一种汉字字符集，也是用 2 字节表示一个汉字，共表示 13053 个繁体汉字，其机内码与 GB2312 完全不同，所以当显示出来的文档出现混乱时，要考虑所用的软件是否支持文档中所用的代码，若不支持，就需要能够转换代码的软件的帮助。

随着 Internet 技术的发展，计算机应用的领域越来越广，GB2312 中的 6763 个汉字明显不够用，如处理人名、地名等。为满足用字需求，信息产业部和国家质量技术监督局在 2000 年 3 月 17 日联合发布了 GB18030—2000《信息技术信息交换用汉字编码字符集基本集的扩充》。在新标准中采用了单、双、四字节混合编码，收录 27000 多个汉字和藏、蒙、维吾尔等主要的少数民族文字，总的编码空间超过了 150 万个码位。新标准适用于图形字符信息的处理、交换、存储、传输、显现、输入和输出，并直接与 GB2312 信息处理交换码所对应的事实上的机内码标准兼容，因此新标准与现有的绝大多数操作系统、中文平台兼容，能支持现有的应用系统。GB18030 为国家强制性标准，从 2001 年 1 月 1 日开始，用户购买计算机时预装的操作系统所带的字库和输入法都应支持 GB18030 标准。新标准从根本上解决了计算机汉字用字问题，为中文信息在国际互联网上的传输与交换提供了保障，为中文信息处理以及计算机在中国的应用奠定了良好的基础。

（4）汉字输入码

像输入西文字符一样，汉字输入也依靠键盘来实现。不过，计算机键盘不具备直接输入汉字的功能，只能依靠另行设计的汉字输入码实现。现行的汉字输入方案众多，常用的有拼音输入法、五笔字型输入法等。虽然每种方案对同一汉字的输入编码并不相同，但经转换后存入计算机内的机内码均相同。例如，以全拼输入方案输入"neng"或以五笔字型输入方案输入"ce"，都能得到汉字"能"所对应的机内码。这个工作由汉字代码转换程序按照事先编制好的输入码对照表完成转换。

常用的拼音输入法有搜狗拼音输入法、智能 ABC 输入法、全拼拼音输入法、微软拼音输入法、智能狂拼输入法等。搜狗拼音输入法是基于搜索引擎技术的、当前网上最流行、用户好评率最高、功能最强大的拼音输入法，智能 ABC 输入法以输入"词组"见长，全拼拼音输入法以输入"字"为主，微软拼音输入法和智能狂拼输入法以输入"句子"和大段文章为其优势。拼音输入法易学，适用于初学者。

除此之外，在汉字信息处理中还有汉字字形输入码，它以汉字的形状确定编码，编码规则较复杂。汉字的数量虽然多，但都是由基本笔画组成的，全部汉字的笔画和部件（字根）是有限的。因此，把汉字的笔画或部件用字母或数字进行编码，按笔画书写顺序依次输入，就能表示一个汉字。字形码的最大特点是能广泛地为国内外不同地区使用不同汉语方言的人们服务。汉字的形是固定的，因此不认识的字可以拆分。五笔字型输入法是最有影响的字形码。字形码的码长较短，输入速度快，但需要时间去学习和记忆，适用于专业录入人员。

本章小结

本章从信息、数据、信息处理、信息系统等基本概念入手，首先介绍了信息技术的发展和应用、信息技术的研究热点以及信息技术对社会的影响，然后介绍了信息处理装置的发展历史和发展趋势、计算思维的概念及典型方法、计算机问题求解过程、算法和程序的概念，最后介绍了数字化编码概念、计算机常用数制与转换方法和计算机常用的编码方法。

习 题 1

1. 什么是数据？什么是信息？并指出它们之间的区别和联系。
2. 什么是信息处理？什么是信息系统？
3. 什么是信息技术？人类经历了哪几次信息技术革命？
4. 图灵机模型主要由哪 4 部分组成？
5. 简述图灵机的工作过程。
6. 冯·诺依曼计算机的基本原理是什么？
7. 信息技术的研究热点有哪些？
8. 简述未来计算机的发展方向。
9. 简述计算思维的特征。
10. 计算机中为什么要使用二进制数？
11. 将下列十进制数转换成二进制数、八进制数、十六进制数。
（1）321 （2）98 （3）64 （4）48
12. 将下列十六进制数转换成二进制数、八进制数、十进制数。
（1）E3 （2）1D8 （3）6C （4）3F
13. 什么是汉字编码？汉字国标码和汉字区位码有何不同？

第2章 计算机基础知识

计算机技术是世界上发展最快的科学技术之一。从应用角度来说，计算机已经在科学计算、经营管理、过程控制及人工智能等领域做出了巨大的贡献，极大地提高了这些领域的工作效率，与此同时，个人计算机已经渗透到人们生活的每个角落，甚至作为一种生活方式进入寻常百姓家中。

本章从计算机的特点开始，介绍计算机的分类与应用领域以及计算机的硬件系统和软件系统的基本知识，并结合计算机系统的构成，对其基本原理、各部件的基本功能、主要技术指标等进行比较详细的阐述。

2.1 计算机概述

计算机（Computer）俗称电脑，是一种能够按照程序运行，自动、高速处理海量数据的现代化电子设备。计算机是脑力的延伸和扩充，是近代科学的重大成就之一。

2.1.1 计算机的特点

自诞生之日起计算机就具备了其他计算工具无法比拟的特点，这些特点使得计算机的应用范围不断扩大，成为信息社会的科技核心。

① 运算速度快，计算精度高。运算速度快是计算机最显著的特点。现代计算机运算速度最高可达每秒千万亿次，个人计算机的运算速度也达到了每秒几千万到几亿次。计算精度可由千分之几到百万分之几，任何其他计算工具都望尘莫及。

② 具有逻辑判断和记忆能力。计算机既可以进行算术运算，也可以进行逻辑运算，可以进行判断和比较，进行逻辑推理和证明，并能根据判断的结果自动执行下一条指令，以供用户随时调用。这是以往其他任何计算工具不具有的。同时，计算机的存储装置可以存储大量的数据，使它成为信息存储的有力工具。

③ 高度自动化。计算机采用程序控制工作方式，将预先编好的程序事先存入计算机中，在需要的时候发出一条执行该程序的指令，计算机可按程序连续、自动执行，不需人工干预。

2.1.2 计算机的分类与应用

1. 计算机的分类

按照用途，计算机可以分为通用计算机和专用计算机；按照所处理的数据类型，可以分为模拟计算机、数字计算机和混合型计算机；按照计算机的运算速度、字长、存储容量、软件配置等方面的综合性能指标，可以分为巨型机、微型计算机、工业控制计算机、嵌入式计算机、工作站等。除此之外，还有一些未来的计算机正跃跃欲试地加紧研究，如化学、生物计算机、光子计算机、量子计算机、神经网络计算机等。

① 巨型机。巨型机是指由成百数千甚至更多的处理器（机）组成的、能计算由普通计算机

和服务器不能完成的大型复杂任务的计算机。由于拥有海量的存储能力和超高的运算速度，因此主要用于空间技术、原子能研究、气象、国防等尖端领域。巨型计算机（或者超级计算机）一向被视为国家竞争力的象征，世界上运算速度最快的计算机的宝座近年来一直被美国、中国和日本这三个国家交替占据。

图 2.1　神威·太湖之光

神威·太湖之光超级计算机（如图 2.1 所示）是由国家并行计算机工程技术研究中心研制、安装在国家超级计算无锡中心的超级计算机。神威·太湖之光超级计算机安装了 40960 个中国自主研发的"申威 26010"众核处理器，该众核处理器采用 64 位自主申威指令系统，峰值性能为 12.5 亿亿次/秒，持续性能为 9.3 亿亿次/秒。

2016 年 6 月 20 日，在法兰克福世界超算大会上，国际 TOP500 组织发布的榜单显示，"神威·太湖之光"超级计算机系统登顶榜单之首；11 月 14 日，"神威·太湖之光"以较大的运算速度优势轻松蝉联 TOP500 冠军。算上此前"天河二号"的六连冠，中国已连续 4 年占据全球超算排行榜的最高席位。2018 年 11 月 12 日，"神威·太湖之光"位列 TOP500 的第三名。

② 微型计算机。微型计算机，也称为个人计算机（PC），由微处理器、内存储器、输入输出（I/O）接口电路及其他相应的辅助电路构成，具有小巧灵活、通用性强、价格低廉等优点。按照微处理器的字长，先后经历了 4 位、8 位、16 位、32 位和 64 位等发展阶段。根据使用需求与组成形式，微型计算机可分为台式机和笔记本两种类型，如图 2.2 所示。

③ 工作站。工作站（Workstation）是一种高档的微型计算机，以个人计算机和分布式网络计算为基础，具有大、中、小型机的多任务、多用户能力，又兼有微型机的操作便利和良好的人机界面（如图 2.3 所示），主要面向专业应用领域，具备强大的数据运算与图形交互处理能力。因此，工作站在工程领域特别是在图像处理、计算机辅助设计领域得到了广泛的应用，还可应用于金融管理、信息服务、模拟仿真等专业领域。

④ 工业控制计算机。工业控制计算机是一种采用总线结构，对生产过程及其机电设备、工艺装备进行检测与控制的计算机系统总称，简称工控机，包括计算机和过程输入、输出通道两部分。工控机的主要类别有 IPC（Industrial Personal Computer，总线工业计算机）、PLC（Programmable Logic Controller，可编程控制系统）、DCS（Distributed Control Systems，分散型控制系统）、FCS（Fieldbus Control System，现场总线系统）、CNC（Numerical Control System，数控系统）。

⑤ 嵌入式计算机（Embedded Computer）。嵌入式系统（Embedded System）是一种完全嵌入受控器件内部，为特定应用而设计的专用计算机系统，其核心是由一个或几个预先编程的以用来执行少数几项任务的微处理器或者单片机组成，如图 2.4 所示。嵌入式系统上的软件通常是暂时不变的，所以经常被称为"固件"，是一种以应用为中心的专用计算机系统。嵌入式系

图 2.2　微型计算机

图 2.3　工作站

图 2.4　嵌入式系统

统一般由嵌入式微处理器、外围硬件设备、嵌入式操作系统以及用户的应用程序等 4 部分组成。

2. 计算机的应用领域

计算机的应用已渗透到社会的各领域，正在日益改变着传统的工作、学习和生活方式，推动着社会的发展。

① 科学计算。科学计算是计算机最早的应用领域。在现代科学技术工作中，科学计算的任务是大量而复杂的。利用计算机的运算速度高、存储容量大和连续运算的能力，可以解决人工无法完成的各种科学计算问题，如工程设计、地震预测、气象预报、火箭发射等庞大而复杂的计算量。

② 信息管理。信息管理是以数据库管理系统为基础辅助管理者提高决策水平并改善运营策略的计算机技术。信息处理是现代化管理的基础，其处理过程包括数据的采集、存储、加工、分类、排序、检索和发布等一系列工作。信息管理已广泛应用于办公自动化、情报检索、企事业计算机辅助管理与决策等各行各业。

③ 过程控制。过程控制是利用计算机实时采集数据、分析数据，按最优值迅速地对控制对象进行自动调节或自动控制也称实时控制。采用计算机进行过程控制，可以大大提高控制的时效性和准确性，提高产量及合格率。因此，计算机过程控制已在机械、冶金、石油、化工、电力等部门得到广泛的应用。

④ 计算机辅助技术。计算机辅助技术是指计算机在现代生产领域，特别是生产制造业中的应用，主要包括计算机辅助设计、计算机辅助制造、计算机辅助教学和计算机集成制造系统等内容。

计算机辅助设计（Computer Aided Design，CAD）是使用计算机来帮助设计人员进行设计的一门技术。使用 CAD 技术可以提高设计质量，缩短设计周期，提高设计的自动化水平。计算机辅助设计技术已经广泛应用于船舶、汽车、纺织、服装、化工、建筑等行业，成为现代计算机应用中最活跃的分支之一。

计算机辅助制造（Computer Aided Manufacturing，CAM）是利用计算机对生产设备的管理、控制和操作的过程，在品种多、零件形状复杂的飞机、船舶等制造业中备受欢迎。

计算机辅助教学（Computer Aided Instruction，CAI）是指利用计算机系统对教与学过程的补充和完善，使教学内容生动、形象逼真，是提高教学质量的有效手段。

计算机集成制造系统（Computer Integrated Manufacturing Systems，CIMS）是集设计、制造、管理三大功能综合为一体的软件系统所构成的全盘自动化制造系统。在现代化的企业管理中，CIMS 的目标是将企业内部所有环节和各层次的人员全部用计算机网络组织起来，形成一个能够统一协调并高速运行的有机系统。

⑤ 计算机翻译。计算机翻译技术消除了不同文字和语言间的隔阂，堪称高科技造福人类之举，但其译文质量离理想目标仍相差甚远。计算机翻译技术被列为 21 世纪世界十大科技难题。与此同时，计算机翻译技术也拥有巨大的应用需求。

⑥ 人工智能。人工智能（Artificial Intelligence，AI）是指计算机模拟人类某些智力行为的理论、技术和应用。人工智能研究和应用正处于发展阶段，在医疗诊断、定理证明、智能检索、机器人等方面已取得了显著的成效。

⑦ 网络应用。计算机网络技术的发展形成了一个支撑社会发展、改善生活品质的全新系统。目前，基于互联网的应用包括电子商务、远程会议、远程医疗、网络游戏、信息检索等。

3．计算模式的发展历程

随着计算机及网络技术的迅速发展，计算模式经历了以大型主机为中心的单主机模式、客户－服务器模式、浏览器/服务器模式等。

① 单主机模式。PC问世以前，由于计算资源非常宝贵，其应用场合非常有限。那时，大型机被当做主机，许多终端用户共享主机的CPU资源和数据存储资源，数据输入/输出要通过穿孔卡和简单终端，人们使用计算机极不方便。

② 客户－服务器模式。20世纪80年代初，PC进入快速发展和广泛应用的时代。但是单台PC只提供了有限的数据处理和存储能力，在许多大型应用中，PC不能胜任，因而促使了局域网的产生，从而PC成为网络中的一员，并以一个全新的角色出现，这构成了分布式客户－服务器（Client/Server，C/S）模式。

在C/S模式下，应用被分为前端（客户机部分）和后端（服务器部分）两部分。客户机部分一般在PC或工作站上运行，而服务器部分在高档PC、小型机或大型机上运行。在这种模式结构的系统中，客户机提出服务请求，然后转交给服务器进行处理，最后将结果返回给客户机。C/S模式为两层模式结构，客户机、服务器合理分工，协同完成应用程序的功能，系统资源实现了整体优化和高度共享。

③ 浏览器/服务器模式。20世纪90年代中后期，WWW（World Wide Web）技术及信息服务成为Internet的主流技术，Internet被世人所接受，用户数量急剧增长。WWW采用分布式C/S模式，这里的服务器可以是Web服务器、FTP服务器或E-mail服务器。客户端一般是一个浏览器程序。这种模式称为浏览器-服务器（Browser/Server，B/S）模式。B/S模式最主要的优点是客户端软件的易用性，有利于产品的推广使用，这正是传统C/S计算模式所不具备的重要特性。B/S模式已普遍用于Internet和Intranet。

B/S模式的发展经历了三个阶段。

第一阶段（1997年以前）是静态Web技术阶段，用户通过浏览器中的URL访问Web服务器上的资源。

第二阶段（1997—1998年）为动态Web访问技术阶段。在动态Web、HTML及Java的支持下，浏览器通过Web服务器连接数据库，实现Browser、Web、DBMS三者紧密连接，用户可以方便地访问数据库资源。

现在，B/S正处于第三个阶段，可实现各种应用，如电子商务、协同工作和事务处理等更加高级的功能。

目前，新一代的B/S模式与面向对象技术相结合，具有实时性、可伸缩性和可扩展性的协同事务处理功能和浏览三维动画、超媒体技术的功能。

虽然B/S模式有很多的优越性，但C/S模式更成熟且C/S模式的计算机应用系统网络负载较小，因此计算机应用发展模式也有B/S模式和C/S模式共存的情况。C/S、B/S混合模式是利用C/S、B/S模式各自的优点来构架企业应用系统，如图2.5所示，利用C/S模式的高可靠性来构架企业应用（包括输入、计算和输出），利用B/S模式的广泛性来构架服务或延伸企业应用（主要是查询和数据交换）。

2.2 计算机系统的组成

一个完整的计算机系统是由硬件系统和软件系统两大部分组成，如图2.6所示。硬件包括

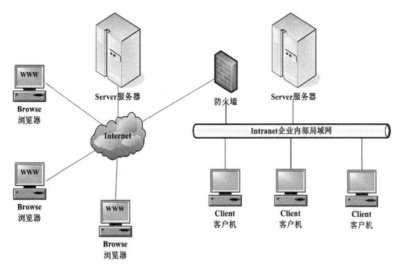

图 2.5　C/S 与 B/S 的混合模式

组成计算机的电子、机械、磁或光的元器件或装置，是计算机系统的物质基础。软件以硬件为基础，是在硬件系统上运行的各类程序、数据及有关资料的总称，是实现不同需求的应用。如果说硬件是计算机的躯体，那么软件可以称为计算机的血液和灵魂。

然而，计算机并非是硬件和软件的简单搭配，它们还要根据一定的原理协同工作，确保整个计算机系统的兼容和稳定，从而发挥系统的最佳性能。

2.2.1　概述

计算机发展至今，不同类型计算机的组成部件虽然有所差异，但硬件系统的设计思路全都采用了"冯·诺依曼"体系结构，即计算机硬件系统由运算器、控制器、存储器、输入设备和输出设备这五大功能部件组成。

（1）运算器

运算器由算术逻辑单元（Arithmetic-Logic Unit，ALU）、累加器、状态寄存器、通用寄存器组等组成，其结构如图 2.7 所示，其核心是算术逻辑单元。

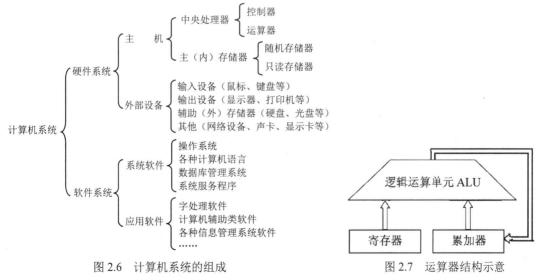

图 2.6　计算机系统的组成　　　　　　　　图 2.7　运算器结构示意

（2）控制器

控制器主要由指令寄存器（Instruction Register，IR）、指令译码器（Instruction decoder，ID）、程序计数器（Program Counter，PC）、时序产生器和操作控制器等部件组成。其主要功能是从内存中取出一条指令，并指出下一条指令在内存中的位置；对指令进行译码或测试，并产生相应的操作控制信号；启动规定的动作，指挥并控制 CPU、内存和输入、输出设备之间数据流动的方向。

（3）存储器

存储器主要用来存放各类程序和数据信息，分为内存储器（简称内存或主存储器）和外存储器（简称外存或辅助存储器）。内存储器主要采用半导体集成电路制成，用于暂时存放系统中运行的程序和数据，其存取速率相对较快，但存储容量较小。外存一般采用磁性介质或光学材料制成，用于长期保存各种数据，特点是存储容量大，但存储速度较慢。计算机上的常用外部存储器主要有硬盘、光盘和 U 盘等，如图 2.8 所示。

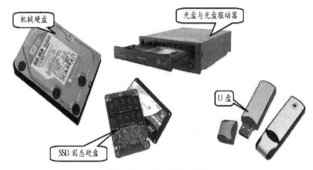

图 2.8　外部存储器

关于存储器，常用到以下一些术语。

① 位。二进制数所表示的数据的最小单位，就是二进制的 1 位数，简称位（bit）。

② 字节。8 bit 称为 1 字节（Byte，简写为 B），是计算机中的最小存储单元。

③ 字长。若干字节组成一个字（Word），其位数称为字长。字长是计算机能直接处理的二进制数的数据位数，直接影响到计算机的功能、用途及应用领域。常见的字长有 8 位、16 位、32 位、64 位等。

④ 字节、字的位编号。

1 字节的位编号如下：

b_7	b_6	b_5	b_4	b_3	b_2	b_1	b_0

最高有效位　　　　　　　　　　　　　　　　　　　　　　　　　　　最低有效位

2 字节（16 位）组成的字的位编号如下：

b_{15}	b_{14}	b_{13}	b_{12}	b_{11}	b_{10}	b_9	b_8	b_7	b_6	b_5	b_4	b_3	b_2	b_1	b_0

◄───────── 高位字节 ─────────►　◄───────── 低位字节 ─────────►

字节最左边的一位称为最高有效位，最右边的一位称为最低有效位。在 16 位字中，左边 8 位称为高位字节，右边 8 位称为低位字节。

⑤ 关于存储单位。计算机的存储器（包括内存与外存）容量及文件的大小通常以多少字节（B）为单位表示。字节这个单位非常小，为便于描述大量数据或大容量存储设备的能力，一般用 KB（千字节）、MB（兆字节）、GB（吉字节）、TB（太字节）、PB（拍字节）和 EB（艾

字节）来表示，它们之间的换算关系如下：

$$1\text{ KB}=1024\text{ B}=2^{10}\text{ B} \qquad 1\text{ MB}=1024\text{ KB}=2^{20}\text{ B} \qquad 1\text{ GB}=1024\text{ MB}=2^{30}\text{ B}$$

$$1\text{ TB}=1024\text{ GB}=2^{40}\text{ B} \qquad 1\text{ PB}=1024\text{ TB}=2^{50}\text{ B} \qquad 1\text{ EB}=1024\text{ PB}=2^{60}\text{ B}$$

⑥ 内存地址。内存地址是计算机存储单元的编号。计算机的整个内存被划分成若干存储单元以存放数据或程序代码，每个存储单元可存放 8 位二进制数。为了能有效地存取该单元内存储的内容，每个单元必须有唯一的编号来标志，这个编号称为内存地址。

（4）输入设备

输入设备是变换输入形式的部件，将通过各种输入设备输入的信息形式变换成计算机能接收并识别的信息形式。目前常用的输入设备有键盘、鼠标、摄像头、扫描仪、光笔、手写输入板、游戏杆、语音输入装置等。

（5）输出设备

输出设备将计算机处理后的结果信息，转换成人们能够识别和使用的数字、文字、图形、声音、电压等信息形式。常用的输出设备有显示器、打印机、绘图仪、音响设备和投影仪等。需要说明的是，有些设备既可以作为输入设备，又可以作为输出设备，如硬盘、触摸屏等。

2.2.2 计算机的基本工作原理

只有硬件，计算机无法工作，还必须配备必要的软件，才能使计算机实现计算、控制等功能。在控制器的控制下，计算机把组成软件的指令一条一条地取出来，翻译并执行，以完成相应的操作。

（1）指令和指令系统

指令（Instruction）是一组计算机能识别并执行的各种基本操作命令。一条指令通常由两部分组成：前一部分是操作码，后一部分是操作数。操作码指明该指令要完成的操作，如加、减、乘、除等；操作数是指参加运算的数据或者数据所在的地址。

指令系统（Instruction System）是一台计算机的所有指令的集合，反映了计算机的基本功能。不同的计算机，其指令系统也不尽相同。

程序是为解决某一问题而选用的一组有序指令的集合，程序具有目的性、分步性、有限性、有序性、分支性等特性。

（2）计算机的基本工作原理

计算机的基本工作原理是存储程序和进行程序控制。预先把操作的指令序列（程序）和原始数据输入到计算机的内存储器中。每条指令明确规定计算机从哪个地址取数，进行什么操作，然后送到什么地方等。计算机在运行时，先从内存储器中取出第 1 条指令，通过控制器的译码器接受指令的要求，再从内存储器中取出数据进行指定的运算和逻辑操作等，然后再按地址把结果送到内存储器中去。接下来，取出第 2 条指令，在控制器的指挥下完成规定操作，依此进行下去，直到遇到停止指令。其原理如图 2.9 所示。

2.2.3 计算机软件

软件系统是计算机运行各类程序及其相关文档的集合，计算机进行的任何工作都依赖于软件的运行。离开软件系统后，计算机硬件系统将变得毫无意义，只有配备了软件系统的计算机才能称为完整的计算机系统，或者说，计算机系统在"裸机"的基础上，通过一层层软件的改造后，向用户呈现出友好的使用界面和强大的功能。

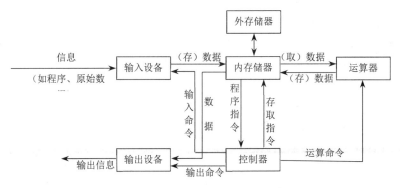

图 2.9 计算机的基本工作原理

目前，计算机系统的软件可分为系统软件和应用软件，它们与计算机硬件及用户之间的关系如图 2.10 所示。

1. 系统软件

图 2.10 软件、硬件和用户关系

系统软件是指控制和协调计算机及其外部设备，以支持应用软件开发和运行，不需用户干预的各种程序的集合。其主要功能包括：调度、监控和维护计算机系统；负责管理计算机系统中各种独立的硬件，使得它们可以协调工作。系统软件使计算机使用者不需了解底层每个硬件是如何工作的，并将计算机看成一个整体。

系统软件主要包括：操作系统（如 Windows、UNIX、Linux 等）、各种计算机程序设计语言以及相应的编译程序、解释程序、连接程序、系统服务性程序（如机器的调试、诊断、故障检查程序等），以及数据库管理系统和网络通信软件等。

系统软件的主要特征为：与硬件有很强的交互性，能对资源共享进行调度管理，能解决并发操作处理中存在的协调问题，其数据结构复杂，外部接口多样化，便于用户反复使用。

（1）操作系统

操作系统是系统软件中最基础的部分，是用户与硬件之间的接口，其作用是让用户能够更为方便地使用计算机，从而提高计算机的利用率。计算机中的所有其他软件都必须运行在操作系统所构建的软件平台之上。

操作系统（Operating System）是方便用户、管理和控制计算机软硬件资源的系统软件，实际上就是一组程序的集合。对操作系统的概念可以从不同角度来描述：从用户角度看，操作系统可以看成是对计算机硬件的扩充；从人机交互方式来看，操作系统是用户与计算机的接口；从计算机的系统结构看，操作系统是一种层次、模块结构的程序集合，属于有序分层法，是无序模块的有序层次调用。操作系统在设计方面体现了计算机技术和管理技术的结合；从管理的角度讲，操作系统又是计算机资源的组织者和管理者。操作系统的任务是合理有效地组织、管理计算机的软件和硬件资源，充分发挥资源效率，为方便用户使用计算机提供一个良好的操作环境。

操作系统具备处理器管理、文件管理、存储管理、作业管理和设备管理等 5 大功能。

① 处理器管理：主要解决处理器的使用和分配问题。提高处理器的利用率，采用多道程序技术，使处理器的资源得到最充分地利用。

② 文件管理：为用户提供一种简单、方便、统一的存储和管理信息的方法。用文件的概念组织管理系统及用户的各种信息集，用户只需要给出文件名，使用文件系统提供的有关操作命

令就可以调用和管理文件。

③ 存储管理：由操作系统统一管理存储器，采取合理的分配策略，提高存储器的利用率。存储管理特指对主存储器进行的管理。

④ 作业管理：作业是交给计算机运行的用户程序，是一个独立的计算任务或事务处理。作业管理就是对作业进入、作业后备、作业执行和作业完成四个阶段进行宏观控制，并为其每一个阶段提供必要的服务。

⑤ 设备管理：为了有效地利用设备资源，同时为用户程序使用设备提供最大的方便，操作系统对系统中所有的设备进行统一调度、统一管理。它的任务是接受用户的输入/输出请求，根据实际需要，分配相应的物理设备，并执行请求的输入/输出操作。

根据用途不同、设计目标、主要功能和使用环境，操作系统可分为 5 类：分时操作系统、实时操作系统、网络操作系统、分布式操作系统和嵌入式操作系统。

① 分时操作系统：将系统处理机时间与内存空间按一定的时间间隔，轮流切换给各终端用户的程序使用。由于时间间隔很短，每个用户的感觉就像独占计算机一样。常用的操作系统有 UNIX、Linux、XENIX、Mac OS 等。

② 实时操作系统：指使计算机能及时响应外部事件的请求，并在规定的严格时间内完成对该事件的处理，控制所有实时设备和实时任务协调一致地工作的操作系统。此外，实时操作系统应有较强的容错能力。

③ 网络操作系统（Network of System，NOS）：基于计算机网络在各种计算机操作系统上按网络体系结构协议标准开发的软件，包括网络管理、通信、安全、资源共享和各种网络应用。目前以 UNIX、Windows Server 2003/2008/2012 和 Linux 的应用居多。

④ 分布式操作系统：为分布计算系统配置的操作系统，大量的计算机通过网络被连接在一起，可以获得极高的运算能力及广泛的数据共享。分布式操作系统负责管理分布式处理系统资源和控制分布式程序运行，与集中式操作系统的区别在于资源管理、进程通信和系统结构等方面。

⑤ 嵌入式操作系统（Embedded Operating System，EOS）是指用于嵌入式系统的操作系统。嵌入式操作系统是一种用途广泛的系统软件，通常包括与硬件相关的底层驱动软件、系统内核、设备驱动接口、通信协议、图形界面、标准化浏览器等。嵌入式操作系统负责嵌入式系统的全部软件、硬件资源的分配、任务调度，控制、协调并发活动。

下面介绍几种常见的操作系统。

① DOS（Disk Operating System，磁盘操作系统，原始的操作系统）。从 1981 年问世至退出历史舞台，DOS 经历了 7 次大的版本升级。但是，DOS 系统的单用户、单任务、字符界面和 16 位的大格局没有变化，不能适应现代硬件系统的需求。

② Windows 系统（最普遍最常用的操作系统）。1985 年，Microsoft 公司推出了第一代视窗操作系统 Windows 1.0，在随后的近 30 年中，随着计算机硬件的不断升级，Windows 操作系统也在不断升级，从 Windows 3.x 系列到 Windows 9x、Windows NT、Windows 2000、Windows ME、Windows XP、Windows Server 2003、Windows Vista、Windows Server 2008、Windows 7 、Windows 8 和 Windows Server 2012，版本持续更新升级，各种版本的操作系统都以其直观的操作界面、强大的功能，使众多的计算机用户能够方便、快捷地使用计算机，为人们的工作和学习提供了很大的便利。Windows 系统以其友好的图形用户界面，直观、易学、易用和对多任务的支持，确立了在微型机操作系统中的主导地位。

③ Mac OS 操作系统（界面最漂亮的操作系统）。Mac OS 是全球领先的操作系统。Mac OS 以简单易用和稳定可靠著称，具备先进的 Apple 网络浏览器 Safari 4、超强的文件共享能力、稳定的视频聊天功能、创新的中文输入法、重新设计的 Finder 功能、革命性的硬盘备份解决方案等特点。

④ UNIX 系统（迷人的小企鹅）。1969 年，UNIX 操作系统由肯·汤普逊（Kenneth Lane Thompson）和丹尼斯·里奇（Dennis Mac Alistair Ritchie）在 AT&T 的贝尔实验室开发。UNIX 是一种通用的、多用户交互式分时操作系统，是目前使用广泛、影响较大的主流操作系统之一。由于 UNIX 结构简练、功能强大、开放性好（包括移植性好，伸缩性和交互操作性强），以及吸收新技术的能力强等特点，被公认为操作系统的经典。UNIX 有很多种，许多公司都有自己的版本，如 AT&T、Sun、HP 等。

⑤ Linux 是当今计算机界一个耀眼的名字，是目前全球最大的一个开源免费软件，是一个功能可与 UNIX 和 Windows 相媲美的操作系统，具有完备的网络功能，与 UNIX 非常相似。Linux 由当时还是芬兰赫尔辛基大学计算机系学生的芬兰科学家 Linus Torvalds 于 1991 年编写的一个操作系统内核发展而来，其源程序在 Internet 上公开发布，通过全世界各地计算机爱好者的共同努力，Linux 被雕琢成为一个全球最稳定的、最有发展前景的操作系统。Linux 继承了 UNIX 以网络为核心的设计思想，是一个多用户、多任务、支持多线程和多 CPU 的操作系统，能运行主要的 UNIX 工具软件、应用程序和网络协议。Linux 支持 32 位和 64 位硬件，是一个性能稳定的多用户网络操作系统。世界上 500 个最快的超级计算机 90% 以上运行 Linux 发行版或变种，最快的前 10 名超级计算机运行的都是 Linux 操作系统。

中文版 Linux 已在国内流行，为发展我国自主知识产权的操作系统提供了良好的条件。

⑥ Android 操作系统。Android 一词的本义指"机器人"，也是 Google 于 2007 年 11 月宣布的基于 Linux 平台的开源手机操作系统的名称。第一部 Android 智能手机发布于 2008 年 10 月。Android 逐渐扩展到平板电脑及其他应用领域，如电视、数码相机、游戏机等。2011 年第一季度，Android 在全球的市场份额首次超过塞班系统，跃居全球第一。2012 年 11 月的数据显示，Android 占据全球智能手机操作系统市场 76% 的份额，中国市场占有率为 90%。Android 号称是首个为移动终端打造的真正开放和完整的移动软件。

（2）计算机语言

人和计算机之间的通信要通过某种特定的语言，这种特定的语言称为计算机语言，也称为程序设计语言（Programming Design Language），是程序设计的工具，是人与计算机交流信息的语言。

为了让计算机帮助人们解决实际问题，必须事先把处理问题的方法、步骤以计算机可以识别和执行的操作表示出来，也就是说要编写程序。这种用于编写计算机程序的语言称为程序设计语言。用各种程序设计语言编写程序和利用计算机执行程序，是人类利用计算机解决问题的主要方法和手段。计算机语言的发展过程，是其功能不断完善、描述问题的方法愈加贴近人类思维方式的过程。计算机语言按其发展过程及应用情况可以分为以下几类。

① 机器语言。机器语言是一种用二进制代码表示机器指令的语言，是一种面向机器的语言，是计算机硬件唯一可以识别和直接执行的语言。不同型号的计算机所采用的机器语言不同。机器语言的特点是质量高、占用内存小、执行速度快。但是因为每条指令都是由 0 和 1 组成的代码串，指令难记、直观性差、检查和调试都比较困难。

② 汇编语言。汇编语言是指用反映指令功能的助记符来代替难懂、难记的机器指令的语

言。汇编语言程序的语句与机器语言指令相对应，机器语言指令直接用二进制代码表示，而汇编语言指令则用助记符。用汇编语言编出的程序称为汇编语言源程序，这种程序计算机无法直接执行，必须提前翻译成机器语言目标程序，计算机才能执行。这个翻译过程称为汇编。

汇编语言在编写、阅读和调试等方面比机器语言有了很大的进步，但是仍然是一种面向机器的语言，它的助记符只是机器语言的符号化而已。因此，与机器语言相比，汇编语言便于识别记忆，但通用性不强，仍然属于低级语言。

③ 高级语言。在 20 世纪 50 年代中期，随着世界上第一个高级语言的出现，新的编程语言不断涌现，各具特色，各有优势。高级语言接近于数学语言或人的自然语言，具有严格的语法规则，又不依赖于计算机硬件，编写的程序能在所有计算机上通用。用高级语言编写的源程序与汇编程序一样在计算机中也不能直接执行，通常要翻译成机器语言的目标程序才能执行。

高级语言种类非常多，曾经较为流行的面向过程的程序语言有 BASIC、FORTRAN、C 和 Pascal 等，典型的面向对象程序设计语言有 C++、Java 等，当前流行的面向对象的可视化程序设计语言有 Visual Basic、Visual Basic.Net、Visual C++、Visual C#.Net 等，非过程语言有 SQL，典型的人工智能语言有 LISP、Prolog、Smalltalk 等，典型的动态语言有 ECMA Script（JavaScript）及 Python 和 Ruby 等，全中文全可视化的自主研发的国产汉语编程语言有易语言。

（3）解释、编译和连接程序

用高级语言编写的程序，计算机不能直接执行，必须经过翻译，将高级语言写的程序（称为"源程序"）翻译成机器语言程序（称为"目标程序"），然后连接，计算机才能执行。这种翻译过程一般有两种方式：解释方式和编译方式。

解释方式是用专门的解释程序将高级语言编写的源程序逐句地翻译成机器语言表示的目标程序，译出一句执行一句，即边解释边执行，并不生成新的文件。完成此功能的程序叫解释程序。解释方式灵活、便于查找错误、占用内存少，但效率低、花费时间长、速度慢。

编译方式是将高级语言编写的源程序全部翻译成机器语言表示的目标程序，然后再执行的方式，完成此功能的程序叫编译程序。一般来说，编译方式执行速度快，但占用内存多。

把目标程序及所需的功能库等转换成一个可执行的程序，完成此功能的程序叫连接程序。

从源程序的输入，经过汇编、连接到可执行程序的过程如图 2.11 所示。

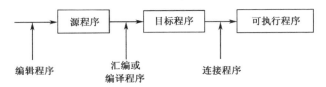

图 2.11　源程序从输入到可执行程序的过程

（4）系统服务程序

系统服务（System Services）是指执行指定系统功能的程序、例程或进程，以便支持其他程序，尤其是低层（接近硬件）程序。通过网络提供服务时，服务可以在 Active Directory（活动目录）中发布，从而促进了以服务为中心的管理和使用。服务一般在后台运行，与用户运行的程序相比，服务不会出现程序窗口或对话框，只有在任务管理器中才能观察到它们的身影。常规的系统服务程序如系统诊断程序、测试程序、调试程序等。

（5）数据库管理系统

随着社会的飞速发展，大量的数据需要计算机进行处理，这类数据的特点是数据量大，计算不复杂，数据处理主要包括数据的存储、查询、修改、排序、统计等。数据库（DataBase）

是按照数据结构组织、存储和管理数据的仓库。对数据库中的数据进行组织和管理的软件称为数据库管理系统（DataBase Management System，DBMS）。数据库管理系统对数据库进行统一的管理和控制，以保证数据库的安全性和完整性。用户通过数据库管理系统访问数据库中的数据，数据库管理员也通过数据库管理系统进行数据库的维护工作。数据库管理系统可使多个应用程序和用户用不同的方法在同时或不同时刻去建立、修改和询问数据库。

数据库技术是主要针对大量数据的处理，至今仍在不断发展中。数据库系统是由硬件、软件（操作系统、数据库管理系统和编译系统等）、数据库和用户构成的完整的计算机应用系统。

目前，常用的数据库管理系统有 Microsoft Access、SQL Server、Oracle、DB2、Sybase、MySQL 和 PostgreSQL 等。

2. 应用软件

应用软件是为满足不同领域、不同问题的应用需求而提供的应用程序及有关资料的总称。它可以拓宽计算机系统的应用领域，放大硬件的功能。计算机之所以能以迅猛的速度渗透到人们的日常生活和工作中，最根本的原因在于计算机能够运行各种各样解决各类问题的应用软件。可以说，应用软件质量的好坏，直接关系到计算机的应用范围和实际功能。

目前，按照应用软件用途的不同，大致可以将其分为以下几种。

① 图形图像处理软件：针对各种形式的图形、图像进行各种处理包括图像修补、变形等，如 Photoshop、Fireworks、Illustrator 等。

② 电子表格软件：进行简单的数据表格处理，绘制各种数据图表，如 Excel 等。

③ 文字处理软件：进行文字格式设定、编辑，如 Word 等。

④ 电子排版软件：完成复杂的文字和图形的版式编排工作，如 PageMaker、InDesign 等。

⑤ 三维动画软件：目前很多动画片都是利用三维动画软件完成的，如 3ds MAX、Maya 等。

⑥ 计算机辅助制作软件：完成建筑、模型的效果生成图，如 AutoCAD、天正 CAD 等。

⑦ 计算机安全类软件：监测、监控计算机，并防范或消除病毒、恶意程序等破坏性软件，如 360 安全卫士、瑞星杀毒、Windows 清理助手等。

2.3 微机硬件组成

随着电子技术的发展、集成电路技术的进步，微型计算机从早期的 IBM PC 发展到今天的酷睿 i7。其各项性能指标得到大幅提高。不管是最早的 PC 还是现在的酷睿 i7 计算机，它们的基本构成都是由主机和外部设备构成的。主机安装在主机箱内。不管是卧式还是立式的主机箱，都有主板、硬盘驱动器、CD-ROM 驱动器、电源、显示适配器（显示卡）等部件。在计算机的运行过程中，用户执行的每项操作都要由主机内的多个部件，或与主机外的其他部件一起共同完成的。

2.3.1 主板

主板，又叫主机板（Main Board）、系统板（System Board）或母板（Motherboard），它安装在机箱内，是微机最基本的也是最重要的部件之一。主板连接了芯片组、各种 I/O 控制芯片、扩展槽、电源插座等部件。主板为 CPU、内存、显卡、硬盘等提供插槽接口，在整个微机系统中扮演着举足轻重的角色。主板的类型和档次决定着整个微机系统的类型和档次。

1. 主板

主板的品牌和型号五花八门，但外形和基本构成基本类似，可以分别从 CPU 接口的类型和主板结构的类型两个角度进行分类。

① 按 CPU 接口的类型分类。当今市场上主要的 CPU 生产厂家为 Intel 和 AMD。它们生产的 CPU 采用了不同的接口。Intel 的 CPU 采用触电式，有 LGA775（又称 Socket775 属于早期接口）、LGA1155、LGA1156、LGA1366（如图 2.12 所示）和 LGA2011 等接口类型。

AMD 的 CPU 采用针脚式接口，有 Socket AM2、AM2 940、Socket AM3 和改进后的 Socket AM3+（如图 2.13 所示）等封装形式。

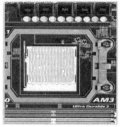

图 2.12　LGA1366CPU 接口　　　　　　　图 2.13　AM3 接口、AM3+接口

② 按主板结构分类。主板是计算机中各种设备的连接载体，主板本身也有芯片组、I/O 控件芯片、扩展插槽、扩展接口和电源插座等部件，因此主板厂商共同制定了统一的标准来协调各部件的关系，对主板上各元器件的布局、排列方式、尺寸大小、形状及所使用的电源规格等做出了规定。

按主板厂家制定的标准，主板可以分为 AT 主板、Baby-AT 主板、ATX 主板、Micro ATX 主板、LPX 主板、NLX 主板、Flex ATX 主板、EATX 主板、WATX 主板、BTX 主板等。其中，ATX 是目前市场上最常见的主板结构，扩展槽较多，如图 2.14 所示，BTX 则是英特尔制定的主板结构。

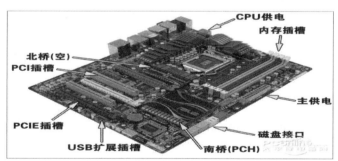

图 2.14　现代 ATX 主板

随着芯片组技术的不断发展，主板上的新技术也层出不穷，如 USB 3.0、SATA 3.0 技术、DDR3 内存技术、显卡切换技术、带宽大扩容 PCI-E3.0 等一系列新技术。

2. 中央处理器

中央处理器（Central Processing Unit，CPU）是计算机的核心部件，是一个体积不大而集成度非常高、功能强大的芯片，主要包括控制器、运算器存储单元和内部总线等部分。CPU 可以集成在一个半导体芯片上，这种具有中央处理器功能的大规模集成电路器件被统称为微处理器（Micro Processor Unit，MPU）。计算机的所有操作都受 CPU 控制，所以它的品质直接影响着整个计算机系统的性能。

（1）CPU 的类型

目前，主流的 CPU 有 Intel 公司的酷睿 i7 系列的 Intel Core i7-960（如图 2.15（a）所示）、酷睿 i5 系列、酷睿 i3 系列以及 AMD 公司的 APU 系列的 A8-3850（如图 2.15（b）所示）、Phenom II 系列、闪龙系列、速龙 II 系列、"推土机"系列。

(a) Intel Core i7-960   (b) AMD A8-3850

图 2.15　CPU

（2）CPU 的主要性能指标

CPU 的性能指标直接决定了由它构成的微型计算机系统的性能。CPU 的性能主要体现在运行程序的速度上。影响运行速度的性能指标包括 CPU 的工作频率、Cache 容量和指令系统等参数。

① 主频也叫时钟频率，单位是兆赫（MHz）或千兆赫（GHz），用来表示 CPU 运算、处理数据的速度。通常，主频越高，CPU 处理数据的速度就越快。

② 缓存（Cache）是 CPU 与主存之间的"数据中转站"。为了减少 CPU 的空闲时间，在 CPU 与内存之间设置一个临时存储器，其功能是将 CPU 下一步要使用的数据预先从速度较慢的主存中读取出来并加以保存，为了解决 CPU 运算速率与内存读写速率不匹配的矛盾。缓存结构从一级发展到三级，速度基本上与 CPU 同步，因此已成为衡量 CPU 性能的一个重要指标。

目前，多数 CPU 内的 Cache 分为两个级别，一个是容量小、速度快的 L1 Cache，另一个则是容量稍大、速度稍慢的 L2 Cache。部分高端 CPU 还拥有容量最大，但速度较慢的 L3 Cache。在 CPU 读取数据的过程中，会依次从 L1 Cache、L2 Cache、L3 Cache 和主存内进行读取。

③ 多核处理器和多线程处理器。多核是指单芯片多处理器（Chip MultiProcessors，CMP）。多核处理器是指在一枚处理器中集成两个或多个完整的计算引擎（内核）。多核处理器在处理多线程任务时，多核心会被充分利用，分工处理，使多核处理器在特定的时钟周期内执行更多任务。如 AMD FX8150 是一颗八核的 CPU。

多线程处理器（Simultaneous Multithreading，SMT）是一种利用特殊的硬件指令，把多线程处理器内部的两个逻辑内核虚拟成两个物理芯片，从而使单个处理器能进行线程级并行计算的处理器技术。如 Intel Core i7-960 就是一颗四核八线程的 CPU。

④ 64 位技术是指 CPU 的通用寄存器的数据宽度为 64 位，也就是说，处理器一次可以运行 64 位数据。64 位技术主要有两大优点：可以进行更大范围的整数运算，可以支持更大的内存。要实现真正意义上的 64 位计算，仅有 64 位的处理器是不行的，还必须有 64 位的操作系统及 64 位的应用软件才行，三者缺一不可，否则无法实现真正的 64 位计算。

⑤ 指令集和扩展指令集。CPU 依靠指令计算和控制系统。指令集是提高微处理器效率的最有效工具之一，每款 CPU 在设计时就规定了一系列与其硬件电路相配合的指令系统。CPU 扩展指令集是指 CPU 增加的多媒体或者 3D 处理指令，这些扩展指令可以提高 CPU 处理多媒体和 3D 图形的能力，著名的有 MMX（多媒体扩展指令）、SSE（因特网数据流单指令扩展）

和 3DNow!（"3D No Waiting!"的缩写，AMD 的一套 SIMD 多媒体指令集）。

3. 内（主）存储器

内存是计算机中重要的部件之一，是与 CPU 进行沟通的桥梁。最初的内存直接固化在主板上，且容量有限。随着软件程序和新一代硬件平台的出现，为了提高速度并扩大容量，内存才成为独立的计算机配件。

（1）内存的分类

根据其存储信息的特点，内存储器可分为只读存储器 ROM（Read Only Memory）和随机存储器（Random Access Memory）两大类。

ROM 是只读存储器，出厂时其内容由厂家用掩模技术写好，只可读出，不能写入。存放在 ROM 中的信息，即使在没有电源的情况下，也能保持。常用的只读存储器有以下几类。

① 可编程只读存储器（Programmable Read-Only Memory，PROM）。PROM 存储器出厂时各个存储单元全为 1 或全为 0。用户使用时，使用特殊电子设备将所需要的数据或程序写入存储器。但仅仅只能编写一次，第一次写入的信息被永久性地保存。

② 可擦可编程只读存储器（Erasable Programmable Read Only Memory，EPROM）。用户可通过编程器将数据或程序写入 EPROM。如果需重新写入，可通过紫外线照射 EPROM，将原来的信息擦除，再次重新写入。EPROM 是一种可多次改写的 ROM。

③ 电可擦可编程只读存储器（Electrically Erasable Programmable Read-Only Memory，EEPROM）。EEPROM 的擦除不像 EPROM 那样用紫外线照射，而是需要一个擦除电压，在写操作之前，不需要把以前内容擦去，能够直接对寻址的字节或块进行修改。EEPROM 常用在接口卡中，用来存放硬件设置数据和防止软件非法复制的"硬件锁"上面。

④ 快闪存储器（Flash Memory）。快闪存储器其特性介于 EPROM 与 EEPROM 之间，写入方法与 EEPROM 相同，读出方法与 EPROM 相同，也可使用电信号进行快速删除操作，速度远快于 EEPROM，以固定的区块为单位，不能进行字节级别的删除操作，其集成度高于 EEPROM。

一般在系统板上都装有只读存储器 ROM，其中固化一个基本输入/输出系统 BIOS（Basic Input Output System），其主要作用完成对系统的加电自检、系统中各功能模块的初始化、系统的基本输入/输出的驱动程序、引导操作系统等操作。BIOS 提供了许多最低级最直接的硬件控制程序，如硬盘驱动程序、显示器驱动程序、键盘驱动程序、打印机驱动程序、串行通信接口驱动程序等，使程序员不必过多地关心这些硬件的具体物理特性和逻辑结构细节，从而能方便地控制各种输入、输出。这些程序相当可靠，很少改变。

随机存取存储器（RAM），又称为主存，是在 CPU 运行期间既可读出信息也可写入信息的存储器，但断电后写入的信息会丢失，一切需要执行的程序和数据都要先存入 RAM 中。通常所说的"内存为 4 GB"，指的就是 RAM 的容量大小。

根据制造原理，RAM 可分为动态随机存储器（Dynamic RAM）和静态随机存储器（Static RAM）。

人们习惯直接将 RAM 称为内存，现在见到的内存都是模块化的条装内存，每一条上集成了多块内存芯片，同时在主板上也设计相应的内存插槽。内存条安装与拆卸方便，维修、升级非常简单。

① 动态随机存取存储器。动态随机存取存储器（Dynamic RAM，DRAM）是 RAM 家族中最大的成员，通常意义上的 RAM 即指 DRAM 内存。DRAM 是靠 MOS 电路中的栅极电容记

忆信息。由于电容上的电荷会泄漏，为了保存 DRAM 内存中的信息，需要定时进行补充，所以 DRAM 需要设置刷新电路，定期对其刷新。但 DRAM 比静态 RAM 集成度高、功耗低，从而成本也低，适合作为大容量存储器。

内存条从规格、技术、总线带宽等不断更新换代，现在微机中的内存条类型是 SDRAM（Synchronous Dynamic Random Access Memory，同步动态随机存储器）。SDRAM 内存条的两面都有金手指，是直接插在内存条插槽中的，因此也叫"双列直插式"（Dual-Inline-Memory-Modules，DIMM），目前绝大部分内存条都采用这种 DIMM 结构。

SDRAM 发展至今已经经历了 4 代：第一代 SDR SDRAM（Synchronous DRAM，同步动态随机存储器），第二代 DDR SDRAM（Double Data Rate SDRAM，双倍速率同步动态随机存储器），第三代 DDR2 SDRAM，第四代 DDR3 SDRAM。第一代和第二代已退出市场，第四代 DDR3 内存成为市场上的主流产品，引脚线为 240 线。

SDR SDRAM（又称为 168 线内存）采用 168 线内存，带宽 64 位、工作电压 3.3 V 电压，存取速度高达 7.5 ns。

DDR SDRAM（又称为 184 线内存）是在 SDRAM 内存基础上发展而来的，仍然沿用 SDRAM 生产体系。两者的区别在于，SDRAM 在一个时钟周期内只传输一次数据，DDR 则在一个时钟周期内传输两次数据，因此 DDR 能够提供更快的数据传输能力。

DDR2 SDRAM（又称为 240 线内存）是 DDR SDRAM 内存的第二代产品，在 DDR 内存技术的基础上加以改进，从而使其传输速度更快，耗电量更低，散热性能更优良。DDR2 的主要优点是在内存模块速度相同的情况下，可以提供相当于 DDR 内存 2 倍的带宽。

DDR3 提供了比 DDR2 SDRAM 更高的运行效能和更低的电压，与 DDR2 SDRAM 相比，DDR3 的预取数据宽度提高了 1 倍，达到 8 位，也是现时流行的内存产品。DDR3 内存采用了 8 位预取设计和点到点的拓扑架构，还应用了突发长度、寻址时序、重置功能（Reset）和 ZQ 终端电阻校准功能四项技术。图 2.16 为金士顿 DDR3 1600 内存条。

图 2.16　金士顿 DDR3 1600 内存条

为了解决 CPU 总线带宽与内存带宽的矛盾，从 Pentium 主板开始，内存采用了双通道技术。双通道内存技术是一种内存控制和管理技术，依赖于芯片组的内存控制器发生作用，在理论上能够使两条同等规格内存所提供的带宽增大 1 倍。随着 Intel Core i7 平台发布，三通道内存技术孕育而生，可以支持 DDR3 1600 内存，性能可以得到翻倍的提升。当前，以 ivy bridge 为核心的酷睿 i7 系列 CPU 内置四通道内存控制器支持四通道内存技术，配合 Intel X79 芯片主板，性能更加强劲。

根据用途，内存条可分为台式机内存和笔记本电脑内存这两类。

② 静态随机存取存储器（Static RAM，SRAM）。SRAM 通过有源电路，即一个双稳态电路保持存储器中的信息。只要存储体的电源不断，存放在它里面的信息就不会丢失。SRAM 的主要优点是与微处理器的接口设计得很简单，所需要的附加硬件很少，使用方便，速度快，可一次写入多次读出。SRAM 的缺点是功耗较大，集成度低，成本高。SRAM 从器件的原理上分为双极型和 MOS 型。双极型静态存储器常作为系统的高速缓冲存储器（Cache）。

（2）内存的性能指标

内存的性能指标包括容量、带宽、频率以及时序等，它们是衡量内存好坏的基本标准。

① 存储容量，是指在一个存储器中容纳的存储单元总数，是衡量内存性能的基本指标之一。容量越大，一次加载的数据量就越多，从而 CPU 从外部读取数据的次数就越少，极大地提高 CPU 的工作效率和计算机的整体性能。常见的内存容量可达 4 GB、8 GB、16 GB。

② 带宽，用来衡量内存传输数据的能力，表示单位时间内传输数据容量的大小。选购内存时要保证内存的带宽不低于 CPU 的带宽。

③ 内存主频，与 CPU 主频一样，内存主频代表着该内存所能达到的最高工作频率，单位以 MHz（兆赫）计量。内存主频越高，在一定程度上代表着内存所能达到的速度越快。目前较主流的内存频率是 800 MHz 的 DDR2 内存和 1333 MHz、1600 MHz 的 DDR3 内存。

4. 总线

微机各功能部件相互传输数据时，需要有连接它们的通道，这些公共通道就称为总线（Bus）。一次传输信息的位数则称为总线宽度。CPU 本身也由若干部件组成，这些部件之间是通过总线连接的。通常把 CPU 芯片内部的总线称为内部总线，把连接系统各部件间的总线称为外部总线或系统总线。

按总线上传输信息类型的不同，总线可以分为数据总线、地址总线和控制总线。

① 数据总线，用来传输数据信息，是 CPU 同各部件交换信息的通道。数据总线都是双向的，而具体传送信息的方向由 CPU 来控制。

② 地址总线，用来传送地址信息。CPU 通过地址总线把需要访问的内存单元地址或外部设备的地址传送出去。通常，地址总线是单向的。地址总线的宽度与寻址的范围有关，即它决定了寻址的范围，如寻址 4 GB 的地址空间需要有 32 条地址总线。

③ 控制总线，用来传输控制信号，以协调各部件的操作，包括 CPU 对内存储器和接口电路的读写信息、中断响应信号等。

5. 扩展槽

扩展槽是主板上用于固定扩展卡并将其连接到系统总线上的插槽，是一种添加或增强电脑特性及功能的方法。目前，扩展槽的种类主要有 PCI、AGP、CNR、AMR、ACR 和比较少见的 WI-FI、VXB、笔记本电脑专用的 PCMCIA 等。未来的主流扩展插槽是 PCI-Express 插槽。

① PCI 插槽。PCI 扩展槽为白色，其位宽为 32 位或 64 位，工作频率为 33 MHz，最大数据传输率为 133 MBps（32 位）和 266 MBps（64 位）。可插接显卡、声卡、网卡、内置 Modem、内置 ADSL Modem、USB 2.0 卡以及其他种类繁多的扩展卡。PCI 插槽是主板的主要扩展插槽，是名副其实的"万用"扩展插槽，其最大的优点是简化了主板与芯片组的设计。

② AGP 插槽。AGP 插槽通常都是棕色的，主要针对图形显示方面进行优化，专门用于图形显示卡，目前最新版本是 AGP 3.0，即 AGP 8X，其传输速率可达到 2.1 Gbps。

③ PCI-Express。PCI-Express 是最新的总线和接口标准，将全面取代现行的 PCI 和 AGP，最终实现总线标准的统一。它的主要优势是数据传输速率高，目前最高可达 10 Gbps 以上。

6. 输入/输出接口

计算机输入/输出接口是 CPU 与外部设备之间交换信息的连接电路，它们通过总线与 CPU 相连，简称 I/O 接口。设置接口的主要目的是解决 CPU 与外设之间存在着速度、时序、数据格式等方面的不匹配问题。目前，很多接口电路采用大规模集成电路，并且已经系列化、标准化，很多接口芯片具有可编程能力。接口电路可以完成数据的缓冲、格式的转换等操作，从而使主机与外部设备能够有条不紊地协调工作。常见的接口如图 2.17 所示。

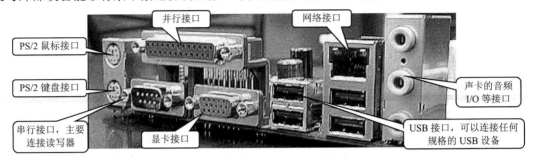

图 2.17　主板上集成的各种外设接口

（1）串行接口与并行接口

串行接口，又称为 RS-232 口（RS-232 是电子工业协会的标准），目前有 9 针和 25 针连接器两种。串行接口采用一位接一位依次传送数据的方式，因此数据的传送效率不高，但其传输稳定、可靠、传输距离长。目前，串行接口通常用来外接鼠标或调制解调器。

并行接口，又被称为打印机口，可以向外设同时传送一字节或多字节，其特点是数据传送效率较高。通常，并行接口用在传输距离短、数据传输速率要求较高的场合，如驱动并行打印机或高速的数据通道等。

（2）USB 与 IEEE 1394 接口

USB（Universal Serial Bus，通用串行总线）是由 Intel 等公司提出的一种新型接口标准，是目前计算机上应用较广泛的接口规范。USB 接口支持功能传递、连接简单、不需要外接电源，支持即插即用。USB 通过串联方式最多可串接 127 个设备。USB 2.0 提供单向数据流传输，理论上的最高速率为 480 Mbps。USB 3.0 是最新的 USB 规范，支持双向并发数据流传输，理论上的最高速率为 5.0 Gbps。

IEEE1394 接口也叫 Firewire 火线接口，是苹果公司开发的串行标准。同 USB 一样，IEEE1394 也支持外设热插拔，可为外设提供电源，能连接多个不同设备，支持同步数据传输，传输速率可达 400 Mbps，适合连接高速的设备。IEEE1394 已广泛应用于数字摄像机、数字照相机、电视机顶盒、家庭游戏机、计算机及其外围设备等。

（3）其他常用接口

除了上述接口，还有常用于连接鼠标的 PS/2 接口、用于接入局域网的以太网（卡）的 RJ-45 接口。

2.3.2　外存储器

在计算机系统中，除了主存储器，还有外存储器。这些设备不仅能够存储大量的计算机程序和数据，还可随时供用户调取和使用。相比之下，外部存储设备较内存的种类要多出不少，其组成结构、工作方式、性能指标等内容各不相同。常用的有硬盘、光盘和移动存储设备。它们与内存一样，存储容量也是以字节为基本单位。

1. 硬盘存储器

硬盘是计算机系统中用来存储数据的设备，相比其他外部存储设备，具有容量大、成本低等优点。目前，流行的硬盘容量有 500 GB、1 TB、2 TB 和 4 TB 等。

（1）硬盘的分类

硬盘从盘片的尺寸分有 3.5 英寸、2.5 英寸、1.8 英寸、1.3 英寸、1.0 英寸和 0.85 英寸。

从数据线接口方式上，硬盘分为 IDE（PATA）接口、SCSI 接口和 SATA（Serial ATA）接口。IDE（Integrated Drive Electronics）接口，也叫 ATA（Advanced Technology Attachment）接口。IDE 接口硬盘早期广泛使用。SATA（Serial ATA）接口的串口硬盘是未来微机硬盘的趋势。SCSI 接口的硬盘主要应用于中、高端服务器和高档工作站中。串行连接 SCSI 接口主要提高了多硬盘系统的通信速度，采用新一代 SCSI 技术的 SAS（Serial Attached SCSI）即光纤通道（Fibre Channel）硬盘采用串行连接 SCSI 接口，是为了改善存储系统的效能、可用性和扩充性。

从存储介质上分，硬盘有传统的机械硬盘 HDD（Hard Disk Drive，采用磁性碟片来存储，如图 2.18 所示）、固态硬盘 SSD（Solid State Disk、IDE FLASH DISK、Serial ATA Flash Disk，采用闪存颗粒来存储）、混合硬盘 HHD（Hybrid Hard Disk，把磁性硬盘和闪存集成到一起）。

目前，台式机中使用的硬盘多为 3.5 英寸 SATA 接口的全高型传统硬盘，笔记本中多用 2.5 英寸 SATA 半高或薄型传统硬盘，部分笔记本或多数上网本使用 SATA 接口的固态硬盘。

图 2.18　传统硬盘、固态硬盘示意

（2）硬盘的结构和主要性能指标

机械硬盘由盘片、磁头、主轴电机、传动部件、电路板和各种接口所组成。除电路板和裸露的数据接口能够被人们所看到的外，其他部件都被密封在硬盘内部。硬盘性能的标准有许多，都需对容量（单碟容量）、转速、平均寻道时间、最大外部数据传输率等技术参数进行综合评估。固态硬盘由控制单元和存储单元（FLASH 芯片）组成，主要特点是读写速度快，由于固态硬盘没有普通硬盘的旋转介质，因而抗震性极佳，低功耗、无噪音、体积小、工作温度范围广，主要用于军事、车载、工控、视频监控、网络监控、网络终端、电力、医疗、航空、导航设备等领域，但存在固态硬盘发生损坏时数据难以恢复及使用寿命受限的问题。

2．移动存储器

随着计算机应用的发展，移动存储设备以其存储容量大、便于携带等特点逐渐发展成为用户较为认可的外部存储设备，满足了人们对随身存储能力的需求。目前，市场上的移动存储设备类型众多，但总体来说可以分为移动硬盘、U 盘和存储卡三种。

① 移动硬盘。移动硬盘是一种以硬盘为存储介质，利用 USB 接口来增强便携性的存储产品。目前，市场上常见规格有 1.8 英寸、2.5 英寸和 3.5 英寸 3 种规格。2.5 英寸移动硬盘在产品价格和便携性之间取得了较好的平衡，因此成为移动硬盘市场的主流产品，其读取速度约为 15～25 Mbps，写入速度约为 8～15 Mbps。

移动硬盘具有体积小、重量轻、容量大、速度快、兼容性好、能即插即用、安全可靠性好等优点。

② U 盘。U 盘全称 USB（USB flash disk）闪存驱动器，是一种用闪存作为存储介质，采用 USB 接口与计算机相连的小型存储设备。目前，市场上 U 盘容量有 1 GB、2 GB、4 GB、8 GB、16 GB、32 GB、64 GB 等。

U 盘抗震性能极强且小巧精致便于携带、存储容量大、即插即用、价格便宜、可擦写 100 万次以上，数据甚至可保存 10 年，具有防潮防磁、耐高低温等特性。U 盘还可根据不同的功能分为启动型 U 盘、加密型 U 盘、杀毒 U 盘、测温 U 盘、多媒体 U 盘等类型。

③ 存储卡。存储卡具有体积小巧、携带方便、使用简单的优点。由于大多数存储卡都具有良好的兼容性，便于在不同的数码产品之间交换数据。目前，市场上常见的存储卡主要分为 CF 卡、MMC 卡系列、SD 卡系列、MS 记忆棒系列、XD 图像卡等。SD 存储卡是用于手机、数码相机、笔记本计算机、MP3 和其他数码产品上的独立存储介质。在市场上购买存储卡还需要注意存储卡的兼容性、包装和外观做工、保修时间。

3．光盘驱动器

光盘驱动器特点是能够利用激光读取光盘内的信息，或利用激光将数据记录在空白光盘内。因为光盘存储容量大，价格便宜，保存时间长，适宜保存大量的数据，如声音、图像、动画、视频信息、电影等多媒体信息，所以光驱是多媒体电脑不可缺少的硬件配置。

光盘的种类繁多，标准不一，按照记录数据时采用的格式，大致可分为 CD 光盘、DVD 光盘、蓝光光盘（Blu-Ray Disc）和 HD-DVD 四种；按照读写限制，光盘大致可分只读式、一次写入多次读出和可读可写式三种。在市场上选购光驱应考虑所选光驱的接口类型、数据传输率的高低、数据缓冲区的大小及兼容性等。

2.3.3 输入设备

微机上常见的输入设备有键盘（Keyboard）、鼠标器（Mouse）、扫描仪（Scanner）等。在日常生活中还可见到诸如触摸屏（Touch Screen）、条形码阅读器（Barcode Reader）、光学符号阅读器（OCR）等设备。

1．键盘

键盘是最常见的计算机输入设备，广泛应用于微型计算机和各种终端设备上，用户通过键盘向计算机输入各种指令、数据，指挥计算机的工作。操作者可以方便地利用键盘和显示器与计算机对话，对程序进行修改、编辑、控制和观察计算机的运行。

（1）键盘的分类

根据用途，键盘分为台式机键盘和笔记本键盘两大类；根据按键结构，键盘分为机械键盘、塑料薄膜式键盘、导电橡胶式键盘和电容式键盘；根据按键数量，键盘分为 101、102、104 和 107 等；根据设计外形，键盘分为标准键盘、人体工程学键盘和异形键盘；根据接口类型，键盘分为 PS/2 接口、USB 接口和无线键盘。随着笔记本电脑的广泛使用，人们对便携性要求越来越高，一种便携型新原理键盘已诞生，这就是四节输入法键盘。该键盘进一步提高了操作简便性和输入性能，并将鼠标功能融合在键盘按键中。

（2）键的排列

键盘上键位的排列有一定的规律。键位的排列与键位的用途有关。台式机键盘的排列按用途可分为主键盘区、功能键盘区、全屏幕编辑键盘区和小键盘区，如图 2.19 所示。

主键盘区：又称为标准英文打字机键盘区，它的英文字母排列与英文打字机一致。各种字母、数字、运算符号、标点符号及汉字等信息都是通过在这一区域的操作输入计算机的。

功能键区：包括 12 个功能键 F1～F12。功能键在不同的软件系统下，其功能可以不同，功能键的具体功能通常是由软件来定义的。

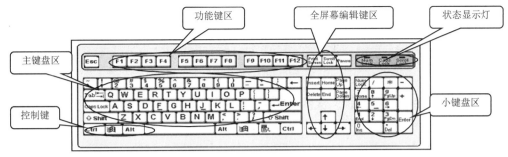

图 2.19　键盘键位分布

全屏幕编辑键区：在主键盘和数字小键盘的中间，包括 4 个光标移动键和 6 个编辑键。

小键盘区：包含数字键和编辑键。数字小键盘位于键盘的右部，该区的键起着数字键和光标键的双重功能。小键盘上标有"Num Lock"字样的键是一个数字/编辑转换键。当按下该键时，该键上方标有"Num Lock"字样的指示灯发亮，表明小键盘处于数字输入状态，此时使用小键盘就可以输入数字；再按 Num Lock 键，则指示灯熄灭，表明小键盘又回到编辑状态，小键盘上的键变成了光标控制/编辑键。

（3）常用键的功能及使用

Shift 为换挡键，或称为上挡键。在输入上挡字符时，按住此键，再按下双字符键，即可输入上挡字符。

Caps Lock 为大/小写字母转换键。每按一次此键，所有的字母键均转换一次大/小写状态。即原来为小写字母键，按此键一次后，均变为大写字母键；再按此键一次，则又恢复为小写字母键。

Ctrl 和 Alt 为控制键。这两个键往往分别与其他键组合使用，用来表示某个控制和操作，其组合功能由不同的软件系统决定。

Enter 为回车键。在不同软件中，其功能不完全相同。一般情况下，按该键一次，表示输入的信息行或命令行的结束，将光标移到下一行的行首或命令开始执行。

Space Bar 为空格键。每按该键一次，输入一个空格，光标向右移动一格。

Backspace 为退格键。用来删除当前光标位置前面的字符，并将光标左移一个位置，连续按下此键可删除多个字符。

跳格键 Tab，又叫制表键。用来将光标右移到下一个制表位的位置。同时按下 Shift 键和 Tab 键时，将把光标左移到前一个制表位的位置。通常制表位的位置被设定为 8 个字符间隔。

Esc 键为强行退出键。在菜单命令中，该键用于退出当前操作状态，返回到原来操作的状态。

PrintScreen 为屏幕打印键，将屏幕显示的内容保存到剪贴板中。如果只按下该键，则将整屏复制到剪贴板中。同时按下 Alt 和 PrintScreen 键，只将当前活动窗口画面复制到剪贴板中。

Windows 开始键。位于 Ctrl 和 Alt 键之间，用于启动 Windows 开始菜单。

Windows 右键。位于右侧 Windows 开始键和 Ctrl 键之间，在 Windows 中使用，相当于单击鼠标右键。

PageUp 和 PageDown 为翻页键。在小键盘区中用 PgUp 和 PgDn 来表示，常用来实现光标在屏幕上的快速移动。

Ins 或 Insert 为插入键。用来在一行中插入字符。一个字符被插入后，光标右侧的所有字符将向右移动一个字符位置，再次按 Ins 键，则返回替换状态。

Del 或 Delete 为删除键。用来删除当前光标位置的字符。当一个字符被删除后，光标右侧的所有字符将左移一个位置。

光标移动键。按一下该键，光标将按箭头方向移动一个字符位置。

2．鼠标器

随着图形化操作系统的出现，鼠标（Mouse）应运而生，其准确、快速的屏幕指针定位功能，成为人们使用计算机时必不可少的重要设备之一。

（1）鼠标的分类

鼠标从诞生起，经历了一次又一次的变革，其功能越来越强，使用范围越来越广，种类也越来越多。按接口类型，鼠标可分为 PS/2 鼠标、USB 鼠标、无线鼠标；按其工作原理及其内部结构，鼠标可分为机械式和光电式；按键数，鼠标分为三键鼠标、滚轮鼠标和多键鼠标。此外，还有轨迹球鼠标以及应用于笔记本上的指点杆和触摸板。

（2）鼠标的性能指标

无论是哪种类型的鼠标，其工作方式都是在侦测当前位置的同时与之前的位置进行比对，从而得出移动信息，实现移动光标的目的。目前，市场上能够见到的鼠标产品绝大多数都属于光电鼠标，能够反应光电鼠标性能的指标主要有分辨率、光学扫描率和接口类型。

3．扫描仪

扫描仪（scanner）是一种高精度的光电一体化产品，通过捕获图像将之转换成计算机可以显示、编辑、存储和输出的数字化输入设备。

扫描仪的种类繁多，按不同的分类标准可以划分出不同的类型。按照用途分类，扫描仪可分为用于图稿输入的通用型扫描仪和专用于特殊图像输入的专用型扫描仪（条码扫描仪、卡片阅读机）；按照扫描图像幅面，扫描仪可分为手持式扫描仪、台式扫描仪、工程图纸扫描仪；按照扫描方式，扫描仪分为激光式扫描仪、滚筒式扫描仪；按照成像方式分成 CCD 扫描仪、CMOS 扫描仪和 CIS 扫描仪三种类型。现阶段，人们主要从图像的扫描精度、灰度层次、色彩范围、扫描速度、所支持的最大幅面等方面来衡量扫描仪的性能。

2.3.4 输出设备

人与计算机之所以能够交互，在于输入设备可以将计算机之外的内容输入到计算机中，还可以将计算机中的内容通过输出设备输出。输出设备将其内部的二进制信息转换为数字、字符、图形、图像、声音等人们所能够识别的媒体信息。因此，输出设备也是计算机不可缺少的外部设备。

1．显示器

显示器是用户与计算机进行交互时必不可少的重要设备，其功能是将来自显卡的电信号转化为人类可以识别的媒体信息。用户可直观快速地通过文字、图形、图像等方式查看计算机的运行状态及处理结果。

早期的计算机显像设备较简单，随着用户的使用需求增加，以显示器为代表的显示设备逐渐产生并发展成为计算机的重要设备。目前，常见显示器可以根据以下标准分为多种类型。主要按显像技术划分，显示器分为液晶显示器（或称 LCD，Liquid Crystal Display）、LED 显示器、3D 显示器。LED 显示器的屏幕还可以划分为 4:3、5:4、16:9 和 16:10 这四种比例。

（1）液晶显示器

液晶显示器为平面超薄的显示设备，主要由液晶面板和背光模组两大部分组成。人们通过对电场的控制，进而改变液晶分子的排列，最终控制了光线的明暗变化，从而达到显示图像的目的。

根据液晶分子的排布方式，常见的液晶显示器分为窄视角的 TN-LCD、STN-LCD、DSTN-LCD 和宽视角的 IPS、VA、FFS 等。TN-LCD 是目前市场上主流的液晶显示器采用的模式，宽视角模式多用于液晶电视。

影响液晶显示器显示效果的主要参数有点距、最大分辨率、亮度、对比度、响应时间、坏点、灰阶响应时间以及可视角度。

液晶显示器具有机身薄、省空间、省电、不产生高温、低辐射、画面柔和、画面不会闪烁等优点。

LCD 显示器的主流尺寸有 19 英寸、21.5 英寸、22.1 英寸、23 英寸等。

（2）LED 显示器

LED 液晶显示器全称为 LED 背光源液晶显示器。它的结构与原理与 LCD 基本一致，不同的是：① LCD 是由液态晶体组成的显示屏，而 LED 由半导体发光二极管组成的显示屏；② LED 液晶显示器采用了 LED 背光光源作为发光器件，取代了传统背光系统 CCFL（冷阴极荧光灯）。LED 与 LCD 的功耗比大约为 1:10，而且更高的刷新速率使得 LED 在视频方面有更好的性能表现，能提供宽达 160° 的视角，可以显示各种文字、数字、图像及动画信息，也可以播放电视、录像、VCD、DVD 等彩色视频信号，多幅显示屏还可以进行联网播出。有机 LED 显示屏的单个元素反应速度是 LCD 液晶屏的 1000 倍，在强光下也可以照看不误，并且适应-40℃的低温。

LED 显示器集微电子技术、计算机技术、信息处理于一体，其色彩鲜艳、动态范围广、清晰度高、工作电压低、功耗小、寿命长、耐冲击和工作稳定可靠等，这些优点使它成为最具优势的新一代显示媒体，LED 显示器已广泛应用于大型广场、商业广告、体育场馆、信息传播、新闻发布、证券交易等，可以满足不同环境的需要。

2. 显示卡

显卡（Graphics Card，又叫显示适配器）是显示器与计算机主机间的桥梁，使用专门的总线接口与主板进行连接。通过不断接收和转换计算机传来的二进制图形数据，将转换后的数据信号通过专用接口和线缆传输至显示器，使其生成各种美丽的画面。

（1）显卡的组成及技术指标

显卡主要由显示芯片 GPU（Graphic Processing Unit，图形处理器或图形处理单元）、显存、显卡 BIOS 及显卡接口等组成。显卡的性能主要由显示芯片和显存决定，一般情况下，显示芯片性能越先进显卡性能就越好；在显示芯片相同时显存的性能越好，显卡的性能也越好。

近年来，随着显示设备的不断发展，显卡信号输出接口的类型越来越丰富。目前，主流显卡大都提供两种以上的接口。常见的有 DVI（Digital Video Interface，即数字视频接口），是目前许多 LCD 显示器采用的接口类型；S-Video（Separate Video，S 端子输出），一般用于连接电视；HDMI（High Definition Multimedia Interface，高清晰度多媒体接口），连接高清电视。

显卡是计算机硬件系统中较为复杂的部件之一，其性能指标也相对较多，主要有显卡核心频率、显存频率、显存位宽、显存带宽、显存类型及 3D API 技术。为了解决某些高端应用图形数据处理需求，诞生了多卡互联技术。

（2）显卡的类型

显卡的发展速度极快，其类别多种多样，所采用的技术也各不相同。按照显卡的构成形式，显卡分为独立显卡、集成显卡和核芯显卡。独立显卡是指将显示芯片、显存及其相关电路单独做在一块电路板上，自成一体并作为一块独立的板卡存在，需占用主板的扩展插槽。集成显卡是将显示芯片、显存及其相关电路都集成在主板上。核芯显卡是 Intel 产品新一代的图形处理核心，与以往的显卡设计不同，Intel 凭借其在处理器上的先进工艺及新的架构设计，将图形核心与处理核心整合在同一块基板上，构成一颗完整的处理器。

根据独立显卡使用的数据接口类型，显卡分为 AGP 显卡和 PCI-E 显卡。

3. 打印机

打印机是计算机的输出设备之一，用于将计算机的处理结果打印在相关介质上。衡量打印机好坏的指标有三项：打印分辨率、打印速度和噪声。打印机的种类很多，其分类方式也很多。按照打印元件是否对纸有击打动作，打印机分为击打式打印机与非击打式打印机；按照工作方式，打印机分为针式打印机、喷墨式打印机、激光打印机、热升华打印机等类型。常见打印机如图 2.20 所示。

图 2.20　针式打印机、喷墨打印机、激光打印机、热升华打印机

针式打印机是典型的击打式打印机，工作时通过打印机和纸张的物理接触打印字符图形，可以打印多层介质，结构简单、打印速度较慢。针式打印机多用于银行、医院、邮局等行业。

喷墨打印机属于非击打式打印机，通过将墨水喷洒到纸面，从而形成字符和图形。喷墨打印机具有体积小、噪声低、打印效果好的特点。因其耗材贵，喷墨打印机多用于彩色输出。

激光打印机作为一种非击打式打印机，具有输出速度快、分辨率高、成本低、噪声低等优点，适合办公室用户选用。

热升华打印机常用于彩色数码照片打印，特别适合打印对人像的皮肤质感和精致细腻有较高要求的照片，具有长久保存不易退色的特点。

本章小结

本章在介绍计算机的特点、分类及应用领域的基础上，对计算机系统的硬件、计算机系统的软件、微机系统的结构、基本原理、各部件的基本功能及主要技术指标都进行了详细阐述。

建议学习本章时，先进行浏览，以对计算机系统形成一个整体认识，对于不明白的问题先暂时搁置，等学完后续章节一段时间后，再回过头来详细阅读本章内容，相信那时读者对计算机系统的理解和认识会更加深刻。

习 题 2

1. 简述计算机的特点。
2. 计算机的应用领域主要包括哪些?
3. 简述计算模式的发展历程?
4. 什么是计算机的硬件、软件? 其关系如何?
5. 简述你所使用的微机的基本配置。
6. 计算机硬件由哪几部分组成? 各部分的主要功能是什么?
7. 什么是操作系统? 操作系统的功能有哪些?
8. 简述常见微机操作系统的特点。
9. 什么是编译程序? 什么是解释程序?
10. 什么是 RAM、ROM? 二者有何区别? 简述 PROM、EPROM、EEPROM 的特点。
11. 简述硬盘、U 盘使用时的注意事项。
12. 什么是总线? 它的作用是什么?
13. 目前常用的外设接口标准有哪几种?

第 3 章　Windows 7 操作系统

Windows 7 是微软公司开发的新一代操作系统，于 2009 年 10 月 23 日在中国正式发布，是一款基于 NT 技术的 32 位、64 位操作系统，核心版本号为 Windows NT 6.1。

3.1　Windows 7 基础

3.1.1　Windows 7 简介

作为新一代的操作系统平台，Windows 7 继承了 Windows XP 的实用和 Windows Vista 的华丽，同时在系统界面、性能和可靠性等方面进行了很大改进，使人们的操作更简单、快捷。

1．Windows 7 系统版本简介

Windows 7 共包含以下 6 个版本。

① Windows 7 Starter（初级版）：简单易用，功能最少，没有 Aero（Aero 是微软开发的一种 Windows 用户界面效果）特效功能，没有 Windows 媒体中心和移动中心等，仅适用于低端机型的用户。

② Windows 7 Home Basic（家庭基础版）：主要新特性包含无限应用程序、实时缩略图预览、增强视觉体验、高级网络支持、移动中心等，是简化的家庭版。

③ Windows 7 Home Premium（家庭高级版）：包含所有的桌面增强效果和多媒体功能，可满足家庭娱乐需求，适合于广大家庭用户。

④ Windows 7 Professional（专业版）：加强了网络管理、高级网络备份等功能以及位置感知打印技术（可在家庭或办公网络上自动选择合适的打印机）等，适用于对网络数据备份、远程控制等有特别需求的用户和小型企业用户。

⑤ Windows 7 Enterprise（企业版）：包含一系列企业级增强功能，如 BitLocker（驱动器加密）、AppLocker（锁定未授权软件运行）、DirectAccess（直接访问，自动地在外网客户机和内网服务器之间进行连接）等功能，适用于企业级用户。

⑥ Windows 7 Ultimate（旗舰版）：具备家庭高级版和专业版的全部功能，消耗的硬件资源也是最大的。

本章以中文版 Windows 7 Professional 为实例进行介绍，以后简称为 Windows 7。

2．Windows 7 的新特点（或特性）

作为新一代操作系统，Windows 7 主要有如下新特点。

① Jump List（跳转列表）功能菜单，可以帮助用户快速访问常用的文档、图片、歌曲或网站。在开始菜单和任务栏中都能找到"Jump List"。

② Windows Live Essentials，是一款帮助 Windows 7 用户实现全方位畅想体验的免费软件，是由微软公司提供的一项服务，它包括 Messenger、Photo Gallery、Mail、Writer、Movie Maker、Toolbar、Family Safety 和 Microsoft Office Outlook Connector 等 8 个程序。

③ 轻松创建家庭网络，方便拥有多台计算机的家庭通过 Home Group（家庭组）功能共享

文件、音乐、视频和打印机等。

④ 轻松实现无线联网，用户可以随时随地地使用便携式计算机查看和连接网络，无线上网的设置变得更加简单、直接，更加人性化。

⑤ Windows 7 触控技术，将 Windows 7 与触摸屏计算机配套使用，只需使用手指就能实现在线浏览网页、翻阅相册、拖曳文件和文件夹等操作。

3．Windows 7 硬件要求

作为新一代的操作系统，Windows 7 对计算机的硬件性能提出了更高的要求。安装和运行 Windows 7 的计算机硬件配置需求如表 3.1 所示。

表 3.1　中文版 Windows 7 的硬件环境

硬　件	基本要求	
	32 位系统	64 位系统
CPU	1 GHz	2 GHz
内存	1 GB	2 GB
硬盘	16 GB 可用磁盘空间	20 GB 可用磁盘空间
显卡	支持 DirectX 9 显卡，带 WDDM 1.0 或更高版本的驱动	
其他设备	DVD-R/W 驱动器	

3.1.2　Windows 7 的启动和退出

Windows 7 的启动和关闭操作比较简单，但对系统来说却是非常重要的。不正确的启动或关闭计算机，将影响计算机系统的正常使用。

1．Windows 7 的启动

打开安装好 Windows 7 操作系统的计算机电源开关，计算机开始硬件自检并显示相应的信息（包括主板型号、CPU 型号、内存容量和规格等）；完成自检后，计算机将会自动引导操作系统 Windows 7（如果计算机上安装了多个操作系统，则首先显示操作系统列表，用户可按方向键选择 Windows 7，再按 Enter 键确认）；稍等片刻，将出现如图 3.1 所示的登录界面。

图 3.1　Windows 7 登录界面

系统如果有多个用户，单击某个用户名前的图标（如果设置了登录密码，还需输入密码），即可看到 Windows 7 非常简洁的桌面，如图 3.2 所示。

图 3.2　Windows 7 的桌面

2．Windows 7 的退出

在工作完成后，用户不能直接关闭计算机电源。必须首先从 Windows 7 系统中退出，否则会丢失一些未保存的文件或破坏系统中正在运行的程序。用户通过关机、注销、锁定、重新启动、睡眠、休眠等操作，都可以退出 Windows 7 操作系统。

（1）关机

关闭 Windows 7 的方法如下：单击"开始"按钮 ，弹出"开始"菜单，单击 按钮。系统将停止运行，保存设置后退出，并自动切断主机电源，用户只需要关闭外设电源开关即可。

（2）注销

Windows 7 与之前的操作系统一样，允许多个用户共同使用一台计算机上的操作系统，每个用户都可以进行个性化设置而互不影响。

为方便使用计算机，实现不同用户的快速登录，Windows 7 提供了"注销"功能，用户不必重新启动计算机就可以实现多用户登录。Windows 7 中注销操作的方法如下：单击"开始"按钮，弹出"开始"菜单，单击 按钮右侧的箭头，然后从弹出的列表中选择"注销"，如图 3.3 所示。

图 3.3　"关机"列表

如果当前用户还有程序正在运行，则会出现提示窗口，单击"取消"按钮，则取消"注销"操作，恢复到系统界面。单击"强制注销"按钮，则强制关闭正在运行的程序，快速切换到用户登录界面，选择需要切换到的用户名并输入登录密码，即可实现切换用户功能。

（3）切换用户

"切换用户"是指在不关闭当前登录用户正在使用的程序、打开的窗口的情况下切换到另一个用户，而当再次返回时系统会保留原来的状态。选择"关机"列表中的"切换用户"选项，选择切换的用户名和输入登录密码即可实现切换用户功能。

（4）锁定

当用户在工作中要暂时离开，又不希望其他人查看自己计算机的信息时，可以通过"关机"

列表中的"锁定"功能将计算机锁定，恢复到用户登录界面，再次使用时只有输入用户登录密码才能再次进入系统界面。

（5）重新启动

当系统运行不稳定或死机时，可以在"关机"列表中选择"重新启动"选项，重启计算机。

（6）睡眠

睡眠是指 Windows 使主机内存以外的其他设备断电，并将正在运行的文件保存在内存中的低耗能状态。选择"关机"列表中的"睡眠"选项，计算机将进入睡眠状态。如果用户要将计算机从睡眠状态中唤醒，只需要单击一下鼠标或者按一下电源按钮，计算机就可以快速恢复到睡眠前的工作状态。注意：睡眠后计算机不能断电，否则不能恢复到先前的工作状态。

（7）休眠

休眠是指计算机把当前的内容写入硬盘，然后计算机完全关闭电源的低耗能状态。选择"关机"列表中的"休眠"，计算机将进入休眠状态。休眠后计算机可以断电，如果用户要将计算机从休眠状态中唤醒，则必须按下主机上的电源按钮。

3.2 Windows 7 的基本概念与操作

Windows 7 的桌面、窗口、菜单、对话框等对象的基本概念与操作方法是使用 Windows 7 的基础。

3.2.1 鼠标和键盘的使用

Windows 7 启动时，会确定系统是否安装了鼠标。如果安装了鼠标，屏幕上将出现鼠标指针，移动鼠标就可以把鼠标指针（简称指针）指向屏幕上的对象（如图标、窗口、标题栏、菜单选项、文件夹等）。目前使用人数较多的带滚轮的两键鼠标，分别称之为左键和右键，用得最多的是左键。与使用键盘相比，使用鼠标能更快捷地选择、打开各种应用程序、菜单和对话框等。因此，掌握基本的鼠标使用技术是非常必要的。

（1）鼠标的基本操作

鼠标的基本操作有以下 5 种。

① 指向：移动鼠标，将鼠标指针移动到屏幕上的一个特定位置或要选定的对象的动作。指向操作往往是鼠标其他操作（如单击、双击或拖动）的前提。

② 单击：以比较快的速度按下鼠标的左键，用于确认自己对某个选项的选择。如果要执行多个（不）连续对象，可以按住 Shift（Ctrl）键再单击。对于单击来说，首先需要执行指向操作。例如，要单击"开始"按钮，就必须在单击之前将鼠标指针指向这个按钮。

③ 右击：就是以比较快速地按下鼠标的右键，即右键单击。一般来说，右击操作用于弹出快捷菜单及获取帮助。

④ 双击：指以较快的速度连续两次执行单击。双击不是两次单击的简单累加，一般用来选择并执行一个命令。例如，要打开一个文件夹，便可以对其进行双击。

⑤ 拖动：指将鼠标指针指向对象后，按下鼠标的左键或右键，在不松开对象的情况下，移动鼠标到新的位置，再松开鼠标键。例如，可以使用鼠标"拖动"，完成文件的移动、复制和创建快捷方式等操作。

（2）鼠标指针的不同标记

当鼠标移动时，屏幕上的鼠标指针将随着移动，鼠标指针的形状也会发生变化。鼠标指针形状的变化表示不同的意义，通过观察鼠标指针的形状，可以确定当前的操作和操作的状态。表 3.2 列出了常见的鼠标指针形状及含义。

（3）键盘组合键

Windows 7 的操作使用鼠标比较方便，但用键盘操作同样可以完成。例如，可以使用 Ctrl+C 组合键（即同时按下这两个键）来执行复制命令。常用的快捷键及功能如下。

表 3.2　鼠标指针形状及含义

鼠标指针形状	代表的含义
⬉	标准选择指针，可以进行常规操作
⬉?	求助指针，可以进行帮助选择
⬉	后台操作指针，表示计算机正在后台操作
○	圆形指针，计算机正忙，请等待
I	文字输入指针，出现该指针的区域可以输入文字
↔	调整水平大小指针，可以调整窗口水平方向的大小
↕	调整垂直大小指针，可以调整窗口垂直方向的大小
⤢	对角线调整指针，可以用对角线调整窗口大小
✥	移动指针，可以移动
🖑	链接指针，可以链接转向
⊘	不可用指针，操作非法，不可操作
✎	手写指针，可以手写输入
✛	精确选择指针，可以精确定位

Esc	取消
Alt	激活菜单栏
Alt+F4	关闭窗口
Alt+Tab	窗口之间的切换
Alt+<空格键>	打开窗口左上角的控制菜单
Ctrl+Alt+Del	打开提示界面，可以选择"切换用户","更改密码","启动任务管理器"

等功能。例如，可以通过"Windows 任务管理器"的"结束任务"命令来结束不响应的任务

Ctrl+A	选择全部
Ctrl+X	剪切
Ctrl+C	复制
Ctrl+V	粘贴
Ctrl+Z	撤销
Ctrl+Esc	打开"开始"菜单
Ctrl+<空格键>	启动或关闭输入法
Ctrl+Shift	中文输入法的切换
Enter	确认
PrintScreen	复制当前屏幕图像到剪贴板中
Alt+PrintScreen	复制当前窗口、对话框或其他对象到剪贴板

3.2.2　Windows 7 的桌面及操作

当计算机系统启动成功后，进入 Windows 7，出现如图 3.2 所示的界面，这就是 Windows 7 操作系统的桌面（Desktop）。桌面是屏幕的整个背景区域，是一种有效组织和管理资源的方式。与日常的办公桌面一样，常常在其上放置一些常用工具。Windows 7 也利用桌面承载各类对象，上面放置着一些经常要用到的程序、文件夹、文档等；通过它们，用户可以快捷地进行各种操作。在系统工作过程中，程序执行的状况、系统与用户交互的信息，也都要在桌面上展示。可以说，桌面是用户使用和管理计算机内各种资源的桥梁。

用户安装好 Windows 7，第一次登录系统时，可以看到一个非常简洁的桌面，在桌面的左

上角有一个"回收站"图标，底部是任务栏（见图3.2）。如果用户不习惯这种"现代桌面"风格，可以在"控制面板"中通过"外观和个性化"来选择"个性化"的桌面风格，如图3.4所示。不论是何种桌面，用户都可以将自己常用的应用程序的快捷方式、经常要访问的文件或文件夹的快捷方式放置到桌面上，达到直接访问应用程序、文件或文件夹本身的目的。

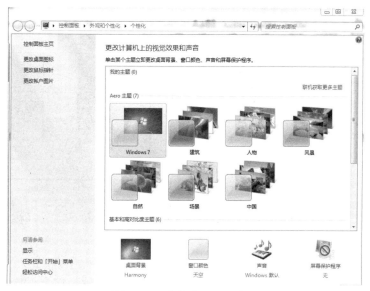

图3.4　"个性化"设置窗口

Windows 7 操作系统的桌面由以下部分组成。

1. 桌面背景

桌面背景是屏幕的整个背景区域中的背景图案，也称为桌布或墙纸。Windows 7 默认的桌面背景见图3.2，Windows 7 允许用户根据自己的喜好更改桌面背景。

2. 图标

图标是 Windows 中各种项目的图形标志，由一幅图片和一组文字组成，能整齐地排放在桌面上。在 Windows 7 中，所有的应用程序、文件夹、文档等对象都用图标形象地表示出来。如果用户把指针放在图标上停留片刻，桌面上会出现对图标所表示内容的说明或者给出文件存放的路径。当双击某一图标时，将运行相应的应用程序、打开相应的文件夹、文档或直接完成相应的任务。也就是说，在桌面上对图标进行操作是一种用户实现其操作目的的最快捷方式。Windows 7 操作系统安装完成后，默认在桌面上只显示一个"回收站"图标。

（1）图标操作

① 图标排列

图标排列的操作方法为：右击桌面或文件夹窗口的空白处，将出现如图3.5所示的快捷菜单，从"排序方式"的级联菜单中可以选择多种不同的排列方式。

② 开启图标

图标因标志对象的不同可以分为应用程序图标、快捷方式图标、文档图标、文件夹图标、驱动器图标等，如表3.3所示。鼠标指针指向并双击应用程序图标或其快捷方式，将启动对应的应用程序；指向并双击文档文件图标，将启动文档的应用程序并打开该文档；指向并双击文件夹或驱动器图标，将打开文件夹或驱动器窗口。

图标类型示例	图标名称
回收站	系统图标
Microsoft Word 2010	"快捷方式"图标
新建 Microsoft...	文档文件图标
新建文件夹	文件夹图标
本地磁盘 (C:) DVD RW 驱动器 (G:)	驱动器图标

表 3.3　图标示例

图 3.5　"排序方式"的级联菜单

③ 移动图标

移动图标，即指向图标并按下鼠标左键，拖动图标到目的位置，松开按键。此操作还可将图标从一个文件夹窗口移动到同一磁盘的另一个文件夹中。

④ 复制图标

如果复制的图标是文件或文件夹的图标，将生成与原文件或文件夹占相同磁盘空间的文件或文件夹。如果复制的是快捷方式图标，将不会真正复制原文件或文件夹。

复制操作分为以下 3 种情况。

❖ 在桌面或同一个文件夹窗口内复制图标：先按住 Ctrl 键，再拖动图标。

❖ 在同一磁盘的不同文件夹间复制图标：先按住 Ctrl 键，再拖动图标。

❖ 在不同磁盘之间复制图标：拖动图标到另一磁盘中即可。

图 3.6　"开始"菜单

⑤ 删除图标

当用户不再需要某个图标时，可将其删除。用鼠标右击桌面上的某个图标，在弹出的快捷菜单中选择"删除"命令（或选定后按 Delete 键）。

⑥ 图标更名

右击需要重命名的图标，从弹出的快捷菜单中选择"重命名"命令。

3. "开始"按钮与"开始"菜单

用户可以通过单击位于桌面左下角的"开始"按钮（或按或 Ctrl+Esc 键），打开"开始"菜单。如图 3.6 所示，"开始"菜单大体上可分为 4 部分。

① 常用程序列表：列出了常用程序的快捷方式，通过它可以快速启动常用的程序。

② 系统控制列表：列出了"开始"菜单中最常用的选项，通过这些菜单项用户可以实现

对计算机的常用操作与管理。

③ "所有程序"菜单：显示计算机系统中安装的全部应用程序。

④ 搜索框：用户可以在搜索框中输入搜索内容，快速在计算机中查找程序和文件。

4．任务栏

桌面的底部是"任务栏"，如图3.7所示，主要由"开始"按钮、窗口按钮栏、语言栏、通知区域、"显示桌面"按钮组成。其中，"开始"按钮用于打开开始菜单；窗口按钮栏用于显示正在运行的应用程序和文件，用鼠标右击一个窗口按钮图标后，可以打开跳转列表；语言栏用于各种语言输入法的选择；通知区域用于显示系统时钟、音量、网络和共享中心等；"显示桌面"按钮用于当前打开的窗口与桌面之间进行切换。

图 3.7　任务栏

（1）任务栏操作

任务栏通常出现在屏幕的底部，并且无论打开了多少个窗口，用户始终可以在桌面上使用它。任务栏的位置和大小可以改变，任务栏的隐藏与否可以通过其属性设置来改变。

① 任务栏的属性设置

右击任务栏上的空白处，在快捷菜单中选择"属性"，即可打开"任务栏和「开始」菜单属性"对话框，如图3.8所示。在"任务栏"选项卡中可以通过对复选框的选择来设置任务栏的外观。

锁定任务栏：选中此项后，任务栏将不能被随意移动或改变大小。

自动隐藏任务栏：选中此项后，用户不对任务栏进行操作时任务栏将自动消失，当用户需要使用时，可以把鼠标放在任务栏位置，任务栏将会自动出现。

使用小图标：选中此项后将显示任务栏小图标。

图 3.8　"任务栏和「开始」菜单属性"对话框

通知区域：在此选项组中可以选择是否显示时钟，也可以把最近没有点击过的图标隐藏起来以便保持通知区域的简洁明了。

使用 Aero Peek 预览桌面：当鼠标指针移动到任务栏末端的"显示桌面"按钮时，会暂时查看桌面。

② 移动任务栏及改变任务栏的大小

当任务栏所在位置妨碍用户操作时，可以把任务栏拖动到桌面的其他位置。在移动时，应先确定任务栏处于非锁定状态，然后在任务栏上的空白处按住鼠标左键，将任务栏拖动到所需要的边缘松开，任务栏的位置将发生改变。

打开的窗口比较多而且都处于最小化状态时，在任务栏上显示的按钮会变得很小，观察会不方便，此时，可以改变任务栏的宽度来显示窗口按钮。将指针指向任务栏的上边缘，当出现双向箭头指示时，按下鼠标左键不放拖动到合适位置再松开，任务栏中即可显示所有的按钮，如图3.9所示。

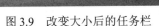

图 3.9　改变大小后的任务栏

任务栏中的各组成部分所占比例也是可以调节的，当任务栏处于非锁定状态时，各区域的分界处将出现三竖排凹陷的小点，把鼠标放在上面，出现双向箭头后，按住鼠标左键拖动即可改变各区域的大小。

3.2.3　窗口及操作

Windows 7 是视窗操作系统，凡执行程序，一般都会打开窗口。程序的运行信息通过相应的窗口显示出来，用户也可以通过其窗口对程序进行控制。Windows 7 窗口一般分为系统窗口和程序窗口，其中包含的组件大致相同。系统窗口是指如"计算机"窗口等为 Windows 7 操作系统所拥有的窗口；程序窗口是各个应用程序所使用的执行窗口。当同时打开多个窗口时，有"前台"和"后台"窗口之分。用户当前操作的窗口称为活动窗口或前台窗口，其他窗口则称为非活动窗口或后台窗口。前台窗口的图标按钮在任务栏中突出显示。通过单击任务栏的窗口按钮图标或后台窗口的任一可见部分可以使后台窗口变为前台窗口。

1. 窗口的组成

窗口主要包括标题栏、地址栏、搜索栏、工具栏、窗口工作区和窗格等，如图 3.10 所示。

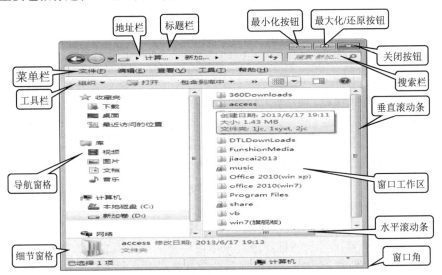

图 3.10　窗口的组成

（1）标题栏

标题栏位于窗口的顶部，右侧有 3 个按钮。

① 最小化按钮▬：单击此按钮，可令窗口缩小为任务栏上的 一个图标按钮。从"控制菜单"中选择"最小化"命令也可达到相同的目的。

② 最大化按钮▢/还原按钮▢：单击最大化按钮，可令窗口放大到最大尺寸，可覆盖整个桌面。当窗口放大到最大尺寸时，还原按钮将代替最大化按钮。单击还原按钮，可将窗口还原到原来的大小。

③ 关闭按钮✖：单击此按钮，将关闭窗口。

（2）地址栏

地址栏中显示当前打开的文件夹的路径。每一个路径都由不同的按钮连接而成，单击这些按钮，就可以在相应的文件夹之间切换。

（3）菜单栏

菜单栏位于标题栏下面，每个菜单都包含一系列的菜单命令，以便完成各种操作。

（4）工具栏

用于显示与当前窗口内容相关的一些常用工具按钮，打开不同的窗口或在窗口中选择不同的对象，工具栏中显示的工具按钮也不同。

（5）搜索栏

用于在计算机中搜索文件和程序。搜索时，先在窗口的地址栏中选择搜索路径，再在搜索栏中输入要搜索的关键字，窗口的工作区就会把该路径下要搜索的相关资源显示出来。

（6）窗口工作区

被操作的对象或程序运行过程中对象的显示区域。

（7）窗格

窗口中有多种类型，要打开和关闭不同类型的窗格，可以单击工具栏中的"组织"按钮，在弹出的菜单列表中选择"布局"命令，如图 3.11 所示，在子菜单中选择所需的窗格类型即可。

图 3.11 "窗格"类型

（8）滚动条

当窗口中无法显示所有的内容时，在窗口的右边框或下边框处就会出现一垂直的或水平的滚动条，以便查看窗口中的其他内容。利用滚动条可以改变窗口中显示内容的位置。

（9）窗口边框和窗口角

窗口边框是指窗口的四周边框，使用窗口边框可以改变窗口边框所在方向窗口的大小。窗口角是指窗口的四个角，使用窗口角可以改变这个角所在的两个边框的大小，从而改变窗口的大小。

2．窗口操作

窗口操作是指改变窗口的大小、位置，移动窗口等。使用键盘和鼠标都可以完成这些操作，但使用鼠标更方便。

（1）移动窗口和改变窗口的大小

移动窗口是指将鼠标指针指向窗口的标题栏，拖动标题栏，拖动时窗口随鼠标一起移动，当窗口移到所需的位置时，释放鼠标即可。

改变窗口的大小，即将鼠标指针指向窗口的边框，待指针变为双向箭头时上下或左右拖动，可任意调整窗口的高度或宽度。或将指针指向窗口角处，斜着拖动鼠标可同时调整窗口的高度和宽度。

（2）窗口最小化、最大化和还原

窗口最小化是指将窗口缩小为一个图标按钮，并出现在任务栏上。这时程序仍在继续运行中，用鼠标单击窗口标题栏上的最小化按钮即可完成操作。

单击最大化按钮，窗口扩大到整个桌面，此时最大化按钮变成还原按钮。窗口最大化也可以通过双击窗口的标题栏来完成。

对窗口进行最小化或最大化操作后，Windows 会记住它原来的大小和位置，这样就可以还原到原来的大小和位置。单击窗口的还原按钮可以还原窗口为原来的大小。当窗口最小化为任务栏上的按钮或组按钮时，单击任务栏上的按钮或组按钮中的选项可以恢复窗口大小。

（3）切换窗口

要切换到不同的窗口或要对窗口进行操作，必须先激活窗口，使该窗口成为活动窗口。可以使用下列方法之一激活窗口。

① 在"任务栏"上单击窗口按钮或组按钮中的选项。

② 单击非活动窗口中任意可见的地方。

③ 按 Alt+Tab 键：屏幕中央会出现一个矩形区域，如图 3.12 所示。矩形区域上半部显示所有打开的应用程序和文件夹的图标（包括处于最小化状态的），反复按 Alt+Tab 键，这些图标会轮流突出显示，突出显示的图标周围有蓝色矩形框，下面显示其对应的应用程序名或文件夹名。当要选择的项突出显示时，松开 Alt 键，则对应的窗口出现在最前面，成为活动窗口。

图 3.12　切换窗口

④ 按 Alt+Esc 键：打开的应用程序窗口会循环显示，出现所需的窗口后，放开 Alt 键。

（4）窗口的排列

有时用户需要同时打开多个窗口并使它们都显现，这时可在桌面上对窗口进行排列，有 3 种方式排列窗口：层叠窗口、堆叠显示窗口和并排显示窗口。用鼠标右击任务栏的空余部分，可从弹出的快捷菜单中选择"层叠窗口"、"堆叠显示窗口"或"并排显示窗口"菜单命令，如图 3.13 所示。

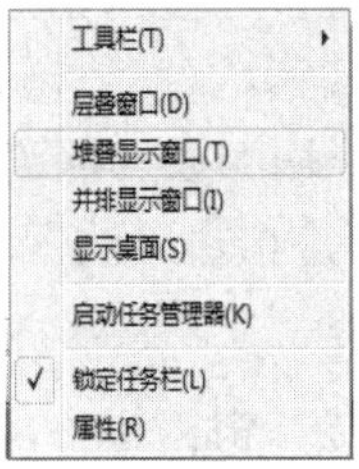

（5）使用滚动条查看窗口中的内容

滚动条分为垂直滚动条和水平滚动条，由滚动框、滚动块与滚动箭头组成。

单击滚动箭头 ∧、∨、＜、＞，可向相应的方向滚动一行；单击滚动块上（或左）、下（或右）的滚动框部分，可向相应的方向滚动一屏；拖动滚动块可沿其拖动方向连续滚动。

图 3.13　任务栏的快捷菜单

（6）关闭窗口

可使用下列方法之一关闭窗口。

❖ 单击"关闭"按钮或右击任务栏上的窗口按钮，在快捷菜单中选择"关闭窗口"命令。

❖ 双击控制菜单按钮或选择控制菜单中的"关闭" 命令。

❖ 选择文件菜单中的"关闭"或"退出"命令。

❖ 按 Alt+F4 组合键。

3.2.4　菜单及操作

在 Windows 7 中，菜单是一种用结构化方式组织的操作命令的集合。菜单处处可见，具有直观、简单、操作方便的特点。菜单的主要内容为菜单选项。

（1）菜单的分类

Windows 7 的菜单有 4 种形式：开始菜单、控制菜单、下拉菜单和快捷菜单。

① 开始菜单：前面已介绍。

② 控制菜单。控制菜单的按钮是图形按钮。单击窗口标题栏左端可打开控制菜单，双击窗口标题栏左端可关闭相应窗口。控制菜单中放置着对窗口进行操作的一系列命令，包括"还原"、"移动"、"大小"、"最小化"、"最大化"、"关闭"等。不同窗口的控制菜单内容基本相同。要取消控制菜单，可单击控制菜单外任意处或按 Alt 键。

③ 下拉菜单。下拉菜单位于标题栏或地址栏下方，如图 3.14 所示。下拉菜单包括若干条命令，为了便于使用，菜单选项按功能分组，放在不同菜单项里。当前能够执行的有效菜单命令以深色显示，暂时不能使用的命令则呈浅灰色。如果菜单命令旁带有"…"，则表示选择该命令将弹出一个对话框，以期待用户输入必要的信息或做进一步的选择。

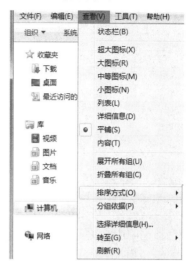

图 3.14　下拉菜单

④ 快捷菜单。快捷菜单是在鼠标指向的对象或工作区上单击鼠标右键弹出的菜单，其中包含了关于此对象或工作区的常用操作命令，如图 3.15 所示。快捷菜单中的命令是上下文相关的，即根据单击鼠标右键时箭头所指的对象和位置的不同，弹出的菜单命令内容也不同。"快捷菜单"是一项非常实用的功能。

图 3.14　下拉菜单

图 3.15　快捷菜单

（2）菜单中的约定

打开菜单后，可以发现菜单选项有不同的表示方法，其含义如表 3.4 所示。

（3）菜单操作

① 选择菜单项。选择菜单项即打开某菜单项的下拉菜单，用鼠标单击菜单名，当出现下级子菜单时，移动鼠标指针位置，菜单选项的光标条随之滑动，定位后再单击鼠标按钮即可执行相应的命令选项。除可用鼠标选择菜单项外，用键盘也能完成相应的功能，方法如下：按 Alt+菜单名中带下划线的字母打开相应菜单，相当于用鼠标选择该菜单项；按 Alt 键或 F10 键，激活菜单栏，移动方向键到目标菜单项，按 Enter 键即可执行。

② 菜单的关闭。在菜单外单击鼠标左键，或按 Alt 键（或 F10 键），均可关闭菜单。

表 3.4　菜单选项的附加标记及含义一览表

表示方法	含　义
高亮显示	表示当前选定的命令
热键	位于命令的右边，用带有下划线的一个字母标志，可以直接按键选择命令
快捷键	位于命令的最右端，代表使用该菜单命令的组合键
暗淡显示	当前不能使用的菜单选项
后带"…"	需要进一步的信息输入，才能执行命令
前有"√"	选中标记，带"√"表示此菜单功能有效，去掉"√"表示此菜单功能无效
前有"●"	选中标记，表示在一组菜单中只能有一个菜单选项被选中且必须有一个菜单选项被选中，选中的一项前有"●"
后有"▶"	下级菜单箭头，表示该菜单选项有子菜单选项
⌄⌄	菜单缩略标志，单击可展开菜单

3.2.5　对话框及操作

对话框是 Windows 和用户进行信息交流的一个界面，为了获得用户信息，Windows 会打开对话框向用户提问。用户可以通过回答问题完成对话，Windows 也使用对话框显示附加信息和警告，或解释没有完成操作的原因。对话框与窗口有些相似，但对话框没有菜单栏和工具栏，而且大小是固定的。在 Windows 7 中，各种对话框的组成复杂度不同，有些对话框非常简单，只要求用户确认或放弃所要执行的某些操作；而有些对话框非常复杂，要求用户在对话框中进行各种设置后再确认才能执行。下面以图 3.16 为例介绍对话框中的基本构成元素。

（1）标题栏

标题栏中包含了对话框的名称，用鼠标拖动标题栏可以移动对话框。

（2）选项卡

当对话框中有许多选择内容时，可将其分类组织在多个选项卡上。显然，多张卡可以重叠，以节省对话框的有限空间。但每张选项卡设有一个标签，标签并不重叠。当用户用鼠标单击标签时，相应的选项卡即显示出来。通过选择标签可以在对话框的几组功能中选择一个。

（3）复选框

复选框为一个空心方形框□。单击方框后，框内将出现"✔"状符号，☑表示此项被选中。复选框可以一次选择一项、多项，或一组全部选中，也可不选。

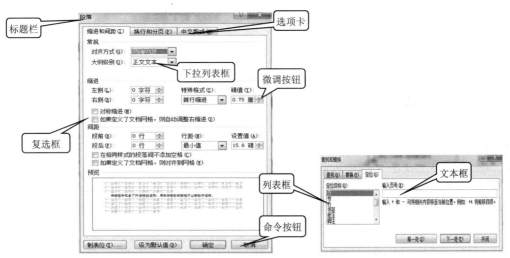

图 3.16　"段落"和"查找和替换"对话框

（4）单选按钮

单选按钮为一个空心圆○。单击按钮框后，框内将出现"•"状符号，◉表示此项被选中。在一组单选按钮中，每次只能选中一个。

（5）文本框

文本框是用于输入文本信息的一种矩形区域。

（6）列表框

列表框以列表的形式显示多个输入信息选项，供用户选择输入。与文本框不同的是，列表框中的信息只能选择使用，不能进行修改。

（7）下拉列表框/组合框

下拉列表框右侧有一个下三角按钮，单击按钮将出现列表框，框内有若干选项，可以用鼠标单击进行选择。当选项较多时，右侧还有滚动条，通过单击上下滚动按钮可以查看选项，以便选择。组合框的外观与下拉列表框相同，与之不同的是，除了可以在列表中进行选择外，还可以直接输入文字，它就像是下拉列表框和文本框的组合。

（8）命令按钮

单击命令按钮可以执行一个动作。如果命令按钮呈暗淡色，表示该按钮是不可用的；如果一个命令按钮后跟有"…"符号，表示将打开一个对话框。对话框中常见的命令按钮有"确定"和"取消"。"确定"按钮可用来保存当前对话框的设置，并关闭对话框；"取消"按钮可取消当前对话框的设置，并关闭对话框；有的对话框还有"应用"按钮，可用于在不关闭对话框的情况下，使对话框中的设置生效。

（9）帮助按钮

对话框的右上角有一个帮助按钮，单击该按钮，将打开相关帮助窗口；或指针变为求助指针，然后单击某个项目，就可获得有关该项目的帮助信息。

（10）微调按钮

微调按钮用于调整相关的参数，单击向上的小箭头，可增加数值，单击向下的小箭头，可减小数值，用户也可以直接输入数值，调整参数。

3.2.6 输入法的使用

在输入中文时，用户需要先切换到中文输入法状态下。可以使用鼠标或键盘操作来启动或关闭中文输入法。

1．切换输入法

① 用鼠标操作。单击任务栏上的"输入法"指示图标，弹出输入法快捷菜单，如图 3.17 所示，单击所需要的输入法选项，即可切换到该输入法状态下。

图 3.17　输入法切换

② 用键盘操作。在默认设置下，按 Ctrl+Space 组合键，可切换中、英文输入方式；按 Ctrl+Shift 组合键，则可以在输入法之间进行切换。

如果用户需要在开机时启动自己习惯使用的输入法，则可以右击"输入法"指示图标，在打开的快捷菜单中选择"设置"命令，打开"文本服务和输入语言"对话框，单击"默认输入语言"的下拉按钮，打开下拉列表，如图 3.18 所示，从中选择一种输入法，然后单击"确定"按钮即可。

2．添加和删除输入法

（1）添加输入法

Windows 7 在系统安装时已为用户预装了微软拼音等多种输入法。用户可根据自己的需要，任意安装或卸载某种输入法。如果用户需要使用一种系统中没有安装的中文输入法，则必须在系统中安装该输入法。如果添加的输入法是 Windows 7 自带的，则可按以下步骤进行安装。

打开"文字服务和输入语言"对话框，在"常规"选项卡中单击"添加"按钮，将弹出如图 3.19 所示对话框，在"使用下面的复选框选择要添加的语言"列表中，用户可以根据需要选择其中一种或多种输入法。单击"确定"按钮后，系统将自动完成输入法的安装。

图 3.18 设置默认输入法　　　　　　图 3.19 "添加输入语言"对话框

（2）删除输入法

在"文本服务和输入语言"对话框的"常规"选项卡中，选中要删除的输入法，单击"删除"按钮即可。

3.2.7 使用联机帮助

Windows 7 提供了既全面又方便的帮助。学会使用 Windows 7 提供的帮助，是学习和掌握

图 3.20 "Windows 帮助和支持"窗口

Windows 7 的一个捷径。通过"Windows 帮助和支持"，不仅可以检索 Windows 7 中自带的"帮助"文件，还可以通过联机从 Microsoft 公司的技术支持人员那里获取帮助，在 Windows 新闻组中与其他用户交流技术，或者使用"远程协助"让朋友、同事或技术支持人员给予帮助。

使用以下方法可以打开"Windows 帮助和支持"窗口，获得 Windows 7 的帮助：单击"开始"菜单中的"帮助和支持"命令，在 Windows 7 的任何地方（非应用程序窗口中），按 F1 键，在非应用程序的窗口中，选择"帮助"菜单中的"查看帮助"命令，打开"Windows 帮助和支持"窗口，如图 3.20 所示。

Windows 7 的帮助系统以 Web 页的风格显示内容，以超级链接的形式打开相关的主题，与以往的 Windows 版本相比，结构层次更少，索引更全面，每个选项都有相关主题的链接，使用户可以方便地找

到自己所需要的内容。通过帮助系统，用户可以快速了解 Windows 7 的新增功能及常规操作。

在"Windows 帮助和支持"窗口中，用户可以通过各种方式找到自己需要的内容，下面是常用的几种方式。

① 使用直接选取相关选项并逐级展开的方法。使用时选择一个主题并单击，窗口会打开相应的详细列表框，用户可在该主题的列表框中选择具体内容单击，在窗口右侧的显示区域就会显示相应的具体内容。

② 在"Windows 帮助和支持"窗口中的"搜索"文本框中直接输入关键字，然后，单击浏览按钮，可以快速查找到结果。

③ 如果计算机已连入 Internet，可以使用"询问"获得远程在线帮助。单击"询问"按钮，即可打开"更多支持选项"页面，用户可以向自己的朋友求助，或者直接向 Microsoft 公司寻求在线帮助支持，还可以与其他 Windows 用户进行交流。

注意：在应用程序的窗口中按 F1 键或选择"帮助"菜单，将获得应用程序的帮助信息。

3.3　文件管理

对文件的组织管理是 Windows 7 操作系统的基本功能之一。Windows 7 操作系统提供了"资源管理器"和"计算机"两种手段组织和管理系统中的文件和资源，可以显示文件夹的结构和文件的详细信息、启动应用程序、打开文件、查找文件、复制文件以及直接访问 Internet 等。这两个工具对文件的管理和操作方法基本相同，只是显示方式有所不同，用户可以根据自己的习惯和要求选择其中的一种。

3.3.1　文件和文件夹

1. 文件和文件夹的概念

（1）文件

将一系列相关的信息（文字、图像、声音、视频等）赋予一个名字并存储在外存储介质上，就称为文件。计算机中的所有信息都存放在文件中。文件通常存放在硬盘或光盘等介质上，任何一个文件都有文件名。文件名是存取文件的依据，即按名存取。计算机通过文件名来对文件进行管理。文件可以是源程序、可执行程序、文章、信函或报表等。

（2）文件夹

文件夹是用于存放文件和其他子文件夹的区域，是一个逻辑载体。多数情况下，一个文件夹对应一块磁盘空间。在 DOS 操作系统中，文件夹被称为目录。

（3）文件的组织结构

磁盘上通常保存着大量的文件，Windows 7 将它们分门别类地组织成文件夹。Windows 7 采用树型结构组织和管理文件，如图 3.21 所示。

在图 3.21 中，左边窗格为导航窗格，采用层次结构对计算机中的资源进行导航，顶层为"收藏夹"、"库"、"计算机"和"网络"等项目，其下又层层细分为多个子项目（如磁盘和文件夹等）。单击各项目左侧的按钮可展开其子项目；再次单击按钮可收缩子项目；单击项目名称可在工作区中显示其包含的内容，可以是磁盘、文件或文件夹等。

Windows 7 比以往的操作系统更注重文件内容的易用性，网络共享更安全。

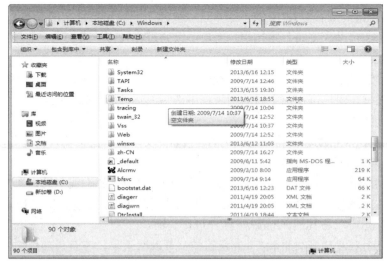

图 3.21　文件夹

2．文件名和文件夹名

为了识别与组织管理文件，必须对文件命名。文件名由主文件名与扩展名组成，中间用符号"."分隔。文件名格式为：

〈主文件名〉[.〈扩展名〉]

主文件名是必须有的，扩展名是可选的。通常，扩展名由 1～4 个合法字符组成，文件的扩展名一般用来标明文件的类型。例如，应用程序文件（.exe）、文本文件（.txt）、Word 文档文件（.docx）等。不同文件类型在 Windows 中用不同的图标表示。在"资源管理器"窗口中，文件名一般是可见的，扩展名则被隐藏，如果需要，可以在"资源管理器"窗口中设置显示文件扩展名。

Windows 7 对文件的命名约定如下：

①　支持长文件名，文件全名最多可以使用 255 个字符（包括空格）。

②　可以使用汉字、西文字符、数字和部分符号，但不能出现以下西文字符：\　/　：　*　?　"　<　>　|。这些字符在系统中另有用途。

③　文件名可以使用英文大小写字母，但不能利用大小写进行文件的区别。例如，FILE1.DAT 和 file1.dat 表示同一个文件。

④　可以使用带分隔符的文件名，如 my report.xlsx 和 total plan.docx 等。

⑤　文件扩展名可以有也可以没有，扩展名可以用来标志文件的类型，关联打开此文件的程序。

文件夹的命名与文件命名相同，但文件夹一般不用扩展名。

在文件名和文件夹名的使用中有如下规定：一个文件夹中不允许有两个同名的文件或文件夹，但在不同的文件夹中允许有同名文件或文件夹。

3.3.2　"计算机"和"资源管理器"

"资源管理器"和"计算机"在 Windows 7 中有着统一的操作界面和统一的操作方法。与早期版本不同，Windows 7 中"计算机"窗口和默认的"资源管理器"窗口是类似的，不同之处在于，默认显示的窗口内容有所区别。

1. "计算机"

"计算机"是 Windows 7 的一个系统文件夹。Windows 7 通过"计算机"提供一种快速访问计算机资源的途径。单击"开始"按钮，在弹出的菜单中选择"计算机"，或者双击桌面上的"计算机"图标，打开"计算机"窗口，如图 3.22 所示。

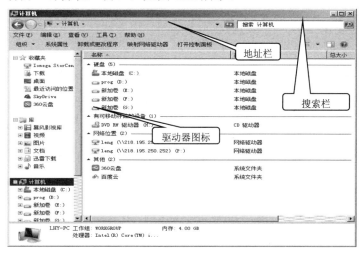

图 3.22 "计算机"窗口

要在"计算机"窗口中查看计算机中的资源，可以通过窗口工作区、地址栏和导航窗格 3 种方式进行查看。

（1）通过窗口工作区查看

当用户想要查看某个磁盘里的内容时，直接双击窗口工作区的驱动器图标，打开的窗口会显示此驱动器上包含的文件和文件夹，再双击某个文件或文件夹图标，就可打开这个文件或文件夹。

（2）通过地址栏查看

地址栏为用户访问计算机资源和访问网络资源提供了很大的方便。单击地址栏下拉列表框的下三角按钮 ，可以选择其中的某项内容进行查看；单击地址栏，输入路径，可以打开文件或文件夹，输入网址，可以直接访问 Internet。

（3）通过导航窗格查看

单击导航窗格中的"文档""本地磁盘 X:"等，可以在不同窗口之间进行切换。

2. "资源管理器"

（1）启动"资源管理器"的方法

启动"资源管理器"主要有以下 2 种方法。

❖ 右击"开始"按钮，从快捷菜单中选择"打开 Windows 资源管理器"命令。

❖ 单击"开始"→"所有程序"→"附件"→"Windows 资源管理器"。

（2）资源管理器的基本操作

① 调整导航窗格和工作区的大小。把鼠标指向导航窗格和工作区中间的分隔条上，此时鼠标指针变成水平的双向箭头，拖动鼠标可移动分隔条，改变导航窗格和工作区的大小。

② 显示或隐藏状态栏。选择"查看"菜单中的"状态栏"命令，可以显示或隐藏状态栏。

③ 改变文件视图方式。单击"查看"菜单或工具栏上的按钮 右边的小箭头，这里显示

了文件的8种视图方式：超大图标、大图标、中等图标、小图标、列表、详细信息、平铺和内容。用户可以直接选择查看当前文件和文件夹的视图方式。

④ 排序文件和文件夹。用户可以在"资源管理器"或"计算机"窗口中排序文件和文件夹，从而方便内容的查看。单击"查看"菜单，选择"排序方式"的"名称""类型""总大小""可用空间"等选项，如果分组排列，可选择"分组依据"的"名称""类型""总大小""可用空间"等选项，窗口中的文件和文件夹将按照选定的方式排列。

3.3.3　管理文件或文件夹

用户在使用计算机的过程中，要对磁盘中存储的文件进行管理，包括创建、重命名、复制、移动、删除等。使用"资源管理器"和"计算机"，可以方便地对文件和文件夹进行各种操作。文件和文件夹管理有多种操作方式，使用鼠标拖曳、快捷菜单、菜单栏中的菜单、快捷键均可完成相应的操作。

1．选定文件和文件夹

对文件或文件夹进行移动、复制或删除等操作前，必须先选定操作对象，使文件或文件夹高亮显示。一次可以选定一个或多个文件或文件夹。

（1）选定一个文件或文件夹

单击要选定的文件或文件夹图标。

（2）选定多个连续的文件或文件夹

单击第一个文件或文件夹，按住 Shift 键不放，再单击最后一个文件或文件夹。

在要选定的文件或文件夹周围的空白处按住鼠标左键拖动，将出现一个矩形框，框内的文件或文件夹将反相显示，继续按住鼠标左键不放并拖动，直到矩形框包围所有选定的文件或文件夹为止，然后，释放鼠标。

按方向键选定第一个文件或文件夹，按住 Shift 键，再按方向键逐一选定。

（3）不连续选取

按住 Ctrl 键，用鼠标左键逐一单击欲选定的文件和文件夹。

（4）全部选定

按快捷键 Ctrl+A，或单击"编辑"菜单的"全选"命令。

（5）反向选定

用"不连续选取"的方法先选择不想要的文件或文件夹，再单击"编辑"菜单的"反向选择"命令。

2．撤销选定

撤销一项选定，则先按住 Ctrl 键，然后单击要取消的项目。撤销多项选定，则先按住 Ctrl 键，然后分别单击要取消的项目。撤销所有选定，则单击未选定的任何区域即可。

3．创建文件和文件夹

（1）创建文件

常规的方法是利用应用程序创建。利用应用程序的"文件"菜单的"新建"命令创建文件，使用"另存为"命令将它保存在磁盘上。

在文件夹窗口中，可以使用"文件"菜单的"新建"命令或快捷菜单中的"新建"命令，在子菜单中选择所建文件的类型，直接输入新文件的名称，即可创建一个空文件。

（2）创建文件夹

为便于文件管理，经常需要建立新的文件夹，以便分门别类地存放文件。操作步骤如下：选定新文件夹要存放的位置（桌面或某驱动器下的文件夹），选择"文件"→"新建"→"文件夹"命令，或在桌面或文件夹窗口空白处右击，在弹出的快捷菜单中选择"新建"菜单的"文件夹"命令；新建的文件夹将出现在当前的窗口中，文件夹名为"新建文件夹"，然后输入需要的名称，按 Enter 键，或鼠标指针指向名称框外并单击。

4．重命名文件或文件夹

对文件命名最好能体现文件的内容或作用，一目了然。用户可以根据需要，在使用过程中，更改文件或文件夹的名字。

选定要重命名的文件或文件夹，选择"文件"→"重命名"命令；或单击右键，在弹出的快捷菜单中选择"重命名"；在"名称"文本框中输入新的文件名或文件夹名，然后按 Enter 键。

5．复制文件或文件夹

复制文件或文件夹是指将源位置处的对象复制一份存到目的位置。

（1）使用快捷键、快捷菜单、菜单栏中的菜单复制文件或文件夹

选定要复制的文件或文件夹，按快捷键 Ctrl+C，或右击要复制的文件或文件夹，在弹出的快捷菜单中选择"复制"命令，或单击"编辑"菜单的"复制"命令，打开目标文件夹窗口；按快捷键 Ctrl+V，或右击，在弹出的快捷菜单中选择"粘贴"命令，或选择"编辑"菜单的"粘贴"命令。

（2）使用鼠标拖曳复制文件或文件夹

选定要复制的文件或文件夹，使目标文件夹窗口可见，按住 Ctrl 键，然后按住鼠标左键拖曳选定的文件或文件夹到目标文件夹窗口。注意：复制到不同盘时，不必按 Ctrl 键。

6．移动文件或文件夹

所谓移动文件或文件夹，就是将文件或文件夹从一个位置移动到另一个位置。

（1）使用快捷键、快捷菜单、菜单栏中的菜单移动文件或文件夹

选定要移动的文件或文件夹，按快捷键 Ctrl+X，或右击要移动的文件或文件夹，在弹出的快捷菜单中选择"剪切"命令，或选择"编辑"菜单的"剪切"命令，打开目标文件夹窗口；按快捷键 Ctrl+V，或右击，在弹出的快捷菜单中选择"粘贴"，或选择"编辑"菜单的"粘贴"命令。

（2）使用鼠标拖曳移动文件或文件夹

选定要移动的文件或文件夹，使目标文件夹窗口可见，按住 Shift 键，然后按住鼠标左键拖曳选定的文件或文件夹到目标文件夹窗口。注意：移动文件到同一个盘上，不必按 Shift 键。

7．发送文件或文件夹

如果向 U 盘等目标复制文件或文件夹时，既可以使用上述操作方法，也可以使用"文件"菜单和快捷菜单中的"发送到"命令。选择不同的发送目标所完成的功能如表 3.5 所示。

8．删除文件或文件夹

对于没有使用价值的文件或文件夹，应当及时将其删除，以节省磁盘空间。删除操作需要用到"回收站"。"回收站"是系统文件夹，被删除的对象将临时保存在这里。

表 3.5 "发送到"菜单命令功能表

命 令	功 能
压缩（zipped）文件夹	将文件或文件夹的文件压缩成一个扩展名为.zip 的文件
文档	发送到"我的文档"，实质是复制
邮件收件人	作为电子邮件的附件发送
桌面快捷方式	作为快捷方式发送到桌面，不是复制
可移动磁盘	发送到可移动磁盘，实质是复制
发送到[卷标 X:]	可以直接将选定文件发送到本地或网络磁盘根目录下

（1）使用资源管理器窗口的菜单删除文件或文件夹

选定要删除的文件或文件夹，单击工具栏的"组织"按钮，选择"删除"命令，或按 Delete 键，或右击要删除的文件或文件夹，在弹出的快捷菜单中选择"删除"命令，或选择"文件"菜单的"删除"命令；屏幕出现"删除文件"或"删除文件夹"或"删除多个项目"对话框，询问用户是否确实要将所选项目放入"回收站"中，单击"是"按钮，将所选项目放入"回收站"中，单击"否"按钮，将取消操作。

（2）使用鼠标删除文件或文件夹

将选定的文件或文件夹直接拖到"回收站"图标上即可。

上述介绍的删除方法都是将删除的文件或文件夹放入"回收站"中，但并未彻底消除，只是从原来的位置移动到了"回收站"文件夹中。如果是误删除，此时还能恢复。恢复误删的文件或文件夹可以使用"回收站"来实现。对刚刚被删除的文件，可选择"编辑"菜单的"撤销删除"命令。

下述三类文件或文件夹被删除以后不能被恢复：① 可移动磁盘上的文件或文件夹；② 网络上的文件或文件夹；③ 在命令提示符方式中被删除的文件或文件夹。

（3）永久删除文件或文件夹

按住 Shift 键不放，使用上述删除文件或文件夹的方法，将永久删除所选文件或文件夹。

3.3.4 使用"回收站"

"回收站"是一个存在于硬盘上的隐藏的系统文件夹。用户删除各种项目（如文件夹、应用程序及各种文档）时，为了防止误操作，系统不是直接从硬盘上将它清除，而是将它们送到"回收站"中，必要时可以从"回收站"中恢复到原来文件或文件夹所在的位置。如果确实不想再保留"回收站"中的文件，可以永久删除。根据用户需要，可以设置"回收站"的大小，删除时不将文件移入"回收站"等，还可以对"回收站"中的文件或文件夹进行管理。

双击桌面上的"回收站"图标，即可打开"回收站"窗口，如图 3.23 所示。

（1）恢复文件或文件夹

打开"回收站"窗口，选定要恢复的文件或文件夹；单击工具栏的"还原此项目"（选定单个文件或文件夹时）或"还原选定的项目"（选定多个文件或文件夹时）或"还原所有项目"（未选定文件或文件夹时）按钮；或选择"文件"菜单的"还原"命令；或右击选定的文件或文件夹，在弹出的快捷菜单中选择"还原"命令，将恢复选定的文件或文件夹放到原来的位置。

（2）清理"回收站"

已删除的文件或文件夹虽然被放入了"回收站"中，但它们实际上仍占用磁盘空间，所以要及时清理"回收站"。清理"回收站"的方法如下：

右击桌面上的"回收站"图标，在弹出的快捷菜单中选择"清空回收站"命令。打开"回收站"窗口，单击工具栏中的"清空回收站"按钮，或选择"文件"菜单的"清空回收站"命令；或右击"回收站"窗口空白处，在弹出快捷菜单中选择"清空回收站"命令。

在"回收站"窗口中，选择"文件"菜单的"删除"命令；或按 Delete 键；或右击，在弹出的快捷菜单中选择"删除"命令，将永久性地删除选定的文件或文件夹。

（3）更改"回收站"的属性

要改变"回收站"中存储删除文件所用的磁盘空间的大小，可以通过"回收站属性"对话框来进行。右击"回收站"图标，从弹出的快捷菜单中选择"属性"命令，出现如图3.24所示的"回收站 属性"对话框。通过调整对话框中的"自定义大小"的值，可以设置"回收站"存放删除文件的空间。如果磁盘空间不够，可以把这个值相对减小一些；如果当前磁盘的空间比较大而且想能恢复更多的文件，则可以将该值调大一些。

图 3.23 "回收站"窗口

图 3.24 "回收站 属性"对话框

"回收站 属性"对话框的"常规"选项卡中有两个单选按钮和一个复选框，其功能如下。

① "自定义大小"。选择"自定义大小"单选按钮，可以对计算机中各硬盘驱动器的"回收站"空间大小进行单独的设置。单击对话框的"本地磁盘（C:）"选项，将显示当前驱动器的空间大小和"回收站"保留的空间大小。

② "不将文件移到回收站中。删除文件后立即将其删除（R）。"如果选择了"不将文件移到回收站中。删除文件后立即将其删除（R）。"单选按钮，在删除某个文件后，文件将永久性地从磁盘删除，而不放到"回收站"中。

③ "显示删除确认对话框"。如果勾选"显示删除确认对话框"复选框，在执行删除操作时将弹出一对话框确认是否执行删除操作，否则在删除文件的时候不进行确认。

3.3.5 搜索文件或文件夹

随着计算机中文件和文件夹的增加，用户经常会遇到找不到某些文件的情况，这时可以利用 Windows 7 中的搜索功能来查找计算机中的文件或文件夹。

搜索不仅可以使用"开始"菜单的搜索栏，还可以在"资源管理器""计算机""我的文档"等窗口中，通过右上角的搜索栏，都可以完成搜索文件或文件夹。在搜索栏中输入要查找的文件或文件名称，表示在所有磁盘中搜索名称中包含所输入文本的文件或文件夹，此时系统自动开始搜索，等待一段时间即可显示搜索的结果。对于搜到的文件或文件夹，用户可对其进行复

图 3.25　文件夹属性设置

制、移动、查看和打开等操作。

3.3.6　查看或修改文件或文件夹的属性

文件或文件夹的属性是指文件或文件夹所具有的性质、特征。每个文件和文件夹包括磁盘都有自己的属性。属性信息包括文件或文件夹的名称、大小、位置、创建日期、只读、隐藏等属性。根据用户需要，可以设置或修改文件或文件夹的属性。步骤如下：

首先，选定要查看或修改属性的文件或文件夹；其次，选择"文件"菜单中的"属性"命令，打开如图 3.25 所示的对话框；然后，修改文件或文件夹的属性，只需选定或取消对应属性的复选框，单击"确定"或"应用"按钮即可。

3.3.7　库的管理与使用

Windows 7 为了用户可以更加方便地进行多媒体、文档的管理，设置了库。借助于库的功能，用户可以不用再花费精力四处寻找分布于整个计算机或网络中的文件，无论文件实际存储在什么位置，库可以将它们汇集在一个位置，可以像在图书馆使用索引那样轻松地找到所要的文件。

库的浏览方式与在文件夹中浏览文件的方式相同，也可以打开库查看文件并根据文件夹、日期和其他属性排列这些文件。虽然库与文件夹的使用方法基本一致，但本质上跟文件夹有很大的不同。库的管理方式更加接近于超链接方式，用户可以不用关心文件或者文件夹的具体存储位置，所有用户选择的同类文件都被超链接到相应的库中进行管理。

（1）使用库

Windows 资源管理器的默认打开位置就是库，用户可以方便地使用库，如图 3.26 所示。库的使用方法与普通文件夹没有区别，双击打开任意库的图标，可以对包括在内的文件进行操作。

图 3.26　"库"窗口

（2）创建库

除了系统自动生成的"视频""图片""音乐""文档"等常见库，用户还可以按照自己的需求创建新的库，库的创建方法如下。

在"资源管理器"窗口中。在空白区域单击右键，在弹出的快捷菜单中选择"新建"→"库"，则"库"窗口中会出现一个等待重新命名的库图标，用户输入库的名字按 Enter 键确认即可。选择"文件"→"新建"→"库"命令，或者直接单击菜单栏的"新建库"按钮，或者在窗口左侧"库"上单击右键，在弹出的快捷菜单中选择"新建"→"库"，也可以新建库。

或者，在"计算机"某一分区或文件夹窗口中。单击"包含到库中"下拉按钮，选择"创建新库"命令，新建库名称默认为当前分区或文件夹的名称，可以进行重命名。

（3）为库添加内容

用户可以方便地将同类文件添加到相应的库中，方法如下：

将选中的文件夹添加到特定的库中。右击选中的文件夹，在快捷菜单中选择"包含到库中"，在下一级级联菜单中选择具体包含到哪个库中即可，或者在所选文件夹窗口中选择"包含到库中"级联菜单，选择相应的库即可。

在选中的库中添加指定的文件夹。右击选中的库，在弹出的快捷菜单中选择"属性"，在打开的对话框中单击"包含文件夹(I)..."按钮，在打开的对话框中指定需要包含的文件夹即可。

（4）在库中删除内容

用户欲删除库中的内容，可以在"计算机"或"Windows 资源管理器"窗口中的导航窗格中，右击要删除的文件夹，在弹出的快捷菜单中选择"从库中删除位置"命令即可。

注意：库只是为用户自定义的一系列文件夹提供一个快捷入口，在库中展开某个文件夹，对文件夹内部具体文件的复制、剪切、删除等操作是真实的操作，与在普通文件夹中的操作没有差别。

3.4 程序管理

Windows 7 是一个多任务的操作系统，用户可以同时启动多个应用程序，打开多个窗口，但这些窗口中只有一个是活动窗口，它在前台运行，而其他应用程序都在后台运行。对应用程序的管理主要包括启动和退出应用程序、使用快捷菜单执行命令、创建应用程序的快捷方式、设置文件与应用程序关联等。

3.4.1 程序的启动和退出

（1）启动应用程序

Windows 7 提供了多种启动应用程序的方法，下面介绍几种常用的方法。

① 通过快捷方式图标启动应用程序。双击桌面上应用程序的快捷方式图标。

② 通过"开始"菜单启动应用程序。单击"开始"菜单中的某程序名选项，或选择"开始"菜单中的"所有程序"选项，在打开的菜单中单击应用程序名称即可。

③ 使用"资源管理器"或"计算机"启动应用程序。在"计算机"或"资源管理器"中找到应用程序文件，双击该图标。例如，Microsoft Word 2010 的程序文件 WINWORD.EXE 位于"X:\Program Files\Microsoft Office\Office14"文件夹中，打开该文件夹，双击 WINWORD.EXE 图标，则启动 Microsoft Word 2010。

④ 通过搜索栏搜索到应用程序后启动应用程序。在"开始"菜单的"搜索程序和文件"搜索框中输入想要执行的程序名称，系统可以找到相关的程序文件，单击即可执行。例如，要打开"记事本"程序，可以在搜索框中输入"notepad"，系统将自动搜索出"notepad"，单击"notepad"

链接，即可运行"记事本"程序。

（2）在多个程序之间切换

Windows 7 是一个多任务的操作系统，允许同时打开多个应用程序。对于打开的应用程序，在任务栏上将显示一个按钮。在所有打开的应用程序中，只有一个是当前正在使用的，其对应窗口即为当前活动窗口，当前应用程序的按钮在任务栏中呈突显状态，该程序的窗口显示在其他程序窗口的上方。

当需要改变当前应用程序时，只需在任务栏上单击所需应用程序按钮，或者单击该应用程序窗口的任何可见部分即可。用户可以使用组合键 Alt+Tab 在各程序界面间进行切换。

（3）关闭应用程序

关闭应用程序窗口即可关闭应用程序，因此，其方法与关闭窗口方法相同。

3.4.2　Windows 任务管理器

Windows 7 使用"Windows 任务管理器"完成多种任务的查看与管理。

打开"Windows 任务管理器"的方法有：右键单击任务栏空白处，从其快捷菜单中选择"启动任务管理器"命令；或者按 Ctrl+Alt+Delete 组合键，选择"启动任务管理器"选项。打开的"Windows 任务管理器"窗口如图 3.27 所示。

任务管理器窗口提供了"文件""选项""查看""窗口""帮助"5 个菜单项和"应用程序""进程""服务""性能""联网""用户"6 个选项卡，窗口底部则是状态栏，可以查看到当前系统的进程数、CPU 使用比率、物理内存等数据。

"应用程序"选项卡中列出了目前正在运行的应用程序名，选定其中的一个任务，单击"结束任务"按钮，即可结束该任务的运行状态；单击"切换至"按钮，可以使该任务对应的应用程序窗口变成活动窗口；单击"新任务"按钮，输入程序、文件夹、文档或 Internet 资源的名称，就可以打开它们。"新任务"的功能类似"运行"对话框（通过选择"开始"→"所有程序"→"附件"→"运行"命令打开）。

"进程"选项卡中列出了正在运行的程序的状态，如图 3.28 所示，从中可以通过选定某个进程，单击"结束进程"按钮来结束进程的运行。如果知道隐藏在系统底层深处运行的病毒程序或木马程序的名称，那么在这里可以结束它们的运行。

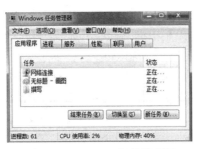

图 3.27　Windows 任务管理器

图 3.28　"进程"选项卡

"性能"选项卡中显示 CPU 和内存使用情况的图形和数据，如图 3.29 所示。"联网"选项卡中显示本地计算机所连接的网络通信量的指示，可以查看有关网络的应用状态，如图 3.30 所

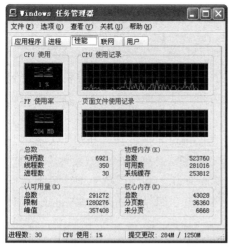

图 3.29 "性能"选项卡

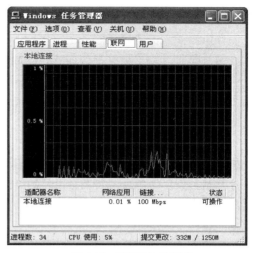

图 3.30 "联网"选项卡

示。"用户"选项卡中显示当前已登录和连接到本机的用户、标志、状态、客户端名和会话,可以单击"注销"按钮重新登录,或者通过"断开"按钮断开与本机的连接。

3.4.3 创建应用程序的快捷方式

(1) Windows 7 的快捷方式

Windows 7 的快捷方式是系统中各种对象(包括本地或网络程序、文档、文件夹、驱动器、计算机等)的链接,使用户能方便、快速地访问相关的对象。快捷方式是一种特殊类型的文件,其扩展名为 .lnk,一般通过某种图标来表示,每个快捷方式用一个左下角带有弧形箭头的图标表示,称为快捷图标,如图 3.31 所示。

图 3.31 快捷方式图标

(2) 快捷方式的属性

右键单击某个快捷方式的图标,在弹出的快捷菜单中选择"属性",

图 3.32 属性设置

出现如图 3.32 所示的对话框,有"常规""快捷方式""兼容性""安全""详细信息""以前的版本"等 6 个选项卡。

快捷方式可用于以下情况:经常从某个特定的文件夹中打开文件,则可以在桌面上创建一个指向该文件夹的快捷方式;经常需要快速访问的应用程序,可以在桌面上创建指向这些应用程序的快捷方式。

(3) 快捷菜单创建方式

① 选择需要建立快捷方式的对象(本地或网络程序、文档、文件夹、驱动器、计算机等),单击右键,在弹出的快捷菜单中选择"发送到"→"桌面快捷方式"命令,可以在桌面上建立快捷方式,也可将其移动到任何需要的地方。

② 在"计算机"和"资源管理器"中都可以使用"文件"菜单和鼠标右键来创建快捷方式,单击"文件"菜单的"创建快捷方式"命令,在当前窗口建立了该对象的快捷方式,也可将快捷方式图标移到桌面或任何需要的地方。

③ Windows 7 提供了"向导"创建快捷方式,在桌面或文件夹窗口的空白位置单击右键,在弹出的快捷菜单中选择"新建"→"快捷方式",将显示"创建快捷方式"对话框,在"请键

入对象的位置"文本框中输入程序文件名，或通过"浏览"按钮获得程序文件名。单击"下一步"按钮，输入快捷方式的名字，再单击"完成"按钮，完成快捷方式的创建。

（4）在"开始"菜单中添加或删除程序项

"开始"菜单中所列的应用程序其实都是应用程序的"快捷方式"。如果计算机盘中安装有某个应用程序，而"开始"菜单中没有，要想运行它就必须通过其他办法。这些办法可能比较费事，因此用户可以将其添加到"开始"菜单中。

在"开始"菜单中添加菜单项的一种最简单方法是直接将对象拖曳到"开始"菜单中。另一种方法是选择要加入"开始"菜单的快捷方式图标，单击右键，在弹出的快捷菜单中选择"附到「开始」菜单"命令。如果将"开始"菜单中的一级菜单项添加到级联菜单中，只需将一级菜单项拖曳到级联菜单中即可。如果将快捷方式创建在"启动"组中，则启动 Windows 7 时会自动运行。

如果不再需要某个应用程序的快捷方式时，也可以将其从"开始"菜单中删除，这只是删除了此应用程序的快捷方式，其程序依旧存放在原位置，仍然可以用其他方式启动它。删除方法如下：在"开始"菜单中选择要删除的项目，单击右键，在弹出的快捷菜单中选择"从列表中删除"或"删除"。

3.4.4　设置打开文件的程序

在 Windows 7 中，系统使用文件的扩展名来标识文件类型。对于常用的应用程序所创建的文件，如"记事本"创建的文件的扩展名为 .txt，系统自动为文件和应用程序创建关联。如果文件与其应用程序创建了关联，打开文件时，用户只需双击文件，就可以启动与该文件关联的应用程序，同时打开该文件。对于系统没有自动创建关联的文件类型，如果需要，用户可以自己为其创建关联。同样，也可以改变或删除文件的关联。

在"控制面板"窗口中单击"程序"，在打开的窗口中单击"始终使用指定的程序打开此文件类型"，显示"设置关联"窗口，从中单击扩展名，可以查看当前打开它的默认程序。要更改默认程序，如".txt　文本文档"，可以先选中该文件类型，然后单击"更改程序…"按钮，在"打开方式"对话框（如图 3.33 所示）中选择某应用程序，如果认为不合适，也可以单击"浏览…"按钮，在本机上查找合适的应用程序。最后，单击"确认"按钮，保存设置。

图 3.33　"打开方式"对话框

注意：如果想在以后始终用该程序打开这种文件，则必须勾选"始终使用选择的程序打开这种文件（A）"复选框。

文件的扩展名没有进行登记的文件称为未关联文件。如果被用户双击的文件是未关联文件，则弹出的对话框中提示"使用 Web 服务查找正确的程序"或"从已安装程序列表中选择程序"，若选择"从已安装程序列表中选择程序"，单击"确定"按钮，打开"打开方式"对话框，从中选取一种合适的程序，勾选"始终使用选择的程序打开这种文件"复选框，然后单击"确定"按钮，系统将自动进行关联登记。

3.4.5　剪贴板

剪贴板（Clipboard）是内存中的一个区域，用来临时保存一些信息，是 Windows 中各应用程序之间交换信息的中间媒介。剪贴板不但可以存储文本，而且可以存储图像、声音等信息。剪贴板的使用步骤是：先将信息复制或剪切到剪贴板，然后将插入点定位在需要放置信息的位置，再使用"粘贴"命令将剪贴板中的信息传到目标处。

1．将信息复制到剪贴板

把信息复制到剪贴板，根据复制对象不同，操作略有不同。

（1）把选定信息复制到剪贴板

选定要复制的信息，使之突出显示（选定的信息既可以是文本，也可以是文件或文件夹等对象），再选择"编辑"菜单的"剪切"或"复制"命令，即可将选定的信息复制到剪贴板中。

"剪切"命令是将选定的信息复制到剪贴板上，然后将原信息删除。

"复制"命令是将选定的信息复制到剪贴板上，并且原信息保持不变。

（2）复制整个屏幕或窗口到剪贴板

在 Windows 中，可以把整个屏幕或某个活动窗口复制到剪贴板。

① 复制整个屏幕：按 Print Screen 键，整个屏幕被复制到剪贴板上。

② 复制窗口：先将窗口选择为活动窗口，然后按 Alt+PrintScreen 组合键。可以把对话框看作一种特殊的窗口，按 Alt + PrintScreen 组合键也能复制对话框。

2．从剪贴板中粘贴信息

将信息复制到剪贴板后，就可以将剪贴板中的信息粘贴到目标处。方法如下：确认剪贴板上已有要粘贴的信息，切换到要放置信息的位置，选择"编辑"菜单的"粘贴"命令，将信息粘贴到目标处后，剪贴板中的内容依旧保持不变，因此可以进行多次粘贴。既可以在同一文件中多处粘贴，也可以在不同文件中粘贴（甚至可以是不同应用程序创建的文件），所以剪贴板提供了在不同应用程序间传递信息的一种方法。

"复制""剪切"和"粘贴"命令都有对应的快捷键，分别是 Ctrl+C、Ctrl+X 和 Ctrl+V。

3.5　控制面板

"控制面板"是 Windows 图形用户界面的一部分，允许用户查看并操作，进行基本系统设置和控制，也是大家接触较多的系统界面。Windows 7 操作系统对"控制面板"有了较多的改进设计，很多刚开始使用 Windows 7 的用户多少有些生疏，为此介绍其功能和使用技巧。

"控制面板"提供了丰富的专门用于更改 Windows 外观和行为方式的许多工具，可以用来对设备进行设置与管理，调整系统的环境参数默认值和各种属性，添加设备和卸载程序等。

打开"控制面板"的常用方法是：选择"开始"→"控制面板"命令，在"计算机"或"Windows 资源管理器"窗口的导航窗格中单击"控制面板"，打开"控制面板"（如图3.34所示）。在Windows 7操作系统中，"控制面板"一般以类别的形式显示功能菜单，如系统和安全、用户账户和家庭安全、网络和Internet、外观和个性化等类别，在每种类别下显示一些常用的功能。

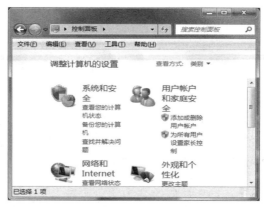

图 3.34　控制面板

与以往的Windows操作系统相比，Windows 7的"控制面板"采用了类似Web的网页方式，可以通过单击类别名链接或图标来实现管理。要查看"控制面板"中某项目的详细信息，可以将鼠标指针移动到该图标或类别名称上，然后阅读显示的文本信息。要打开某个项目，可以单击该项目图标或者类别名。

3.5.1　外观与个性化设置

Windows 7系统为用户提供了设置个性化桌面的功能，可以选定个人喜欢的照片或图片作为背景，可以为背景加上声音，还可以以幻灯片的形式展现给用户。

外观与个性化设置可以通过单击"控制面板"中的"外观与个性化"图标进入相应界面，其中包括"个性化""显示""桌面小工具""任务栏和「开始」菜单""轻松访问中心""文件夹选项""字体"等。

打开"个性化"设置的方法主要有两种：

❖ 在桌面的空白处单击右键，在弹出的快捷菜单中选择"个性化"命令。

❖ 在"控制面板"窗口中单击"外观和个性化"→"个性化"链接或图标。

1. 选择主题

桌面主题是计算机个性化的直接体现，是图标、字体、颜色、声音和其他窗口元素预定义的集合，使用户桌面具有与众不同的外观。Windows 7系统自定义了三类"个性化"主题（如图3.35所示）：我的主题、Aero主题、基本和高对比度主题。在"我的主题"中单击"联机获取更多主题"，即可在网上获取更多主题。在"Aero主题"中可以选择Windows 7、建筑、人物、风景、自然、场景、中国等主题。在"基本和高对比度主题"中可以选择Windows 7 Basic、Windows经典、高对比度#1、高对比度#2、高对比黑色、高对比白色等选项。

2. 设置桌面背景和屏幕保护程序

单击"个性化"窗口的"桌面背景"链接或图标，用户可以设置自己的桌面背景。可以选择某张图片作为桌面背景，也可以选择多张图片创建一组幻灯片作为桌面背景，如图3.36所示。

图 3.35　个性化设置

图 3.36　主题设置

"桌面背景"有以下选择。

❖ 图片位置（L）：有 Windows 桌面背景、图片库、顶级图片、纯色等选项。

❖ 图片位置（P）：显示方式有填充、适应、拉伸、平铺、居中等选项。

❖ 更改图片时间间隔（N）：用于控制桌面背景 PPT 图片转换时间间隔的管理，并且可以选择无序播放对图片进行随机播放。

单击"个性化"窗口中的"窗口颜色"链接或图标，用户可以更改窗口边框，设置"开始"菜单和任务栏的颜色。单击不同颜色主题选择当前颜色，再单击"高级外观设置…"链接，完成"窗口颜色和外观"的设置。

如果显示屏上某点长时间高亮度显示，会灼伤显像管或液晶屏。因此，当计算机暂时不用时，应让其显示较暗或者运动的画面，屏幕保护程序即为此而设计。设置了屏幕保护程序，系统会自动监测用户的操作，当间隔一定时间没有操作，屏幕显示处于静止状态时，系统将自动启动屏幕保护程序，显示某种运动的画面。

单击"个性化"窗口中的"屏幕保护程序"链接或图标，将打开"屏幕保护程序设置"对话框，用户可以选择自己的屏幕保护程序和等待时间间隔等内容。

3．桌面小工具

桌面小工具在 Windows Vista 或 Windows 7 都可以使用，在 Windows XP 中不能使用。它是 Windows 新增的一款功能。Windows 桌面小工具可以让用户查看时间、天气，了解计算机的情况（如 CPU 仪表盘），其中一些小工具可以作为摆设（如招财猫）。某些小工具是联网时才能使用的（如天气等），某些是不用联网就能使用的（如时钟等），如图 3.37 所示。

有两种方法可以管理桌面小工具。一种是在桌面空白处单击右键，在弹出的快捷菜单中选择"小工具"；另一种是进入"控制面板"界面，单击"程序"，进入程序界面，这时就可以看见"桌面小工具"图标，单击此图标，即可以对桌面小工具进行管理。

① 添加。如果想在桌面上添加小工具，可以在桌面空白处单击右键，在弹出的快捷菜单中选择"小工具"，然后在小工具库中双击想添加的小工具，或单击右键，在弹出的快捷菜单中选择"添加"，被选择的小工具就会显示在桌面上。

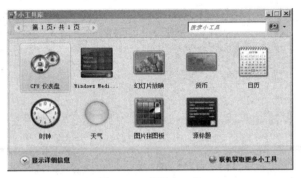

图 3.37　桌面小工具

②　设置。当桌面上有多个小工具时，可以通过设置不透明度，更好地匹配桌面背景。在小工具上单击右键，在弹出的快捷菜单中选择"不透明度"，从中选择不同的不透明度，如 20%、40%、60%、80%、100%。

③　安装。用户可以通过单击"小工具"窗口右下方的"联机获取更过小工具"链接，下载其他需要的小工具。

3.5.2　用户管理

Windows 7 系统提供了强大的用户管理功能，主要包括：更改密码、删除密码、更改图片、更改账户名称、更改账户类型、管理其他账户、更改用户账户控制等内容。

在 Windows 7 中，账户分为两种：一种是"管理员"类型，另一种是"标准用户"类型，两种类型的权限不同。"管理员"拥有对计算机操作的全部访问权，可以做任何需要的更改。根据通知设置，在做出会影响其他用户的更改前，系统可能要求管理员提供密码或确认等。"标准用户"可以使用大多数软件以及更改不影响其他用户或计算机安全的系统设置。

创建新用户的具体操作过程如下：

①　打开"控制面板"窗口，单击"用户账户和家庭安全"，在"用户账户"窗口中再单击"添加或删除用户账户"图标，打开"管理账户"窗口，如图 3.38 所示。

②　在"管理账户"窗口中单击"创建一个新账户"，打开如图 3.39 所示的窗口。在文本框中输入要建立的用户账户的名字，选择账户类型，单击"创建账户"按钮，即可完成新账户的创建。用户管理中同时可以更改的选项有用户图片、Windows 密码、账户类型、用户控制设置、环境变量等。

图 3.38　管理用户

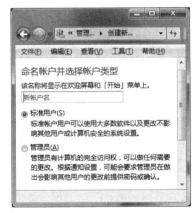

图 3.39　创建新账户

3.5.3 打印机的安装、设置和使用

（1）打印机管理

在使用计算机的过程中，经常需要使用打印机打印文档和图片等，要完成打印工作，首先要安装打印机。在 Windows 7 中，用户可以在本地计算机上安装打印机，如果用户的计算机接入了网络，也可以安装网络打印机，使用网络中的共享打印机来完成打印工作。

大多数新式打印机均为即插即用设备，很多老式打印机不支持即插即用功能。根据是否支持即插即用，安装连接到计算机的打印机所涉及的步骤各不相同。

（2）添加即插即用打印机

即插即用打印机的安装非常简单，操作方法如下：按照打印机制造商提供的说明书，将打印机连接到计算机上；将打印机电源线插入电源插座，并打开打印机的电源，然后重新启动计算机；Windows 7 自动会检测即插即用打印机，并且完成安装打印机的驱动程序。

若 Windows 7 没有找到该打印机的驱动程序，系统会提示放入驱动程序光盘到光驱中，按提示一步一步进行安装即可。

（3）配置打印机

打印机的"属性"对话框是配置系统中安装的打印机的工具。在"开始"菜单中选择"设备和打印机"，打开"设备和打印机"窗口，在打印机图标上单击右键，在弹出的快捷菜单中选择"打印机属性"，打开如图 3.40 所示的对话框，可以通过 "常规""共享""端口"等选项卡进行设置。单击"首选项"，可以进行"纸张/质量""效果"等设置，如图 3.41 所示。

图 3.40　打印机属性设置

图 3.41　打印机首选项设置

（4）删除打印机

打开"设备和打印机"窗口，右键单击选中要删除的打印机图标，在弹出的快捷菜单中选择"删除设备"。如果系统提示"您确定要删除此设备吗"，单击"是"按钮即可。

3.5.4 日期和时间设置

在"控制面板"窗口中，"日期和时间"应用程序用于更改系统的日期和时间，操作方法主要有以下两种。

单击桌面右下角的时间显示处，选择"更改日期和时间设置"，弹出"日期和时间"对话

框；单击"日期和时间"选项卡中的"更改日期和时间"按钮，弹出"日期和时间设置"对话框，可以更改计算机上的日期时间和日历设置，如图 3.42 所示。

或者，在"控制面板"中单击"时钟、语言和区域"，再单击"日期和时间"，弹出"日期和时间"对话框，可以更改计算机上的日期时间和日历设置。

在时钟、语言和区域界面中也可对系统的区域和语言进行管理，其中包括更改位置、更改日期、时间或数字格式、更改键盘或其他输入法等选项。

图 3.42　日期和时间设置

3.5.5　安装和删除程序

在使用计算机的过程中，常常需要安装程序或删除已有的程序，这不同于一般文件的复制或删除。一般来说，比较正规的软件都有一个名为 SETUP.EXE 的可执行文件，执行该文件，按照屏幕的提示进行操作，便可以方便地进行安装，并自动将该程序的快捷方式添加到"开始"菜单中或"桌面"上。

"控制面板"中有一个程序设置的工具，其优点是保持 Windows 7 对更新、删除的控制，不会因为误操作而造成对系统的破坏。打开"控制面板"，选择"程序"→"程序和功能"，弹出"卸载或更改程序"窗口；选择需要卸载或更改的程序，单击"卸载/更改"按钮，按提示步骤操作，就可以进行"卸载"或"更改"操作。

3.6　磁盘管理

"磁盘管理"是用于管理磁盘的图形化工具，能实现对计算机上所有磁盘的综合管理，可以打开磁盘、更改驱动器名和路径、格式化或删除磁盘分区以及设置磁盘属性等操作。

3.6.1　相关概念

（1）硬盘分区

硬盘分区是指将硬盘的整体存储空间划分成多个独立的区域，从而实现安装操作系统、应用程序及存储数据文件等功能。Windows 7 集成了强大的分区管理功能，用户可以方便地创建、删除分区与格式化分区。在对新硬盘做格式化操作之前，必须先对硬盘进行分区。

可以通过下面的操作查看硬盘的分区情况。

① 在桌面或"开始"菜单中右击"计算机"，在弹出的快捷菜单中选择"管理"命令，打开"计算机管理"窗口。

② 单击左窗格的"存储"下的"磁盘管理"项，如图 3.43 所示，在中间窗格的上方列出了所有磁盘的基本信息，包括布局、类型、文件系统、状态、容量、可用空间等内容。

③ 单击右边空格的"更多操作"，即可打开菜单，选择相应命令即可对磁盘进行管理。

也可以通过以下方式打开"计算机管理"窗口，对磁盘进行管理。

① 打开"控制面板"窗口，单击"系统和安全"图标或链接。

② 在"系统与安全"窗口中单击"管理工具"图标或链接，打开"管理工具"窗口。

③ 在"管理工具"窗口中双击"计算机管理"快捷方式，打开"计算机管理"窗口。

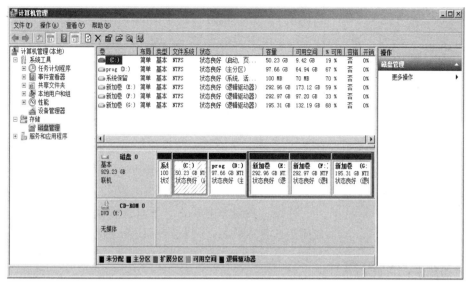

图 3.43　查看硬盘分区

（2）格式化磁盘

格式化磁盘就是在磁盘上建立可以存放文件或数据信息的格式。一个没有被格式化的磁盘将无法写入文件。

（3）文件系统

文件系统是指在磁盘上存储信息的格式，规定了计算机对文件和文件夹进行操作处理的各种标准和机制，用户对所有文件和文件夹的操作都是通过文件系统完成的。不同的操作系统能够支持的文件系统不一定相同。

Windows 7 支持的文件系统有 FAT32 和 NTFS，默认的最佳文件系统为 NTFS。NTFS 允许文件名的长度可达 256 个字符。NTFS 可以支持的分区（如果采用动态磁盘则称为卷）大小可以达到 2 TB。NTFS 是一个可恢复的文件系统，发生系统失败事件时，NTFS 使用日志文件和检查点信息自动恢复文件系统的一致性。在 NTFS 分区上用户很少需要运行磁盘修复程序。NTFS 通过使用标准的事务处理日志和恢复技术来保证分区的一致性。NTFS 支持对分区、文件夹和文件的压缩。任何基于 Windows 的应用程序对 NTFS 分区上的压缩文件进行读写时都不需要事先由其他程序进行解压缩，当对文件进行读取时，文件将自动进行解压缩；文件关闭或保存时会自动对文件进行压缩。NTFS 相比 FAT32 采用了更小的簇，可以更有效地管理磁盘空间。

3.6.2　查看磁盘的常规属性

磁盘常规属性的查看方法如下：打开"计算机"窗口，右击要查看属性的磁盘图标，在弹出的快捷菜单中选择"属性"命令，打开磁盘属性对话框，选择"常规"选项卡，如图 3.44 所示。该选项卡最上面的文本框中可以输入该磁盘的卷标；中部显示了该磁盘的类型、文件系统、已用空间及可用空间等信息；下部显示了该磁盘的容量，并用饼图的形

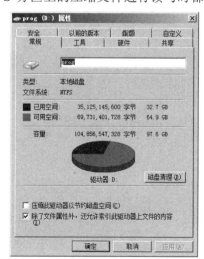

图 3.44　"常规"选项卡

图 3.45 格式化设置

式显示了已用空间和可用空间的比例信息。单击"磁盘清理"按钮，可启动磁盘清理程序，进行磁盘清理。单击"应用"按钮，既可应用在该选项卡中更改的设置。

3.6.3 格式化磁盘

格式化磁盘的具体操作如下：打开"计算机"窗口，选择要格式化的盘符图标，在"文件"菜单或快捷菜单中选择"格式化"命令，打开如图 3.45 所示的对话框，做出适当选择后，单击"开始"按钮，片刻之后，格式化工作结束。

注意：磁盘格式化在计算机正常使用过程中要慎重，若原来磁盘已存在数据，请提前对数据进行迁移保护。

3.6.4 磁盘扫描程序

磁盘扫描程序是保障系统可靠性的系统工具，可用于发现和分析磁盘错误，并且尽量修复错误，方法如下：打开"计算机"窗口，右击磁盘图标，选择快捷菜单中的"属性"，在弹出的磁盘属性对话框中单击"工具"选项卡，如图 3.46 所示；单击"开始检查"按钮，弹出"检查磁盘"对话框，单击"开始"按钮，系统即开始检查磁盘。

3.6.5 磁盘碎片整理程序

当用户修改文件、删除文件或存放新文件时，文件在磁盘上往往被分成几块不连续的碎片，这些碎片在逻辑上是链接起来的，因而不妨碍磁盘的文件读/写操作。但是时间越长，碎片也就越来越多，从而会降低系统运行的速度。Windows 7 中的"磁盘碎片整理程序"正是一个解决磁盘文件碎片问题的系统工具，帮助用户重新安排磁盘中的文件和磁盘自由空间，使文件尽可能地连续存储，自由空间尽可能连续成块，从而加快文件的读取速度。

在 Windows 7 中，启动"磁盘碎片整理程序"的方法主要有以下两种。

选择"开始"→"所有程序"→"附件"→"系统工具"→"磁盘碎片整理程序"命令，打开"磁盘碎片整理程序"窗口，如图 3.47 所示。

图 3.46 "工具"选项卡

图 3.47 磁盘碎片整理

或者，在"计算机"窗口中，右击驱动器图标，在弹出的快捷菜单中选择"属性"，在打开的对话框中单击"工具"选项卡（见图3.46），再单击"立即进行碎片整理…"按钮，也可打开"磁盘碎片整理程序"窗口。

Windows 7 采用了 NTFS 文件系统，磁盘产生的碎片比较少，因此不必经常性地手动整理磁盘碎片。同时，Windows 7 可以方便地设置磁盘碎片整理的计划任务，用户可以根据自己计算机的使用情况，在闲时设置磁盘碎片整理任务，让计算机自动完成磁盘整理工作。

3.6.6 磁盘清理程序

计算机在使用一段时间后，磁盘上会残留一些临时文件或不需要的文件。例如，Internet 的临时文件；用户在查看特定的网页时，从 Internet 上自动下载下来的程序文件；用户从计算机上删除的但还保存在"回收站"中的文件；在运行程序时，存储在 TEMP 文件夹中的临时信息文件等。这些文件都会占用很多的硬盘空间，因此定期使用磁盘清理程序可以删除这些无用文件，释放磁盘空间。

启动磁盘清理程序的方法如下：选择"开始"→"所有程序"→"附件"→"系统工具"→"磁盘清理"命令，打开"磁盘清理：驱动器选择"对话框，选择所要清理的驱动器；选择好所要清理的驱动器后，单击"确定"按钮，用户即可以看到如图3.48所示的"磁盘清理"对话框。该对话框显示系统正在计算磁盘上可以释放的空间。完成以后系统会给出一个"（X:）的磁盘清理"对话框（X 为驱动器代号）如图3.49所示，选中所要删除的文件类型后，单击"确定"按钮，再单击所弹出的消息框中的"是"按钮，即可清除这些文件。

图 3.48 "磁盘清理"对话框　　　　　　图 3.49　磁盘清理设置

启动磁盘清理程序的其他方法是：在"计算机"窗口中，右击要清理的磁盘图标，在弹出的快捷菜单中选择"属性"选项，在出现的"属性"窗口的"常规"选项卡中单击"磁盘清理"按钮即可（见图3.47）。

3.7 附件

Windows 7 中自带了一些实用工具，即办公常用的一些应用程序，如记事本、写字板、画图、计算器、截图工具等，可以用它们来创建文档、绘制图画、进行科学计算等。

3.7.1　记事本和写字板

"记事本"是"附件"中用于创建和编辑小型文本文件（以 .txt 为扩展名）的应用程序。选择"开始"→"所有程序"→"附件"→"记事本"命令，可以启动"记事本"程序。"记事本"只能对纯文本的文档进行编辑，且仅有简单的字体格式处理能力，如可以选择字体、字型和字的大小，不具备复杂的文档编排功能，文档的长度也有一定的限制。记事本作为一个简单的文字处理工具，可用于编辑一些不需要复杂格式的文档，如编辑各种语言源程序等文件，还可以作为一种随记本，记载办公活动中的一些零星琐碎的事务，如备忘事项、留言、电话记录、摘要等。记事本占用内存小、运行速度快、使用方便。

"写字板"是"附件"中的另一个文本编辑器，适合编辑具有特定格式的小型文档。选择"开始"→"所有程序"→"附件"→"写字板"，可以启动"写字板"程序。写字板可以编辑带有一定格式的文档，使得枯燥的文字信息能够具有多种表现形式，提高了文档的可读性，并且在文档中能实现多种形式的信息混排，如在文字中编排图片、插入图表、插入多媒体信息等，是一个功能较丰富的字处理工具。写字板创建的文档格式有 RTF 文档、文本文档等。

关于字处理软件，本书将在后续章节中详细介绍 Word 2010，而"记事本"和"写字板"只具有文字处理的部分功能，因此不再详细介绍。

3.7.2　画图

"附件"中的"画图"程序是一个用来绘图和进行简单图像处理的单文档应用程序，可以绘制黑白或彩色的图形，可以方便地画图、涂色、处理画面，还可以对图形进行旋转、翻转、拉伸及扭曲等处理，使用起来非常方便，还可以把图形保存为图形文件或打印出来。

选择"开始"→"所有程序"→"附件"→"画图"命令，可以启动画图程序。打开的"画图"窗口如图 3.50 所示。"画图"窗口除了具有与通用窗口相同的部分，还专门设有绘图的部分，窗口的上部功能区主要包括"剪贴板""图像""工具""形状""颜色"等内容，窗口下部主要包括"绘图区"和"状态栏"。

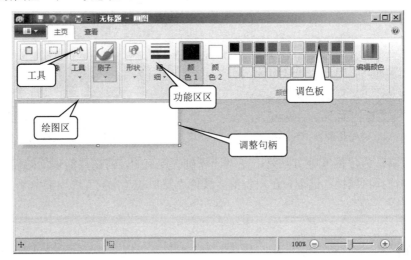

图 3.50　画图

（1）功能区

功能区位于窗口的上侧，其中"工具"分类中的每个按钮即是一个绘图工具。绘图的方法是选择一种绘图工具，在工作区中拖动鼠标，拖动的范围内即画出相应的图形。"形状"分类中提供了一些特定的形状，如表3.6所示。

表3.6 绘图工具箱及其功能

工具及名称	功　　能
选定	选择一个矩形或任意形状的区域
橡皮/颜色橡皮擦	擦除线条或颜色
用颜色填充	用当前所选颜色填充一封闭区域
取色	在绘制的画面上取一种颜色，作为当前使用颜色
放大镜	将画面某一部分放大，以便观察或修改图形的像素点
铅笔	画线工具，可随意画出各种形状的线条
刷子	画线工具，可随意画出各种形状的线条，刷子的形状可以调整
文字	向图中添加文字
直线	以各种角度画直线
曲线	画曲线
矩形	画矩形
多边形	画任意多边形
椭圆	画椭圆或圆形
圆角矩形	画圆角矩形

（2）绘图区

绘图区为画图的工作区域，相当于作图的画布。画布尺寸可根据需要进行调整，调整时可通过选择"图像"按钮中的"重新调整大小"，打开"重新调整大小"对话框，从中进行精确调整，也可以用鼠标拖动调整句柄进行调整。

（3）调色板

调色板（颜色板）位于功能区的右边。"颜色1"表示前景色，"颜色2"表示背景色。选定"颜色1"或"颜色2"，单击颜色板中的某一色块，该色即被选定为前景色或背景色。在画图时，选择画图工具后，应根据需要选择前景色和背景色。

颜色盒提供了48种颜色，可扩充到64种基本色，并可更换颜色盒，或者增加自定义颜色。

3.7.3　计算器

"计算器"是Windows 7提供的一个简单计算工具，可以方便地进行各种运算，如加、减、乘、除、乘方和三角函数等运算，也能进行二进制、八进制、十进制和十六进制等科学运算。与Windows XP相比，Windows 7内置的计算器功能大幅增强，如增加了日期计算、单位换算、油耗计算、分期付款及月供计算等功能。选择"开始"→"所有程序"→"附件"→"计算器"命令，可以启动计算器程序，显示标准型计算器窗口，如图3.51所示。

"查看"菜单中有"标准型""科学型""程序员""统计信息"四个选项和其他功能选项，可以对标准型计算器和其他专用计算模式之间进行切换，当选择"科学型"时（如图3.52所示），计算器的界面与普通计算器类似，使用方法也一样，使用键盘按键或用鼠标单击屏幕上的按键都能完成相关操作。

对于"程序员"和"统计信息"等专用计算模式读者可以自行学习使用。

图 3.51 标准型计算器

图 3.52 科学型计算器

3.7.4 截图工具

"附件"中自带了"截图工具"应用程序,用户可以方便地进行截图操作。

选择"开始"→"所有程序"→"附件"→"截图工具"命令,可以启动截图工具程序,如图 3.53 所示。"新建"菜单中包含"任意格式截图""矩形截图""窗口截图""全屏幕截图"选项。选择"任意格式截图",得到的结果如图 3.54 所示。最后可以将截图保存为 PNG、JPG、GIF、MHT 等格式。

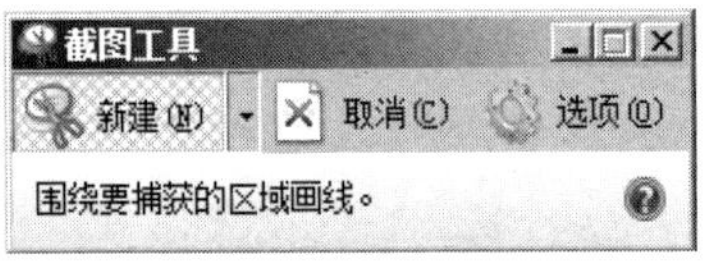

图 3.53 截图工具

图 3.54 截图结果

本章小结

本章针对 Windows 7 操作系统,由浅入深地进行了介绍。其中,对 Windows 7 的基本概念和基本操作以及文件操作、外观设置、程序管理、用户管理、磁盘管理等做了详细介绍;对 Windows 7 中自带的一些实用工具,如记事本、写字板、画图、计算器、截图工具等,仅做了简单介绍。若要深入学习 Windows 7 操作系统,还需要参考联机帮助或查阅相关专题的书籍。

习 题 3

1. Windows 7 的"窗口"由哪几部分组成?
2. 关闭应用程序窗口的方法主要有哪些?

3. 对话框中的基本构成元素有哪些？

4. 如何进行输入法的切换？常用方法有哪些？

5. 练习使用"搜狗拼音输入法"等汉字输入法，在"记事本"中建立一个文本文件，输入3.1 节的内容。

6. 文件（夹）项目的显示方式有哪几种？如何设置？

7. 要查找一个文件，文件名中第 3~7 个字符为"table"，其扩展名不知道，存放在哪个磁盘上也不知道。请问如何查找它？

8. 文件的扩展名有什么作用？

9. 简述在资源管理器中对文件的管理方法。

10. 简述使用 Windows 7 的"库"管理文件和文件夹的方法。

11. "回收站"起什么作用？如何设置"回收站"的属性？

12. 应用程序的启动方法常用的有哪几种？

13. 如何实现前后台应用程序的转换？

14. 如何在桌面上创建常用程序的快捷方式？

15. 怎样设置个性化风格的桌面？

16. 简述将 Windows 7 的屏幕保护图案设置为三维文字"您好!"的操作步骤。

17. 如何使用"桌面小工具"？

18. 为什么不能通过直接删除应用程序文件夹的方法卸载应用程序？

19. 怎样查看计算机硬盘、CPU 和内存配置的情况？

20. 在 Windows 7 的"画图"程序中，利用鼠标右键可以进行颜色擦除吗？

第 4 章　文字处理 Word 2010

随着计算机技术的发展，计算机字处理软件已经彻底改变了传统的使用纸和笔进行文字处理的方式，将文字的录入、编辑、排版、存储和打印融为一体。中文字处理软件不但能处理文字，而且能编辑图形和表格，编排图文并茂的文档，是现代办公自动化中使用最多的一种软件。目前适用于 Windows 系统的文字处理软件非常多，如 Microsoft 公司的 Office 系列、金山公司的 WPS Office 系列等。

通过本章的学习，读者可以掌握现代计算机文字处理软件的基础知识及基本操作技能，以便在以后的工作和学习中能够有效地利用文字处理软件制作所需要的文档。

4.1　办公软件概述

目前，办公软件的应用范围很广，大到社会统计，小到会议记录。数字化办公离不开办公软件的鼎力协助。现代办公涉及对文字、数字、表格、图表、图形、图像及音频和视频等多种媒体信息的处理，处理不同种类的数据必须使用具有文字处理、表格制作、幻灯片制作、简单数据库等功能的办公软件。办公软件正朝着操作简单化及功能细化的方向发展。讲究大而全的 Office 系列综合软件与专注于某些特殊功能的专用软件协同发展。常用的办公系列软件主要有 Microsoft 公司的 Microsoft Office 和金山公司的 WPS Office，还有政府使用的电子政务、税务使用的税务系统以及企业用的协同办公软件，这些都属于办公软件，它们都是运行在操作系统下的应用软件，拥有优秀的办公处理能力和方便易用的操作界面。此外，现代办公系列软件提供了小型的数据库管理、网页制作、电子邮件等功能。

4.1.1　WPS Office 概述

WPS Office 是金山软件公司推出的一款办公软件，具有办公软件最常用的文字、表格、演示等功能。WPS 最早出现于 1989 年，2018 年推出了最新版 WPS Office 2019。

WPS Office 软件的用户包括个人用户和企业级用户两大类。除了运行于 Windows 平台的 WPS Office，金山软件公司还推出了 Linux 版、Mac 版和 iOS 版、Android 版的 WPS Office。

WPS Office 的主要特点如下：

① 永久免费使用并与其他办公软件兼容。WPS Office 个人版包含 WPS 文字、WPS 表格、WPS 演示三大功能模块，对个人用户永久免费，全面兼容 Microsoft Office 格式，用户可以直接保存和打开 Microsoft Word、Excel 和 PowerPoint 文件，也可以用 Microsoft Office 轻松编辑 WPS 系列文档。

② 运行速度快，体积小巧，占用内存少。WPS Office 对系统硬件要求低，一次安装，自动在线升级，易于在内网、外网及专网部署，是真正的绿色软件，安装卸载不到 1 分钟。

③ 具有强大的插件支持平台，免费提供海量在线存储空间及文档模板，支持阅读和输出 PDF 文件。

④ 两种界面轻松切换。WPS Office 充分尊重用户的选择与喜好，提供双界面切换，用户

可以自由地在新界面与经典界面之间转换，保持原有的用户界面风格及操作习惯，使用户不需再学习，同时能以最小学习成本去适应和接受新的界面与体验。

4.1.2 Microsoft Office 概述

Microsoft Office 是微软推出的办公软件，2018 年的最新版本是 Microsoft Office 2019。本书以 Office 2010 专业版为例，介绍 Microsoft Office 办公软件的使用。Office 2010 有 6 个版本：初级版、家庭及学生版、家庭及商业版、标准版、专业版和专业高级版。Office 2010 的功能强大，其界面基本延续了 Office 2007 的风格，却更加简洁。Office 2010 中最常用的有五大组件分别是 Word 2010、Excel 2010、PowerPoint 2010、Access 2010 和 Outlook 2010。此外，Office 2010 可支持 32 位和 64 位 Windows 7，但仅支持 32 位 Windows XP，不支持 64 位 Windows XP。其最大的特色和变化就是加入了更多的云技术，支持不同的终端设备进行在线协作工作。

（1）Office 2010 新功能

Office 2010 版可以让用户随心所欲地工作，既可以通过 PC 使用，也可以通过 Web 浏览器使用，甚至在智能手机上也可以使用。Office 2010 的新功能主要表现在以下两方面。

① 界面上的变化：Office 2010 采用了 Ribbon（功能区）新界面，界面更加简洁明快。

② 功能上的增强：Office 2010 做了许多功能上的改进，增加了很多新功能，特别是在线应用，可以让用户更加方便、自由地表达自己的想法、解决问题以及与他人联系。

（2）运行环境

Office 2010 标准版对系统的软硬件要求如下。

硬件要求：Office 2010 标准版对硬件的要求如表 4.1 所示。

表 4.1 安装 Office 2010 的硬件要求

硬 件	基本要求
CPU	500 MHz 或以上处理器
内存	推荐使用 256 MB 内存或更大内存
硬盘	3 GB 可用硬盘空间
显示器	1024×768 或更高

软件要求：32 位 Office 2010 既可以运行在 32 位的 Windows 操作系统上，也可以运行在 64 位的操作系统上；64 位 Office 2010 只能运行在 64 位的 Windows 系统上，如 Windows 7、Windows Vista SP1、Windows Server 2008 R2 等。

（3）Office 2010 的安装

安装 Office 2010 非常简单，在安装向导的引导下，用户可以轻松地完成安装工作。安装结束后，在"开始"菜单的"所有程序"中的"Microsoft Office"级联菜单中会出现"Microsoft Office Word 2010"等选项。

4.2 Word 2010 简介

4.2.1 Word 2010 的启动和退出

1. 启动 Word 2010

启动 Word 2010 的方法主要有以下几种。

❖ 选择"开始"→"所有程序"→"Microsoft Office"→"Microsoft Office Word 2010"命令，将启动 Word 2010 并创建一个空白文档。

❖ 双击桌面上的"Microsoft Office Word 2010"图标。

❖ 双击 Word 文档图标。

2．退出 Word 2010

退出 Word 2010 可以选择下列方法中的一种。

❖ 单击标题栏最右边的关闭按钮 ⊠ 。

❖ 双击 Word 窗口左上角的控制菜单图标 W 。

❖ 选择"文件"选项卡的"退出"选项。

❖ 单击标题栏最左边的控制按钮，在下拉菜单中单击"关闭"命令。

❖ 直接按 Alt+F4 组合键。

无论使用哪种方法退出 Word 2010，只要做了修改而未保存文档，都会弹出一个对话框，让用户确定是否保存文档。单击"保存"按钮，则保存（如果是新建文档，还要给出保存位置及文件名）；单击"不保存"按钮，则本次的编辑结果不存盘；单击"取消"按钮，则取消此次操作，返回 Word。

4.2.2　Word 2010 的窗口组成

启动 Word 2010 后，屏幕将出现如图 4.1 所示的窗口，Word 2010 的工作窗口主要包括标题栏、自定义快速访问工具栏、窗口控制按钮、选项卡、功能区按钮、标尺和文档编辑区、状态栏等。下面分别介绍界面中的各部分。

1．自定义快速访问工具栏

自定义快速访问工具栏位于 Word 窗口顶部、标题栏的左侧，包含一组独立于当前功能区选项卡的按钮，使用该工具栏可以快速访问常用的命令，如"新建""保存""打开"等。

可以根据需要向快速访问工具栏添加或删除按钮。单击"自定义快速访问工具栏"右侧的下拉按钮，打开下拉菜单，其中列出了一些可以直接添加的按钮，如"快速打印""拼写和语法"等，只需直接单击需要添加的按钮即可，如图 4.2 所示。也可在"自定义快速访问工具栏"下拉菜单中选择"其他命令"，打开"Word 选项"对话框，将其他选项卡的按钮添加到自定义快速访问工具栏中，如图 4.3 所示。还可以选择"自定义快速访问工具栏"下拉菜单的"在功能区下方显示"命令，调整自定义快速访问工具栏的位置。

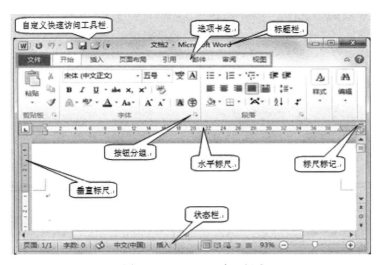

图 4.1　Word 2010 窗口组成

图 4.2　自定义快速访问工具栏

图 4.3 "Word 选项"对话框

2．选项卡和功能区

Word 2010 包括文件、开始、插入、页面布局、引用、邮件、审阅和视图等 8 个选项卡或功能区，除了"文件"选项卡，在选项卡名下是其对应的功能区，功能区中收集了相应的命令按钮。功能区中的命令按钮按其功能分为若干组，每组由一个或多个命令按钮组成，如图 4.4 所示。例如，"开始"选项卡由"剪贴板""字体""段落""样式"和"编辑" 5 个组组成。单击选项卡名时，将切换到与之相对应的功能区。单击组右下角的对话框启动器 ，将打开相关对话框。

图 4.4　Word 2010 选项卡及功能区

3．标尺

标尺可分为水平标尺和垂直标尺。水平标尺位于功能区的下方，垂直标尺在功能区的左边（在"页面视图"状态下）。利用标尺可以查看或设置页边距、段落缩进、表格行高、列宽等操作。在默认情况下，Word 2010 不启用标尺，如果要显示标尺，单击垂直滚动条上方的标尺标记 ，再单击一次，则会隐藏标尺。

4．"浏览"按钮

"浏览"按钮用于文档浏览时的前后翻页或选择浏览对象，包括"前一页"按钮 、"选择浏览对象"按钮 和"下一页"按钮 。Word 2010 默认为"按页浏览"方式。

5．状态栏

状态栏位于窗口底部，用于显示当前文档的状态信息和编辑状态，如显示文档的字数、文档总页数、当前第几页等。状态栏从左至右分别显示当前光标所在的页面、字数、改写状态、视图快捷方式、显示比例、缩放滑块等相关状态信息。

视图切换按钮位于状态栏的右侧，包含 5 个视图切换按钮，从左至右依次为"页面视图"按钮 ▣、"阅读版式视图"按钮 ▥、"Web 版式视图"按钮 ▣、"大纲视图"按钮 ▤ 和"草稿视图"按钮 ▤。通过单击相应的按钮，用户可以方便地在这 5 种视图之间切换。

显示比例用于调整文档的显示大小，不影响实际的打印效果。显示比例的百分数显示了文档的缩放级别，单击"放大"按钮 ⊕ 或"缩小"按钮 ⊖，或直接拖动"缩放滑块"，都可以改变当前文档的显示比例。单击当前的数字百分比按钮，可以打开"显示比例"对话框。

注意：状态栏的内容可以自行定义，具体操作方法是右键单击状态栏，从弹出的快捷菜单中选择需要向状态栏放置的选项。

4.3 文档的基本操作

文档泛指使用 Word 创建的文稿、信函、报告、通知及说明书等，其扩展名为 .doc 或 .docx。

4.3.1 创建文档

1．创建新文档

使用 Word 2010 进行文字编辑和处理的第一步是创建新文档，方法有以下几种：

❖ 启动 Word 时，系统会自动创建一个名为"文档 1.docx"的空白文档。

❖ 单击自定义快速访问工具栏的"新建"按钮 ▯，可以快速创建一个新文档。

❖ 利用模板创建新文档。

模板是 Word 2010 提供的按照应用文规范建立的一些文档，该文档已经填充了文体的固定内容，并且已经设置好格式。利用模板可以迅速、准确地创建符合规范的应用文，方法如下：选择"文件"→"新建"命令，弹出"模板"对话框，从中选择新文档要使用的模板类型，单击"创建"即可。

2．文本的输入

启动 Word 时，系统自动打开一个名为"文档 1"的新文档，此时插入点在工作区的左上角闪烁，表明可以在当前文档窗口中输入文本了。

输入文本时，文本显示在插入点的左侧，插入点不断地向右移动。由于 Word 具备自动换行的功能，因此当插入点到达每行的末尾时不需要按 Enter 键换行。当输入的文本满一行时，Word 自动将插入点移到下一行的开始处。当要开始新的一段时，才需要按 Enter 键。

在文档中可以输入汉字和英文，默认的输入法为英文，如果要输入汉字，必须选择一种汉字输入法，即在中文输入法状态下才可以输入汉字。

在默认状态下，输入文本都处于插入状态，用户可以通过单击状态栏的"插入"按钮或按 Insert 键，在"插入"与"改写"之间切换。

如果输入错误，可以把插入点移到错误处进行修改。使用鼠标或键盘上的 ↑、↓、←、→、PgUp、PgDn 等键，可以在文档中自由移动插入符的位置。当插入点移动到指定位置后，按 BackSpace 键可以删除插入点前的一个字符或汉字，按 Delete 键可以删除插入点后的一个字符或汉字。如果要删除一句话、一行、一段或整个文档，首先选中要删除的文本，然后按 Delete 键或 BackSpace 键。

3．插入符号

在文本输入的过程中，除了输入英文、中文及常用的标点符号，经常会遇到键盘上没有提供的特殊符号，如数字序号、数学符号、几何符号等。Word 2010 提供了以下输入特殊符号的方法：将插入点移动到文档中要插入符号的位置，选择"插入"→"符号"→" Ω 符号"，出现如图 4.5 所示的下拉列表。

如果图 4.5 下拉列表中没有显示需要的符号，再单击下拉列表下面的"其他符号（M）…"选项，打开如图 4.6 所示的"符号"对话框，双击需要的符号或选择符号后，单击"插入"按钮，将所需的符号插入到文档中。

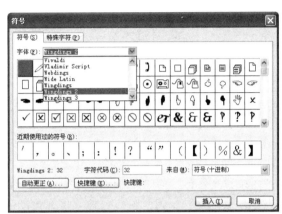

图 4.5 "符号"下拉列表　　　　　　图 4.6 "符号"对话框

如果在文档编辑中经常用到某些符号，还可以在"符号"对话框中选定该符号后，单击"快捷键"按钮为其定义快捷键，以后只要按所定义的快捷键即可快速输入这些符号。

4．段落的生成、拆分与合并

段落是在按 Enter 键后产生的，它是一个文档的基本组成单位。每次按下 Enter 键时就插入一个段落标记，表示一个段落的结束，也标志另一个段落的开始。

移动插入点到段落的任何位置，按 Enter 键，原段落将被拆分。若将若干内容合并成一个完整的段落，则将插入点移到段落标记 ↵ 处，按 Delete 键，可以删除相应的段落标记。

4.3.2　保存文档

正在编辑某个 Word 文档时，如果计算机出现死机、停电等非正常关闭的情况，文档信息可能会丢失。因此，在文档的编辑过程中要及时保存文档。保存文档有以下几种方式。

① 保存新建文档。单击"自定义快速访问"工具栏的"保存"按钮或"文件"选项卡的"保存"命令，或按 Ctrl+S 组合键，都将打开"另存为"对话框，选择文件保存的位置，输入文件名，选择文件保存类型，单击"保存"按钮即可。

② 保存已保存过的文档。保存已经保存过的文档的方法与保存新建文档的方法相同。存盘后，文档仍然保留在当前编辑窗口中，用户可继续进行编辑工作。

③ 用另一文档名保存文档。如果正在编辑的文档是已保存过的文档，而要改变文件名、类型或位置，则应选择"文件"→"另存为"命令，打开"另存为"对话框进行操作，其后的操作与新建文档的保存相同。

④ 自动保存。Word 2010 提供了定时自动保存功能，以防断电等意外情况发生而造成的文

档损失。具体操作如下：选择"文件"→"选项"命令，打开如图 4.7 所示的对话框，选择"Word 选项"→"保存"，勾选"保存自动恢复信息时间间隔"复选框，在其右侧文本框中输入或调整保存时间间隔，再单击"确定"按钮。

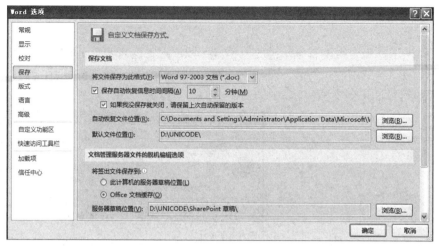

图 4.7 "Word 选项"对话框

勾选"如果我没保存就关闭，请保留上次自动保留的版本"复选框，Word 将在保存更改后的文档前，把原来的文档保留一份。勾选"保存自动恢复信息时间间隔"或"如果我没

保存就关闭，请保留上次自动保留的版本"复选框后，在编辑过程中如果遇到意外错误、停止响应或者断电等情况，则在下一次启动 Word 时，该文档将被显示在"文档恢复"任务窗格中，用户可以选择查看修复记录情况，也可以把 Word 自动恢复的文档另存为一个其他名字的文档，从而尽量减少数据损失。

注意： Word 2003 及以前的 Word 版本建立的文件扩展名是 .doc，而 Word 2007 及之后的版本创建的文件扩展名是 .docx；Word 2010 可以兼容这两种文件格式，即 Word 2010 既可以处理 .doc 文件，也可以处理 .docx 文件。

4.3.3 打开文档

文档的打开是指将保存在外存储介质上的文档调入到计算机内存的过程。编辑一个 Word 文档之前必须打开文档才可以对其进行编辑修改等操作。打开文档的常用方法有以下几种。

① 打开文档所在的文件夹，双击要打开的文档图标。

② 单击"文件"→"打开"按钮📂，或单击"自定义快速访问工具栏"的"打开"按钮📂，或按 Ctrl+O 组合键，将弹出"打开"对话框，选择文档所在的文件夹和文件名，单击"打开"按钮。或者直接双击窗口中的文档图标，即可打开文档。

③ 打开最近使用过的文档。对于最近才打开过的文档，则可用以下方法打开文档：默认情况下，"文件"选项卡中保留了 4 个最近使用过的文档，如图 4.8 所示。如果要显示更多的使用过的文档信息，选择"文件"→"最近所用文件"选项，打开"最近使用的文档"和"最近的位置"窗格，然后单击要打开的文档名，即可将该文档打开。

注意： 用户可以根据自己的需要，设置在"文件"选项卡中显示保留文档的个数，具体操作方法为，选择"文件"→"最近所用文件"命令，在打开窗口中勾选"快速访问此数目的'最近使用的文档'："复选框，可以设置在"文件"选项卡中显示保留文档的数量。

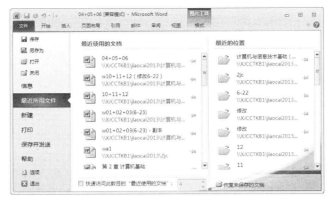

图 4.8　最近使用文档窗口

4.3.4　保护文档

如果想防止他人打开某些重要的文档，可以给文档设置一个口令，以后只有输入正确的口令才能打开或编辑该文档。为文档添加口令是在"另存为"对话框中进行，方法如下。

① 选择"文件"→"另存为"命令，打开"另存为"对话框，单击"工具"按钮，弹出下拉菜单，如图 4.9 所示，选择"常规选项"命令，打开"常规选项"对话框，如图 4.10 所示。

图 4.9　工具下拉列表

图 4.10　"常规选项"对话框

② 在"打开文件时的密码"和"修改文件时的密码"文本框中输入密码。密码可以是字母、数字、空格和符号的任意组合，最多可以输入 15 个字符，每输入一个字符就显示一个星号。如果选择"高级"加密选项，则可以使用更长的密码。

③ 单击"确定"按钮，将打开"确认密码"对话框，再次输入密码后，单击"确定"按钮，密码就设置好了。保存并关闭文档，再打开时将出现一个"密码"对话框，要求输入密码，否则不能打开或只能以只读方式打开文档。

4.3.5　关闭文档

关闭文档是指将文档从内存中清除，并关闭当前文档窗口。单击文档窗口右上角的"关闭"按钮，或选择"文件"选项卡的"关闭"命令，或按 Alt+F4 组合键，均可关闭当前的文档窗口，即结束该文档的编辑工作。

4.4　文档编辑

文档的编辑是输入文字之后要做的工作，也是文字处理最常见、最基本的操作。编辑操作命令主要集中在"开始"选项卡的"剪贴板"和"编辑"组中，可以轻松实现剪切、复制、粘贴、查找与替换、撤销、恢复和重复等操作。

4.4.1 选择文本

编辑文档时，一般先选定需要编辑的内容进行，然后对其进行编辑操作。选定文本也称为选中文本或选择文本。被选定的文本默认情况下以蓝底黑字显示，以示区别。选择文本的方法有鼠标和键盘两种方式。

① 鼠标方式。在 Word 中，用鼠标选择文本的方法有很多种而且非常灵活，如表 4.2 所示。

表 4.2　鼠标方式选定文本方法

选定目标	操作方式
任意长度文本	先将光标定位到要选定文本的首字符处，按住鼠标左键拖动到要选定文本的末尾，松开鼠标左键即可
选定一个单词	双击要选定的单词即可完成一个单词的选定
选定一个句子	按住 Ctrl 键，单击句中的任意位置即可选择一个句子
选定一行	将鼠标指针移到该行最左侧的选定区，当鼠标指针变为指向右上角的箭头↗时，单击鼠标，则该行被选中
选定连续的若干行	若要选定的若干行都在当前文档窗口，可用鼠标指针移到将选定的第一行的最左端，按住鼠标左键向下拖动，直至到要选定的最后一行再松开鼠标，则拖动区域内的若干行被选中 若要选定的若干行不全在当前的窗口内，可先选定第一行，按住 Shift 键，再通过垂直滚动条将后面的内容移到文档的窗口内，将鼠标指针移到将要选定的最后一行的最左端，再单击鼠标，则这若干行将被选中
选定一个段落	将鼠标指针移到段落左侧的任一位置，当鼠标指针变为指向右上角的箭头↗时双击鼠标，则该段落被选中；在段落中的任意位置三击鼠标左键，则选中该段落
选定一个矩形区域	先将鼠标指针移到该区域的一角，然后按住 Alt 键，拖动鼠标至矩形区域的对角，则该矩形区域被选中
选定不连续的文本块	先选定一块文本，按住 Ctrl 键，同时拖动鼠标选取其他文本块即可
选定文档的全部内容	鼠标左键三击文档左面选定区，选定全部文档内容

② 键盘方式。使用键盘选定文本时，首先将插入点移动到需要选定文本的开始处，然后按住 Shift 键，使用光标移动键移动插入点，插入点所经过的文本或图形即被选中。

若取消对文本的选定，可单击文档窗口的其他位置即可，或按全屏幕编辑区的光标移动键。

4.4.2 复制、剪切与粘贴操作

在文档输入的过程中，如果对象多次重复出现或放置位置不合适，可以通过对象的复制与移动操作进行调整。使用复制功能和移动功能之前，必须先选定文本。

（1）复制文本

复制文本的方法如下：选定需要复制的文本，单击"开始"选项卡中的"复制"按钮，或按 Ctrl+C 组合键，将插入点定位到想粘贴的位置；单击"粘贴"按钮，或按 Ctrl+V 组合键，即可实现将所选择的文本粘贴到文档中的指定位置。

Word 2010 有智能标记支持，执行粘贴操作后，粘贴文本的下方将会出现"粘贴选项"按钮，单击该按钮，可以在显示的下拉列表中选择合适的选项，将指定文本粘贴到文档中。

（2）移动文本

移动操作是将文档中的某些位置不合适的文本移动到合适的位置，移动后原文本内容被删除，并插入到新的位置。移动的具体操作方法如下：选定需要移动的文本，单击"开始"选项卡中的"剪切"按钮，或按 Ctrl+X 组合键，然后将插入点定位到想粘贴的位置，单击"粘贴"按钮，或按 Ctrl+V 组合键，即可实现将所选择的文本粘贴到文档中的指定位置。

剪切与复制的区别在于：做剪切操作以后，所选的对象即被删除。

（3）用拖动法复制文本

拖动法常用于短距离内复制文本。具体操作方法如下：选定要复制的文本，将鼠标指针移到选定的文本之上，直到鼠标变成▷形状；按住 Ctrl 键，将选定的对象拖至目的位置；拖动时有一个虚线插入点，表明要粘贴对象的位置，表示复制操作，虚线插入点到达目的地后，要先松开鼠标左键，再松开 Ctrl 键。或按住鼠标右键拖动虚线插入点到目的位置，松开鼠标右键，将弹出快捷菜单，如图4.11所示，选择"复制到此位置"命令。

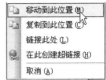

图 4.11 快捷菜单

（4）用拖动法移动文本

在短距离内尤其在一屏内移动文本，用拖动法最便捷，具体操作如下：选定要移动的文本，将鼠标指针移动到选定的文本之上，直到鼠标变成▷形状，按住鼠标左键，将选定的对象拖至目的位置即可。拖动时有一个虚线插入点，表明要粘贴对象的位置，表示移动操作。虚线插入点到达目的地后，松开鼠标左键。或按住鼠标右键拖动虚线插入点到目的位置，松开鼠标右键，弹出快捷菜单（见图4.11），选择"移动到此位置"命令。

（5）剪贴板工具

Word 2010 中的剪贴板最多能存放 24 个对象，即可以从剪贴板中粘贴最近 24 次复制或剪切过的内容。单击"开始"选项卡的"剪贴板"组对话框启动器按钮，可以打开"剪贴板"任务窗格。如果想粘贴前几次复制或剪切的对象，可以把插入点移到插入目标位置，在"单击要粘贴的项目"窗格中单击要复制的对象即可。

在"剪贴板"任务窗格中，可以通过"全部粘贴"按钮，把剪贴板中的全部内容都插入到文档的插入点处；也可通过"全部清空"按钮，把剪贴板中的内容全部清除。

4.4.3 文本的删除

删除文本的常用方法是使用 BackSpace 键和 Delete 键，这种方法用于较大的文本删除效率较低，此时可以使用文本块删除的方式，即选择文本块，按 Delete 键即可。

4.4.4 文本的查找与替换

如果要在当前文档中找到某个字符或要将某个字符替换为其他的字符，可以使用 Word 2010 提供的查找和替换功能。Word 2010 不仅可以查找无格式文本，还可以方便地查找设定了字符格式、段落格式、图文框和样式等格式的文本。

（1）查找文本

查找功能可以查找任意字、词或短语等在文档中出现的每个位置，也可以查找带有指定格式的文本。具体操作如下。

① 选择"开始"→"编辑"组，单击"查找"按钮，如图4.12所示，打开"导航"窗格，如图4.13所示。

② 在"导航"窗格中输入需查找的内容，Word 2010 将自动进行查找操作，查找完毕会自动将查找到的内容以突出显示的形式显示出来。用户还可以单击"导航"窗格编辑框右侧的，在打开的菜单中选择"高级查找"，打开"查找和替换"对话框（该对话框也可以通过单击"开始"→"编辑"组的"查找"下拉列表中选择"高级查找"打开），如图4.14所示，切换到"查找"选项卡，然后在"查找内容"编辑框中输入要查找的内容，单击"查找下一处"按钮即可。

图 4.12 "编辑"组　　图 4.13 "导航"窗格　　　　图 4.14 "查找和替换"对话框

③ 查找到的目标内容将以黄色矩形标志，单击"查找下一处"按钮，可以继续查找。

在 Word 2010 中进行查找操作时，默认情况下每次只显示一个查找到的目标。用户也可以单击"在以下项中查找"按钮，在下拉列表中选择"主文档"选项，将同时显示所有查找到的内容。所有查找到的内容可以同时设置格式（如字体、字号、颜色等），但不能对个别目标内容进行编辑和格式化操作。

（2）替换

替换功能不仅可以查找和替换指定字符，还可以查找和替换字符格式（例如，查找或替换字体、字号、字体颜色等格式）。替换的具体操作如下。

① 选择"开始"→"编辑"组，在"查找"下拉列表中选择"高级查找"，或直接单击"替换"按钮，打开"查找和替换"对话框，见图 4.14。

② 在"替换"选项卡的"查找内容"编辑框中输入准备替换的内容，在"替换为"编辑框中输入替换后的内容。如果希望逐个替换，则单击"替换"按钮，如果希望全部替换查找到的内容，则单击"全部替换"按钮。

③ 完成替换后单击"关闭"按钮，关闭"查找和替换"对话框。用户还可以单击"更多"按钮进行更高级的自定义替换操作。

4.4.5　编辑操作的撤销、恢复和重复

在对文本内容进行各种编辑操作时，难免会出现一些误操作，如不小心删除、替换或移动了某些文本的内容。Word 2010 提供了非常有用的撤销、恢复和重复功能，从而帮助用户迅速纠正错误操作，大大提高工作效率。

执行"撤销"命令，可以撤销刚刚做过的操作。操作方法非常简单，打开 Word 2010 标题栏左侧的"自定义快速访问工具栏"的下拉按钮，将撤销按钮 添加到"自定义快速访问工具栏"上，然后单击工具栏的撤销按钮 ，或按 Ctrl+Z 组合键即可。每按一次撤销按钮 ，可以撤销前一步的操作；若要撤销连续的前几步操作，则可以单击撤销按钮右边的下拉按钮 ，再在其下拉列表中选择想要撤销的操作。

Word 2010 还提供了"恢复"操作，以恢复被"撤销"命令撤销的内容。在编辑过程中，有时发现撤销了不该撤销的操作，这时可以使用"恢复"操作来恢复。恢复的操作方法和撤销的操作方法一样，单击"自定义快速访问工具栏"的"恢复"按钮 ，或按 Ctrl+Y 组合键。

4.5　文档的排版

文档内容输入完成后，用户可以根据需要对文档进行排版，使文档看起来更加规范、清晰

和美观。文档排版主要包括字符格式、段落格式和页面格式的设置。

4.5.1　文档的视图方式

　　所谓视图，是指在屏幕上显示文档的方式。不同的视图方式可以满足用户在不同情况下编辑、查看文档效果的需要。Word 2010 提供了 5 种视图方式，它们各具特色，分别是页面视图、阅读版式视图、Web 版式视图、大纲视图和草稿视图。单击"视图"选项卡中"文档视图"组的按钮，可以选择一种视图方式，也可以单击屏幕下方状态栏右边的"视图切换区"的按钮来选择不同的视图方式。

　　（1）页面视图

　　页面视图可以显示文档的打印效果外观，主要包括页眉、页脚、图形对象、分栏设置、页面边距等元素，是最接近打印结果的视图方式。页面视图主要用于版面设计，所显示文档的每个页面均与打印后的效果相同，如图 4.15 所示。

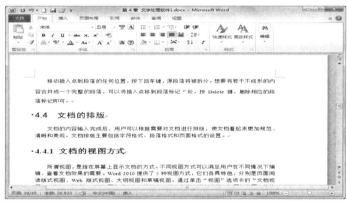

图 4.15　"页面视图"模式

　　在页面视图下，用户可以查看在页面上的多栏版面、页眉和页脚、脚注和尾注，也可以查看文本框中的项目。在页面视图中可以处理文本框和报纸版面样式栏，或者检查文档的最后外观，也可以进行最后的修改。

　　（2）阅读版式视图

　　阅读版式视图是以图书的分栏样式显示文档，选项卡、功能按钮等窗口元素被隐藏起来。在阅读版式视图中，用户可以通过单击"工具"按钮选择各种阅读工具。阅读版式可以通过"视图选项"将相邻的两页显示在一个版面上，其最大优点是便于用户阅读文档。

　　（3）Web 版式视图

　　Web 版式视图以网页的形式显示文档，适用于发送电子邮件和查看文档在 Web 浏览器中显示的外观效果。Web 版式视图在屏幕上显示、阅读文档时效果最好，能使用户在联机阅读时非常方便。切换到 Web 版式视图时，文档将显示为一个不带分页符号的页面，且文本将自动换行以适应窗口的大小，与使用浏览器打开文档的效果一致。在 Web 版式视图下，用户可以对文档的背景颜色进行设置，还可以浏览和制作网页等。

　　（4）大纲视图

　　大纲视图主要用于显示文档的结构和标题的层级结构，并可以方便地折叠和展开各层级的文档。大纲视图广泛用于长文档的快速浏览及和建立或修改大纲，以便能够审阅和处理文档的结构。当视图方式切换为大纲视图时，原来显示工具按钮的位置将显示大纲视图的工具按钮，这些按钮提供了在大纲视图下操作的全部功能。用户可以选择只显示标题而暂时隐藏标题下面的文本，以及升级或降级标题及其从属文本。当移动标题时，所有子标题和从属正文也将跟着移动。在大纲视图中不会显示页边距、页眉、页脚、图片和背景。

（5）草稿视图

草稿视图取消了页面边距、分栏、页眉/页脚和图片等元素，仅显示标题和正文，是最节省计算机系统硬件资源的视图方式。

（6）文档结构图

文档结构图常用于查看文档的结构或寻找某个特定主题及内容。在文档结构图中，"导航"窗格位于文档左边，以树状结构列出了文档的所有标题。单击某一标题，右面窗格将显示此标题所对应的内容。文档结构图可以根据标题进行有选择地阅读。文档结构图可以与页面视图、Web 版式视图、大纲视图和草稿视图方式结合起来使用，可达到更好的效果。要打开文档结构图，可以选中"视图"→"显示"→"导航窗格"复选框，在"导航"窗格中单击"浏览您的文档中的标题"按钮即可。

4.5.2 字符格式化

在 Word 文档中，字符格式设置包括字体、字号、字体颜色、大小写格式、粗体、斜体、上标、下标、字符间距调整等。

1. 字符格式设置

设置字符格式时可以先选择需要设置格式的文本，然后设置字符格式；也可以先设置字符格式，再输入文本，使用这种方法时，后面输入的新文本就会自动采用该设置。

设置字符格式可以通过"开始"选项卡的"字体"分组中的按钮进行设置，也可以通过"字体"对话框设置，还可以使用浮动工具栏设置。

① 使用"字体"组按钮设置格式。单击"开始"选项卡 "字体"组中的按钮，如图 4.16 所示，即可设置字符格式。

② 使用"字体"对话框设置格式。单击"开始"选项卡中"字体"组的对话框启动器，打开"字体"对话框，选择"字体"选项卡，从中可以设置字符的各种格式，如图 4.17 所示。

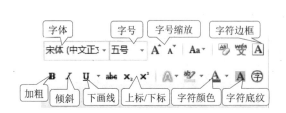

图 4.16 "字体"组按钮　　　　　　　　　　　图 4.17 "字体"对话框

③ 使用浮动工具栏设置字符格式。选择文本内容后，将鼠标移动到已选择的文本的上方，就会出现从模糊到逐渐清晰的浮动工具栏。浮动工具栏中包含了常用的字体设置按钮：字号、字体、颜色、对齐方式等，设置方法和功能区按钮类似。

2. 字符间距设置

Word 提供了三种字符间距：标准间距、紧缩间距和加宽间距，默认采用标准间距。字符间距设置的具体操作方法为：单击"开始"选项卡中"字体"组的对话框启动器，打开"字体"对话框，选择"高级"选项，如图 4.18 所示。如果想加大字符间距，可在"间距"下拉列表框中选择"加宽"，然后在"磅值"框旁单击上下箭头调整磅值，磅值越大，字间距越大。如果想压缩字符间距，可在"间距"下拉列表框中选择"紧缩"，而此时相应的磅值越大，表示紧缩得越厉害，相邻字符甚至有可能重叠起来。

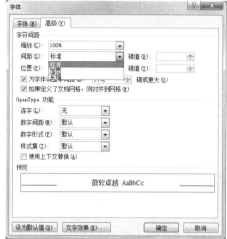

图 4.18 "高级"设置

4.5.3 段落格式化

在 Word 2010 中，段落是一个文档的基本组成单位，表示的是两个回车键之间的文本内容。段落既可以由简单的文字、图形、对象（如公式、图表）及其他内容构成，也可以是回车后产生的空行。每次按下 Enter 键，会插入一个段落标记，表示一个段落的结束，也标志另一个段落的开始。

设置段落格式主要是设置段落的缩进、对齐、行和段落间距等。此外，段落格式还可以添加项目符号和编号、段落边框和底纹等。对段落进行格式化以后，可以使文档更加具有条理性，结构也更加清晰。

进行段落格式化时并不需对每一段都重新进行格式化。在一个段落格式化之后开始的新段落其格式与前一段完全相同。除非需要重新进行格式化，否则该段落格式会一直保持到文档的结束位置。

1. 段落缩进

段落缩进是指段落中的文本与页边距之间的距离。Word 2010 中有 4 种段落缩进方式。

❖ 首行缩进：段落首行的左边界向右缩进一定的距离，而其余行的左边界不变。
❖ 悬挂缩进：段落首行的左边界不变，其余行的左边界向右缩进一定的距离。
❖ 左缩进：整个段落的左边界向右缩进一定的距离。
❖ 右缩进：整个段落的右边界向左缩进一定的距离。

这 4 种方式除了单独使用，还可以组合使用，如左缩进与首行缩进组合成左缩进式首行缩进。进行段落缩进时，先将"插入点"放在该段落中，如果要对多个段落应用同样的缩进效果，必须同时选定这些段落。段落缩进的方法有以下两种。

（1）利用标尺设置缩进

单击垂直滚动条上方的标尺按钮，打开"水平"和"垂直"标尺，利用水平标尺快速设置段落的缩进方式和缩进量，水平标尺上包括首行缩进、悬挂缩进、左缩进和右缩进 4 个标记，如图 4.19 所示。

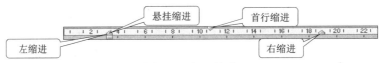

图 4.19 标尺缩进

选好要缩进的段落后,将鼠标指针指向标尺上的缩进标记并左右拖动,此时页面上会出现一条垂直的虚线,用来表明缩进的位置。

(2) 使用"段落"对话框设置缩进

在"段落"对话框中可以精确地设置缩进的尺寸,方法如下:单击"开始"选项卡的"段落"组中的 按钮,打开"段落"对话框,选择"缩进和间距"选项卡,如图 4.20 所示。通过"缩进"栏中的"左侧"或"右侧"选项右侧的微调按钮,或在数值框中输入缩进量和单位。

如果设置首行缩进或悬挂缩进,就单击"特殊格式"下拉列表,先选择要缩进的类型,然后在"磅值"框中输入缩进量,单击"确定"按钮即可。

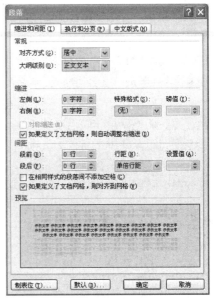

图 4.20 "段落"对话框

2.设置段落间距

段落间距包括行间距和段落间距两种格式。行间距是指同一段落内两行之间的距离,段落间距是指上一段落的最后一行和下一段落的第一行之间除去行间距之后的距离。行间距或段落间距设置通过"段落"组的按钮或"段落对话框"来设置。

(1) 设置行间距

① 使用"段落"组的按钮。选择"开始"→"段落"→"行和段落间距"按钮 ,打开一个下拉列表框,从中选择一种行值即可。

② 使用"段落"对话框。选择"开始"→"段落"组的 按钮,或单击"行和段落间距"按钮,在下拉列表中选择"行距选项",都可以打开"段落"对话框,在"行距"下拉列表中选择一种行距类型,在"设置值"中输入相应的数值量和单位。

(2) 设置段落间距

① 使用"段落"组的按钮。选择"开始"→"段落"→"行和段落间距"按钮 ,选择"增加段前间距"或"增加段后间距"命令。

② 使用"段落"对话框。打开"段落"对话框,在"间距"组中,通过改变"段前"或"段后"数值框的值来改变段落间距,Word 默认单位是行,也可以在数值框中输入相应的数值量和单位来改变段落间距。

3.段落对齐

段落对齐是指段落中每行文本的垂直对齐方式。Word 2010 中有 5 种段落对齐方式,即两端对齐、居中、右对齐、左对齐和分散对齐。

❖ 左对齐:段落中所有的行左边对齐,右边根据长短允许参差不齐。

❖ 两端对齐:段落中的每一行首尾对齐,但不满一行的使用左对齐方式。

❖ 居中:段落中的每一行文本距页面的左边距离和右边距离相等。

❖ 右对齐：段落中所有的行右边对齐，左边根据长短允许参差不齐。

❖ 分散对齐：段落中的所有行拉成左边和右边一样齐，不满一行的要调整字间距。

段落对齐的设置可以通过"段落"组的按钮或"段落"对话框进行设置。

① 使用"段落"组的按钮。对齐按钮位于"开始"选项卡的"段落"组中，如图 4.21 所示。

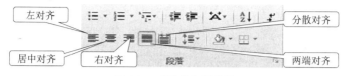

图 4.21 "段落"组按钮

② 使用"段落"对话框。打开"段落"对话框，在"常规"组中，在"对齐方式"下拉列表框中选择相应的方式设置段落的对齐方式。

4．段落与分页

对于一些要求不高的文档，通常不太关心在文档中某一段落的什么位置又开始了新的一页，Word 会根据一页中能够容纳的行数对文档自动分页。有时由于在段落之间分页会影响文档阅读，有的文档对格式要求较高，严格限制在段落中分页，为此 Word 2010 提供了有关分页输出时如何处理段落的几种选择。如果选择了某一属性，则 Word 会自动控制分页，使文档更加美观。

打开"段落"对话框，选择"换行和分页"选项卡，如图 4.22 所示，对于"分页"，有 4 个选项。

❖ 孤行控制：防止在一页的开始处留有段落的最后一行，或在一页的结束处开始输出段落的第一行文字（又称为页首孤行或页末孤行）。

❖ 段中不分页：强制一个段落的内容必须放在同一页上，以保持段落的可读性。

❖ 与下段同页：用来确保当前段与它后面的段落处于同一页。

❖ 段前分页：从新的一页开始输出这个段落。

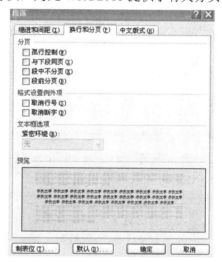

图 4.22 "换行分页"对话框

5．添加边框和底纹

在文档中插入段落边框和底纹，可以使相关段落的内容更加醒目，从而增强 Word 文档的可读性。在默认情况下，段落边框的格式为黑色单直线。用户可以设置段落边框的格式，使其更美观。

（1）添加边框

在 Word 2010 文档中，设置段落边框的具体操作方法如下：选择相关的段落或文字，单击"开始"→"段落"→"边框"按钮 右边的 ，在打开的下拉列表框中有各种边框线，可单击需要的边框线，也可以选择"边框和底纹"命令，打开"边框和底纹"对话框，选择"边框"选项卡，如图 4.23 所示，分别设置边框线型、边框颜色及边框的宽度；在"应用于"框中设置是为选中文字所在"段落"设置边框还是只为选中的"文字"设置边框。单击"确定"按钮，边框设置完成。

（2）添加底纹

在 Word 2010 文档中设置底纹的方法如下：选择"边框和底纹"对话框中的"底纹"选项

卡，如图 4.24 所示，设置"填充"或"图案"、"应用于"文字或段落，单击"确定"按钮，即可为对应的对象设置好底纹。

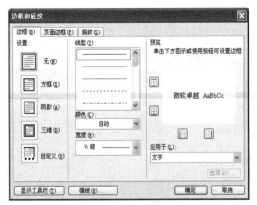
图 4.23 "边框"选项卡

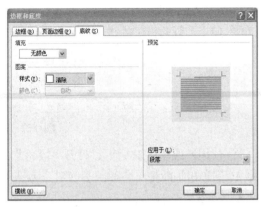
图 4.24 "底纹"选项卡

6. 项目符号和编号列表

项目符号和编号列表综合运用了段落缩进和段落对齐格式，通过项目符号和编号，以列表的形式组织信息，使文档层次分明，结构清晰，便于阅读。项目符号和编号可以在输入内容时由 Word 自动创建，也可以在现有的文档中快速添加。

（1）自动创建项目符号或编号

自动创建项目符号或编号的方法如下：将插入点定位到文档中要创建项目符号或编号的位置，单击"开始"→"段落"→"项目符号"按钮 ≡ 或"编号"按钮 ≡ ，或单击"项目符号"下拉按钮，在"项目符号"下拉列表中选中合适的项目符号，即可在此时插入点所在段落的开始处自动添加一个项目符号或编号。

段结束按 Enter 键，Word 会自动插入下一个项目符号或编号。若要结束自动创建，按 Backspace 键，删除列表中的最后一个项目符号或编号，或按 Enter 键后再按 Ctrl+Z 组合键，或按 Enter 键两次（不过会同时插入多余的两个空行）。

（2）为已有文本添加项目符号或编号

为已有文本添加项目符号或编号，操作方法如下：选定需要添加项目符号的段落，选择"开始"→"项目符号" ≡ 按钮或"编号" ≡ 按钮，或单击这两个按钮右侧的下拉列表，在出现的样式下拉列表中选择需要的项目符号或编号，如图 4.25 所示；如果找不到用户所需的项目符号或编号，可单击"定义新项目符号"按钮，打开如图 4.26 所示的"定义新项目符号"对话框，从中进行相应设置即可；然后单击"确定"按钮。

图 4.25 项目符号

图 4.26 自定义项目符号

（3）多级列表

多级列表可以清晰表明各层次之间的关系。设置多级列表的操作如下：单击"开始"→"段落"→"多级按钮列表"按钮，单击按钮右侧的下拉列表，在出现的样式下拉列表中选择需要的多级列表格式。输入文本时，可通过单击工具栏的"增加缩进量"按钮和"减少缩进量"按钮来调整列表项的级别。

7．首字下沉

首字下沉是指将某个段落的第一个字的大小变为正文的两倍甚至更大，从而突出显示段首或篇首位置。设置"首字下沉"的操作方法如下：将光标移动到需要设置首字下沉或悬挂的段落中，单击"插入"→"文本"→"首字下沉"按钮，在弹出的下拉列表框中选择"下沉"或"悬挂"格式，系统默认下沉三行，如图4.27所示。

如果需要详细设置"下沉"或"悬挂"格式，可以单击"首字下沉选项（D）"，打开"首字下沉"对话框，如图4.28所示，从中设置首字的位置、字体、下沉的行数以及距正文的距离。如果要取消"首字下沉"格式，则可在"首字下沉"下拉列表框中选择"无"。

图4.27 首字下沉　　　　　　　图4.28 "首字下沉"设置

4.5.4　页面格式化

页面排版的好坏直接影响到文档的打印效果和人们阅读文档的感受，因此在打印之前一般要进行页面设置。页面设置一般包括纸张（页）大小的设置、页面的方向设置、页边距的设置、页眉、页脚及文档设分栏等。

1．页面设置

页面设置主要利用"页面布局"的"页面设置"对话框完成。

（1）使用按钮设置页面

"页面布局"选项卡的"页面设置"组中主要包括"页边距"、"纸张方向"和"纸张大小"等常用的页面设置按钮。

① 设置纸张大小：单击"页面布局"→"页面设置"→"纸张大小"按钮，弹出常用标准纸型规格的下拉列表，并详细标出每种纸型的尺寸，如图4.29所示。通常情况下，系统默认的纸张类型是 A4，如果需要改为其他类型的纸张，只需选择相应的纸型即可。如果用户需要的纸张不是标准类型，可以选择自定义纸张。

② 设置纸张方向：单击"页面布局"→"页面设置"→"纸张方向"按钮，弹出纸张方向下拉列表，根据需要选择"纵向"或"横向"（如图4.30所示），默认纸张方向为"纵向"。

③ 设置页边距：单击"页面设置"→"页边距"按钮，弹出标准页边距下拉列表（如图

4.31 所示），从中根据需要选择。如果预设的页边距不能满足用户的要求，可以在页边距下拉列表中选择"自定义边距"，然后在打开的"页面设置"对话框中精确设置，如图 4.32 所示。

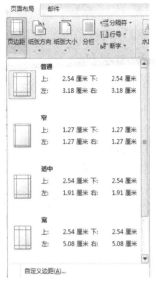

| 图 4.29 "纸张大小"列表 | 图 4.30 纸张方向 | 图 4.31 "页边距"列表 |

（2）使用"页面设置"对话框设置页面

使用"页面设置"组中的按钮只能完成页面的基本设置，如果需要详细精确的设置，可以使用"页面设置"对话框完成。"页面设置"对话框中包括"页边距"、"纸张"、"版式"和"文档网格"4 个选项卡。"页边距"和"纸张"选项卡的功能与按钮的设置类似。

① 设置页边距："页边距"选项卡除了可以设置正文上、下、左、右四边的边距之外，还可以设置装订线位置，纸张方向，页码方位等功能。

② 设置纸张大小：纸张大小操作方式和按钮的操作方式类似。

③ 设置版式："版式"选项卡（如图 4.33 所示）可用于设置页眉和页脚，也可以设置页面的垂直对齐方式。

④ 设置文档网格："文档网格"选项卡（如图 4.34 所示）主要用于设置文档中每页的行数，每行的字数，偶尔也会用于设置正文的字体、字号、分栏的栏数、文字排列方向等。

| 图 4.32 "页面设置"对话框 | 图 4.33 "版式"选项卡 | 图 4.34 "文档网格"选项卡 |

2．文档分栏

多栏版式是一种常用的排版方式，可以使文档从一个栏的底端继续到下一栏的顶端。在分栏的外观设置上，可以控制分栏数、栏宽及栏间距等。整篇文档可以有不同的分栏数，也可以仅仅改变某一页的分栏数，或者文档某一部分的分栏数（但必须首先使该部分成为单独的节），如果在一页中插入了一个或多个连续的分节符，则该页可以包含几种不同的分栏格式。

需要指出的是，只有在页面视图和打印预览下，才能真正看到多栏并排显示的效果。

分栏的操作方法为：单击"页面布局"→"页面设置"→"分栏"按钮，在下拉列表中选择相应分栏。如果这些分栏格式不能满足需求，可单击"分栏"下的"更多分栏"按钮▤，可打开"分栏"对话框，如图4.35所示。根据需要，可以对"预设"、"栏数"、"宽度"、"间距"、"栏宽相等"、"应用于"和"分隔线"等不同的选项进行相应的设置。不同栏的宽度可以相同，也可以不同。在进行设置的同时，预览框中可以显示分栏结果

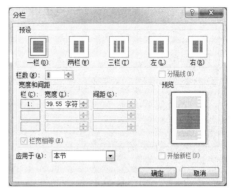

如果要将多栏版式恢复为单栏版式，只需在"分栏"对话框的"预设"栏中单击"一栏"，然后单击"确定"按钮即可。

图4.35 "分栏"对话框

3．插入分隔符

Word 2010提供的分隔符有：换行符、分栏符、分页符和分节符。换行符用于段落中行的分隔，分栏符用于分栏排版，分页符用于页面的分隔，分节符用于文档中章节的分隔。

（1）插入分页符

通常，若文档的内容超过一页，Word 会自动插入分页符并生成新的页面。用户也可以通过插入分页符在指定位置强制分页，如使包含多篇文章的文档中的每篇文章从新的一页开始。插入分页符的操作如下：单击需要插入分页符的位置，再单击"页面布局"→"页面设置"→"分隔符"下拉按钮，打开"分隔符"对话框，选中"分隔符类型"选项区的"分页符"单选按钮，单击"确定"按钮。

（2）插入分节符

节是文档格式化的最大单位，只有在不同的节中才可以设置不同的页眉/页脚、页边距、分栏版式等格式。为了便于对同一个文档中的不同部分进行不同的格式设置，用户可以将文档分割成多个节，如将一本书中的每章单独设为一节。分节使文档的编辑排版更灵活，版面更美观。在大纲视图方式下，节与节之间用一个双虚线"══════分节符(连续)══════"作为分界线，称为分节符。单击"显示/隐藏"按钮，可以显示或隐藏分节符。分节符是一个节的结束符号，在分节符中存储了分节符之上整个一节的文本格式。由于分节符还预示着一个新节的开始，所以在插入分节符时，可以设置下一个新节开始的位置。

如果要删除分页符或分节符，只需切换到大纲视图下，把插入点置于人工插入的分页符或分节符处，按 Delete 键，即可删除。

（3）其他分隔符的插入

插入其他分隔符的方法与插入分页符的方法类似。

4．插入页码

在 Word 2010 中可以简单而迅速地添加页码。页码可以具有不同的表现形式（如位置、对

齐方式等），也可以有不同的数值特性，可以在页面视图和打印预览中查看所添加的页码。

在文档中插入页码的方法有以下两种。

① 单击"插入"→"页眉和页脚"→"页码"按钮，打开"页码格式"对话框，如图 4.36 所示。根据用户要求的格式插入页码。这种方法只能插入页码。

② 单击"插入"→"页眉和页脚"→"页眉"或"页脚"按钮，除了可以添加页码外，还可以加入文字和图形。

图 4.36 "页码格式"对话框

5. 页眉和页脚

页眉和页脚是指在每一页顶部和底部页边距上显示的诸如文件名、标题名、日期、页码、公司名称等文本或图形信息。页眉位于页面的顶部，页脚位于页面的底部。向文档中添加页码时，也就在文档中加入了页眉和页脚。这种只包含了页码的页眉和页脚最简单，复杂一些的页眉或页脚中还可以插入文本或图形等。

（1）添加页眉和页脚

① 选择"插入"→"页眉和页脚"→"页眉" / "页脚"按钮，打开系统预定的"页眉" / "页脚"工具栏，用户可根据提示操作，如果对预定格式不满意，可单击"页眉"和"页脚"旁下拉按钮中对应的"编辑页眉" / "编辑页脚"按钮，打开如图 4.37 所示的"设计"选项卡。此时正文呈灰色显示，不能编辑，只有"页眉"和"页脚"区域允许编辑，如图 4.38 所示。

图 4.37 "页眉/页脚"之"设计"选项卡

图 4.38 "页眉/页脚"编辑框

② 在指针位置输入页眉的内容并设置好格式。

③ 单击"转至页脚"按钮 ，切换到页脚编辑区，输入页脚的内容并设置好格式。

④ 单击"页眉和页脚工具设计"选项卡的"关闭页眉和页脚"按钮。

（2）编辑页眉页脚

双击已设置好的页眉或页脚区域，将出现页眉和页脚的编辑区，此时对页眉和页脚可按文本的修改和删除方法进行相应的编辑。

4.5.5 样式与模板

1. 样式

样式是指系统或用户预先定义并保存好的一系列排版格式，包括字体、段落的对齐方式、制表位和页边距等。使用样式不仅可以对文档文本进行快速排版，而且当某个样式做了修改后，

Word 会自动更新整个文档中应用了该样式的所有文本的格式。因此，在编写一篇文档时，可先定义文档中要用到的各种样式，然后使之应用于各段落。

（1）创建样式

Word 内置了许多样式供用户选用。用户可以根据自己的需要，修改标准样式或重新定制样式。创建新样式的方法如下。

单击"开始"选项卡中"样式"组的 按钮，打开"样式"对话框，如图 4.39 所示。然后单击"新建样式"按钮 ，打开"根据格式设置创建新样式"对话框，如图 4.40 所示。根据需要输入相应内容，单击"确定"按钮，则新建的样式被加到"样式"列表中。

图 4.39　样式列表　　　　　　　　　　　　　　图 4.40　样式设置

（2）修改样式

如果对已经创建的样式中的某些格式不满意，可以对样式进行编辑修改。

修改样式的方法如下：先选择图 4.39 样式列表中需要修改的样式名称，然后单击下方的"管理样式"按钮 ，打开"管理样式"对话框（如图 4.41 所示）；单击"修改"按钮，或选中样式并单击右键，在弹出的快捷菜单中选择"修改"（如图 4.42 所示），均可打开"根据格式设置创建新样式"对话框。与创建新样式时的方法一样修改样式即可，修改完成后单击"确认"按钮。

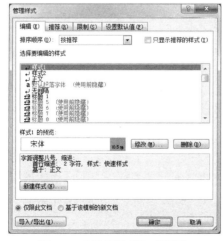

图 4.41　"管理样式"对话框　　　　　　　　　图 4.42　样式快捷菜单

（3）应用样式

创建或修改好样式后，就可以应用样式对文本进行格式化。其操作如下：先选定或将光标置于需要应用样式的文本中，然后单击"开始"选项卡的"样式"组中需要的样式，则所选择的样式会自动应用于选定的文本。

2. 模板

模板是一种文档的模型，它具有预定义的页面版式、文字和样式等内容，是一种特殊文档（.dotx 文档）。使用模板可以快速创建所需类型文档的大致框架，Word 中提供了一些常用模板，使文档的排版更加方便、快捷。如果在输入文档之前没有选择模板，那么 Word 将默认使用 Normal.dotx 模板文件（正文模板）；如果需要使用其他类型的模板，在新建文档时需做相应的选择。

（1）利用模板创建新文档

利用模板可以迅速准确地创建符合规范的应用文档，具体操作如下：选择"文件"→"新建"命令，弹出"模板"对话框，在不同选项卡中选择新文档要使用的模板类型。

（2）创建模板

Word 不仅预定义了大量的模板，而且允许用户自己定义模板，用户可以为自己常用的文档格式创建专用的模板。创建一个新模板的方法如下：

① 选择"文件"→"新建"命令，打开"新建"对话框（如图 4.43 所示），选择"我的模板"选项，出现"新建"对话框。

图 4.43　新建模板

② 选中"模板"单选按钮，再单击"确定"按钮，即可新建一个名为"模板 1"的空白文档窗口。文档内的编辑方式和普通文档的输入方式类似。

③ 新建的模板内容完成后，选择"文件"→"另存为"命令，打开"另存为"对话框，在"保存类型"列表框中将自动显示"Word 模板（*.dotx）"。

④ 在"文件名"文本框中输入新模板的名称，单击"保存"按钮。

（3）修改模板

在通常情况下，利用现有的模板进行局部修改，可以完成充满个人风格的模板创建。修改模板的方法为：选择"文件"→"打开"命令，在"打开"对话框的"文件类型"下拉列表框中选择一种类型模板，如"Word 模板"，找到需要修改的文档，双击之，将其打开；更改模板中的设置，单击"保存"按钮即可。

4.6 图文编排

文字处理系统不仅仅局限于处理文字，也可以处理图片、表格及绘图。Word 在处理图形方面也有它的独到之处，真正做到了"图文并茂"。

Word 2010 具有极其强大的图文混排功能，用户可以在文档中输入一些图形以增强文档的说服力。这些图形可以由"绘图"工具栏绘制，也可以由其他绘图软件建立后，通过剪贴板或"插入"选项卡插入到 Word 文档中。Word 2010 还提供了一组艺术图片剪辑库，包括从地图到人物、从建筑到风景名胜等丰富的图片内容。用户可以很方便地调用这些图片，将其插入到自己的文档中，然后根据需要进行编辑处理。

1．插入剪贴画

Word 2010 在剪辑库中包含有大量的剪贴画，用户可以直接将它插入到文档中。具体操作如下：单击需要插入剪贴画的位置，单击"插入"→"插图"→"剪贴画"按钮，出现"剪贴画"任务窗格（如图 4.44 所示），在"搜索文字"文本框中输入要查找的关键字（若不输入则显示全部的剪贴画），在"结果类型"中输入查询结果的文件类型，然后单击"搜索"按钮，搜索结果将显示在任务窗格的"结果区"中。单击需要的图片，即可将图片插入到文档中。

2．插入图片

用户可以从本地磁盘、网络驱动器或 Internet，将指定的图片文件插入到自己的文档中。具体操作方法为：将指针定位到要插入图片的位置，单击"插入"→"插图"→"图片"按钮，出现"插入图片"对话框（如图 4.45 所示），从中确定要插入的图片；单击"插入"按钮，即将所选中的图片插入到文档中的指定位置。

图 4.44　插入"剪贴画"任务窗格　　　　图 4.45　　"插入图片"对话框

3．编辑插入的图片

当在文档中插入图片后，可以对图片进行编辑和修改，如对图片的位置、大小以及文字对图片的环绕方式等进行编辑修改，也可以对图片进行复制、移动和裁剪等操作。编辑图片可以利用"图片"工具来实现。

（1）调整图片的大小

在 Word 2010 中，可以对插入的图片进行缩放。具体操作如下：单击图片，图片周围出现 8 个控制点，移动鼠标指针到图片控制点上，当指针显示为双向箭头时，单击并拖曳鼠标，使图片边框移动到合适位置，释放鼠标，即可实现图片的整体缩放。

要精确调整图片的大小，可单击图片，在"图片工具格式"选项卡的"大小"组的"高度/宽度"组合框进行精确调整。

（2）裁剪图片

当插入的图片中包含有不需要的内容时，可以利用"裁剪"按钮 去掉多余的部分。其具体操作如下：选定需要剪裁的图片，单击"图片工具格式"→"大小"→"裁剪"按钮，将鼠标指针移到图片的控制点处单击并拖动鼠标，即可裁剪图片中不需要的部分。

（3）图片位置

图片插入后，通常要确定图片在文本中的位置，Word 2010 提供多种图片在文本中的位置，设置图片位置的操作方法如下：选定图片，单击"图片工具格式"→"排列"→"位置"按钮，将弹出图片位置列表，如图 4.46 所示，从中选择一种方式。

（4）文字环绕

图片插入文档后，通常会将文档的文本上下分开。要使插入的图片周围环绕文字，可采用如下操作方法：选定图片，单击"图片工具格式"→"排列"→"自动换行"按钮，将弹出文字环绕列表（如图 4.47 所示），从中选择一种环绕方式。如果需要进一步细化，可以在列表中选择"其他布局选项"命令，打开"布局"对话框（如图 4.48 所示），对图片的"位置"、"文字环绕"和"大小"进行设置。

图 4.46　图片位置　　　图 4.47　文字环绕方式　　　图 4.48　"布局"对话框

（5）改变图片的颜色、亮度、对比度和背景

利用"图片工具格式"选项卡的"图片样式"组中的按钮，可以很方便地实现改变图片的颜色、亮度、对比度和背景，重设图片等功能，如图 4.49 所示。

图 4.49　图片工具

4．使用艺术字

在文档排版过程中，若想使文档的标题生动、活泼，可使用 Word 2010 提供的"艺术字"功能，来生成具有特殊视觉效果的标题或文档。

（1）插入艺术字

将插入点移到要插入艺术字的位置，然后单击"插入"→"文本"→"艺术字"按钮 ，出现艺术字样式列表，如图 4.50 所示；从艺术字样式列表中选择一种艺术字样式，出现编辑艺术字文本框，如图 4.51 所示。

图 4.50 "艺术字"样式列表

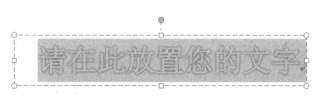

图 4.51 编辑艺术字文本框

在"请在此放置您的文字"文本框中输入标题文字（中英文均可，而且可以按 Enter 键输入多行文字），还可以选择"开始"选项卡的"字体"组的按钮为艺术字设置字号、字体、字型等，达到字体修饰的目的，输入完毕后回车即可。

（2）编辑艺术字

单击要编辑的艺术字对象，可以像处理图形一样对艺术字进行移动、缩放或删除等操作。还可以利用"绘图工具"的"格式"选项卡对艺术字对象进行编辑，如图 4.52 所示。

图 4.52 "绘图工具"组

如需要设置艺术字的弯曲方式，可以单击"文本效果"按钮，打开"文本效果"下拉列表，选择"转换"按钮，在"弯曲"方式中选择需要的文本弯曲方式，如图 4.53 所示。

5. 绘制图形

Word 2010 中提供了许多绘图工具，可以通过"插入"选项卡中的"插图"组的"形状"按钮轻松绘制出各种图形，包括长方形、正方形、圆、流程图等图形对象。

① 绘制各种图形：单击"插入"→"插图"→"形状"按钮，在出现的各类图形的下拉列表（如图 4.54 所示）中选择需要的图形，再将鼠标拖曳到文档中绘出相应的图形。

② 使用绘图画布绘制图形：使用绘图画布可以将绘制的多个图形组合成一个整体，并排列对象及调整图形大小，如图 4.55 所示。

图 4.53 艺术字转换格式

在绘图画布中绘制图形的方法如下：将插入点移动到要插入绘图画布的地方，选择"插入"→"插图"→"形状"→"新建绘图画布"选项，在指定位置插入一个绘图画布，同时出现"绘图工具格式"选项卡，单击"插入形状"组中所需要的形状，放置到绘图画布中即可。

6. 使用文本框

"文本框"可以看成可移动、可调节大小的文本和图形框，其中可以存放文本或图片等，将文字或图片置入文本框后，可以进行一些特殊的编辑，如更改文字的方向、设置文字环绕或设置链接文本框等。文本框可以放置在文档中的任何位置，编辑时应在页面视图下进行，否则看不到效果。如果在其他视图方式下插入文本框，Word 将自动切换至页面视图。

Word 提供了两种类型的文本框：横排和竖排。

（1）插入文本框

单击"插入"→"文本"→"文本框"按钮，出现文本框下拉列表（如图 4.56 所示），从中选择一种文本框样式，快速绘制带格式的文本框。如果没有满意的样式，可以在文本框列表单击"绘制文本框"或"绘制竖排文本框"，此时光标变成十字形，按住鼠标左键在需要的位置插入一个文本框，同时出现"绘图工具"的"格式"选项卡，参见图 4.52。

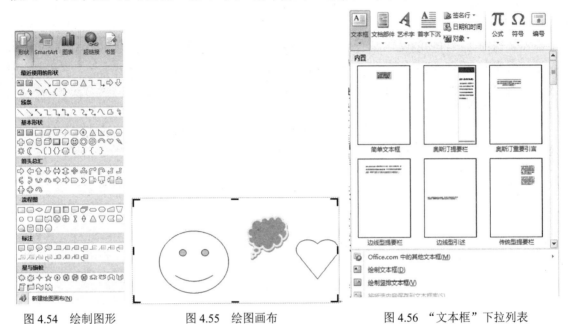

| 图 4.54 绘制图形 | 图 4.55 绘制画布 | 图 4.56 "文本框"下拉列表 |

（2）文本框中文字的输入

将插入点置于文本框内，输入文本即可。输入方法与在文档中输入文字的方法相同。

（3）调整文本框大小

要调整文本框的大小，只需选中文本框，使其周围出现 8 个白色空心圆控制点，如图 4.57 所示，移动鼠标指针到控制点上，当指针变成双向箭头，按住鼠标左键并拖动即可。

（4）文本框属性设置

文本框作为图形进行处理。与设置图形格式相同，用户对文本框的格式进行设置包括填充颜色、设置边框、调整大

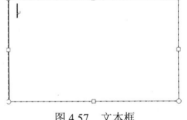

图 4.57 文本框

小、位置和环绕方式等；或者选中文本框，单击右键，在弹出的快捷菜单中选择"其他布局选项"；也可以选择"设置形状格式"，对文本框的属性进行设置。

4.7 表格处理

表格是一种简明、扼要的表达方式，能够清晰地显示和管理文字与数据，如课程表、学生

成绩汇总表等。表格由行与列构成，行与列交叉产生的方框区域称为单元格。在单元格中可以输入文档或插入图片。Word 2010 提供了强大的制表功能，不仅可以自动制作简单表格，也可以手动制作出格式复杂的表格，还可以直接插入电子表格。表格中的数据可以自动计算，表格还可以进行各种修饰。

1. 创建表格

利用"插入"选项卡的"表格"组可以制作空白表格。表格生成后，可以用制表键 Tab 在各单元格之间输入文本。

（1）自动创建表格

在 Word 文档中将插入点置于要插入表格的位置，单击"插入"→"表格"按钮，在出现的网格中按住鼠标左键进行拖曳，此时在文档当前的插入点位置会同步显示一个用户所选定行数与列数的表格。沿网格向右拖曳鼠标指针可定义表格的列数，沿网格向下拖曳鼠标指针可定义表格的行数。松开鼠标指针后，当前插入点位置创建出一个用户所选定行数与列数的表格。

（2）使用"插入表格"命令创建表格

图 4.58 "插入表格"对话框

在 Word 文档中将插入点置于要插入表格的位置，单击"插入"→"表格"→"插入表格"，打开"插入表格"对话框（如图 4.58 所示），在"表格尺寸"区域分别设置表格的行数和列数，在"'自动调整'操作"区中可以进一步进行设置。如果选择"固定列宽"单选框，则可以设置表格的固定列宽尺寸；如果选中"根据内容调整表格"单选框，则单元格宽度会根据输入的内容自动调整；如果选中"根据窗口调整表格"单选框，则所插入的表格将充满当前页面的宽度。如果勾选"为新表格记忆此尺寸"复选框，则再次创建表格时将使用当前尺寸。设置完毕单击"确定"按钮，即可在 Word 文档中插入一张空表格。

（3）绘制表格

在 Word 2010 中，可以使用鼠标绘制任意表格，甚至绘制斜线。选择"插入"→"表格"→"绘制表格"按钮，将鼠标指针移到文档页面上时，鼠标指针变成 🖉。按住鼠标左键，利用笔形指针，可任意绘制横线、竖线或斜线组成的不规则表格。要删除某条表格线，可在"设计"选项卡中单击"擦除"按钮 🖉，此时鼠标指针将变成 🖉，拖动鼠标指针经过要删除的线，即可将其删除，拖动鼠标左键即可删除行或列，按 Esc 键或再次单击"擦除"按钮，可以取消擦除状态。绘制表格完成后，按 Esc 键或在"设计"选项卡中单击"绘制表格"按钮，取消绘制表格状态。

（4）文本转换成表格

图 4.59 "将文字转换成表格"对话框

在创建表格时，有时需要将文档中现有的文本内容直接转换成表格，Word 2010 提供了这一功能。选择需要转换成表格的文本内容，选择"插入"→"表格"→"文本转换成表格"，打开"将文字转换成表格"对话框（如图 4.59 所示），在"表格尺寸"区中分别设置表格的行数和列数。在"'自动调整'操作"区中可以进行进一步设置。如果选中"固定列宽"单选框，可以设置表格的固定列宽尺寸；如果选中"根据内容调整表格"单选框，单元格宽度会根据输入的内容自动调整；

如果选中"根据窗口调整表格"单选框，则插入的表格将充满当前页面的宽度。在"文字分隔位置"区中选择文本中使用的分隔符，Word 2010 默认使用英文逗号作为分隔符，可以选择段落标记、制表符、空格或其他字符作为分隔符。该功能需要首先为要选择的文本添加分隔符。

（5）插入电子表格

在 Word 2010 中可以通过直接插入 Excel 电子表格创建表格。将插入点置于文档中要插入表格的位置，选择"插入"→"表格"→"Excel 电子表格"命令，在出现的 Excel 电子表格编辑区域中可以输入数据并进行计算排序等操作。在编辑区域外单击鼠标左键，即可在文档中插入一个电子表格。此时插入的电子表格也具有数据运算等功能。

（6）快速创建表格

Word 2010 提供了"快速表格"创建功能，提供了许多已经设计好的表格样式，只需选择所需的样式，就可以轻松插入一张表格。将插入点置于文档中要插入表格的位置，选择"插入"→"表格"→"快速表格"，在下拉列表中选择需要的样式，即可插入样式固定的表格。

2. 编辑表格

表格创建好之后，可以随时向表格中填入所需内容，也可以对表格样式进行修改，如增加或删除单元格、行或列等。

（1）在表格中定位插入点

在表格中输入或编辑文本，先要将插入点定位在表格中的相应单元格中，最简单的方法是用鼠标单击该单元格。也可以使用键盘上的上、下、左、右方向键或 Tab 键在各单元格间移动和定位插入点。

（2）输入文本

在表格中输入文本与在表格外的文档中输入文本一样，先要将插入点放在要输入文本的单元格中，然后输入文本。输入的文本到达单元格的右边线时会自动换行，并且会增加行高，以容纳更多的内容。在输入过程中如果按了 Enter 键，则可在单元格中开始新的一段。

（3）单元格、行、列和表格的选定

① 选定一个单元格：将鼠标指针移到单元格左边框，当鼠标指针变为 ➤ 时单击。

② 选定一行：将鼠标指针移至该行的左侧，当鼠标指针变为 ⟋ 时单击。

③ 选定一列：将鼠标指针移到该列的顶端，当鼠标指针变为 ↓ 时单击。

④ 选定连续的多个单元格、多行或多列：按住鼠标左键拖过要选定的单元格、行或列，释放鼠标。

⑤ 选定不连续的多个单元格、多行或多列：在选定一个单元格、一行或一列后，按住 Ctrl 键，再继续单击选定单元格、行或列，则可以选定不连续的多个单元格、多行或多列。

⑥ 选定整个表格：将鼠标指针移到表格左上角的控制柄 ⊞ 上，鼠标指针变为 ⭭ 时，单击鼠标可选定整个表格。或者，在表格中某一位置并单击右键，在快捷菜单中选择"选择"，再在其子菜单中选择需要的命令，可以选定单元格、行、列或整张表格。

（4）插入单元格

在要插入单元格的位置选定单元格，在选定的单元格中单击右键，在快捷菜单中选择"插入"→"插入单元格"，将弹出"插入单元格"对话框（如图 4.60 所示），从中选择某种插入方式，单击"确定"按钮即可。

图 4.60 "插入单元格"对话框

（5）插入行或列

在要插入行的位置选定单元格或整行，单击右键，在快捷菜单中选择"插入"→"在上方插入行"/"在下方插入行"，即可在选定单元格或行的上方或下方插入与选定行或单元格所在行相同的新行。插入列可选择的位置有"在左侧插入列"和"在右侧插入列"，方法与插入行的方法类似，不再赘述。

（6）删除单元格、行或列

选定要删除的单元格、行或列，单击右键，在快捷菜单中选择"删除"，将弹出"删除单元格"对话框，选择"右侧单元格左移""下方单元格上移""删除整行""删除整列"删除方式的一种，单击"确定"按钮即可。

3. 表格调整

文档中的表格可以根据需要进行调整。在 Word 2010 中，不仅可以对表格中的行和列进行调整，还可以对整个表格进行调整。

（1）调整表格的行高和列宽

调整表格的行高和列宽一般有 3 种方法：拖动法、精确调整法和自动调整法。

① 拖动法。要更改表格中某行的行高，可以将光标停留在要更改其高度的行的边框上，直到光标变为双向箭头�" 时，按住左键上下拖动，将出现一条虚线表示新边界的位置，拖动到合适的位置松开左键即可。要更改表格中某列的列宽，可以将光标指向更改其宽度的列的边框上，直到光标变为双向箭头↔ 时，按住左键左右拖动，此时会出现一条虚线表示新边界的位置，拖动到合适的位置松开左键即可。

② 精确调整法。在表格中选择需要设置高度的行或需要设置宽度的列，在"表格工具"功能区设置精确数值。选择"表格工具"→"布局"→"单元格大小"，可以在"表格行高"/"表格列宽"中调整数值，以设置表格行的高度或列的宽度。

③ 自动调整法。在 Word 2010 中可以借助自动调整的方法一次性统一多行或多列的尺寸。在表格中选择要统一其尺寸的多行或多列，选择"表格工具"→"布局"→"单元格大小"→"分布行"/"分布列"即可。想要对整张表格尺寸进行统一时，可以选择"自动调整"菜单中的"根据内容自动调整""根据窗口自动调整"或"固定列宽"的调整方法。

（2）表格的整体移动和缩放

① 移动表格：将鼠标指针移到表格左上角的控制柄田上，鼠标指针变为↖时，按住鼠标左键移动鼠标，即可移动表格。

② 调整整个表格尺寸：将鼠标指针置于表格上，直到表格缩放控点▫出现在表格的右下角，将鼠标指针停留在表格缩放控点上，出现双向箭头↖时，按住鼠标左键并将表格的边框拖动到所需尺寸。

（3）合并和拆分单元格

合并和拆分单元格一般有两种方法：手动法和自动法。

① 手动法。单击"表格工具"→"设计"→"擦除"按钮，当鼠标指针变成✐时，拖动鼠标指针，把相邻的单元格之间的边线擦除，即可将两个单元格合并成一个大单元格；单击"绘制表格"按钮，当鼠标指针变成✎时，在一个单元格中添加一条边线，则可以将一个单元格拆分成两个小单元格。

② 自动法。选择多个连续的单元格，单击"表格工具"→"布局"→"合并"→"合并单元格"按钮，即可将选定的多个单元格合并为一个单元格。将鼠标指针定位在某个单元格中，

单击"表格工具"→"布局"→"合并"→"拆分单元格"按钮，弹出"拆分单元格"对话框，调整"列数"和"行数"微调框中的数值，单击"确定"按钮，即可将一个单元格拆分成多个单元格。

4．表格样式的设计

（1）自动套用样式

Word 2010 提供了 98 种预定义的表格样式，用户可以通过对表格自动套用样式快速编排表格。无论是新建的空表，还是已经输入数据的表格，都可以使用表格自动套用格式。选择"表格工具"→"设计"→"表格样式"，选择已经提供的可以自动套用的样式，或者单击"其他"按钮，选择更多的自动套用样式，也可以对选定的样式的属性和格式进行修改。

（2）表格内部文本的排版

选择要进行排版的表格内部文本，单击"开始"选项卡的"字体"组中的按钮，进行文本格式设置，与 Word 文档中的文本格式排版方式相同。

（3）单元格文本的对齐方式

Word 2010 对表格中的文本设置了 9 种对齐方式。选择要进行对齐设置的表格内部文本，单击"表格工具"→"布局"→"对齐方式"，选择一种对齐方式即可。除此之外，"对齐方式"组中还设置了修改"文字方向"按钮和自定义"单元格边距"按钮。

（4）设置表格的对齐方式

Word 2010 对表格设置了 3 种对齐方式：左对齐、居中和右对齐。选择整个表格，单击"表格工具"→"布局"→"表"→"属性"按钮，在弹出的"表格属性"对话框中选择对齐方式。

（5）设置表格的边框和底纹

用户创建一个新表时，Word 2010 默认表格边框使用 0.5 磅的黑色单实线。为了使表格更加悦目，可以给表格加上色彩，对表格的边框线条和单元格底纹进行设置。

① 边框。在 Word 2010 中，用户不仅可以在"表格工具"功能区设置表格边框，还可以在"边框和底纹"对话框中设置表格边框。

在表格中选择需要设置边框的单元格或整个表格，单击"表格工具"→"设计"→"表样式"→"边框"下拉按钮，从中选择"边框和底纹"，打开"边框和底纹"对话框。切换到"边框"选项卡，在"设置"区域选择边框显示位置。如果选择"无"，表示被选中的单元格或整个表格不显示边框；如果选择"方框"，表示只显示被选中的单元格或整个表格的四周边框；如果选择"全部"，表示被选中的单元格或整个表格显示所有边框；如果选择"虚框"，表示被选中的单元格或整个表格四周为粗边框，内部为细边框；如果选择"自定义"，表示被选中的单元格或整个表格由用户根据实际需要自定义设置边框的显示状态，而不仅局限于上述 4 种显示状态。在"表样式"列表中选择边框的样式（如三线、点线等样式），在"颜色"中选择边框使用的颜色，在"宽度" 0.5磅 中选择边框的宽度尺寸。在"预览"区域中单击某个方向的边框按钮，可以确定是否显示该边框。设置结束，单击"确定"按钮。

② 底纹。与边框的操作方式类似，在打开的"边框和底纹"对话框中切换到"底纹"选项卡，可以对填充的颜色、填充图案的样式及填充应用的范围进行设置，设置结束，单击"确定"按钮。

5．表格的计算与排序

Word 2010 中的表格可以实现简单的计算和排序，同 Excel 相比，在此方面并不占优势。

（1）表格的计算

Word 2010 提供了简单的表格计算功能，可以完成加、减、乘、除、求平均值、求最大值和求最小值等运算，利用函数或公式可以计算表格单元格中的数值。表格中的每个单元格都对应一个唯一的引用编号。编号的方法是以 1、2、3、…代表单元格所在的行，以字母 A、B、C、D、…代表单元格所在的列，引用编号列号在前，行号在后，如 B6 代表第 6 行第 2 列的单元格。

图 4.61 "公式"对话框

选择要进行计算的单元格，单击"表格工具"→"布局"→"数据"→"f_x 公式"按钮，打开"公式"对话框，如图 4.61 所示，从中可以编写公式，或者利用自带的函数进行计算，还可以对要进行计算的单元格设置计算结果的显示格式。

如果对表格中的一行数据进行求和，选择一行中最后一个单元格，在"公式"对话框中将公式设置为对左边求和（即在"粘贴函数"中选择求和函数 SUM，然后在"公式"中的 SUM 函数自变量中输入 LEFT，单击"确定"按钮）。如果对表格中的一列数据进行求和，选择一列中最下面一个单元格，在"公式"对话框中将公式设置为对上边求和（即在"粘贴函数"中选择求和函数 SUM，然后在"公式"中的 SUM 函数自变量中输入 ABOVE，单击"确定"按钮）。

图 4.62 "排序"对话框

（2）表格的排序

Word 2010 提供了简单的排序功能，可以对表格中的数据按照字母顺序对所选文字进行排序，或者对数值数据进行排序。首先，选择要进行排序的整个表格或表格中的行、列。单击"表格工具"→"布局"→"数据"→"排序"，弹出"排序"对话框（如图 4.62 所示）。其中最多可以设置三个排序关键字列，并可以对每个关键字设置不同的排序类型及要求。"排序类型"指按照笔画、数字、日期、拼音中的一种规则进行排序，"要求"指升序或降序。设置结束，单击"确定"按钮即可。

4.8 文档的打印

文档经过录入、编辑和排版等操作后，就可以利用 Word 的打印功能打印到纸张上，供人们阅读和保存。与以前版本不同的是，Word 2010 新增了双面打印的功能，不同于以前版本的奇偶页打印；利用 Backstage 视图的可用空间，将以前版本里的打印预览、页面设置等基本功能整合到了同一个面板中。

单击"文件"→"打印"，窗口如图 4.63 所示。打印的基本功能整合在"打印"选项的展开面板上，窗口右侧显示页面的预览效果。

单击"打印"按钮，即可实现打印，同时可以设置打印的份数。窗口中还显示了系统默认的打印机类型，如果与实际连接的打印机类型不匹配，则需要退出打印命令，重新进行打印机的设置。用户可以通过设置打印选项使打印设置更适合实际应用，如打印范围（所有页、所选内容、当前页面、选定的页码、单面打印、双面打印）且所做的设置适用于所有 Word 文档。

图 4.63 "打印"选项对话框

在 Word 2010 编辑文档首页中看不到"打印预览"功能，如何才能让这一功能出现在编辑首页？选择"文件"→"选项"，进入"Word 选项"对话框，切换到"快速访问工具栏"，在左边窗口中的下拉列表框中选择"打印预览选项卡"，在列表中查找"打印预览和打印"命令，并添加到右侧窗口的"自定义快速访问工具栏"中，单击"确认"按钮。返回到 Word 2010 的主界面，界面左上角会出现图标 ，这就是"打印预览和打印"的功能键。

在"打印预览"窗口中，单击"单页"按钮，可以选择显示当前文档的某一页；单击"双页"按钮 ，可以同时显示两页；单击"显示比例"按钮，在选项卡内选择多页，可以同时显示若干页；单击"页宽"按钮，可以调整页面的宽度；预览文档局部放大或缩小功能，在预览时鼠标会变成 ，然后单击页面，实现该处的局部放大或者缩小，或者利用页面右下角的"显示比例" ，也可以放大或缩小。预览结果符合要求后，即可进行打印输出。单击"关闭"按钮，返回文档编辑窗口。当文档需要全部输出时，只需单击"文件"按钮，再单击"打印"按钮即可。

4.9　Word 2010 的其他功能简介

4.9.1　创建目录

目录是每本书正文前面最常见的部分，通常目录中包含书刊中的章名、节名及各章节的页码等信息，起到宣传图书、指导阅读的作用。对于一篇长文档来说，在 Word 文档中创建目录可以列出文档中的各级标题及每个标题所在的页码，方便阅读。Word 2010 提供了手动和自动两种创建目录的方式。

（1）手动创建目录

Word 2010 新增了手动创建目录的新功能，具体操作如下：插入点定位在要插入目录的位置，单击"引用"→"目录"→"目录"→"手动目录"，此时文档中会出现手动生成的目录。输入章标题，修改页码即可。

（2）自动生成目录

创建自动生成目录的前提条件是已经用标题样式设置了各标题的格式。这样，系统能自动识别各级标题，根据标题的级别和对应的页码形成目录。具体操作如下：

① 插入点定位在要插入目录的位置，单击"引用"→"目录"→"目录"→"插入目录"，打开"目录"对话框，选择"目录"选项卡，如图 4.64 所示。

② 在"制表符前导符"下拉列表中选择连接标题名与页码的前导符类型；在"显示级别"文本框中选择目录中要显示的标题级别；如果要改变目录格式，可在"常规"选项区的"格式"下拉列表中选择合适的格式。

③ 单击"确定"按钮，即可在插入点位置插入目录。

手动生成目录的缺点在于当文档中章节的实际页码变化时，无法自动更新，必须依靠手动更新目录。自动生成的目录可以通过更新目录的方法实现自动更新。

更新目录的操作如下：选择已经通过自动生成方式创建的目录，或按 Ctrl+A 组合键，选中整个目录，单击"引用"→"目录"→"更新目录"按钮，弹出"更新目录"对话框，如图 4.65 所示，从中可以选择只更新页码或更新整个目录。

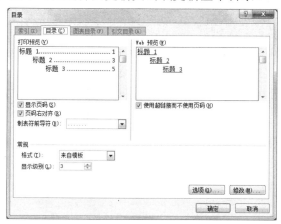

图 4.64 "目录"对话框

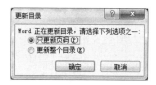

图 4.65 "更新目录"对话框

（3）取消目录与文档链接

如果组成一篇文稿的内容分为多个章节，而每章又是一个独立的文档，此时可以在每章单独生成目录，然后把每章的目录都复制到一个新文档中去，合并在一起，整篇文档的完整目录就自动生成了。但这样的目录不能自动更新，更新域时将出错。打印输出时，在目录后面出现"错误！未定义书签"的出错信息。不打印时能正常显示页码而在打印时出错的原因是因为在打印时要自动更新域，因此，要正确打印这个目录就要取消目录与原文稿的链接。

取消目录与文档链接的具体操作如下：按 Ctrl+A 组合键，选中整个目录，再按 Ctrl+Shift+F9 组合键，取消所选文本的超链接功能，单击"开始"选项卡"字体"组的 U ▾ 和 A ▾ 按钮，去掉下划线，修改字体的颜色。此时再进行打印，在打印纸中就不会再出现"错误!未定义书签"的出错信息了。

4.9.2　邮件合并功能

在日常的工作中，经常需要制作一些包含变化信息而内容又大同小异的公务文档，例如，信封、会议通知、录取通知书、成绩通知单等。这些文档主要内容基本相同，只是具体数据有变化而已。在填写大量格式相同，只修改少数相关内容，其他文档内容不变时，可以灵活运用 Word 2010 邮件合并功能，不仅操作简单，还可以设置各种格式、打印效果好，可以满足不同用户的不同需求。下面通过创建"成绩通知单"实例，介绍邮件合并的操作方法。

（1）建立合并主文档

要使用邮件合并功能批量制作文档，先创建一个主文档，如建立如图 4.66 所示的主文档。

（2）建立数据源文件

数据源文件中包含每篇合并文件中变化的数据，如姓名、各门课程成绩等，这些数据可以来源于 Word 表格、Excel 文件及 Access 和 SQL Sever 等数据库文件。本例使用 Excel 文件作为数据源，如图 4.67 所示。

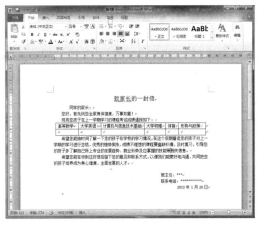

图 4.66　邮件合并主文档

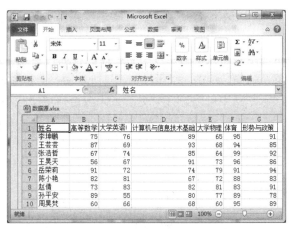

图 4.67　邮件合并数据源文件

（3）合并邮件

建立好主文档和数据源文件后，可以合并邮件了。合并邮件可以利用向导帮助完成，打开已经制作好的主文档，单击"邮件"→"开始邮件合并"下拉按钮，从中选择"邮件合并分步向导"命令，在窗口的右侧会出现"邮件合并"任务窗格，依照顺序，经过 6 步，即可完成邮件合并，具体操作方法如下。

① 选择文档类型。在"信函"、"电子邮件"、"信封"、"标签"、"目录"中选择一种合适的文档类型。选择"信函"，则文档会以信函样式发送给一组人。单击"下一步　正在启动文档"超链接，即进入"选择开始文档"页。

② 选择开始文档。选择设置文档，如果主文档已经打开，则选择"使用当前文档"，如果需要更换主文档，则选择"从现有文档开始"。由于前面已经打开了制作好的主文档，这里选择"使用当前文档"即可。

③ 选择收件人。可以输入新的收件人列表，也可以使用现有列表。前面已经制作好了数据源文件，单击"浏览"按钮，在弹出的"选取数据源"对话框中选择创建好的数据源文件。

④ 撰写信函，主要功能是向主文档插入合并域。先将光标定位在需要插入收件人信息的位置，如"同学"前，然后单击"其他项目"，在弹出的"插入合并域"对话框中选择"数据库域"，在域列表中选择"姓名"，这样就完成了一个合并域的插入。将光标分别定位在课程对应的空白单元格中，完成其他合并域的插入。重复以上操作，直至将所需插入的合并域全部插入为止。此时主文档如图 4.68 所示。图中"同学"的前面插入一个域，单击域名呈现灰色底纹样式，数据源字段两边加上了"《》"。

⑤ 预览信函。此时文档窗口中将显示第一个收件人的信函，单击收件人右侧的"下一条记录"按钮，可以预览其他人的信函，还可以对收件人列表进行重新编辑，或者删除指定的收件人。

⑥ 完成邮件合并。可以直接将生成的信函打印，或者将合并的结果利用"编辑单个信函"按钮生成到新文档中。

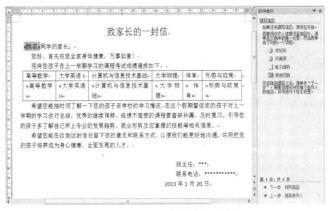

图 4.68 插入合并域的文档

邮件合并功能，从字面上看，好像在发邮件时才用得上，其实不然，它的主要作用在于文件合并，建立合并文档是将一个主文档与一个数据源文件合并。主文档是一个包含统一格式的文档；数据源文件是一个包含主文档中所需要的各种特定信息的文件，如姓名、单位、成绩等。把数据源文件合并到主文档中，则能生成成批的文档。合成后的文件可以保存，也可以打印，还可以以邮件形式发送出去。邮件合并功能可以利用向导，也可以利用"邮件"选项下各分组中的按钮按步骤完成。

4.9.3 数学公式排版

在编辑文档时有时需要编写复杂的数学公式，"公式编辑器"是建立复杂公式的最有效方法，通过使用数学符号的工具板和模板完成公式输入。Word 2010 沿用了以前版本的这一功能，但对该功能的调用进行了简化。不需要利用插入对象的方式可以直接编辑公式。Word 2010 提供了两种公式编辑方式，一种是自动生成，一种是手动插入新公式。

（1）自动生成

自动生成的公式包括 Office 内置和 Office 中的其他公式，具体操作如下：将插入点定位在要插入公式的位置，单击"插入"→"符号"→"公式"下拉按钮，从中选择内置公式。例如，单击"泰勒展开式"，文档中插入点位置会自动出现生成的公式。

（2）插入新公式

Word 2010 不仅可以自动生成内置公式，还可以通过插入新公式进行手动编写公式。具体操作如下：将插入点定位在要插入公式的位置，单击"插入"→"符号"→"公式"下拉按钮，在弹出的下拉列表中选择"插入新公式"，文档中插入点位置会自动出现公式编辑区域。此时，文档窗口中自动出现公式编辑功能区，如图 4.69 所示。

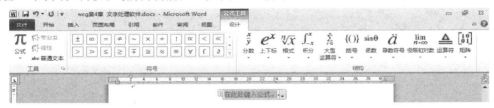

图 4.69 "插入新公式"操作窗口

"设计"选项卡下包含 3 个分组：工具、符号和结构。

"工具"组的功能是对公式的字体、格式及样式等进行调整。样式有 3 种：专业型、线性和普通文本。单击"工具"组对话框的  按钮，可以打开"公式选项"对话框。

"符号"组中默认显示 70 多个"基础数学"符号。Word 2010 提供了"希腊字母"、"字母类符号"、"运算符"、"箭头"、"求反关系运算符"、"手写体"、"几何学"等符号供用户使用。单击"符号"组的下拉按钮 ，打开相关面板，如"基础数学"，单击顶部标签旁的下拉按钮，可以看到 Word 2010 提供的其他符号类别。选择需要的类别，符号面板中显示相应的符号。

"结构"组的功能是在公式中添加多种运算符，可以使用键盘和符号组输入运算符，还可以输入分数、上下标、根式、求和、矩阵等常见结构，用户可借助结构组添加运算符结构，并向运算符结构中的不同位置插入符号或文本。

4.9.4　超链接

超链接是将文档中的文本或图形与其他位置的相关信息联系起来的技术。在网页中可以使用，在文档中也可以使用。在文档中给特定的句子、图片或文档等添加超链接，单击带有超链接的对象，就会跳转到相应的链接目标。超链接以蓝色带下画线的方式显示文本，鼠标移到带有超链接的对象上，指针会变为手形 ，单击后即可跳转到与之相联的链接源。这个链接源既可以是当前文档或 Web 页的某个位置，也可以是其他文档或是 Internet 上的某一地址。

（1）超链接的应用

① 管理文档。在编辑各种各样的文档时，通常会放在不同的位置，由于时间太长，经常忘记文件的名字和存放位置，当需要再次使用该文档时，查找起来很不方便，超链接功能可以解决这一问题。新建一个文档专门存放各种文档的名称，对文档中简单的文本对象设置超链接，即可起到目录式管理文档的作用。

② 记录和快速调用网址。在编辑的文档中有时会出现网址。通过对网址文本添加超链接的方法，可以实现快速上网查阅更详细的资料。

③ 制作带有超链接的文档目录。通常在较长的 Word 文档前面插入一个目录，然后利用目录的超链接功能实现目录和正文间的快速跳转。

（2）制作超链接

为文本或图片等对象创建超链接，应先选择文本或图片等对象，单击"插入"→"链接"→"超链接"按钮，即可打开"插入超链接"对话框，如图 4.70 所示。

图 4.70　"插入超链接"对话框

要链接到尚未创建的文件，单击左侧的"新建文档"选项，在"新建文档名称"框中输入新文件名，在"何时编辑"下选中"以后再编辑新文档"或"开始编辑新文档"单选按钮。

要链接到现有的文件或网页，则单击"链接到"下的"现有文件或网页"选项，然后在"地址"框中输入要链接到的地址。如果不知道文件的地址,可以单击"浏览文件"按钮,查找需要的本地文件。

创建指向空白电子邮件的超链接,在"链接到"下单击"电子邮件地址"选项。在"电子邮件地址"框中输入所需的电子邮件地址,或者在"最近用过的电子邮件地址"列表中选择一个电子邮件地址,在"主题"框中输入电子邮件的主题。

取消某个超链接,只需要选中超链接对象,单击右键,在快捷菜单中选择"取消超链接"。

4.9.5 宏的使用

宏是 Word 2010 提供的一个很好的功能。宏实际上是一组自定义的命令,是由一系列 Word 命令和指令组成的。通过录制和运用宏,可以自动完成文档编辑中常用的操作,也可用它替代需要人工进行的一系列单调而费时的重复性 Word 操作,自动完成任务。

图 4.71 "录制宏"对话框

在使用宏之前需要先录制它。要想编制一个宏,单击"视图"→"宏"→"录制宏",将打开"录制宏"对话框,如图 4.71 所示。

① 在"宏名"的文本框中输入宏的名字"我的宏"。

② 在正式录制宏开始之前需要先指定宏执行时的驱动对象。如果选择将宏指定到按钮,则录制完成的宏执行时需要添加到文档窗口的"快速工具栏"中的 ,单击之即可执行宏;如果选择将宏指定到键盘,则录制完成的宏需要通过设置好的功能键触发。这里设置对应的快捷键是 Ctrl+H。

③ 设置宏保存的位置。可以选择保存在模板中,也可以选择保存在当前文档中。

④ 单击"确定"按钮,此时鼠标指针下面出现一个录影带的形状,表示宏已经开始录制了。在文档中依次执行三个操作:首先,插入一个 5 行 5 列的表格;其次,将表格的底纹修改成红色;最后,将表格的边框设置为蓝色双线。

⑤ 单击"停止录制",这时会产生一个宏。

宏的使用需要通过预先指定的驱动对象触发,键盘上使用组合键 Ctrl+H,则会在文档中自动执行步骤④中的三个操作。

4.9.6 截屏功能

Word 2010 增加了一个非常有用的截屏功能,支持多种截图模式,既可以截取当前活动窗口,又可以截取桌面,还可以截取桌面上任意打开的应用程序窗口,插入截图也非常灵活方便。

将插入点置于 Word 文档中需要插入截屏图片的位置,单击"插入"→"插图"→"屏幕截图"按钮,如果想对当前窗口截屏,则在下拉列表中选择"当前视窗",单击"确定"按钮的同时,Word 文档中插入点的位置会出现当前窗口的图片。如果想截取桌面或者桌面上的图标作为图片,则在下拉列表中选择"屏幕剪辑",此时桌面会呈现灰白色,鼠标变为十字形状,拖动鼠标左键选定截图区域,松开鼠标的同时,文档中将出现截图图片。如果想截取多个窗口作为图片,则需要先在桌面上显示多个窗口并调整布局,再选择"屏幕剪辑",到桌面上拖动鼠标左键选定截图区域即可。

4.9.7 背景移除

Word 2010 提供了一个简单实用的图像抠图功能，可以对图片实现简单的背景移除，轻松实现图片换背景的功能，而不需启动其他照片编辑程序。

下面举例说明其操作过程。在文档中添加一张带背景的图片（如图 4.72 所示），选择图片后，选择"图片工具"→"格式"→"调整"→"删除背景"，原始图片中会出现区域选择框，调整选择框后，选择"保留更改"，则出现移除了背景的图片，如图 4.73 所示。选择已移除背景的图片并单击右键，在弹出的快捷菜单中选择"设置图片格式"，为图片重新设置填充效果，如图 4.74 所示，即可实现更换图片背景。

图 4.72　原始图片　　　　图 4.73　背景移除图片　　　　图 4.74　更换背景后图片

本章小结

本章从初学者的角度出发，由浅入深地介绍了中文版 Word 2010 的特点、使用方法和应用技巧，较系统地介绍了一个文档制作的全过程所需要用到的各种知识，包括文档的创建、编辑、排版、显示方式、文档的打印、图文混排技术、表格的制作、目录的使用、邮件合并、公式编辑器、插入超链接、宏的使用、屏幕截屏和背景移除功能的使用技巧。

希望读者能够通过学习和上机练习，熟练掌握 Word 2010 的基本操作、编辑排版，包括文本、图形的混排技术和各种表格的制作技巧，可以使用"公式编辑器"制作和生成各种数学、化学等科学公式，了解目录的生成方法、邮件合并、超链接、宏的录制和运行、屏幕截屏和背景移除的方法。

习 题 4

1. 简述办公软件的定义及作用。常用的办公软件有哪些？
2. Word 2010 的有几种视图？
3. 使用文档的自动保存功能后，在文档关闭时是否还需进行文档的存盘操作？为什么？
4. 什么是字符格式？什么是段落格式？它们各有什么作用？
5. 使用 Word 2010 编辑一个文档的基本操作包括哪些？
6. 什么是分节符？分节符的作用是什么？
7. 简述 Word 2010 表格的特点。
8. 什么是页眉和页脚？如何设置页眉和页脚？
9. 什么是模板？加载模板的实际意义是什么？
10. 邮件合并的作用是什么？

第 5 章　电子表格处理 Excel 2010

本章将介绍中文电子表格处理系统 Excel 2010 的基本功能和主要应用，包括工作表的创建与编辑、公式和函数的使用、图表的创建与管理等，文中所提到的 Excel 系指 Excel 2010。

5.1　Excel 2010 基础

5.1.1　Excel 2010 概述

Excel 2010 是由 Microsoft 公司研制开发的办公自动化软件 Office 2010 的组件之一，是目前应用最广泛的电子表格处理软件之一。Excel 2010 具有强大的表格数据计算与分析功能，可以把表格数据用各种统计图表形象地表示出来，既可单独运行，也可以与 Office 2010 的其他软件相互传送数据，直接进行数据共享。Excel 2010 还具有界面友好、使用灵活、容易掌握等优点。同 Word 2010 一样，Excel 2010 在 Windows 系统下运行，并具有与 Windows 应用程序相一致的用户界面。

与以往版本相比，Excel 2010 新增许多功能，界面更新颖、更美观，操作更方便。Excel 2010 新增的功能主要有：改进的功能区、Microsoft Office Backstage 视图功能、工作簿管理工具、恢复早期版本、受保护的视图、受信任的文档、Microsoft Excel Web App、适用于 Windows Phone 7 的 Excel Mobile 2010、快速有效地比较数据列表、值显示方式功能、改进的条件格式设置、PowerPivot for Excel 加载项、公式编辑工具、64 位 Excel 等数十项功能。Excel 2010 改进的功能还有：改进的规划求解加载项、函数准确性、筛选功能、带实时预览的粘贴功能、图片编辑工具等。

5.1.2　Excel 窗口的基本结构

Excel 的启动和退出与 Word 2010 类似，这里不再赘述。启动 Excel 2010 后，将打开如图 5.1 所示的窗口界面，它是用户的工作窗口。

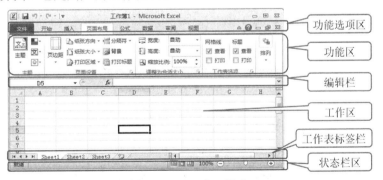

图 5.1　Excel 窗口组成

窗口中的快速访问工具栏、标题栏、功能选项区与功能区、最小（大）化按钮、关闭按钮及水平（垂直）滚动条的功能与 Word 2010 相同，这里仅介绍 Excel 窗口中特有的几部分。

（1）编辑栏

功能区下面的一行就是编辑栏，用于显示、编辑活动单元格中的数据和公式。编辑栏由名称框、操作按钮、编辑区三部分组成。

"名称框"用于显示当前活动单元格（或单元格区域）、图表项或绘图对象的名称或地址（有时也称为单元格地址框）。"操作按钮"包括取消按钮、输入按钮、插入函数按钮，这几个按钮在向单元格中输入数据或编辑数据时出现。"编辑区"（又称为公式栏区）显示当前单元格的内容，并且可以在此直接对当前单元格中的内容进行输入和修改。选中某个单元格后，就可在编辑栏中对该单元格输入或编辑数据。也可以直接双击单元格，在其中进行编辑，此时单元格的内容会显示在编辑区中，如图 5.2 所示。

（2）工作区窗口

工作区窗口是 Excel 工作簿所在的窗口，从中可以打开多个工作簿。工作区窗口由工作簿名称栏（文件名）、工作表标签栏、工作表控制（翻页）按钮、全选按钮、列标、行标、窗口水平滚动条、垂直滚动条和工作表区域等组成。工作区窗口是占据屏幕最大、用以记录数据的区域，所有数据都将存放在该区域中，如图 5.3 所示。

图 5.2　编辑栏

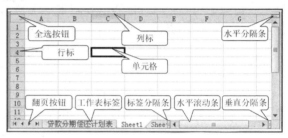

图 5.3　工作区窗口

窗格拆分条分为水平拆分条和垂直拆分条，分别位于水平滚动条的右端和垂直滚动条的上端。拖动拆分条可将工作表拆分为 2 个或 4 个小窗格，用户可同时查看同一工作表的不同部分。双击拆分条可取消拆分。

（3）工作表标签栏

工作表标签中可含有多张工作表，每张工作表均有一个工作表标签，用于显示工作表的名称。单击某个工作表标签，将激活相应的工作表。如果工作表有多个，以致标签栏显示不下所有标签时，用户可通过标签控制（翻页）按钮，找到所需的工作表标签。标签分割条位于工作表标签栏和水平滚动条之间，拖动标签拆分条可增加标签栏或水平滚动条的长度，双击它，可恢复其默认的设置。

（4）状态栏

状态栏位于工作表标签栏的下方，包括单元格模式、签名、权限、页码、显示比例等 20 多个选项，用户只需右键单击状态栏进行相应设置即可。

5.1.3　单元格、工作表和工作簿

（1）单元格

工作表由许多带边框的小方格组成，这些小方格在 Excel 中称为单元格，是 Excel 工作表的基本单位，参见图 5.3。在 Excel 中，单元格根据其所处的列号和行号来命名，列号在前、行号在后。单元格列号用大写英文字母表示，即 A、B、C、…、XFD，共 16384 列。单元格的行号用阿拉伯数字表示，即 1、2、3、…、1048576 行。某一列与某一行的交叉位置就是一个单元

格，这也是它的"引用地址"，如 C4 表示第 C 列和第 4 行交叉位置的单元格。单元格的长度、宽度及数据的大小和类型都可以根据需要进行选择。单击一个目标单元格，该单元格即被选中，单元格周围出现黑框，此单元格也叫活动单元格，如图 5.3 中的 C4 单元格。任选一单元格，按组合键 Ctrl+→，跳转到所在行的最后一个单元格；按组合键 Ctrl+←，返回；再按组合键 Ctrl+←，跳转到所在行的第一个单元格；按组合键 Ctrl+↓，跳转到所在列的最后一个单元格；按组合键 Ctrl+↑，返回；再按一次组合键 Ctrl+↑，跳转到所在列的第一个单元格。

多个相邻的单元格组成了"单元格区域"，用左上角单元格的名称+：（冒号）+右下角单元格名称来标志单元格区域，如 A2:D5，表示左上角单元格为 A2、右下角单元格为 D5 的单元格区域。单元格区域可分为相邻的单元格区域和不相邻的单元格区域。单元格区域的选择可用鼠标单击目标单元格区域的左上角单元格，按住并拖曳至所选区域的右下角单元格，然后释放鼠标即可（或按住 Shift 键不放，先单击所选区域的左上角单元格，然后单击所选区域的右下角单元格）。如欲选择多个不相邻的单元格或单元格区域，可在按住 Ctrl 键的同时，进行上述单元格选择或单元格区域选择操作。

单击某行（列）号可选中该行（列）。相邻整行（列）的选择可以采用拖曳操作方法，或采用按住 Shift 键不放，分别单击所选区域首尾行（列）号的方法。不相邻整行（列）的选择采用按住 Ctrl 键不放、逐个单击欲选择的行（列）号的方法。

（2）工作表

在 Excel 中，工作表的概念与一般意义的表格类似，以列和行的形式组织和存放数据，工作表由单元格组成。每个工作表都用一个工作表标签标识。在默认情况下，工作表以 Sheet1、Sheet2 和 Sheet3 命名。用户可以根据需要单击工作表标签，在不同工作表间切换，也可以自己命名工作表或增、删工作表。

（3）工作簿

工作簿是计算和存储数据的文件，一个工作簿就是一个 Excel 文件，其扩展名为".xlsx"。一个工作簿可以由一个或多个工作表组成。新建一个 Excel 文件时，默认工作簿为"工作簿 X"（X 代表 1、2、3、…），其中默认包含 3 个工作表 Sheet1、Sheet2 和 Sheet3，当前工作表为 Sheet1。每个工作簿最多可以包含的工作表数受可用内存的限制。

在 Excel 中，工作簿和工作表的关系就像日常的账簿和账页之间的关系，一个账簿可由多个账页组成。如果一个账页表示一个月的收支账目，那么账簿可以用来说明一年或更长时间的收支状况。

5.1.4 数据类型

Excel 的数据类型分为数值型、字符型和日期时间型三种。

（1）数值型数据

数值型数据包括数字（0～9）组成的字符串，也包括+、−、E、e、$、%、小数点和千分位符号(,)及特殊字符（如￥231、$12.5）。数值型数据在单元格中的默认对齐方式为"右对齐"。

Excel 数值型数据的输入与显示有时会不一致。当数值型数据的输入长度超过单元格的宽度时，Excel 将自动用科学计数法表示。若单元格的格式设置为数值型数据并带有两位小数，那么当输入三位小数时，显示在单元格中的数据的末位将按照四舍五入方式取舍。但是 Excel 在完成计算任务时以输入数据为准，而不是以显示数据为准。

（2）字符型数据

字符型数据包括汉字、英文字母、数字、空格及键盘能输入的其他符号。字符型数据在单元格中的默认对齐方式为"左对齐"。对于一些纯数字组成的数据，如邮政编码、电话号码等，有时需要当成字符处理，则需要在输入的数字之前加一个西文单引号（'），Excel 将自动把它当成字符型数据处理。

当输入的字符长度超过单元格的宽度时，若单元格右边无内容，则扩展到右边单元格显示，否则将按照单元格宽度截断显示。

（3）日期时间型数据

Excel 预先设置了一些日期时间的格式，当输入数据与这些格式相匹配时，Excel 将识别它们。Excel 常用的日期时间格式有 mm/dd/yy、dd-mm-yy、hh:mm (am/pm)。其中，am/pm 与时间之间应有空格，如 10:30 am。如果缺少空格，Excel 将当成字符型数据来处理。

日期时间型数据在单元格中的默认对齐方式为"右对齐"。输入当前日期的快捷方式为 Ctrl+;组合键，输入当前时间的快捷方式为 Ctrl+Shift+;组合键。

注意：数值型数据只能进行+、−、×、/ 和 ^（乘方）等算术运算，字符型数据只能进行字符串连接运算（运算符为 &），日期时间型数据只能进行加、减运算，不同数据类型之间不能进行运算。

5.2 Excel 的基本操作

5.2.1 工作簿的创建与管理

1. 新建、打开和保存工作簿

（1）新建工作簿

新建工作簿有以下方法。

① 启动 Excel 程序后，系统会自动建立一个默认名为"工作簿 1"的工作簿。

② 使用快捷键创建工作簿。在 Excel 的编辑状态下，按 Ctrl+N 组合键，系统会快速新建一个空白工作簿。

③ 利用模板新建工作簿。Excel 提供了许多模板样式，如会议议程、日历、销售报表和贷款分期付款等，利用模板可快速新建有样式内容的工作簿，用户可以节省设计工作簿格式的时间。单击"文件"选项卡，在左侧功能选项列表中单击"新建"标签，在"可用模板"栏中选择需要的模板选项，如图 5.4 所示为选择"样本模板"选项。在打开的"样本模板"中继续选择需要的模板样式，如选择"贷款分期付款"模板样式，单击"创建"按钮，可新建一个基于所选模板的工作簿，如图 5.5 所示。

④ 使用"快速访问工具栏"中的"新建"按钮创建新工作簿。如"快速访问工具栏"中无"新建"按钮，用户可添加。

（2）打开工作簿

与打开 Word 文档的方法类似，打开工作簿的方法有多种：双击要打开的 Excel 文件，可直接启动 Excel 并打开该文件；或者在"文件"选项卡中单击"打开"选项；或者单击"快速访问工具栏"的"打开"按钮，弹出"打开"对话框，在左边窗格中选择文件所在位置，在右边窗格中选中要打开的文件，单击"打开"按钮即可。"文件名"列表框右侧可以选择打开其他类型的文件。

图 5.4 "新建工作簿"任务窗格

图 5.5 用模板"新建"工作簿

（3）保存工作簿

当编辑结束后，需要保存工作簿。在编辑过程中为防止意外，需要经常保存工作簿。方法是单击"快速访问工具栏"的"保存"按钮，或单击"文件"选项卡中的"保存"选项，也可以使用组合键 Ctrl+S 保存。

如果是第一次保存新的工作簿，则 Excel 会打开"另存为"对话框。用户要为工作簿命名并选择保存位置，Excel 2010 默认的文件为"*.xlsx"（Excel 97-2003 默认的文件为"*.xls"）。"保存类型"对话框可用于不同文件格式间的转换，如可将文件转换为 PDF 格式的文件，则选择"*.pdf"；如选择"*.xltx"，则将文件保存为 Excel 模板等。如果是对已存在的文件进行修改，则"保存"选项卡直接保存文件。

Excel 提供了工作簿的"自动保存"功能。设置自动保存的方法是单击"文件"选项卡中的"选项"，弹出"Excel 选项"对话框，如图 5.6 所示，单击"保存"选项，进行相应设置。完成后，单击"确定"按钮即可。

图 5.6 "Excel 选项"对话框

设置了"自动保存"后，Excel 将每隔一定时间为用户自动保存工作簿。默认时间间隔为10 分钟，用户也可以自定义时间间隔。

2. "信息"项

选择"文件"选项卡的"信息"选项，弹出"信息"窗体。窗体分左、右两个窗格，左窗格显示文件的存储位置及"保护工作簿""检查问题""管理版本"3 个带有下拉列表的按钮；

右窗格显示工作簿文件大小、创建和修改日期、作者等信息。

（1）保护工作簿

单击"保护工作簿"按钮，在弹出的快捷菜单中选择"保护工作簿结构"，弹出"保护结构和窗口"对话框，如图 5.7 所示。"结构"项是指保护工作簿的结构，包括避免执行移动、删除、隐藏、重命名或插入新的工作表等操作。"窗口"项是指保护工作表中窗口不被移动、缩放、隐藏或者关闭等。在"密码（可选）"文本框中输入密码，可以防止未经授权的用户对工作簿的改动，也可以单击"审阅"选项卡的"保护工作簿"按钮来设置。

如果要设置密码保护，单击"文件"选项卡的"另存为"选项，在弹出的对话框中单击"工具"按钮，然后在弹出的下拉菜单中选择"常规选项"命令，再在打开的"常规选项"对话框中设置密码即可，如图 5.8 所示。

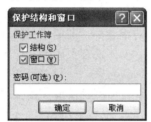

图 5.7 "保护结构和窗口"对话框

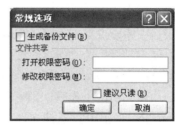

图 5.8 "常规选项"对话框

两项密码所保护的权限不同。也可以在"保护工作簿"下选择"用密码进行加密"设置。

（2）检查问题

"检查问题"包括 3 个选项：① "检查文档"，用于检查文档属性、个人信息、批注、页眉页脚等内容；② "检查辅助功能"，用来检查文档中是否存在可能引起残障人士阅读困难的内容；③ "检查兼容性"，检查是否有早期 Excel 版本不支持的功能。

（3）管理版本

"管理版本"是检查是否有未保存文件的最新版本。

3．"选项"组

"文件"选项卡的"选项"组包括 10 项内容，其优点在于"一次设置、长期使用"，其中的"保存"选项在前面已介绍。

"常规"选项用于设置采用的常规选项，"用户界面选项"包括"配色方案"、"启用实时预览"等内容，"新建工作簿时"包括字体、字号、默认视图、包含工作表个数等内容。

"公式"选项用于设置和更改与公式计算、性能和错误处理相关的选项，包括"计算选项"、"使用公式"、"错误检查"、"错误检查规则"等选项。用户可以根据特殊需要，在默认设置的基础上进行相关修改，如要启动迭代计算，选中"计算选项"中的"启动迭代计算"，再设置"最多迭代次数"（如 500 次）等，单击"确认"按钮后，设置生效。

"校对"选项用于更改 Excel 更正和设置文本格式的方式，包括"自动更正选项"和"在 Microsoft Office 程序中更正拼写时"。如果用户希望在录入数据时将 0.5 自动转换为 1/2，可单击"自动更正选项"按钮，在弹出的对话框的"替换"文本框中输入 0.5，在"为"文本框中输入空格或"'"后，再输入 1/2，单击"确认"按钮。这样用户在数据输入时所输入的 0.5 将由系统自动更正为 1/2（如果直接输入 1/2，系统将默认为日期时间数据）。用户还可根据自己的习惯和偏好进行其他多项设置，如图 5.9 所示。

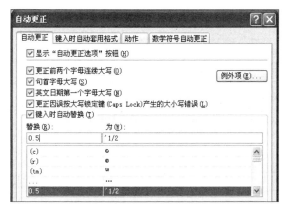

图 5.9 "自动更正选项"设置

"高级"选项是使用 Excel 时采用的高级选项，包括的项目和内容十分丰富，大多数功能对普通用户来说很少用到，用户可通过练习加以理解。

"自定义功能区"选项用于对每个选项卡在功能区所显示项目（命令）的添加和删除，分左、右两个窗格。如需增加显示命令，先在左侧窗口选定相应命令，单击"添加"按钮，则相应命令就会出现在右侧窗口；如需减少所显示的命令，在右侧窗口选定相应命令，单击"删除"按钮，则所选命令就从右侧窗口消失，单击"确定"按钮，如图 5.10 所示。

图 5.10 "自定义功能区"和"自定义快速访问工具栏"设置

"快速访问工具栏"选项用于自定义快速访问工具栏，使其增加或减少快速访问选项内容，分左右两个窗口，其操作方法与"自定义功能区"选项中的方法相同。如需在"快速访问工具栏"上增加显示"打开、新建、排序"等命令，先在左侧窗口选择"打开"图标，单击"添加"。接着逐一添加其他命令，单击"确定"按钮即可。"删除"方法仿照"自定义功能区"的操作。

"语言"选项、"加载宏"选项和"信任中心"选项请读者自行操作了解。

4．最近所用文件

"最近所用文件"选项用于显示和设置"最近使用的工作簿"和"最近的位置"。每个工作簿和文件夹后都有个 按钮，单击它，可将相应的工作簿或文件夹固定并自动排在最前面，同时按钮图标变为 ，再单击一次，则还原。勾选"快速访问此数目的'最近使用的工作簿'"复选框，在文本框中输入相应数字，则在"文件"选项卡中会出现相应的最近使用的工作表文件，并且被"固定"的文件总显示在最前面。

5. 打印

"打印"选项用于打印设置，包括打印份数、打印机设置、打印文件设置、打印页的范围、单双面打印设置、页面设置等。单击"打印机"下拉列表，将显示本机所安装的打印机（确认本机安装了打印机），其中默认打印机前面有个图标☑。单击其中一个作为执行打印任务的打印机，单击"打印机属性"按钮，弹出所选打印机属性的对话框，如图 5.11 所示，从中可以进行相应设置。设置完成后，单击"打印"图标，将执行打印任务。

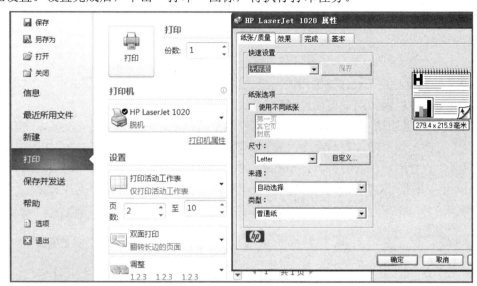

图 5.11 "打印"选项

6. 设置共享工作簿

如果使多个用户能同时工作于相同的工作簿，应将工作簿设置为共享工作簿，使其可以在网络上共享。单击"审阅"选项卡中的"共享工作簿"按钮，弹出"共享工作簿"对话框，在"编辑"选项卡中勾选"允许多用户同时编辑，同时允许工作簿合并"复选框。在"高级"选项卡中设置共享选项，包括"修订""更新""用户间的修订冲突"等。然后单击"确定"按钮，使共享生效。共享工作簿的每个用户权利完全平等，任一用户可单独取消工作簿的共享。

要查看用户对共享工作簿的修订，可选择"审阅"选项卡中的"修订"下拉菜单中的"突出显示修订""接受或拒绝修订"来设置，读者不妨试试。

5.2.2 工作表的创建和管理

1. 设定工作表个数

创建一个新工作簿时，Excel 会按默认方式自动建立 3 个工作表。如果用户想增、减工作簿中包含的工作表个数，可在"文件"选项卡中选择"选项"，进入"选项"对话框，从中选择"常规"项，在"新建工作表时"中设置"包含的工作表个数""字体""字号"等，还可以设置"用户界面选项"。

2. 选定工作表

工作簿通常由多个工作表组成，要编辑工作表，必先选定工作表。单击工作表标签名即可选中（激活）相应的工作表，当前工作表标签呈现反白显示，表示它为当前正在使用的工作表，工作表的内容出现在工作簿窗口。新建工作簿时默认的当前工作表为"Sheet1"。如需选择其他工作表，只需在工作表标签栏上单击相应标签即可。如果工作表比较多，可使用工作表标签栏上的"翻页"按钮，使想要选定的工作表显示出来再单击选定；也可以直接右击"翻页"按钮来快速选定工作表。

Excel 允许选定多张工作表，使其成为一个"组合工作表"，此时在标题栏中将出现"[工作组]"字样。选定（单击）第一张工作表标签，按住 Shift 键，再单击最后一张工作表标签，则选定多张相邻的工作表。选定（单击）第一张工作表标签，按住 Ctrl 键，再依次单击其他工作表标签，则选定多张不相邻的工作表。选定全部工作表，右键单击任一工作表标签，在弹出的快捷菜单中选择"选定全部工作表"。

要取消选定的多个工作表，单击工作组外任意一个工作表标签便可取消工作组。也可以按住 Ctrl 键，依次单击要取消的工作表标签。取消工作组的快捷方式是右键单击工作表标签，在弹出的快捷菜单中选择"取消组合工作表"即可。

选定工作组的优点是：在工作组中任意工作表的任意单元格编辑数据或设置格式以后，工作组内其他工作表的相同单元格也将出现相同的数据和格式。对于在多个工作表中输入相同数据或设置相同格式，建立工作组无疑将大大提高工作效率。

3．添加、删除和重命名工作表

（1）插入空白工作表

工作表标签栏最右边有个"插入工作表"标签 ，单击一次，就可在现有工作表后面插入一张新的工作表，多次单击，就会插入更多新的工作表，非常简单快捷。

右键单击某个工作表标签，在快捷菜单中选择"插入"命令，弹出"插入"对话框，在"常用"和"电子表格方案"中选择插入类型，即可在所选工作表的前面插入工作表。也可以在"开始"选项卡的"单元格"组的"插入"下拉列表中选择"插入工作表"项。插入的工作表由 Excel 自动命名，在默认情况下，工作表依次命名为 Sheet4、Sheet5、…。

（2）删除工作表

选中要删除的工作表标签，在"开始"选项卡的"单元格"组中"删除"下拉菜单中选择"删除工作表"项，整个工作表被删除且相应的标签也会从标签栏消失。还可以右键单击要删除的工作表标签，在快捷菜单中选择"删除"命令。如果要删除多个工作表，先选中第一个工作表标签，按住 Shift 键（或 Ctrl 键），选择相邻（或不相邻）的多个工作表标签，按照上述方法删除。

注意：工作表的删除是永久删除，删除之后将无法"撤销"或恢复。

因此，在删除工作表时，用户一定要谨慎操作，以免删除有用的信息或误操作。Excel 不允许将一个工作簿中所有工作表都删除，要求至少要保留一个工作表。

（3）工作表重命名

工作表命名时最好能"见名知义"，选择直观的或能反映工作表内容的名称，以便于日后识别、查找和使用。选中工作表，在"开始"选项卡的"单元格"组的"格式"下拉列表中选择"重命名工作表"项，此时该工作表标签呈现高亮显示，输入新的名称即可。也可以直接双击工作表标签，或右键单击工作表标签，在快捷菜单中选择"重命名"，然后输入新名称，按 Enter 键，结束并确认。

4．移动和复制工作表

Excel 允许将工作表在一个或多个工作簿中移动或复制。

选择要移动或复制的工作表，在"开始"选项卡的"单元格"组的"格式"下拉列表中选择"移动或复制工作表"项，打开"移动或复制工作表"对话框，从中选择要移动或复制的工作簿和插入位置，选择"建立副本"表示复制，不选择则表示移动，然后单击"确定"按钮即可。移动和复制工作表的快捷方式是右键单击工作表标签，在快捷菜单中选择"移动或复制工作表"命令。

如果在两个工作簿之间移动或复制，则必须将两个工作簿都打开，并确定源工作簿和目标工作簿。在"移动或复制工作表"对话框的"工作簿"中选择目标工作簿名称，如果选择"新工作簿"，则自动新建一个工作簿文件。

利用鼠标拖动进行操作时，单击要移动或复制的工作表标签，按住鼠标左键不放，将它拖动到要移动的目标位置。如果要复制，则在拖动的同时按住 Ctrl 键即可达到复制的目的。

工作表移动后，与其相关的计算结果或图表可能会受到影响。

5．工作簿与工作表视图

视图选项卡操作分为工作簿视图、显示、显示比例、窗口、宏等 5 组选项，每组选项中包括若干个命令项。

"工作簿视图"组用来设置工作簿文件的视图方式，分为普通、页面布局、分页预览、自定义视图和全屏显示方式，Excel 的默认方式是普通视图。当用户进行了相应设置（如页面布局）并保存后，以后再打开工作簿文件时，系统将自动按照用户设置的视图方式（如页面布局）打开文件。如果用户不想使用原先设置的视图方式，只需按 Esc 键，即可返回普通视图。

"显示"组有 4 个复选框：标尺、编辑栏、网格线、标题。Excel 的默认方式是全选。"标尺"复选框只在"页面布局"下可选。如单击"编辑栏"复选框，复选框内的√消失，"编辑栏"即被隐藏，再单击复选框，复选框内出现√，此时"编辑栏"即显示。"网格线"和"标题"的操作类似，这里的"标题"指的是行（列）标志。

"显示比例"组用于设置工作区窗口的显示比例，默认的显示比例为 100%。用户可以根据需要单击"显示比例"按钮来设置显示比例，快捷方法为拖动状态栏中的"显示比例"缩放滑块调整显示比例。

"窗口"组的项目比较多，用于进行工作区窗口的设置。

① 新建窗口。单击"新建窗口"按钮，系统将新建一个与前面操作的窗口完全相同的窗口，文件名将自动命名，可继续新建多个相同的窗口。如打开的文件名为 Book1，则新建的文件名为 Book1:1、Book1:2、…。此时对任意一个窗口进行的编辑操作，在其他窗口自动执行。

② 全部重排。如果要同时打开多个工作簿，并将它们同时显示在一个屏幕上，单击"全部重排"按钮，在弹出的单选窗口中选择四种方式之一，单击"确定"按钮即可。

③ 冻结窗格。一般的工作表都将第一行或第一列作为标题行或标题列。对于数据项较多的工作表，查看后面的数据时，由于无法看到标题，往往无法分清单元格中数据的含义。"冻结窗格"命令可以将工作表中所选单元格上边的行或左边的列冻结在屏幕上，使得在滚动工作表时在屏幕上一直显示它们。"冻结窗格"菜单中有"冻结拆分窗格"、"冻结首行"和"冻结首列"。选定一个基准单元格，单击"冻结拆分窗格"按钮，窗格冻结后，在基准单元格的上面和左面各有一条黑色细线显示。此时，工作表上面和左面的内容被"冻结"并始终可见。

当"冻结窗格"命令执行后，"冻结窗格"的下拉菜单变成"取消冻结窗格"、"冻结首行"

和"冻结首列"。单击"取消冻结窗格"按钮，即可撤销冻结窗格。

④ "拆分"，是指把当前工作表的活动窗口拆分成窗格，并且在每个被拆分的窗格中都可以通过滚动条来显示工作表的各部分，用户可以在一个窗口中查看工作表不同部分的内容。选择活动单元格的位置，该位置将成为工作表拆分的分割点。单击"拆分"按钮，将在选定的单元格处将工作表分成 4 个独立的窗格。在其中任意一个窗格内输入或编辑数据，在其他的窗格中会同时显示相应的内容。可以利用鼠标拖动拆分条的方式随心所欲地拆分工作表。当鼠标移到拆分条上时，鼠标箭头会变成带有双箭头的双竖线。

选中某行，单击"拆分"按钮，就在选定的行处将工作表分成上、下两个独立的窗格；选中某列，单击"拆分"按钮，就在选定的列处将工作表分成左右两个独立的窗格。

对已拆分的窗格，再单击一次"拆分"按钮或双击拆分条，可以撤销工作表拆分。

注意：在"冻结窗格"中的"冻结拆分窗格"与"拆分"命令是有所区别的。

⑤ 要想隐藏某个窗口（文件），单击"隐藏"按钮，则整个窗口和任务栏上的文件名一起隐藏。取消隐藏时，单击"取消隐藏"按钮。

⑥ 并排查看。打开要并排比较的工作簿，单击"并排查看"按钮，弹出"并排比较"对话框，如图 5.12 所示。选择要并排比较的文件，单击"确定"按钮。如果要同时滚动工作簿，则单击"同步滚动"（在未设置"并排查看"之前，"同步滚动"功能不可用）。如果要将工作簿窗口重置为最初开始比较工作簿时所在的位置，则单击"重置窗口位置"按钮。再次单击"并排查看"按钮，则停止比较工作簿。

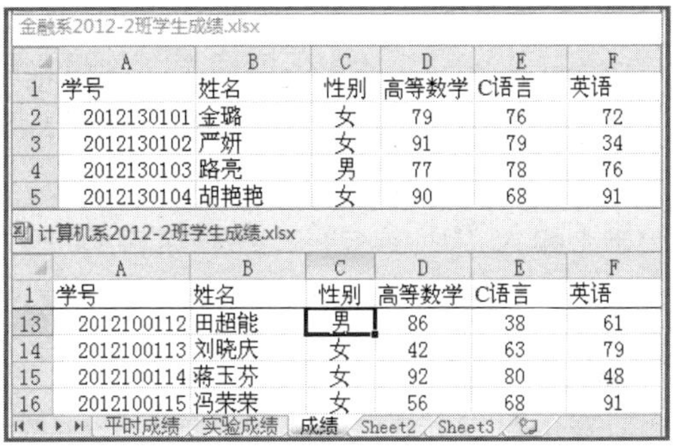

图 5.12 "并排查看"窗口

⑦ 保存工作区：仅保存工作表、图表工作表和宏工作表的 Excel 4.0 文件格式，文件保存格式为"*.xlw"。可以在 Excel 中以此文件格式打开工作簿，但是无法将 Excel 文件保存为此文件格式。

⑧ 切换窗口：当打开文件较多时，使用"切换窗口"按钮在不同文件之间快速切换。

⑨ 宏：可用于自动执行某一重复任务的一系列命令，从而节省击键和鼠标操作的时间。有许多宏都是使用 Visual Basic for Applications（VBA）创建的，并由软件开发人员负责编写。但是，某些宏可能会引发潜在的安全风险。具有恶意企图的人员（也称为黑客）可以在文件中引入破坏性的宏，从而在用户的计算机所在的网络中传播病毒。

6．保护工作表

出于安全考虑，有时必须对重要的工作表加以保护。Excel 提供保护功能以限制用户对工作簿和工作表的访问和更改权限，从而防止他人查看和更改工作簿和工作表的内容。

选择要保护的工作表，单击"文件"选项卡的"信息"选项，再单击右侧"保护工作簿"按钮，在弹出的快捷菜单中选择"保护当前工作表"，弹出"保护工作表"对话框；在"允许此工作表的所有用户进行"中进行一项或多项设置，可以对工作表进行全部或部分保护。切记：一定要在"密码"文本框中输入密码，检查无误后单击"确定"按钮，这时 Excel 要求进行密码确认，再次输入密码后，完成对工作表的保护。也可以通过在"审阅"选项卡上单击"保护工作表"按钮进行设置。

用户设置了"保护工作（簿）表"以后，一定要记住密码，否则将无法取消保护，也无法在需要时修改或编辑工作表。

受保护的工作（簿）表在"审阅"选项卡的"保护工作表"选项变为"撤销保护工作表"。用户要取消"保护工作（簿）表"设置时，可单击"审阅"选项卡中的"保护工作簿"或"撤销保护工作表"按钮，输入正确的保护密码即可。

使用类似的方法还可以设置"保护共享工作簿"，以实现对工作簿和网络环境下共享工作簿的保护。

5.2.3 工作表的编辑

1．单元格数据输入

选中单元格直接输入数据或在编辑栏中输入数据并确认，即可完成对一个单元格的数据输入。确认方式有：按 Enter 键，活动单元格下移；按 Tab 键，活动单元格右移；按 Shift+Tab 组合键，活动单元格左移；按 Shift+Enter 组合键，活动单元格上移；单击编辑栏的输入按钮"√"，活动单元格不动。按 Esc 键或单击编辑栏取消按钮"×"，可取消输入。

如果要输入负数，在数字前加负号，或者将数字括在括号内。输入"-10"和"(10)"都可以在单元格中得到-10。如果要输入分数，如 3/5，应先输入"0"及一个空格，然后输入"3/5"。如果不输入"0"和空格，则系统自动将"3/5"当成日期处理，显示结果为"3 月 5 日"，如果不输入"0"只输入空格，则系统自动将"3/5"当成文本文字处理。

2．数据快速输入

对于那些有规律的数据，如等差、等比数列或自定义数据列，Excel 提供了数据自动填充功能。

（1）使用填充柄

当选中一个单元格或单元格区域后，在单元格的右下角出现一个黑点，这就是"填充柄"。鼠标指向填充柄时，鼠标指针变成实心十字形"+"（如果鼠标没有出现填充柄，可在"文件"选项卡的"选项"组的"高级"列表中设置），此时按住鼠标左键拖动至最后一个单元格，即可完成有规律的数据输入即数据填充。如图 5.13 所示，A 列为纯数字，填充时自动递增；E 列为纯字符，填充相当于复制；B、C 两列为数字与字符的混合，填充时字符不变、数字递增；D 列为 Excel 预设的自动填充序列。要产生一个等差（比）数列时，至少要输入数列的前两个数据，否则仅实现复制功能。

（2）使用"填充"按钮

选中要填充的单元格区域，在第一个单元格中输入数据，单击"开始"选项卡的"编辑"组的"填充"按钮，在下拉菜单中选择"序列"，打开"序列"对话框，在"序列产生在"、"类型"和"日期单位"选项区中选择相应的单选按钮，在文本框中输入序列的"步长值"和序列的"终止值"，最后单击"确定"按钮，系统将自动完成填充任务。

（3）用户自定义序列

Excel 预设了 11 组自动填充序列供使用。对于那些经常出现的有序数据，如学生名单、学号等，可以使用"自定义序列"功能，将它们添加到自动填充序列内。

选择"文件"选项卡的"选项"组，打开"选项"菜单，单击"高级"→"编辑自定义列表"按钮，弹出如图 5.14 所示的对话框，在"自定义序列"列表框中选择"新序列"，在"输入序列"文本框中输入新序列，序列成员之间用 Enter 键或逗号分隔。输入完成后单击"添加"按钮并确定，返回工作界面。

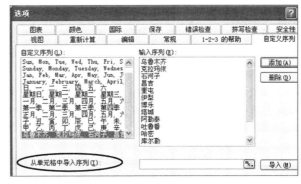

	A	B	C	D	E	F
1	1	10月1日	day1	星期二	计算机	
2	2	10月2日	day2	星期三	计算机	
3	3	10月3日	day3	星期四	计算机	
4	4	10月4日	day4	星期五	计算机	
5	5	10月5日	day5	星期六	计算机	
6	6	10月6日	day6	星期日	计算机	
7	7	10月7日	day7	星期一	计算机	
8	8	10月8日	day8	星期二	计算机	
9	9	10月9日	day9	星期三	计算机	
10	10	10月10日	day10	星期四	计算机	

图 5.13　"自动填充"示意　　　　　　图 5.14　　"编辑自定义列表"的新序列

如果用户想把已经输入好的工作表的某行（列）直接转换为"自定义序列"，可在图 5.14
的"从单元格中导入序列"文本框中输入（或选择）要导入序列的单元格区域后，单击"导入"
按钮，即可快速建立符合自己要求的"自定义序列"。

还有一种快捷方法，将鼠标指针指向"填充柄"并按住鼠标右键拖动，在弹出的快捷菜单
中进行相应的选择，有兴趣的读者自己不妨一试。

3．设置数据的有效性控制

Excel 在向单元格中输入数据之前可以设置输入数据的有效性检查机制，以控制无效数据
的"误"操作性输入或一些非法数据的输入。

选择要设置有效数据的单元格或区域、行或列，单击"数据"选项卡的"数据工具"组的
"数据有效性"按钮，在下拉菜单中选择"数据有效性"，打开"数据有效性"对话框，如图 5.15
所示。单击"设置"选项卡，在"允许"下拉列表中选择允许输入的数据类型，如"整数"；在
"数据"下拉列表中选择所需的关系操作符，如"介于"；在数据值栏中根据需要输入最大值、
最小值；若选中"忽略空值"复选框，可允许单元格出现空值。单击"确定"按钮，完成设置。

选择"输入信息"选项卡，并在其中输入有关的提示信息，则在向目标单元格输入数据时，
目标单元格旁会出现相应的提示信息。若选择"出错警告"选项卡并输入有关信息，则在输入
了非法数据时会给出相应的错误提示信息。"输入法模式"选项卡可在下拉列表中选择"随意"、
"打开"、"关闭（英文模式）"输入法模式。

对已经输入的数据，通过"数据有效性"下拉菜单的"圈释无效数据"选项，可以找出并
标记有关的错误数据，详细操作请读者自己练习。

4．为单元格数据添加批注

在输入数据后，为便于日后备查和其他用户的查看，可以为数据"添加批注"，所添加的批
注不是工作表的正文，只起辅助说明作用。

单击要添加批注的单元格，单击"审阅"选项卡的"批注"组的"新建批注"按钮或单击
右键，在弹出的快捷菜单中选择"插入批注"选项，在弹出的文本框中输入批注文本，如图 5.16
所示。批注的左上角显示的是 Windows 用户名。批注文本输入后，单击批注外工作表的任意位
置，批注框消失，单元格的右上角显示红色的三角。当鼠标指向有批注的单元格时，就会显示
批注内容。如要让某个单元格的批注始终显示，可右键单击该单元格或单击"审阅"选项卡的
"批注"组的"显示/隐藏批注"按钮。再次单击，即可隐藏该批注。如要删除批注，选择快捷
菜单中的"删除批注"即可。

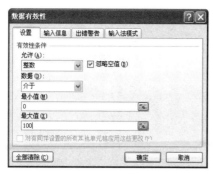

B	C	F	G	H	I
姓名	性别	英语	论文成绩		
金璐	女	72	4.0	微软用户:	
严妍	女	34	4.5	论文成绩按5分制	
路亮	男	76	3.5		
胡艳艳	女	91	4.8		
黄洁	女	58	2.5		
王涛	男	83	3.6		
刘文海	男	54	4.0		
郝羽	女	93	3.9		
许枫	女	82	3.5		
郭健雄	男	79	3.6		
王声涛	男	95	4.0	(Ctrl)▾	

图 5.15 "数据有效性"对话框   图 5.16 添加批注

5．编辑单元格数据

在 Excel 中，编辑单元格有两种方法：在编辑栏进行编辑和在单元格内直接进行编辑。

在编辑栏编辑数据需要先选中目标单元格，此时编辑栏和目标单元格中同时显示数据，单击编辑栏，并对数据进行相应修改，回车或单击"√"按钮确认修改，或单击工作表中的任意位置退出编辑状态，按"×"按钮或 Esc 键，则放弃修改。在单元格内直接编辑数据时，只需双击目标单元格，就可对数据进行编辑。

选中目标单元格后再单击编辑栏，或直接双击目标单元格，则单元格进入可编辑状态，此时"状态栏"显示"编辑"。请读者在操作过程中仔细观察状态栏的这些细微变化。

6．单元格数据的复制和移动

Excel 数据复制的方法有多种，常用剪贴板、快捷键和鼠标拖动三种方式进行操作。

选中所要复制的源单元格或区域，单击"开始"选项卡或"快速访问工具栏"的"复制"按钮（快捷键 Ctrl+C），选中目标单元格或目标区域，单击"粘贴"按钮（快捷键 Ctrl+V）。

执行"粘贴"操作时，不仅可以粘贴单元格（区域）的数据，也可以粘贴数据的格式、公式、批注和有效性等其他信息，还可以进行算术运算、行列转置等。这些必须通过"选择性粘贴"操作实现，方法如下：先将数据复制到剪贴板上，选择目标单元格或区域中的第一个单元格，再选择"开始"选项卡的"粘贴"→"选择性粘贴"命令，或选择快捷菜单中的"选择性粘贴"命令，打开"选择性粘贴"对话框。进行相应选择后，单击"确定"按钮，完成操作。

用鼠标拖动进行复制时，要先选中源单元格（区域），将鼠标指向源单元格（区域）的边框，按住鼠标左键不放，同时按住 Ctrl 键，此时鼠标光标箭头旁会出现一个小的"+"，拖动鼠标至目标单元格（区域），释放鼠标即可。

移动数据有两种方法：一是利用"开始"选项卡或者快捷键，先"剪切"（快捷键 Ctrl+X）后"复制"（快捷键 Ctrl+V）；二是用鼠标拖动，先选中源单元格（区域），将鼠标指向源单元格（区域）的边框，当鼠标指针由空心十字形状 ✚ 变为空心箭头形状 ↖ 时，按住鼠标左键不放，然后拖动鼠标至目标单元格（区域）。在拖动鼠标过程中，鼠标所到之处都会显示单元格的地址。

移动和复制还可以通过单击右键，在弹出的快捷菜单中进行相应选择实现。还可以对整行（列）、连续或不连续的多行（列）进行移动和复制。

从以上操作可以看出，Excel 的复制和移动与 Word 中有相似之处，也有区别。最主要的区别在于，Excel 在复制和剪贴时，源单元格（区域）周围会出现浮动的虚线框，这一点通过操作会看得很清楚。

7．插入和删除单元格、行或列

在输入数据时，有时会遗漏数据，有时会漏掉一行或一列数据。发生这种情况时不需重新输入数据，可以通过"插入"操作来修改。相反，如果认为某些数据是多余或重复的，可以通过"删除"操作将之去掉。

插入单元格、行（列）的方法有：使用"开始"选项卡的"单元格"组的"插入"按钮，或者使用快捷菜单。

插入单元格：选中要插入单元格的位置，选择"开始"选项卡的"单元格"组的"插入"，打开"插入"对话框；选择"活动单元格右（下）移"，然后单击"确定"按钮。其中，"活动单元格右（下）移"表示将选中的单元格向右（下）移。

插入行（列）：选中要插入行（列）的行（列）号，或选中要插入行（列）的某行（列）内单元格；选择"开始"选项卡的"单元格"组的"插入"，再选择"插入工作表行（列）"即可，此时所选行（列）向下（右）移动一行（列），以腾出位置插入新的行（列）。如需插入多行（列），则需选择和插入行（列）数一样多的行（列）或行（列）内单元格。

删除单元格（行或列）：选中目标单元格（行或列）后，选择"开始"选项卡的"单元格"组的"删除"，打开"删除"对话框，从中进行相应设置即可。还可以单击右键，在弹出的快捷菜单中选择"删除"。

注意："删除"与"清除"（Delete）操作是有区别的。

"清除"是将单元格内的数据、格式或批注清除，单元格本身依然存在且不影响其他单元格的位置。"删除"操作后，原单元格已不复存在，原单元格右（下）边其他单元格的位置将会向左（上）移动。对于含有公式或"引用"的工作表来说，进行删除操作一定要慎重。不过，在未保存文件之前，如果及时发现有误操作，可使用"撤销"操作来恢复。

8．查找与替换

使用查找与替换功能可以在工作表中快速定位要查找的信息，并且可以有选择地使用其他值替换它们。查找与替换操作既可以在一个工作表中进行，也可以在多个工作表中进行。

在进行查找与替换操作之前，应该先选择一个搜索区域。如果只选定一个单元格，则在当前工作表内进行搜索；如果选定一个单元格区域，则在该区域内进行搜索；如果选定多个工作表，则在多个工作表中进行搜索。

查找：选择"开始"选项卡的"编辑"组的"查找和选择"，再单击"查找"，打开"查找和替换"对话框，如图 5.17 所示；在"查找内容"框中输入要查找的信息；单击"查找下一处"按钮，则查找下一个符合搜索条件的单元格，而且找到的单元格变成活动单元格。

图 5.17 "查找"与"替换"选项卡

替换：在"查找和替换"对话框中单击"替换"选项卡，在"查找内容"和"替换值"框中分别输入要查找的信息和要替换的数据；单击"替换"按钮，查找到的单元格内的数据将被"替换值"替换；若单击"全部替换"按钮，则搜索区域中所有符合搜索条件的单元格内的数据都将被替换。

在进行查找和替换时，如果不能确定完整的搜索信息，可以使用通配符"*"和"?"代替不能确定的部分信息。"?"代表一个任意字符，"*"代表一个或多个任意字符。

5.2.4 单元格的格式设置

设置单元格的格式包括设置单元格中的数字格式、对齐方式、字体的样式和大小、边框、图案及对单元格的保护等操作。使用"开始"选项卡的"单元格"组的"格式"菜单上相应的选项，可以方便、迅速地设置单元格的格式。大部分按钮的功能与 Word 中相应的按钮功能相一致。另外，选中单元格或单元格区域并单击右键，在弹出的快捷菜单中选择"设置单元格格式"，弹出"设置单元格格式"对话框。该对话框中有 6 个选项卡，可以进行相应的选择和设置，可以更加完整、准确、精细地设置单元格的格式。

1. 设置数字格式

选择"数字"选项卡，对话框左边"分类"列表框列出了 12 种数字格式的类型，右边显示该类型的格式和示例，如图 5.18 所示。Excel 默认数字为常规方式。

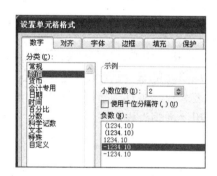 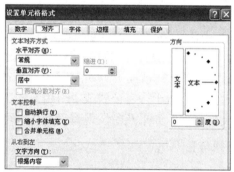

图 5.18 "数字"与"对齐"选项卡

2. 设置对齐方式

选择"对齐"选项卡（见图 5.18），"水平对齐方式"下拉列表中给出了"常规""靠左（缩进）""居中""靠右（缩进）""填充""两端对齐""跨列居中""分散对齐（缩进）"8 种方式。

"垂直对齐"下拉列表中给出了"靠上""居中""靠下""两端对齐""分散对齐"5 种方式。"方向"框用于设置文本旋转的角度。"文本控制"复选框用于解决单元格内文字较长时可能出现的"截断显示"问题，选中"自动换行"将允许文本根据单元格的宽度自动换行，"缩小字体填充"将缩小字体使文本宽度与单元格宽度一致，"合并单元格"可以将多个单元格合并为一个单元格。

Excel 默认的对齐方式为数字、货币、日期时间右对齐，文本左对齐。

3. 设置字体

选择"字体"选项卡，其选项与 Word 中"字体"的选项基本相同，这里不再重复。Excel 默认的字体是宋体、常规字号是 11 号。可以按照需要，对目标单元格（区域）、行（列）内的字体进行个性化设置。（想要改变整个工作表的默认字体与字号、默认文件位置及工作簿内的工作表数，选择"文件"选项卡的"选项"命令，在弹出的"Excel 选项"对话框中选择"常规"选项卡，从中进行相应设置。）

4．设置边框

Excel 工作表默认的边框为淡虚线，打印时将不显示。用户可根据需要和喜好为单元格或工作区域设置特色边框。在"设置单元格格式"对话框中选择"边框"选项卡，如图 5.19 所示。可选择"无边框"，也可为单元格设置边框及斜线。"线条样式"列表框用来选择边框的虚实、粗细和双线，"颜色"下拉列表框提供了可选的线条颜色。注意：应先选"线条"的"样式"和"颜色"，再将设置的线条和颜色应用到边框上，即单击相应边框。

图 5.19 "边框"和"填充"选项卡

"开始"选项卡的"字体"组中有个"边框"下拉按钮，也可用来设置单元格或区域的边框，提供了 13 种边框线及"绘图边框"工具，可利用绘图笔自行绘制各种边框线、斜线等。

5．设置图案

"填充"选项卡可以帮助用户为单元格或单元格区域设置个性化的底纹和颜色，见图 5.19。"背景色"部分提供单元格的背景颜色，"图案颜色"下拉列表用于设置单元格底纹颜色，在"图案样式"选项中可以选择单元格底纹的样式。"填充效果"按钮提供背景色的"渐变"设置，"其他颜色"用于进行个性化颜色设置。设置"填充"时，应先设置"背景色"再设置"图案颜色"。

"开始"选项卡的"字体"组中有个"填充颜色"下拉按钮，也可用来设置背景色，但无法设置单元格的"背景图案"。Excel 的默认方式为"无颜色"。

6．保护单元格

单击"保护"选项，将出现"锁定"和"隐藏"复选框。"锁定"的功能是防止单元格被移动、改动、更改大小或删除；"隐藏"的功能是隐藏公式。当选中单元格时，单元格中的计算公式不会显示在编辑栏中，可以达到"算法隐蔽"的目的，即只知道计算结果，却无法得知结果是怎样算出来的。

只有在工作表被保护的情况下，"保护单元格"设置才有效。正确的做法是先保护单元格后保护工作表。

5.2.5 工作表的格式设置

1．设置行高和列宽

当用户建立工作表时，Excel 默认单元格具有相同的宽度和高度。在单元格宽度固定的情况下，向单元格中输入的数据长度超过单元格的列宽时，字符超长的部分将被截去，数字则用"######"或科学计数表示。当然，完整的数据还在单元格中，只是没有显示出来而已。适当调整单元格的行高和列宽，才能完整地显示单元格中的数据。

利用鼠标可以方便快速地调整行高和列宽。鼠标指向行号下边（列号右边）的分隔线上，当鼠标指针变为一条黑短线和双向箭头的形状（╪或╫）时，在鼠标旁边将显示所在行（列）的高（宽）度，按住并拖动鼠标至适当的行高（列宽）位置。另一种方法是双击行（列）表，Excel 将自动设置该行（列）的高（宽）度为该行（列）中数据的最高（宽）值。

行高、列宽的精确调整，可以单击"开始"选项卡的"单元格"组的"格式"按钮，在下拉菜单中选择"行高（列宽）"命令来实现。选择"行高"，将弹出"行高"对话框，如图 5.20 所示，在"行高"文本框中输入需要的高度数值，单击"确定"完成设置。选择"列宽"选项，将弹出"列宽"对话框，如图 5.20 所示，在"列宽"文本框中输入需要的宽度数值；单击"确定"完成设置。

图 5.20　"行高"与"列宽"设置对话框

如选择"自动调整行高（列宽）"选项，系统将自动调整行高为适合的高度（宽度）。

注意：如果用户已经为工作表设置了"保护"，将无法直接设置行高（列宽）。

2．套用表格格式

Excel 提供的"套用表格格式"功能预置了 60 种常用的格式，可以方便地为工作表设置格式，既可以提高工作效率，又具有较好的美化效果。

选定要自动套用格式的区域，单击"开始"选项卡的"样式"组的"套用表格格式"按钮，弹出下拉列表框，从中单击相应的格式，单击"确定"按钮，即可得到想要的表格格式。

如果表格中的内容只是部分地使用格式，可以通过"样式"组的"单元格格式"下拉列表中的"新建单元格格式"创建个性化格式"样式"，感兴趣的读者不妨试试看。

3．条件格式

Excel 提供的"条件格式"功能可以对选定区域中的单元格数据是否在指定范围进行动态管理。例如，在学生成绩管理中，要对不及格的成绩用醒目的方式表示（如用红色字体加灰色图案等），可以利用"条件格式"方便地实现。所谓条件格式，就是指定的条件为真时，Excel 自动将事先确定的格式应用于单元格。

选定要设置格式的区域，单击"开始"选项卡的"样式"组的"条件格式"按钮，弹出下拉列表，包含 5 个选项，每个选项都有下拉列表。

① "突出显示单元格规则"：可通过设置相应的条件突出显示所关注的单元格或单元格区域。该命令的子菜单中包括的设置条件命令有："大于"、"小于"、"介于"、"等于"、"文本包含"、"发生日期"、"重复值"等 7 项，还可通过"其他规则"设置"新建格式规则"。选择所需的条件命令，在弹出的对话框中进行条件格式的设置。如果要设置的条件多于一个，则需逐一设置条件，设置完成后单击"确定"按钮即可。若要删除格式规则，单击"样式"组中的"条件格式"按钮，在弹出的下拉菜单中选择"清除规则"选项，在其子菜单中选择"清除所选单元格的规则"或"清除整个工作表的规则"选项。

② "项目选取规则"：使用该命令，系统将自动对所选单元格区域中的数据进行分析，筛选出复合设置条件的数据，并将其突出显示。"项目选取规则"的子菜单包括"值最大的 10 项"

"值最大的 10%项""值最小的 10 项""值最小的 10%"项"高于平均值""低于平均值"和"其他规则"等，各选项都对应一个对话框。

③ "数据条"：用于为工作表数据区域填充长短不一的颜色，以直观地反映数据的大小、高低等，方便用户快速了解数据的分布和变化。

④ "色阶"：用于为工作表数据区域设置双色或三色刻度，来显示数据值的高低。双色（三色）刻度使用两种（三种）颜色的深浅程度来比较某个单元格区域数值的高低，如图 5.21 所示的颜色。

	A	B	C	D	E	F
	学号	姓名	性别	高等数学	C语言	英语
	2012130101	金璐	女	⬆ 79	⬆ 76	➡ 72
	2012130102	严妍	女	⬆ 91	⬆ 79	⬇ 34
	2012130103	路亮	男	⬆ 77	⬆ 78	⬆ 76
	2012130104	胡艳艳	女	⬆ 90	➡ 68	⬆ 91
	2012130105	黄洁	女	⬆ 82	⬆ 88	➡ 58
	2012130106	王涛	男	⬇ 47	➡ 72	⬆ 83
	2012130107	刘文海	男	➡ 63	⬆ 76	⬇ 54
	2012130108	郝羽	女	➡ 61	➡ 70	⬆ 93

图 5.21　"图标集"与"色阶"格式示例

⑤ "图标集"：用于对数据进行注释，并可按照阈值将数据分为 3～5 类别，每个图标代表一个值的范围。例如，在三向箭头图标集中，红色的上箭头代表较高值，黄色的横向箭头代表中间值，绿色的下箭头代表较低值，见图 5.21。

4. 格式复制与删除

如果想将已格式化的单元格（区域）的格式用于其他单元格（区域），可通过格式复制快速完成。格式复制一般使用"开始"选项卡的"剪贴板"组的"格式刷"按钮，也可选择"选择性粘贴"中的"格式"来完成。

① 使用"选择性粘贴"：选定要复制其格式的单元格（区域），单击"开始"选项卡的"剪贴板"组的"复制"按钮；选定要粘贴格式的单元格（区域），单击"剪贴板"组的"粘贴"下拉箭头，在弹出的下拉列表中单击"选择性粘贴"按钮，在"选择性粘贴"对话框的"粘贴"单选项中选择"格式"，单击"确定"按钮即可。快捷方式为先"复制"，右键单击目标单元格，在快捷菜单中选择"选择性粘贴"来执行相应操作。

② 使用"格式刷"：选定要复制其格式的单元格（区域），单击"剪贴板"组中的"格式刷"按钮，鼠标指针变为⬚形状，再单击要复制格式的目标单元格（区域）即可。如果需要连续多次复制格式，则双击"格式刷"按钮。格式复制完成后，再单击"格式刷"按钮，鼠标指针⬚的形状消失。

③ 格式删除：格式的删除可通过"开始"选项卡的"编辑"组的"清除"按钮完成。

5. 插入图形对象

Excel 工作表中还可以插入各种图形对象，如剪贴画、图片、艺术字等。其操作方法与 Word 文档中插入图形对象的方法类似，主要是利用"插入"选项卡对应功能区中的按钮完成，读者可自行练习。

5.3　公式和函数

工作表是用来存放数据的，但存放并不是最终目的，最终目的是对数据进行查询、统计、计算、分析和处理，或者根据数据分析结果绘制各种图形图表。因此，公式和函数的应用扮演着十分重要的角色。公式和函数是 Excel 的重要组成部分，它们有着非常强大的功能，为用户分析和处理工作表中的数据提供了很大方便。

5.3.1　公式的使用

Excel 中最常用的公式是数学运算公式，也提供了比较运算、文字连接运算。公式的使用必须遵循规则，即公式中元素的结构或者顺序，Excel 中的公式必须以"="开头，相当于公式的标记，之后的字符串为公式，是参与运算的元素（即运算数）和运算符。运算数可以是常量数值、单元格引用、标志名称或工作表函数，各运算数之间用运算符分隔。

1．公式中的运算符

公式中的运算符包括算术运算符、比较运算符、文本运算符和引用运算符，如表 5.1 所示。

表 5.1　Excel 公式中的运算符

类　型	运 算 符	含　　义	示　　例	优先级
算术运算符	+	加	5+2.3	6
	−	减	9−3	6
	−	负数	−5	2
	*	乘	3*5	5
	/	除	8/6	5
	%	百分比	30%	3
	^	乘幂	5^2	4
比较运算符	=	等于	A1=B1	8
	>	大于	A1>B1	8
	<	小于	A1<B1	8
	>=	大于或等于	A1>=B1	8
	<=	小于或等于	A1<=B1	8
	<>	不相等	A1<>A2	8
文本运算符	&	连接两个或多个字符串	"中国"&"China" 得到"中国 China"	7
引用运算符	:（冒号）	区域运算符：对两个引用之间所有单元格进行引用	A1:C5	1
	,（逗号）	联合运算符：将多个引用合并为一个引用	SUM(A1:B15, C4:D10)	1
	（空格）	交叉运算符：产生同时属于两个引用单元格区域的引用	SUM(A1:B15　A4:D10)	1

比较运算符用于比较两个数字或字符串，产生逻辑值"TURE"或"FALSE"。比较结果为"真"时，显示"TURE"，否则显示"FALSE"。比较运算符在对西文字符串进行比较时采用内部 ASCII 码进行比较，对中文字符进行比较时采用汉字内码进行比较，对日期时间型数据进行比较时采用先后顺序（后者为大），如 2013 年 10 月 1 日"大于"2012 年 12 月 30 日。

文本运算符（&）用于将一个或多个字符串（文本）连接为一个组合字符串，也可以连接数字。连接字符串时，字符串两边必须加""（引号），否则公式将返回错误值；连接数字时，数字两边的""可有可无。如"XJMU"&".EDU.CN"的结果是"XJMU.EDU.CN"。此外，文本运算符还可以将两个或多个单元格中的字符连接为一个组合字符串，如"=A&B&C"。

引用运算符可以将单元格区域合并运算。

2．运算优先级

Excel 对运算符的优先级做了严格的规定，由高到低各运算符的优先级为：引用运算符有冒号、逗号、空格；算术运算符有括号、负号、百分比、乘幂、乘除同级、加减同级、文本运算符、比较运算符同级。同级运算时，优先级按照从左到右的顺序计算。表 5.1 中的"优先级"数字越小，其运算级别越高。多个运算符同时出现在公式中时，按优先级顺序执行运算。

3．输入和编辑公式

选择要输入公式的单元格或单击公式编辑栏，输入"="，再输入公式内容，如 A2*A2+B2，然后单击编辑栏的"√"按钮或按 Enter 键。也可以直接在单元格中输入公式。如果没有在公式的开头输入"="，Excel 将自动按照普通字符显示在单元格中。

在使用公式时，如果输入的数值类型与所需的类型不同，Excel 有时可以对这个数值进行转换。如公式"="1"+"2""的结果是 3，公式"=1+"$2.00""的结果也是 3，公式"=SQRT("9")"的结果也是 3。这是因为在使用"+"时，Excel 会认为公式中的运算项为数值型数据，自动将字符型数据"1"、"2"、"$2.00"和"9"转换为数值型数据。其他转换读者一试便知。

需要对已有的公式编辑时，双击要修改公式的单元格，移动光标来修改公式。另一种方法是单击要修改公式的单元格，再单击编辑栏上相应的公式，移动光标来修改公式，单击编辑栏的"√"按钮或按 Enter 键，完成修改。

4．公式的显示与隐藏

对含有公式的单元格 Excel 默认的方式只显示计算结果。如果要在单元格中显示公式，单击"公式"选项卡的"显示公式"按钮，则工作表中所有含公式的单元格就会显示出公式，而不再显示计算结果。再单击一次"显示公式"按钮，则返回显示数值。也可以在"Excel 选项"对话框的"高级"选项中来设置，只需勾选"在单元格中显示公式而非计算结果"复选框。另一个简单的操作方法就是使用组合键 Ctrl+`（重音键`与～在同一键上，在数字键 1 的左边），可以显示工作表中的所有公式。这样做的好处在于可以方便地检查单元格引用，以及公式输入是否正确。再次按组合键 Ctrl+`，将恢复到原来的显示状态，读者不妨通过具体操作加以了解。

5．公式的复制与移动

在 Excel 中会经常使用公式，如果所有公式都逐一输入是件很麻烦的工作，而且容易出错。Excel 提供了公式的复制和移动功能，可以方便地实现大量公式的快速输入。公式的复制和移动与前面数据的复制和移动非常相似。

（1）复制公式

单击"开始"选项卡的"剪贴板"组的"复制"按钮（快捷键 Ctrl+C），选中要粘贴公式的单元格（区域），单击"粘贴"下拉按钮，选择"选择性粘贴"选项，在弹出的对话框中选择"公式"单选按钮来复制公式。也可单击右键，在弹出的快捷菜单中选择"选择性粘贴"。此外，使用"填充柄"可以快速地将一个公式复制到多个单元格中。

复制的公式会根据目标单元格与源单元格的位移，自动调整原始公式中的相对引用地址或混合引用地址中的相对引用地址部分，并且复制后，在复制的单元格或区域中显示公式的计算结果。例如，在 A5 单元格中的公式为"=SUM(A1:A4)"，复制到 B5 单元格，则公式变为"=SUM(B1:B4)"。调整规则为新行（列）地址等于原行（列）地址加行（列）地址位移量。

可以使用"填充柄"快速地将一个公式复制到多个单元格中。填充公式与填充单元格数据的方法大致相同。不同的是，填充的公式也会根据目标单元格与源单元格的位移，自动调整地址，调整方法与公式复制相同。用填充柄填充公式时，只能将源单元格中的公式填充到相邻的单元格或区域中，对于不相邻的单元格或区域，可以用复制公式的方法来完成。

（2）移动公式

单击"开始"选项卡的"剪贴板"组的"剪切"按钮（快捷键 Ctrl+X），选中要粘贴公式的单元格（区域），再单击"粘贴"按钮（快捷键 Ctrl+V），移动公式。

按住 Shift 键并拖动某个包含公式的单元格，也可以快速地将一个公式移动并插入到目标单元格中。这时目标单元格下（右）面的单元格要向下（右）移动。

公式移动时，引用地址不会改变。

由于填充和复制的公式会调整原始公式中的相对引用或混合引用的相对引用部分，而绝对引用不会发行改变，因此输入原始公式时，一定要正确使用相对引用和绝对引用。

利用"选择性粘贴"选项，可对含有公式和格式、批注、有效性设置等在内的单元格进行复制或移动，还可在复制或移动时进行行算术运算、转置（行列互换），请读者自行操作了解。

5.3.2 单元格的引用

单元格引用是指在公式或函数中引用了单元格的"地址"，其目的在于指明所使用数据的存放位置。通过单元格引用地址可以在公式和函数中使用工作表不同部分的数据、同一工作簿中不同工作表的数据、不同工作簿中的数据，或者在多个公式中使用同一个单元格的数据。引用不同工作簿中的数据称为外部引用或链接。

引用分为 A1 引用样式、R1C1 引用样式、绝对引用、相对引用、混合引用、三维引用样式。A1 引用样式为 Excel 的默认引用样式，用列号和行号表示引用单元格地址。R1C1 引用样式对于计算位于宏内的行和列十分有用，这里从略（要设置 R1C1 引用样式，单击"文件"选项卡的"选项"，在弹出的"Excel 选项"中单击"公式"，勾选"R1C1 引用样式"复选框，单击"确定"按钮即可）。三维引用样式用于分析同一工作簿中多张工作表上的相同单元格（区域），如"=SUM(Sheet3:Sheet10!C5)"将计算包含在 C5 单元格内所有值的和，单元格的取值范围是从工作表 3 到工作表 10。

根据引用的单元格与被引用的单元格之间的位置关系可将单元格引用分为绝对引用、相对引用和混合引用。

1. 相对引用

所谓"相对引用"，是指在公式复制时，该地址相对于目标单元格在不断发生变化，这种类型的地址由列号和行号表示。例如，单元格 E2 中的公式为"=SUM(B2:D2)"，当该公式被复制到 E3、E5 单元格时，公式中的"引用地址(B2:D2)"会随着目标单元格的变化自动变化为(B3:D3)、(B5:D5)，目标单元格中的公式会相应变化为"=SUM(B3:D3)""=SUM(B5:D5)"。这是由于目标单元格的位置相对于源位置分别下移了一行和三行，导致参加运算的区域分别做了下移一行和三行的调整。单元格的"相对引用"在建立有规律的公式时，尤其在使用填充柄或复制公式时特别有用。

2. 绝对引用

所谓"绝对引用"，是指在公式复制时，该地址不随目标单元格的变化而变化。绝对引用地址的表示方法是在引用地址的列号和行号前分别加上符号"$"，如$B$6、$C$6、($B$1:$B$9)。这里的"$"就像一把"锁"，锁定了引用地址，使它们在移动或复制时，不随目标单元格的变化而变化。例如，在银行系统计算各储户的累计利息时，银行利率所在的单元格应当被锁定；在统计学生某一门课的总成绩时，平时作业成绩、上机成绩、期中考试成绩和期末考试成绩所占的权重（比例）系数应当被锁定等。

3．混合引用

所谓"混合引用"，是指在引用单元格地址时，一部分为相对引用地址，另一部分为绝对引用地址，如$A1 或 A$1。如果"$"放在列号前，如$A1，则表示列的位置是"绝对"固定的，而行的位置将随目标单元格的变化而变化。反之，如果"$"放在行号前，如 A$1，则表示行的位置是"绝对"固定的，而列的位置将随目标单元格的变化而变化。

在使用过程中经常会遇到需要修改引用类型的问题，如要将相对引用改为绝对引用或要将绝对引用改为混合引用等。Excel 提供了引用之间快速转换的方法：单击并选中引用单元格的部分，反复按 F4 键，可以进行引用间的转换。转换的顺序为由"A1"到"$A$1"、由"$A$1"到"A$1"、由"A$1"到"$A1"，以及由"$A1"再到"A1"。

4．外部引用（链接）

同一工作表中的单元格之间的引用被称为"内部引用"。在 Excel 中还可以引用同一工作簿中不同工作表中的单元格，也可以引用不同工作簿中工作表的单元格，这种引用称为"外部引用"，也称为"链接"。

引用同一工作簿内不同工作表中的单元格格式为"=工作表名!单元格地址"。例如，"=Sheet2!A1 + Sheet1!A4"表示将 Sheet2 中的 A1 单元格的数据与 Sheet1 中的 A4 单元格的数据相加，放入某个目标单元格。

引用不同工作簿中工作表的单元格格式为"=[工作簿名]工作表名!单元格地址"。例如，"=[Book1]Sheet1!$A$1－[Book2]Sheet2!B1"表示将 Book1 工作簿的工作表中的 A1 单元格的数据与 Book2 工作簿的工作表中的 B1 单元格的数据相减，放入目标单元格，前者为绝对引用，后者为相对引用。

5．单元格（区域）命名

在引用一个单元格区域时，常用它的左上角和右下角的单元格地址来命名，如"B2:D2"。这种命名方法虽然简单，却无法体现该区域的具体含义，不易读懂。为了提高工作效率，便于阅读理解和快速查找，Excel 允许对单元格区域进行文本命名。对区域命名后，可以在公式中应用名称，这样可以大大增强公式的可读性。

选中要命名的单元格（区域），单击"公式"选项卡的"定义的名称"组的"根据所选内容创建"按钮，弹出"以选定内容创建名称"对话框，从中选择相应的复选框进行命名，如选择"首行"并确定，则以选定区域的首行名称为每一列单元格区域指定了"名称"。另一种方便快速的命名方式是使用名称框，选择要命名的区域，单击名称框，直接输入名称并按 Enter 键完成输入。

要删除某个区域名称时，单击"公式"选项卡的"定义的名称"组中的"名称管理器"按钮，打开"名称管理器"对话框，选中要删除的名称，单击"删除"按钮即可。

5.3.3 公式的审核

1．公式中常见出错信息及处理

在使用公式进行计算时，经常会遇到单元格中出现类似"#NAME""#VALUE"等信息，这些都是使用公式时出现了错误而返回的错误信息值。

表 5.2 列出了部分常见的错误信息、产生的原因及处理办法。使用过程中如果遇到错误信息时，可以查阅本表以查找出错原因和解决办法。

表 5.2 常见错误信息、产生原因及处理办法

错误提示	产 生 的 原 因	处 理 办 法
######	公式计算的结果太长，单元格容纳不下；或者单元格的日期时间公式计算结果为负值	增加单元格的宽度 确认日期时间的格式是否正确
#DIV/0	除数为零或除数使用了空单元格	将除数改为非零值 修改单元格引用
#VALUE	使用了错误的参数或运算对象类型	确认参数或运算符正确及引用的单元格中包含有效数据
#NAME	删除了公式中使用的名称或使用了不存在的名称，以及名称拼写错误	确认使用的名称确实存在 检查名称拼写是否正确
#N/A	公式中无可用的数值或缺少函数参数	确认函数中的参数正确，并在正确位置
#REF	删除了由其他公式引用的单元格或将移动单元格粘贴到由其他公式引用的单元格中，造成单元格引用无效	检查函数中引用的单元格是否存在 检查单元格引用是否正确
#NUM	在需要数字参数的函数中使用了不能接受的参数；或公式计算结果的数字太大或太小，Excel 无法表示	确认函数中使用的参数类型是否正确 为工作表函数使用不同的初始值
#NULL	使用了不正确的区域运算符或不正确的单元格引用	检查区域引用是否正确 检查单元格引用是否正确

2. 公式的审核

Excel 提供了公式审核功能，其作用是跟踪选定区域内公式的引用或从属单元格，并能检查和跟踪错误。利用"公式"选项卡的"公式审核"组的按钮可进行公式审核。如要进行错误检查，单击"公式"选项卡的"公式审核"组中的"错误检查"按钮，弹出的对话框中列出了单元格的出错原因及解决问题的命令按钮，单击这些按钮，可以对错误进行分析及重新编辑以解决错误。单击"下一个"按钮，继续查找下一个错误。其他操作请读者自行练习。

5.3.4 函数的使用

函数是 Excel 内部自带的预定义公式。灵活运用函数不仅可以省去自己编写公式的麻烦，还可以解决许多仅仅通过自己编写公式尚无法实现的计算，在遵循函数语法的前提下，将大大减少公式编写错误的发生。

Excel 提供的函数涵盖范围较广泛，包括财务、日期与时间、数学与三角、统计、查找与引用、数据库、文本、逻辑、信息、工程和多维数据集函数。每种类型又包括若干个函数，这里不解释每个函数的功能和作用，用户在使用具体函数时，Excel 都会给出对话框和相应函数用法文字解释。

函数的语法形式为"函数名称(参数 1，参数 2，…)"。其中，函数的参数可以是数字常量、文本、逻辑值、数组、单元格引用、常量公式、区域、区域名称或其他函数等。如果函数是以公式的形式出现，应当在函数名称前面输入"="。

1. 输入函数

（1）使用编辑栏输入函数

与公式的输入方式一样，在编辑框或单元格中可直接输入函数和参数。如果对函数名的拼写及参数不熟悉，可利用"函数"下拉列表输入。在编辑框或单元格中输入"="后，原先的"名称框"就会变成"函数"下拉列表。单击"函数"下拉列表的下拉箭头，选择要输入的函数，将出现"函数参数"对话框。如果所需函数不在列表框中，可单击"其他函数"，打开"插入函

数”对话框来进行选择。在"函数参数"对话框中可直接输入参数，也可以通过单击参数框右侧"对话框折叠"按钮，暂时折叠对话框，显露出工作表，选择单元格（区域），再单击"对话框折叠"按钮，恢复"函数参数"对话框。单击"确定"按钮，完成函数输入，在单元格中显示计算结果，在编辑栏中显示函数或公式。

（2）使用"插入函数"方法输入函数

选择要输入函数的单元格，单击"公式"选项卡的"函数库"组的函数类型，或单击"插入函数"按钮，也可以单击编辑栏的"插入函数"按钮 fx，打开"插入函数"对话框，在"或选择类别"列表中选择函数类型，在"选择函数"列表中选择函数名称，单击"确定"按钮，又会出现"输入函数参数"对话框，输入参数并单击"确定"按钮即可。此外，"函数库"组提供了"最近使用的函数"按钮，方便用户找到所需函数。

若要对已输入的函数进行修改，可在编辑栏中直接修改。若要更换函数，应先删去原有函数再重新输入，否则会将原来的函数嵌套在新的函数中。

2．自动求和与自动计算

Excel 提供了一种自动求和功能，可以方便地完成 SUM 函数的功能。

选择要放置自动求和结果的单元格，习惯上将对行求和的结果放在行的右边，对列求和的结果放在列的下边。单击"公式"选项卡的"函数库"组或"开始"选项卡的"编辑"组中的"自动求和"按钮，Excel 会按照默认状态选择一行或一列作为求和区域，如需调整，可用鼠标拖动来选择求和区域。单击编辑栏的"√"按钮或按 Enter 键确认。

Excel 还提供了自动计算功能，可以自动计算所选区域的总和、均值、最大值、最小值、计数和计数值，其默认的计算内容为求总和。当选择了单元格区域时，在"状态栏"的任意位置单击右键，弹出"自定义状态栏"快捷菜单，选中要自动计算的项目前面的复选框，当选择了单元格区域时，该单元格区域的统计计算结果将在状态栏自动显示出来。

自动求和的结果会显示在工作表当中，自动计算的结果只在状态栏中显示而不在工作表中显示。

3．函数嵌套

函数嵌套就是将某函数的运行结果作为另一函数的参数使用。例如，公式"=IF(AVERAGE (B2:E5)> 200, SUM(F2:F5), 0)"的含义是，如果单元格区域 B2:E5 的数值平均值大于 200，那么公式所在单元格中就存放单元格区域 F2:F5 的总和，反之则存放数值 0。

当嵌套函数作为参数使用时，它返回的数值类型必须与参数要求的数值类型相同，否则会显示"#VALUE!错误值"。

公式中允许的函数嵌套最多为 7 级，如 AVERAGE 函数和 SUM 函数都是第二级函数，如果还要在 AVERAGE 函数中再嵌套一个函数，则为第三级函数，以此类推。

5.3.5　常见函数的使用

Excel 提供了大量的内置函数，限于篇幅，这里只介绍几个常用的函数。有关其他函数的用法，可以借助于 Excel 的帮助系统做进一步的了解。

1．SUM 函数

功能：SUM 函数用于计算单个或多个参数之和。

语法：SUM (number1, number2, …)。

number1，number2，…为1~30个需要求和的参数。参数可以是数字、文本、逻辑值，也可以是单元格引用等。如果参数是单元格引用，那么引用中的空白单元格、逻辑值、文本值和错误值将被忽略，即取值为0。

例如，SUM(10, 20)的值为30，SUM("5", 2, FALSE)的值为7，这是因为文本参数"5"被转换为数字5，逻辑参数"FALSE"被转换为数字0。

2．SUMIF 函数

功能：对符合指定条件的单元格求和。

语法：SUMIF(range, criteria, sum_range)。

range 参数用于条件判断的单元格区域。criteria 参数用于确定哪些单元格符合求和的条件，其形式可以是数字、表达式或文本。sum_range 为需要求和的实际单元格区域，只有 range 中的相应单元格满足 criteria 中的条件时，才对 sum_range 中相应的单元格求和。如果省略 sum_range，则对 range 中满足条件的单元格求和。

例如，设 A1:A4 中的数据是10、20、30、40，而 B1:B4 中的数据是100、200、300、400，那么 SUMIF(A1:A4, ">15", B1:B4)=900，因为 A2、A3、A4 中的数据满足条件">15"，所以对相应的单元格 B2、B3、B4 进行求和。

3．AVERAGE 函数

功能：对所有参数计算算术平均值。

语法：AVERAGE(number1, number2, …)。

number1，number2，…为1~30个需要计算平均值的参数。参数应为数字，或者包含数字的名称、数组或单元格引用等。如果数值或单元格引用参数中有文本、逻辑值或空白单元格，则忽略不计，但单元格中包含的数字"0"将计算在内。

例如，AVERAGE(A1:C5)、AVERAGE(1, 2, 3, 4, 5)的值都是3。

4．COUNT 函数

功能：计算参数表中的数字参数和包含数字的单元格个数。

语法：COUNT(value1, value2, …)。

value1，value2，…为1~30个可以包含或引用各种不同类型数据的参数，但只对数字型数据进行计算。

例如，如果 A1:A5 包含数字10、15、3、20和"good"，则 COUNT(A1:A5)的值等于4，字符"good"为无效数据，不参与运算。

5．INT 函数

功能：对实数向下取整数。

语法：INT(number)。

number 是需要取整的实数。例如，INT(3.9)=3，INT(−6.8)=−7。

6．MAX 函数

功能：求数据集中的最大值。

语法：MAX(number1, number2, …)。

number1，number2，…为1~30个需要求最大值的参数。可以将参数指定为数字、空白单元格、单元格区域、逻辑值或数字的文本表达式等。如果参数为错误值或不能转换成数字的文本，将产生错误。如果参数不包含数字，函数 MAX 返回 0。

例如，如果 A1:A4 包含数字 10、15、3 和 20，则 MAX(A1:A4)=20，MAX(A1:A4, 50)=50。

5.4 图表的制作

对于电子表格中大量抽象、烦琐的数据，很难迅速分析、研究并找到其内在的规律。Excel 绘制工作图表的功能可以将工作表中的抽象数据以图形的形式表现出来，极大地增强了数据的直观效果，便于查看数据的差异、分布并进行趋势预测。Excel 所创建的图形、图表与工作表中的有关数据密切相关，当工作表中数据源发生变化时，图形、图表中对应项的数据也能够自动更新。

5.4.1 创建图表

Excel 中内置了 11 种图表类型，每种图表类型又包括若干子类型。用户还可以自己定义 20 种图表类型。

Excel 中的图表分为两种：一种是嵌入式图表，它与创建图表的数据源放置在同一工作表中，打印时也一同打印；另一种是独立图表，它放置在一张独立的图表工作表中，打印时与数据表分开打印。

在 Excel 中创建数据图表时，单击"插入"选项卡的"图表"组中的按钮。不管使用哪种方式，一般先选定创建图表的数据区域。正确地选定数据区域是能否创建图表的关键。选定的数据区域可以连续，也可以不连续。以图 5.22 为例，创建一个柱形图表，操作步骤如下。

	A	B	C	D	E	F	G	H	I
1	学号	姓名	性别	出生年月	高数	C语言	英语	总分	平均分
2	101	金璐	女	1994-10-4	79	76	72	227	75.67
3	102	严研	女	1993-4-7	91	79	34	204	68.00
4	104	刘晓庆	女	1994-8-25	42	63	79	184	61.33
5	106	白新华	女	1994-9-14	42	64	61	167	55.67
6	103	田超能	男	1993-3-7	86	38	61	185	61.67
7	105	欧阳绍龙	男	1994-7-12	78	70	52	200	66.67
8	107	葛玉堂	男	1994-5-24	76	59	60	195	65.00
9	108	马玉石	男	1993-8-17	87	92	84	263	87.67
10	109	黄浦潮阳	男	1994-9-15	70	66	83	219	73.00
11	110	柳轲	男	1994-6-13	90	66	69	225	75.00

图 5.22　学生成绩表

① 选中用于创建图表的数据，选择的单元格区域为 B1:B11 和 E1:G11。

② 单击"插入"选项卡的"图表"组的"柱形图"按钮，弹出图表类型选区。

③ 根据需要选择所需要的类型，在此选择"二维柱形图"的"簇状柱形图"。此时 Excel 窗口的选项卡区域多出 3 个选项卡，分别是"设计"、"布局"和"格式"选项卡。可以利用这些选项卡上的按钮对图表进行设置。

④ 在"设计"选项卡的"数据"组中有"切换行/列"按钮和"选择数据"按钮。"选择数据"按钮用于修改图表包含的数据区域，单击该按钮，将弹出如图 5.23 所示的"选择数据源"对话框，在"图表数据区域"文本框中显示的是作图数据源的区域，该作图数据源的区域可以修改。单击"切换行/列"按钮或单击"设计"选项卡的"数据"组的"切换行/列"按钮，可完成行与列的切换，效果相同，图表的样式如图 5.24 所示。

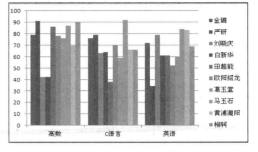

图 5.23　选择数据源　　　　　　　　图 5.24　学生成绩柱形图

⑤ 图表包含的对象有标题、坐标轴标题、图例、数据标志和数据表等。单击"布局"选项卡的"标签"组和"坐标轴"组中的按钮，即可对各种图表对象进行设置。

在"布局"选项卡的"标签"组中单击"图表标签"按钮，在弹出的下拉菜单中选择相应的选项，可以完成对图表标题的添加、删除或设置。单击"坐标轴标题"按钮，在弹出的下拉菜单中可以选择"主要横坐标标题"和"主要纵坐标标题"，然后在弹出的子菜单中选择相应的选项，即可完成对坐标轴标题的设置。单击"图例"按钮，在弹出的下拉菜单中可以设置：是否显示图例及图例的位置，是否显示数据标签及数据标签的位置，是否显示模拟运算表及模拟运算表的显示格式。单击"坐标轴"按钮，可以设置是否显示横坐标轴或纵坐标轴以及它们的布局和格式。单击"网格线"按钮，可以设置是否显示或隐藏横网格线或纵网格线。

5.4.2　图表的编辑

一个图表由若干图表项组成，如图 5.25 所示。在 Excel 中，只要单击图表中的任何一个图表项，该项即被选中。指向任何一个图表选项，即可显示该图表选项的名称。

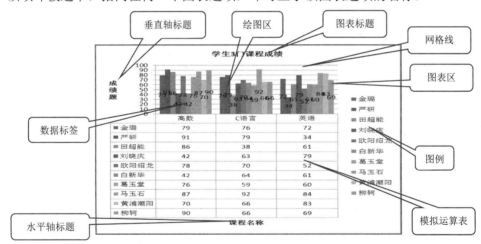

图 5.25　图表项的组成

在 Excel 中，要对图表进行编辑，先单击图表，图表被选中后，图表的四周将出现 8 个句柄，这时增加了"设计""布局"和"格式" 3 个选项卡。对图表及图表中的各图表项的编辑操作主要包括向图表中增加数据、删除数据、更改图表类型、图表的格式化等。

1. 图表的移动、复制、缩放和删除

① 移动工作表中的图表位置：单击图表将其选中，按住鼠标左键拖动，拖动到指定的位

置，松开鼠标左键即可。

② 对工作表中的图表进行复制：单击图表，将其选中；如复制到其他工作表中，单击"开始"选项卡的"复制"按钮 ，选择目标工作表，单击"粘贴"按钮 ，即可将图表复制到目标处。如在同一张工作表中复制，用上述方法或单击右键，在弹出的快捷菜单中选择"复制"和"粘贴"，也可实现对图表的复制。

③ 改变工作表中的图表大小：单击图表，将其选中；鼠标指针指向该图表四周上的任何一个句柄，拖动鼠标，即可实现图表在任何方向的缩放。

④ 删除工作表中的图表：单击图表，图表将被选中，按 Delete 键进行删除。要删除独立的图表工作表，可右击该图表工作表标签，在弹出的快捷菜单中选择"删除"，然后单击"确定"按钮。

2．图表类型的改变

对已创建的图表要想改变图表类型，可先选中该图表；单击"设计"选项卡的"类型"组的"更改图表类型"按钮，在弹出的对话框中选择所需的图表类型和子类型即可。

3．图表中数据的编辑

创建图表时，图表就与图表数据源区域之间建立了联系。当数据源区域中的单元格数据发生变化时，图表中对应的数据将会自动更新。

① 删除图表中的数据系列：选中要删除的数据系列，按 Delete 键，即可把选中的数据系列从图表中删除，但不影响工作表中的数据。当删除了工作表中的数据时，则图表中对应的数据系列也自动被删除。

② 向图表添加数据系列：以图 5.22 学生成绩表为例，选定要更新数据的图表；单击"设计"选项卡的"数据"组的"选择数据"按钮，打开"选择数据源"对话框；单击"图例项"框中的"添加"按钮 ，弹出"编辑数据系列"对话框，在"系列名称"文本框中输入或选择指定字段名的地址，在"系列值"文本框中输入或选择指定字段名值的区域地址，如图 5.26 所示，单击"确定"按钮，返回到"选择数据源"对话框，

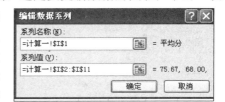

图 5.26 "编辑数据系列"对话框

可以看到在"图例项"框中增加了"平均分"项，如图 5.27 所示；单击"确定"按钮，结果如图 5.28 所示。

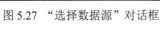

图 5.27 "选择数据源"对话框

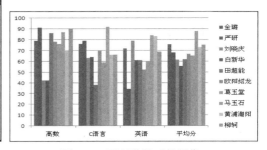

图 5.28 更新数据后的图像

4．编辑图表中的文字

图表中文字的编辑是指增加、删除或修改图标中的一些说明性文字，以便更好地说明图表

中的有关内容。

① 增加图表标题和坐标轴标题：选中图表，单击"布局"选项卡的"标签"组的"图表标题"按钮或"坐标轴标题"按钮，再选择相应的选项，增加图表标题、横坐标标题和纵坐标标题等。

② 修改和删除图表中的文字：对图表中的文字修改，单击要修改的文字处；直接修改其中的内容。若要删除文字，选中文字后，按 Delete 键，即可删除该文字。

5．更改图表的位置

如果要将嵌入式图表改为独立图表，先选定要更改位置的图表，然后单击"设计"选项卡的"位置"组中的"移动图表"按钮，弹出"移动图表"对话框；单击"新工作表"按钮，在后面的文本框中输入图表所在的工作表名；单击"对象位于"按钮，在后面的文本框下拉列表中选择图表移动到的目标工作表名；单击"确定"按钮，嵌入式图表就变为独立图表。

5.4.3　图表的格式化

图表的格式化是指对图表中的各对象进行格式设置，包括文字和数值的格式、颜色、外观、坐标轴的格式等。

格式设置可以通过多种方式实现，如使用"格式"选项卡的"当前所选内容"组、"形状样式"组、"艺术字样式"组、"排列"组、"大小"组中的相应命令按钮。右键单击图表中的任意一个对象，弹出针对该对象可以进行的各种操作的快捷菜单，选择"格式化设置"（如坐标轴格式、坐标轴标题格式、图例格式等），或者双击要进行格式化设置的图表对象。

图 5.29　设置图表区格式

对图表中不同对象的格式化设置，所使用的方法是一样的。下面仅以"图表区"对象格式设置为例，说明图表格式化的一般操作过程。双击"图表区"对象，弹出"图表区格式"对话框，如图 5.29 所示；选择"填充""边框颜色""边框样式""阴影""发光和柔化边缘""三维格式""大小""属性""可选文字"等组，进一步设置。设置完成后，单击"关闭"按钮即可。

用同样的方法，可以对图表中其他对象进行格式化，如网格线、坐标轴、图例等。

5.5　数据的管理与统计

Excel 的数据清单相当于一个表格形式的数据库，具有类似数据库管理的一些功能。在工作表中可以建立一个数据清单，也可以将工作表中的一批相关数据作为一个数据清单来处理。Excel 可对数据清单中的数据进行排序、筛选、分类汇总、数据透视表等数据管理和统计分析的操作。

5.5.1　创建数据清单

数据清单是工作表中所包含的若干数据行，每一行数据被称为一条记录，每一列被称为一个字段，每一列的标题则称为该字段的字段名，参见图 5.22。

以图 5.22 学生成绩表为例，数据清单有 9 个字段，分别为：学号、姓名、性别、出生年月、高数、C 语言、英语、总分、平均分等，共 9 条记录。第二行中的数据表示学生"金璐"的基本信息。

注意：工作表中的数据清单与其他数据间至少留出一个空白列和一个空白行。数据清单中应避免空白行和空白列，单元格最好不要以空格开头。在数据清单的第一行应有列标题。数据清单中的每一列必须是同类型的数据。

5.5.2　数据排序

排序是数据管理中的一项重要工作。针对不同的字段对数据清单中的数据进行排序，可以满足不同数据分析的要求。排序的方法有很多，产生的结果不外乎升序排列或者降序排列。这里仅介绍简单数据排序、复杂数据排序和自定义排序。

（1）简单数据排序

如果要快速对数据清单中的某一列数据进行排序，首先单击指定列中任意一个单元格，然后单击"开始"选项卡的"编辑"组的"排序和筛选"按钮，在弹出的下拉菜单中选择"升序"或"降序"，就可以完成对数据清单中指定字段内的数据从小到大或从大到小的排序。也可以单击"数据"选项卡的"排序和筛选"组的"升序"按钮或"降序"按钮来操作。

（2）复杂数据排序

如果需要对多个关键字进行排序，首先要确定主要关键字和次要关键字（次要关键字可以有多个，Excel 规定最多可选定 64 个关键字），具体操作步骤如下。

先单击数据清单中的任意一个单元格，单击"开始"选项卡的"编辑"组的"排序和筛选"按钮，再单击"自定义排序"按钮，弹出"排序"对话框，如图 5.30 所示；单击"添加条件"按钮，可以添加排序条件；在"列"列表框中，分别单击"主要关键字""次要关键字"的下拉按钮，选择对应的字段名，单击"排序依据"列表框的下拉式按钮，从中可选择"数值""单元格颜色""字体颜色""单元格图标"其中的一项；然后指定"升序""降序"或"自定义序列..."的排序方式。单击"确定"按钮，完成数据清单的排序。

图 5.30　"排序"对话框

如果想按自定义次序排序或在排列时区分大小写，可在"排序"对话框中单击"选项"按钮，打开"排序选项"对话框，从中勾选"区分大小写"复选框，按大小次序排列；选中"方向"单选框，可按列或按行排序；选中"方法"单选框，可按字母或按笔画排序。

（3）按自定义序列排序

除了以上两种排序，还可以对已定义好的日期、星期和月份等作为自定义排序，或者用户根据具体的需求生成自定义序列排序。对图 5.31 所示的数据清单，按"月份"递增的方式进行排序，操作方法如下。

选中数据清单中的任意一个单元格，打开"排序"对话框，在"主要关键字"下拉列表中选择"月份"字段，在"次序"下拉列表中选择"自定义序列"选项，打开"自定义序列"对话框；在"自定义序列"框中选择所需的排序序列；单击"确定"按钮，返回到"排序"对话框，单击"确定"按钮，返回到工作表中。排序结果如图 5.32 所示。

月份	广告费	销售数量	产品单价	产品成本	销售额	利润
十月	2,200	222	119	69.50	26,418	8,789.00
十一月	1,700	186	119	69.50	22,134	7,507.00
十二月	1,800	178	119	69.50	21,182	7,011.00
一月	1,200	102	119	69.50	12,138	3,849.00
二月	1,300	110	119	69.50	13,090	4,145.00
三月	1,400	135	119	69.50	16,065	5,282.50
四月	1,980	178	119	69.50	21,182	6,831.00
五月	1,000	100	119	69.50	11,900	3,950.00
六月	2,000	177	119	69.50	21,063	6,761.50
七月	3,000	265	119	69.50	31,535	10,117.50
八月	2,500	203	119	69.50	24,157	7,548.50
九月	2,300	213	119	69.50	25,347	8,243.50

图 5.31　数据清单示例

	A	B	C	D	E	F	G
1	月份	广告费	销售数量	产品单价	产品成本	销售额	利润
2	一月	1,200	102	119	69.50	12,138	3,849.00
3	二月	1,300	110	119	69.50	13,090	4,145.00
4	三月	1,400	135	119	69.50	16,065	5,282.50
5	四月	1,980	178	119	69.50	21,182	6,831.00
6	五月	1,000	100	119	69.50	11,900	3,950.00
7	六月	2,000	177	119	69.50	21,063	6,761.50
8	七月	3,000	265	119	69.50	31,535	10,117.50
9	八月	2,500	203	119	69.50	24,157	7,548.50
10	九月	2,300	213	119	69.50	25,347	8,243.50
11	十月	2,200	222	119	69.50	26,418	8,789.00
12	十一月	1,700	186	119	69.50	22,134	7,507.00
13	十二月	1,800	178	119	69.50	21,182	7,011.00

图 5.32　按自定义序列排序的结果

5.5.3　数据的筛选

对数据清单中的数据进行筛选，是指只显示数据清单中那些符合筛选条件的记录，而将那些不满足筛选条件的记录暂时隐藏起来，事实上这是数据查询的一种形式。Excel 主要提供了两种筛选方法，即自动筛选和高级筛选。

1．自动筛选

单击数据清单中的任意单元格，选择"数据"选项卡的"排序和筛选"组的"筛选"按钮，在每个列表标题旁边将增加一个向下的筛选箭头（如图 5.33 所示），在下拉列表框中指向"数字筛选"，单击其中的"自定义筛选"，弹出"自定义自动筛选方式"对话框（如图 5.34 所示），输入筛选的条件，单击"确定"按钮。此时数据清单中就只显示被筛选出的符合条件的结果。如果要取消筛选状态，可再单击"筛选"按钮。

图 5.33　数据清单建立自动筛选示例

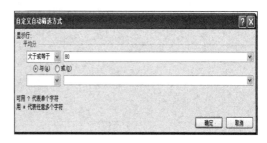

图 5.34　"自定义自动筛选方式"对话框

2．高级筛选

自动筛选的功能非常有限，一次只能对一个字段设置筛选条件，如果要同时对多个字段设置筛选条件，可用高级筛选来实现。高级筛选有别于自动筛选，需要建立条件区域。方法如下：

① 建立条件区域。将数据清单中要建立筛选条件的列标题复制到工作表中的某个位置，并在标题下至少留出一行的空单元格用于输入筛选条件。如多个条件在同一行，表示多个条件之间是"与"的关系；如多个条件不在同一行，表示多个条件之间是"或"的关系。

② 在新的标题行下方输入筛选条件，在"性别"的单元格内输入"女"，在"平均分"的单元格中输入">=80"。

③ 单击数据区域中的任意一个单元格，在"数据"选项卡的"排序和筛选"组中单击"高级"按钮 ✏️。打开"高级筛选"对话框，如图 5.35 所示。"高级筛选"对话框中的数据区域已经自动选择好，单击条件区域右侧的"折叠"按钮；选择条件区域，包括标题行与下方的条件；再单击"确定"按钮。如果将筛选的结果放到指定的位置，选中"将筛选结果复制到其他位置"单选项，单击复制到右侧的"折叠"按钮，选择存放结果的位置，再单击"展开"按钮和"确定"按钮即可。

图 5.35 "高级筛选"对话框

5.5.4 分类汇总

分类汇总是在数据清单中快速汇总同类数据的方法。使用分类汇总功能之前，必须先对数据清单中的指定分类字段进行排序，然后指定汇总的方式，最后指定汇总的字段。

以图 5.22"学生成绩表"为例，按"性别"分别计算各门课程的平均成绩。创建分类汇总的步骤如下：首先在数据清单中对指定的分类汇总字段"性别"排序；单击"数据"选项卡的"分级显示"组的"分类汇总"按钮 📊，弹出如图 5.36 所示的"分类汇总"对话框；在"分类字段"下拉式列表中选择"性别"，在"汇总方式"列表中选择"平均值"，在"选定汇总项"列表中选择"高数""英语""C 语言"；单击"确定"按钮，完成分类汇总。

在"分类汇总"对话框中勾选"替换当前分类汇总"复选框，表示用此次分类汇总的结果替换已存在的分类汇总结果。选择"每组数据分页"，表示如果数据较多，可分页显示。选择"汇总结果显示在数据下方"，表示汇总结果显示在数据下方。

如果对同一批数据想使用不同的汇总方式，如先对不同性别的人数计数，再进行分类汇总，选择"计数"汇总方式，"性别"为汇总对象，并取消"替换当前分类汇总"复选框，即可完成嵌套分类汇总，嵌套分类汇总就是按多个字段进行多次分类汇总，如图 5.37 所示。

图 5.36 "分类汇总"对话框

	A	B	C	D	E	F	G	H	I
1	学号	姓名	性别	出生年月	高数	C语言	英语	总分	平均分
2	101	金璐	女	1994-10-4	79	76	72	227	75.67
3	102	严研	女	1993-4-7	91	79	34	204	68.00
4	104	刘晓庆	女	1994-8-25	42	63	79	184	61.33
5	106	白新华	女	1994-9-14	42	64	61	167	55.67
6			女 汇总		254	282	246		
7	103	田超能	男	1993-3-7	86	38	61	185	61.67
8	105	欧阳绍龙	男	1994-7-12	78	70	52	200	66.67
9	107	葛玉堂	男	1994-5-24	76	59	60	195	65.00
10	108	马玉石	男	1993-8-17	87	92	84	263	87.67
11	109	黄浦潮阳	男	1994-9-15	70	66	83	219	73.00
12	110	柳轲	男	1994-6-13	90	66	69	225	75.00
13			男 汇总		487	391	409		
14			总计		741	673	655		
15									

图 5.37 按性别查看各门课程平均成绩的分类汇总表

取消分类汇总，可在"分类汇总"对话框中单击"全部删除"按钮。

5.5.5 数据透视表

数据透视表是一种可以快速将大量数据转换成可以用不同方式进行汇总的交互式报表，是 Excel 中具有强大分析能力的工具。数据透视表可以清晰地反映出工作表中的数据信息，并可对工作表中的数据进行汇总、分析、多种比较、浏览和提供摘要数据。

数据透视表主要有以下用途。

❖ 以多种友好方式查询大量数据。

❖ 对数值数据进行分类汇总和聚合，按分类和子分类对数据进行汇总，创建自定义计算和公式。

❖ 展开或折叠要关注结果的数据级别，查看感兴趣区域摘要数据的明细。

❖ 将行移动到列或将列移动到行，以查看源数据的不同汇总。

❖ 对最有用和最关注的数据子集进行筛选、排序、分组和有条件地设置格式，让用户能够关注所需的信息。

❖ 提供简明、有吸引力并带有批注的联机报表或打印报表。

1. 创建数据透视表

创建数据透视表可根据需要进行数据分组，从而清晰地反映工作表中的数据信息。以图 5.22 为例，操作步骤如下。

① 选中数据清单中的任意一个单元格。

② 单击"插入"选项卡的"表"组的"数据透视表"按钮 的下拉箭头，从中选择"数据透视表"，打开"创建数据透视表"对话框，如图 5.38 所示。在"请选择要分析的数据"区中选中"选择一个表或区域"，

图 5.38 "创建数据透视表"对话框

在之后的文本框中输入或用鼠标选择指定的区域；在"选择放置数据透视表的位置"区中可选中"新工作表"或"现有工作表"，在"位置"文本框中输入存放数据透视表单元格的地址。

③ 单击"确定"按钮，一个空的数据透视表将添加在指定的位置，并显示"数据透视表字段列表"任务窗格。该任务窗格分为两部分，上部是字段列表，下部包括"报表筛选""列标签""行标签"和"数值"列表框，用于重新排列和定位字段，如图 5.39 所示。

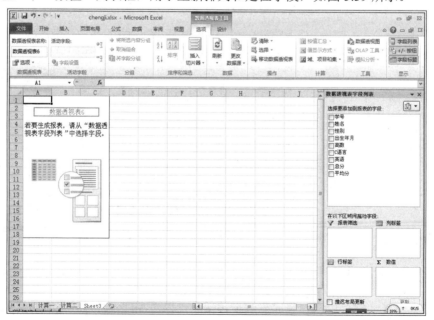

图 5.39 创建的空数据透视表以及字段列表

"字段列表"列表框：字段列表中包含了数据透视表中所需的数据字段。

"报表筛选""列标签""行标签"和"数值"列表框：将字段列表中的某个数据字段移动到"报表筛选""列标签""行标签"或"数值"列表框中时，在数据透视表中会同时将该数据字段移动到相应的"报表筛选""列标签""行标签"或"数值"区域。

④ 将字段添加到报表：在字段部分的复选框中选中各字段名。在默认情况下，非数值字段会被添加到"行标签"区域，数值字段会被添加到"数值"区域，而日期和时间段会被添加到"列标签"区域。如果要改变默认布局，单击区域中某个字段右边的下三角箭头，在弹出的下拉菜单中选择相应的命令，重新设置字段放置的区域。也可以右键单击字段名，在弹出的快捷菜单中选择相应的命令，将选中的字段放置在布局部分的某个指定区域中。

⑤ 图 5.40 所示的数据透视表中，"性别"字段和"姓名"字段作为行标签，它们的值显示为表中各行的标签，"高数""C 语言"和"英语"字段作为列标签，它们的值显示为表中各列的标签。

图 5.40　创建的数据透视表

2. 编辑数据透视表

创建的数据透视表经常要根据不同的分析要求，对数据透视表进行编辑修改，如添加或删除数据透视表的字段、更改数据透视表的布局、设置数据透视表的数据格式、更改数据透视表中的数据等。

① 添加或删除数据透视表的字段：选中数据透视表中的任一单元格，向数据透视表中添加字段，勾选添加字段名的复选框，从数据透视表中删除字段，清除字段名的复选框选项。

② 更改数据透视表的布局：选中数据透视表中的任一单元格，在"数据透视表字段列表"中，根据需要将字段名的位置进行调整。将图 5.40 所示的数据透视表"行标签"中字段名与"列标签"中字段名互换，结果如图 5.41 所示。

③ 设置数据透视表的数据格式：选中要进行格式设置的区域中的任意一个单元格，单击"选项"卡的"活动字段"组中的"字段设置"按钮，弹出"值字段设置"对话框，如图 5.42 所示；单击"数字格式"按钮，弹出"设置单元格格式"对话框，选择所需数字格式类型，再单击"确定"按钮，返回到"值字段设置"对话框；再单击"确定"按钮，数据透视表中所选区域均保留 2 位小数。

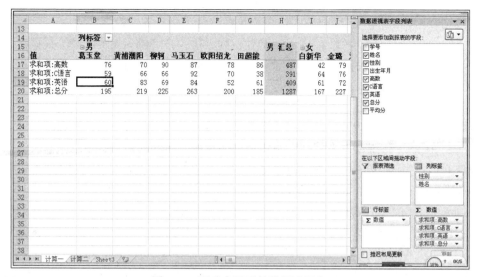

图 5.41　更改布局后的数据透视表

图 5.42　"值字段设置"对话框

④ 更改数据透视表中的数据：选中图 5.22 中的学生成绩数据清单，修改指定单元格中的数据，选中数据透视表中的任意一个单元格；单击"选项"选项卡的"数据"组的"刷新"按钮，或单击右键，在弹出的哦快捷菜单中选择"刷新"，即可得到更新数据后的数据透视表。

⑤ 删除数据透视表：数据透视表创建后，不允许删除数据透视表中的数据，只能删除整个数据透视表。操作步骤如下：选中数据透视表中的任意一个单元格，单击"选项"选项卡的"操作"组的"选项"按钮，在下拉菜单中选择"整个数据透视表"；单击"操作"组的"清除"按钮，在下拉菜单中选择"全部清除"，整个数据透视表便被删除。

3．对创建数据透视表进行排序和筛选

创建的原始数据透视表有时候并不能满足我们对数据处理的需要，大多数情况下还需要对创建的数据透视表进行排序、筛选和分类汇总的处理，从而得到更符合要求的数据序列。

① 在数据透视表中排序：选中要进行排序的区域中的任意一个单元格，单击"选项"选项卡的"排序和筛选"组的"排序"按钮，弹出"按值排序"对话框，选中"排序选项"中的"降序"单选项，选中"排序方向"中的"从上到下"单选项，即可完成对数据透视表中指定字段名的排序。

② 在数据透视表中进行筛选：选中数据透视表中的任意一个单元格，单击"选项"选项卡

的"排序和筛选"组的"插入切片器"按钮，弹出"插入切片器"对话框，从中选择需要的字段，如图 5.43 所示；单击"确定"按钮，在数据透视表中便插入了"高数""C 语言"和"英语" 3 个切片器。3 个切片器中的数据都以升序自动进行了排序，如图 5.44 所示。

图 5.43 "插入切片器"对话框

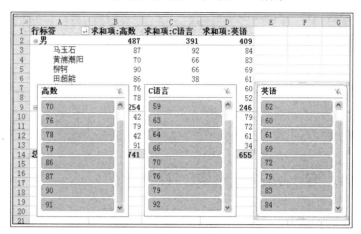

图 5.44 筛选后的数据透视表

本章小结

Excel 2010 是目前最流行的电子表格软件之一，是 Microsoft Office 2010 的重要组成部分，是一个优秀的电子表格处理软件。Excel 2010 具有友好的界面、强大的数据计算功能和完善的动态分析功能，还可以把数据用各种统计图的形式形象地表示出来，并进行数据分析。

表格是存放数据的一种方式，将数据以表格的方式分门别类地存放，有利于数据的管理与分析。电子表格就是一种文件，它以表格的形式存放数据并能由特定的电子表格创建和编辑。

本章讲述了以下 5 方面的内容：表格的创建、编辑及格式化，使用公式和函数对表格数据进行各种处理，图表的建立、编辑及格式化，数据的管理与统计分析，数据透视表。

习 题 5

1. 简述 Excel 2010 的工作界面组成。
2. Excel 2010 的基本数据单元是什么？它们是如何表示的？
3. 单元格的绝对引用、相对引用和混合引用的区别是什么？试举例说明。
4. 建立一个工作簿，在工作簿中建立一张工资表。表中包括姓名、基本工资、岗位津贴、奖金、医疗保险、养老金、储蓄、其他扣款、实发工资等项目，表中数据自定。
5. 对习题 4 所建的工资表单元格的格式、行与列的格式及工作表数据格式的自定义进行各种设置练习。
6. 对习题 4 所建的工资表进行有关数据分析的练习，掌握数据的排序、数据的筛选、数据的分类汇总等表格数据分析操作。

第6章　演示文稿处理 PowerPoint 2010

PowerPoint 2010 是 Microsoft Office 2010 办公系列中的重要组成部分，是一种简单、方便的幻灯片演示文稿制作软件。PowerPoint 2010 能够制作出集文字、表格、图形、图像、音频、视频及动画演示效果等多媒体元素于一身的演示文稿，为人们传播信息、扩大交流提供了方便，目前被广泛应用于会议、工作汇报、课堂演示、教育培训、产品推介及各种报告会等场合。

6.1　PowerPoint 2010 概述

PowerPoint 简称 PPT，人们一般将 PPT 当成 PowerPoint 文档的代名词。演示文稿是一个由幻灯片、备注页和讲义三部分组成的文档。PowerPoint 2010 默认的文件扩展名为 .pptx（PowerPoint 2003 及之前版本的为 .ppt），演示文稿中的一页称为幻灯片。演示文稿通常由若干张幻灯片组成，每张幻灯片都是演示文稿中既相互独立又相互联系的内容。

PowerPoint 2010 窗口与 Office 2010 的其他组件具有相似的外观，由标题栏、快速访问工具栏、功能区、幻灯片编辑区和状态栏等组成。其中幻灯片编辑区由幻灯片窗格、幻灯片/大纲展示窗格和备注窗格组成，如图 6.1 所示。

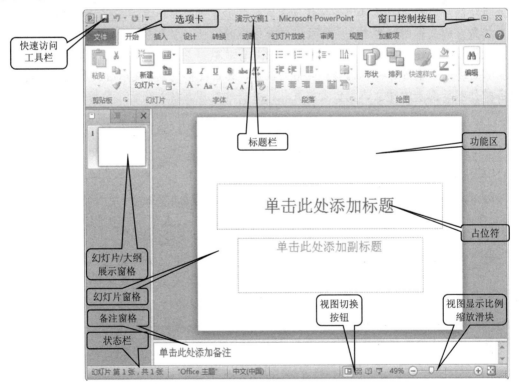

图 6.1　PowerPoint 2010 窗口

与 Word 2010 和 Excel 2010 相比，PowerPoint 2010 特有的窗格组成包括：

① 幻灯片/大纲展示窗格。显示幻灯片缩略图或幻灯片文本的大纲。幻灯片/大纲展示窗格中显示了幻灯片窗格中每张完整幻灯片的缩略图，通过缩略图可以快速定位所需幻灯片。添加其他幻灯片后，单击幻灯片窗格中的缩略图，可以使该幻灯片显示在幻灯片窗格中，也可以使用拖动的方法调整幻灯片的前后位置。单击大纲展示窗格，将显示每张幻灯片的文本内容，可以在幻灯片中输入主题，系统将根据主题自动生成相应的幻灯片，大纲排列序号由幻灯片创建时的顺序决定。

② 幻灯片窗格。幻灯片窗格是编辑幻灯片的主要工作区域，用户可以直接编辑演示文稿中的每张幻灯片。幻灯片窗格中的虚线边框为占位符。绝大部分幻灯片版式中都有占位符。在占位符中可放置标题、正文、图表、表格与图片等对象。

③ 备注窗格。备注窗格位于幻灯片窗格的下方，在此可添加与每张幻灯片内容相关的注释内容。在发布演示文稿时，用户可以将备注内容分发给访问群体，也可在演示者视图中查阅备注。

6.2 PowerPoint 2010 基本操作

6.2.1 创建演示文稿

PowerPoint 2010 提供了多种创建演示文稿的方法，常用的创建方法有"空白演示文稿""样本模板""主题""根据现有内容新建"等。具体方法是：选择"文件"→"新建"命令，出现如图 6.2 所示的"新建"演示文稿窗口，可以选择"可用的模板和主题""Office.com 模板"等选项来创建空白演示文稿。

图 6.2　新建演示文稿窗口

1. 创建空白演示文稿

创建空白演示文稿是 PowerPoint 2010 默认的创建演示文稿的方法。如果用户希望建立具有自己风格和特色的幻灯片，可以在空白演示文稿的基础上进行设计。空白演示文稿具有最大程度的灵活性，推荐较熟练的用户使用此方法。

2. 使用模板创建

PowerPoint 2010 的模板主要包括"样本模板""主题"和"我的模板"。用户可以利用内置的模板自动、快速地设计幻灯片的外观，节省格式的设计时间，专注于具体内容的处理。除了使用内置的模板，还可以联机在 Office.com 上搜索合适的模板创建演示文稿。

① 样本模板：如图 6.3 所示，选择该选项之后，可以显示系统设置好的模板样式，如都市相册、古典型相册、现代型相册、培训、项目状态报告、宣传手册等。

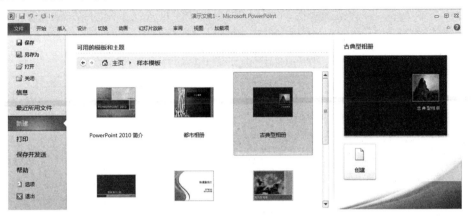

图 6.3　样本模板窗口

② 主题：内置了系统自带的各种主题模板，如图 6.4 所示，其中包含暗香扑面、奥斯汀、跋涉、波形等主题。

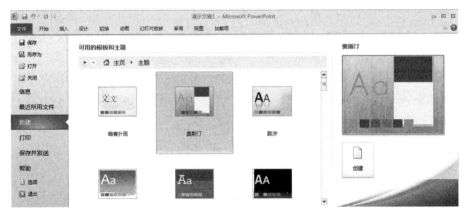

图 6.4　主题模板窗口

③ 我的模板：可以在打开的对话框中选择一个已经编辑好的模板。

④ 最近打开的模板：可以选择最近打开的模板来创建演示文稿。

3. 根据现有内容创建

如果对所有的设计都不满意，而喜欢某个已有演示文稿的设计风格和布局，可以直接对其进行修改以创建新的演示文稿。

根据已有内容创建新演示文稿的方法有两种：一是备份已有的演示文稿，然后打开备份文件，将不需要的内容删除，加上新的内容，逐步制作出新的演示文稿；二是先利用模板建立一个演示文稿，再将已有内容"复制"、"粘贴"到新的演示文稿中即可。

6.2.2　视图模式

PowerPoint 2010 提供了 4 种演示文稿视图模式：普通视图、幻灯片浏览、备注页和阅读视图。PowerPoint 2010 能够以不同的视图方式显示演示文稿，使演示文稿更加易于浏览、便于编辑。用户可以单击"视图"选项卡的"演示文稿视图"组中的 4 个视图按钮进行切换，如图 6.5

所示。或者通过状态栏的视图切换按钮完成普通视图、幻灯片浏览视图、阅读视图之间的切换。

（1）普通视图

普通视图是 PowerPoint 2010 默认的工作模式，也是最常用的工作模式。普通视图包含幻灯片视图和大纲视图两种，可以通过单击幻灯片/大纲展示窗格中的标签进行切换，幻灯片视图和大纲视图如图 6.6 所示。普通视图下可以进行演示文稿的编辑或设计，也可以同时显示幻灯片、大纲和备注内容，还可以通过调整幻灯片/大纲展示窗格、幻灯片窗格和备注窗格之间的边框，自由调整窗格大小。

图 6.5 "演示文稿视图"组

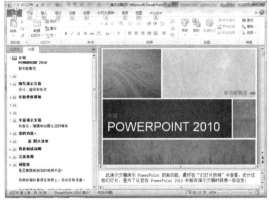

图 6.6 幻灯片视图和大纲视图

（2）幻灯片浏览视图

幻灯片以缩略图的方式呈现在同一窗口中，可以同时显示多张幻灯片甚至整个演示文稿，非常便于浏览；可以方便地对幻灯片进行添加、删除、复制、移动等操作，但是不能对单张幻灯片的内容进行编辑。

（3）备注页视图

备注页视图中可以输入演讲者的备注。备注页方框位于幻灯片图片的下方，用户可以添加与每张幻灯片内容相关的备注，备注信息主要包含演讲者在讲演时需注意的提示信息。上半部分是幻灯片的缩小图像，下半部分是文本预留区。

图 6.7 阅读视图

（4）阅读视图

将演示文稿调整为适应窗口大小的幻灯片进行放映查看，是 PowerPoint 2010 新增的一种全新视图模式，如图 6.7 所示。阅读视图用于使用自己的计算机屏幕查看演示文稿而非大屏幕向他人放映演示文稿。如果要更改演示文稿，可随时从阅读视图切换至其他视图。

6.2.3 保存演示文稿

演示文稿编辑完成后，可以使用"文件"选项卡中的"保存"或"另存为"等命令保存演示文稿，或者按快捷键 Ctrl+S 进行保存。

如需要将演示文稿保存并发送，可以选择"文件"选项卡中的"保存并发送"命令；在"文件类型"中可以选择"更改文件类型",将其保存成合适的文件类型。PowerPoint 2010 提供了"演示文稿文件类型""图片文件类型"和"其他文件类型"供用户选择。

（1）演示文稿文件类型

保存的文件类型包含演示文稿 .pptx 格式、PowerPoint 97-2003 的 .ppt 格式、OpenDocument 的 .opd 格式、演示文稿模板 .potx 格式、幻灯片放映格式 .ppsx。如果选择保存为 PowerPoint 97-2003 的 .ppt 格式，则不能使用 PowerPoint 2010 的新增功能。

（2）图片文件类型

可保存为 PNG 可移植网络图形格式 .png 和 JPEG 文件交换格式 .jpg 两种。

（3）其他文件类型

演示文稿还可以保存为其他文件类型，具体支持的格式可以在"另存为"对话框的"保存类型"中进行选择。

6.3　PowerPoint 2010 演示文稿的编辑

演示文稿的编辑包含两大类：一是对演示文稿中的幻灯片进行选定、插入、复制、移动、删除等操作；二是对每张幻灯片中的对象进行编辑，如幻灯片中的文本框、表格、图片、剪贴画、图表、图形、超链接、音频、视频以及嵌入的对象等进行编辑。

6.3.1　编辑幻灯片

1. 选定幻灯片

对幻灯片进行编辑之前需要先对幻灯片进行选定。选定单张幻灯片的方法是在普通视图大纲模式下，单击幻灯片/大纲展示窗格中的幻灯片图标；或者在普通视图幻灯片模式下，单击幻灯片/大纲展示窗格中的幻灯片缩略图；或在幻灯片浏览视图下，单击幻灯片缩略图。

如果要选定多张连续的幻灯片，先选定第一张幻灯片，然后按住 Shift 键，再单击最后一张幻灯片，则两张幻灯片之间的所有幻灯片都被选中。如果选定多张不连续的幻灯片，可按住 Ctrl 键，依次单击所要选择的幻灯片。

2. 插入新幻灯片

在不同的视图下，插入新幻灯片的方法不同。

（1）在普通视图的幻灯片模式下插入新幻灯片

图 6.8　"幻灯片"组

选定要插入新幻灯片位置之前的幻灯片，单击"开始"选项卡的"幻灯片"组中的"新建幻灯片"按钮 ，如图 6.8 所示，则会插入一张空白幻灯片。

如果需要选择版式，可以单击"新建幻灯片"的下拉按钮，在出现的列表中选择一种需要的版式，即可插入新的幻灯片。

另一种便捷的方法是直接按 Enter 键，即可插入新幻灯片。

（2）在普通视图的大纲模式下插入新幻灯片

将光标定位在幻灯片图标之后、幻灯片标题之前，按 Enter 键，将在当前幻灯片之前插入一张新的幻灯片。光标在幻灯片标题之后，按 Enter 键，将在之后插入一张新的幻灯片。

（3）在幻灯片浏览视图下插入新幻灯片

选定要插入新幻灯片位置之前的幻灯片，单击"开始"选项卡的"幻灯片"组中的"新建幻灯片"按钮 ，则会插入一张空白幻灯片。

如果单击"新建幻灯片"的下拉按钮，在出现的列表中还可以选择所需的版式，选择后即可插入新的幻灯片。

（4）使用快捷菜单或快捷键插入新幻灯片

选定要插入新幻灯片位置之前的幻灯片，单击右键，在快捷菜单中选择"新建幻灯片"命令，或者使用键盘组合键 Ctrl+M，即可快速插入新幻灯片。

3．复制幻灯片

复制幻灯片的方法有很多，用户可以使用其中的任何一种方法复制幻灯片。

（1）在同一演示文稿中复制幻灯片

选定要复制的幻灯片，单击"开始"选项卡的"幻灯片"组中"新建幻灯片"的下拉按钮，在出现的列表中选择"复制所选幻灯片"，或者使用"剪贴板"组中的"复制"和"粘贴"按钮来复制幻灯片。

另外，在同一个演示文稿中，拖动幻灯片的同时按住 Ctrl 键可快速复制幻灯片。

（2）复制其他演示文稿中的幻灯片

在待插入的演示文稿中单击定位点，单击"新建幻灯片"的下拉按钮，从列表中选择"重用幻灯片"，会在幻灯片编辑区的右侧出现"重用幻灯片"窗口，如图 6.9 所示。

单击"浏览"按钮，从"浏览幻灯片库"或"浏览幻灯片文件"中找到要复制的幻灯片所在的文件，再单击"确定"按钮，则将所选定的演示文稿中的幻灯片以缩略图的形式显示出来，单击所需的幻灯片即可。

图 6.9　重用幻灯片

另外，如果需要选定多张幻灯片，可以打开要复制的演示文稿，选定要复制的幻灯片，重复使用快捷键 Ctrl+C、Ctrl+V，或者单击右键，在弹出的快捷菜单中选择"复制""粘贴"命令，进行操作即可。

4．移动幻灯片

移动幻灯片最简单的方法是先选定欲移动的幻灯片，然后将其拖动到目标位置即可。在拖动过程中，指针会随着鼠标的移动而移动，用以提示移动的速度。

也可以利用"开始"选项卡的"剪贴板"组中的"剪切"和"粘贴"命令完成幻灯片的移动。或者，单击右键，使用快捷菜单中的"剪切""粘贴"命令，可以达到同样的效果。

5．删除幻灯片

选中要删除的幻灯片再按 Delete 键，或者单击右键，在弹出的快捷菜单中选择"删除幻灯片"，或者单击"开始"选项卡，使用"剪贴板"组中的"剪切"按钮，删除该幻灯片。

6．隐藏幻灯片

制作好演示文稿后，由于观众或播放场合的不同，所涉及的内容也有所不同，对于暂时不用的幻灯片可以将其隐藏起来。具体操作为：右键单击要隐藏的幻灯片，在弹出的快捷菜单中选择"隐藏幻灯片"即可。被隐藏的幻灯片不会被放映。

隐藏的幻灯片的编号上会出现一个形如 的图标，表示此幻灯片已经被隐藏，在播放时将不再显示。若需要将隐藏的幻灯片显示出来，只需按照上述步骤取消即可。

6.3.2 编辑幻灯片中的文本

1．文本的输入

幻灯片中添加适当的文本，可以使其内容更加清楚、详尽。PowerPoint 2010 提供了多种输入文本的方法，可以在幻灯片窗格中输入文本，还可以在大纲窗格中输入文本。

在 PowerPoint 2010 幻灯片窗格中，既可以直接在占位符中输入文本，也可以利用文本框输入文本，还可以输入艺术字。此外，在自选图形中也能输入文本。

（1）在占位符中输入文本

占位符是幻灯片版式上的文本框，创建演示文稿时可通过单击来添加内容。幻灯片窗格中的虚线框即为占位符。绝大部分幻灯片版式中都有占位符。可以在占位符中放置标题、正文、图表、表格和图片等对象。要向幻灯片中添加文本，先单击要添加文本的占位符，然后输入或粘贴要添加的文本。

占位符的大小、位置均可以调整。将鼠标移动到占位符边框上，待鼠标指针变成带箭头的十字光标时按下鼠标左键并拖动，即可将占位符拖动至合适的位置。将鼠标移动到某一控制点上，待鼠标指针变成双向箭头时按住左键并拖动，即可改变占位符的大小。

（2）使用文本框输入文本

如果需要在幻灯片占位符以外的位置输入文本，就需要先添加文本框，然后在文本框中输入文本。具体操作如下：单击"插入"选项卡中"文本"组中的"文本框"按钮（如图 6.10 所

图 6.10　"文本"组

示），根据文本要求，可选择"横排文本框"或"垂直文本框"选项；再单击要放置文本框的区域，出现文本框和闪烁状态的光标，此时即可输入文本。

也可以单击"插入"→"插图"→"形状"→"基本图形"来插入文本框。

（3）插入艺术字

艺术字是具有特殊效果的文字，艺术字的设置在"插入"选项卡的"文本"组中。插入艺术字的方法为：选择要插入艺术字的幻灯片，单击"插入"→"文本"→"艺术字"按钮，在弹出的列表中单击要选择插入的艺术字样式；在艺术字占位符中输入或粘贴文本，然后在绘图工具"格式"选项卡中修改艺术字的各种属性。

（4）在自选图形中插入文本

选中要插入文本的自选图形，单击右键，在弹出的快捷菜单中选择"编辑文字"，此时插入点定位在图形的内部，直接输入或粘贴所需文字即可。

2．文本的编辑

文本的编辑包括文本的修改、移动、复制和删除等操作，均遵循"先选定对象，后编辑"的原则。文本格式的设置，如字体、字形、字号的设置，文本特殊效果的设置，文字背景、颜色的设置，以及段落的对齐方式、项目符号的使用等操作，与 Word 中的操作相同，在此不再赘述。

6.3.3　在幻灯片中插入图形

在文档中适当使用图形，可以使文档更加清楚、美观，主题更加突出。PowerPoint 2010 演示文稿中图形的插入主要在"插入"选项卡中完成。插入图片、屏幕截图、插入公式、符号等

在 Word 中已介绍，在此略去。下面主要介绍演示文稿中用得较多的插入剪贴画、图形、SmartArt、表格、图表等。

1．插入剪贴画

Office 2010 剪辑库中自带了大量的剪贴画，其中包含人物、植物、建筑物、背景、标志、保健、科学、工具、旅游、农业及形状等图形类别，用户可以通过插入使用它们，还可以对其进行编辑。

具体操作如下：单击"插入"→"图像"→"剪贴画"按钮，剪贴画的任务窗格在右侧出现，如图 6.11 所示，可以使用文字对图片内容进行限定，单击"搜索"，会将相关结果显示在窗口中，单击选择需要的图片即可。

如果对剪贴画不满意，可以对其进行编辑，一般通过图片的"尺寸控制点"和图片工具格式选项中的命令按钮进行。

图 6.11 "剪贴画"任务窗格

2．插入图形

PowerPoint 2010 在设计演示文稿时，用户可以自选图形，以丰富演示效果。具体方法如下：单击"插入"→"插图"→"形状"的下拉按钮，在出现的列表中选择合适的形状即可；选中图形，单击右键，在弹出的快捷菜单中选择"设置形状格式"，在打开的对话框中可对图形填充颜色、线条颜色、线型、阴影等进行设置。Word 中此部分已介绍，不再赘述。

3．插入 SmartArt

SmartArt 是 Office 2010 的一个重要组件，可以轻松地制作出精美的组织结构、项目流程、相互关系等示意图。

具体操作如下：单击"插入"→"插图"→"SmartArt"按钮，弹出如图 6.12 所示的对话框，用户可以从列表、流程、循环、层次结构、关系、矩阵、棱锥图等中选择所需的形式，单击之即可插入所选图形。

如果对配色方案等不满意，可以单击右键，在弹出的快捷菜单中选择"设置形状格式"，在打开的对话框中可以对图形的填充颜色、线条颜色、线型、阴影等进行设置。

4．插入表格

演示文稿中插入的表格和 Word 中有所不同，区别是 PowerPoint 在"表样式"中增加了"效果"选项。"效果"中有"单元格凹凸效果""阴影""映像"三大系列（如图 6.13 所示），使得制作出的幻灯片更加美观。

幻灯片中插入表格以及编辑表格的方法与 Word 中相同，在此不再赘述。

5．插入图表

图表具有良好的视觉效果，需要在演示文稿中对数据进行说明时，使用图表更加直观。利用 Office 2010 可以制作出二维图表和三维图表。

演示文稿中的图表可以直接在幻灯片中生成，也可以将 Excel 中的图表复制到幻灯片中，然后对其进行编辑和修改。具体方法如下：选择"插入"选项卡，然后在"插图"组中单击"图表"按钮，系统会显示一个类似 Excel 编辑环境的界面，使用 Excel 的操作方法进行处理即可。

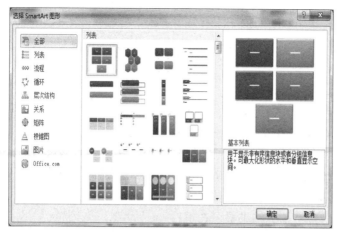

图 6.12 "选择 SmartArt 图形"对话框

图 6.13 表格效果

6.3.4 在幻灯片中插入多媒体

PowerPoint 2010 为用户提供了丰富的包含音频和视频的多媒体剪辑素材。为了改善演示文稿播放时的视听效果,用户可以在幻灯片中插入音频、视频等多媒体对象,从而使得幻灯片做到有声有色。

1. 插入音频

根据音频的来源不同,插入的音频可以分为"来自文件的音频""来自剪辑库中的音频"和"录制音频并添加"三种。

图 6.14 "剪贴画"窗口

（1）插入来自文件的音频

如果要在幻灯片中插入来自文件的音频,方法如下:单击"插入"→"媒体"→"音频"下拉按钮,从中选择"文件中的音频",打开"插入音频"窗口,选择合适的音频即可。

（2）插入来自剪辑库中的音频

在幻灯片中插入音频的方法如下:单击"插入"→"媒体"→"音频"下拉按钮,在其下拉列表中选择"剪贴画音频"选项,打开"剪贴画"窗口（如图 6.14 所示）,从中选择合适的音频即可。

（3）录制音频并添加

如果要在幻灯片中插入来自文件的音频,操作方法如下:单击"插入"→"媒体"→"音频"下拉按钮,从列表中选择"录制音频",打开"录音"对话框,在"名称"文本框中输入所录音频的名称;然后单击"录制"按钮,开始录制,单击"停止"按钮,则停止录制。当录制完成后,单击"确定"按钮,即可完成添加。

在幻灯片上插入音频的时候,将显示一个表示音频文件存在的图标 。在进行演讲的时候,可以将音频设置为在显示幻灯片时自动播放、在单击鼠标时开始播放等。

如果需要对音频图标进行修改,可以单击右键,在弹出的快捷菜单中选择"更改图片"来代替现有图标。

还可以改变音频的播放方式,方法如下:选中音频文件的图标,显示"音频工具"功能区,选择"播放"选项卡（如图 6.15 所示）,单击"音频选项"组的"开始"下拉按钮,弹出带有

"自动""单击时""跨幻灯片播放"选项的下拉列表。选择"自动",则当播放至该幻灯片时音频自动播放;选择"单击时",则在该幻灯片上单击鼠标时才会播放音频;选择"跨幻灯片播放",则不管如何切换幻灯片音乐都不会停,直到整个音频播放完毕或者幻灯片退出放映。

图 6.15　音频工具

2．插入视频

在演示文稿播放时,为了增加动态的艺术效果和艺术感染力,幻灯片中还可以插入视频和 Flash 等文件。幻灯片插入视频的操作方法根据视频的来源不同略有差别。

（1）插入来自文件的视频

单击"插入"→"媒体"→"视频"按钮,在其下拉列表中选择"文件中的视频",在弹出的插入视频对话框中单击要选择的视频即可。

（2）插入来自网站的视频

单击"插入"→"媒体"→"视频"按钮,在其下拉列表中选择"来自网站的视频",在弹出的"从网站插入视频"对话框中粘贴视频的嵌入代码,单击"插入"按钮即可。

（3）插入来自剪辑库的视频

单击"插入"→"媒体"→"视频"按钮,在其下拉列表中选择"剪贴画视频",在弹出的插入视频对话框中单击要选择的视频即可。

视频插入完成后,会在幻灯片上显示一个黑色的视频框,其位置和大小都是默认的,可以根据需要调整其大小和位置。

如果需要在打开幻灯片的时候自动播放视频,可以在"播放"选项卡的"视频选项"组中（如图 6.16 所示）单击"开始",在其下拉列表中选择"自动"即可。如果选择"单击时",则只有该视频被鼠标单击时才会播放。

图 6.16　视频工具

如果需要视频在演示文稿演示期间重复播放,选择"播放"选项卡,勾选"视频选项"组中的"循环播放,直到停止"选项。

6.3.5　演示文稿中节的编辑

PowerPoint 2010 中新增了"节"的概念,将整个演示文稿划分成若干节进行管理。这样不仅有助于规划文稿结构,也能大大节省编辑时间和维护成本。

如图 6.17 所示的演示文稿中有 20 张幻灯片,包含 5 节,可以为每节添加各自的标题,它们将以高亮度、可伸缩的方式显示。

图 6.17　演示文稿中的"节"

在图 6.17 中，"简介"节处于展开状态，包含 2 张幻灯片；"编写演示文稿（4）""丰富演示文稿（7）""传递演示文稿（4）""还有更多（3）"等 4 节处于收缩状态。

出现在节标题右侧括号中的数字，如"编写演示文稿（4）"中的"4"表示该节中包含幻灯片的数量。通过双击标题或单击标题左侧的小三角形图标▷或◢，可以折叠或展开属于该节的幻灯片缩略图。

（1）如何插入节

插入节的方法如下：将视图切换为"普通视图"，并定位在某张幻灯片上；在"开始"选项卡中单击"节"并选择"新增节"（如图 6.18 所示），此时幻灯片窗格中会增加一个"无标题节"；右键单击该标题，通过快捷菜单可以进行重命名节、删除节、移动节等操作。

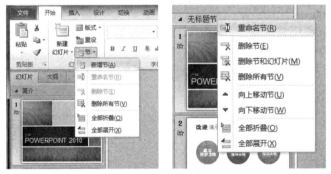

图 6.18　插入"节"

（2）如何利用节

对于已经设置好"节"的演示文稿，将"视图"切换为"幻灯片浏览"，便可以更全面、更清晰地查看页面间的逻辑关系，如图 6.19 所示。

6.4　格式化和美化演示文稿

制作好的幻灯片可以用文字格式、段落格式和对象格式进行美化，合理地使用母版和模板可以避免重复制作，并且能在最短的时间内制作出风格统一的幻灯片。

PowerPoint 2010 可以使演示文稿中的所有幻灯片具有一致的外观。控制幻灯片外观的方法有 3 种：母版、主题和背景、模板。

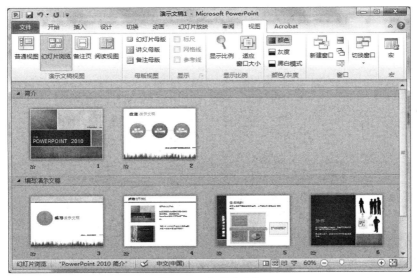

图 6.19　查看"节"

1．母版

母版是存储有关演示文稿背景、颜色、字体、效果、占位符大小和位置等信息的模板。使用母版可以对与演示文稿关联的每张幻灯片进行全局更改。PowerPoint 2010 有 3 种母版：幻灯片母版、讲义母版和备注母版，对应"视图"选项卡的"母版视图"组，如图 6.20 所示。

图 6.20　"母版视图"组

（1）幻灯片母版

幻灯片母版用于设置演示文稿中每张幻灯片的预设格式，包括每张幻灯片标题、正文文字的位置和大小、项目符号的样式及背景图案等。

每个演示文稿至少包含一个幻灯片母版。修改和使用幻灯片母版的主要优点是可以对演示文稿中的每张幻灯片（包括以后添加到演示文稿中的幻灯片）进行统一的样式更改。使用幻灯片母版时，由于不需在多张幻灯片上输入相同的信息，因此节省了时间。如果演示文稿中包含大量幻灯片，则幻灯片母版特别方便。

单击"幻灯片母版"按钮，PowerPoint 会切换到幻灯片母版视图，并显示"幻灯片母版"选项卡。在默认情况下，幻灯片母版中有 5 个占位符，用于确定幻灯片母版的版式，包括标题区、文本区、日期区、幻灯片编号区和页脚区。幻灯片母版中每个占位符就是一个对象，这些占位符中的提示文字并不会真正显示。用户可以选择对应的占位符，并设置文字的格式，以便在真正加入文字时采用预设的格式。

① 更改文本格式

如果要修改幻灯片标题，单击"单击此处编辑母版标题样式"文本框，利用"开始"选项卡的"字体"组中的相应按钮进行修饰。

如果要修改文本区中某个层次的项目符号，可以先指定某一层次的项目符号，再单击"开始"选项卡的"段落"组中的"项目符号"的下拉按钮，从中选择并设置项目符号的各种属性。

② 设置页眉、页脚和幻灯片编号

在幻灯片母版状态下，单击"插入"选项卡中的"页眉和页脚"按钮，出现如图 6.21 所示的"页眉和页脚"对话框，选择"幻灯片"选项卡，从中进行相应的设置即可。勾选"日期和时间"复选框，表示在幻灯片左下角的"日期区"显示日期和时间（若选择了"自动更新"选

图 6.21 "页眉和页脚"对话框

项，则时间域会随着计算机系统日期和时间的变化而变化）；勾选"幻灯片编号"复选框，表示在幻灯片右下角的"幻灯片编号"区自动加上编号；勾选"页脚"复选框并填写内容，表示在幻灯片下方正中的"页脚区"书写对应的内容。

用户可以插入图片或设置底色叠放在母版上，或者单击"幻灯片母版"选项卡的"编辑主题"和"背景"组中的按钮，以美化母版。

（2）讲义母版

讲义母版用于控制幻灯片以讲义形式打印的格式，可增加页码（非幻灯片编号）、页眉和页脚，也可以在"讲义母版"选项卡中选择在一页纸张中打印的幻灯片张数。

（3）备注母版

备注母版是供演讲者备注使用的空间，可以设置备注幻灯片的格式。

2. 幻灯片格式化

用户在幻灯片中输入标题、正文之后，这些文字、段落的格式仅限于模板所指定的格式。为了使幻灯片更加美观、便于阅读，可以重新设定对象、文字和段落的格式。这些操作一般在"开始"选项卡中进行设置。

（1）文字格式化

利用"开始"选项卡的"字体"组中的按钮可以改变文字的格式设置，如字体、字号、加粗、倾斜、下画线和字体颜色等。用户也可以单击"字体"组右下角的 按钮，打开"字体"对话框进行设置。

（2）对象格式化

对于幻灯片中的标题、正文、表格、图表、剪贴画和 SmartArt 等对象的格式化主要包括大小、位置、填充颜色、边框线等。

先选中要格式化的对象，根据选定对象的不同，在"视图"选项卡的右边产生相应的"格式"选项卡并用不同的颜色加以区分。若选中图片或剪贴画，则产生淡紫色的"图片工具格式"选项卡；若选中文本，则产生橙色的"绘图工具格式"选项卡；若选中音频（或视频）对象，则产生淡蓝色的"音频工具格式"和"音频工具播放"（或"视频工具格式"和"视频工具播放"）两个选项卡；若选中 SmartArt 对象，则产生深蓝色的"SmartArt 工具｜设计"和"SmartArt 工具｜格式"选项卡；若选中表格对象，则产生黄色的"表格工具｜设计"和"表格工具｜布局"两个选项卡，如图 6.22 所示。单击这些选项卡中的按钮，即可对选定的对象进行格式化的设置。

图 6.22 "格式"选项卡的各种标题

（3）段落格式化

① 段落对齐设置：演示文稿中输入的文字均有文本框，设置段落的对齐方式，主要用来调整文本在文本框中的排列方式。文本对象的对齐方式决定了各行文字的水平位置；字体的对齐方式决定了各行文字的垂直位置。

② 改变文本对齐方式：先选择该文本对象，然后单击"开始"→"段落"→"文本左对齐""居中"或"文本右对齐""两端对齐""分散对齐"按钮，可以设置该文本对象的水平对齐方式。单击"对齐文本"按钮，可以改变其垂直对齐方式。

③ 调整行间距和段落间距：单击"行距"按钮，可以改变行间距。如果要改变段间距，可以单击"段落"组中的 按钮，打开"段落"对话框进行设置。

（4）对象格式的复制

在对象处理过程中，有时对某个对象进行上述格式化操作后，希望其他对象具有相同的格式，只要使用"开始"选项卡的"剪贴板"组中的"格式刷"按钮，就可以将格式进行复制。

特别地，如果需要复制的是对象的动画效果，则可以单击"动画"选项卡的"高级动画"组中的"动画刷"按钮。详细操作见 6.5.1 节的"动画刷"。

3．主题和背景

主题是指一组有关幻灯片外观的格式，包括颜色、背景、字体、幻灯片版式等。PowerPoint 2010 内置了一些主题，可以在"设计"选项卡中使用它们，也可以设计自己的主题。主题的设计方法如下：先选择已有主题，然后单击"主题"组中的"颜色""字体"或"效果"按钮，对主题进行调整，完毕后单击"主题"组中的 按钮，选择"保存当前主题"，输入适当的名字即可保存。

背景样式是系统内置的一组背景效果，包括深色和浅色两种背景。浅色总是在深色中清晰可见，深色同样在浅色中清晰可见。背景样式会随着用户当前所选择的主题样式发生变化。单击"背景"组中的"背景样式"，可以为当前主题选择不同的背景，也可以在"设计"选项卡中单击"背景"组中的 按钮，打开"设置背景格式"对话框来自定义背景。

4．模板

模板是一张或一组幻灯片的图案或蓝图，是一种特殊的演示文稿文件，默认文件扩展名为 .potx。模板一般包含以下信息：主题特定的内容，背景格式，对象的颜色、字体等效果以及占位符中的文本。用户可以使用 PowerPoint 2010 内置模板，也可以创建自己的模板，还可以从微软网站或者第三方网站下载模板。

若要使用模板，可选择"文件"中的"新建"命令。若要重复使用最近使用过的模板，可单击"最近打开的模板"；若要使用已安装到本机上的模板，可单击"我的模板"，从中选择所需的模板；若要使用在线模板，可以选择"Office.com 模板"中的一个模板，单击"下载"，将其从 Office.com 网站下载到本地磁盘后使用。

若创建自己的模板，方法如下：打开或创建演示文稿，更改演示文稿的设置，包括母版等，如修改占位符的字符、字体、字号等；选择"文件"的"另存为"命令，打开"另存为"对话框；根据需要，在"保存类型"列表中选择"PowerPoint 模板""PowerPoint 启用宏的模板"或"PowerPoint 97-2003 模板"，并选择要保存模板的文件夹；最后，在"文件名"框中输入新模板的名称，单击"保存"按钮。

根据现有演示文稿创建模板时，该演示文稿上的所有文本、图形、幻灯片等对象都会出现在新模板中。如果不希望每次使用模板时都出现演示文稿中的某些部分，可以将其删除。

6.5 放映演示文稿

制作演示文稿的目的在于展示，丰富多彩的动画和切换效果能够使演示文稿更加绚丽夺目，增强视觉效果，提升展示力度，吸引观众注意力。

6.5.1　制作动画效果

PowerPoint 2010 可以将演示文稿中的文本、图片、形状、表格、SmartArt 图形和其他对象制作成动画，并赋予它们进入、退出、大小或颜色变化甚至移动等视觉效果。单击"动画"选项卡，即可打开"动画"功能区，包含 4 个组：预览、动画、高级动画和计时。

1．制作"进入"式的动画效果

"进入"式效果是指幻灯片中的对象以动画形式"进入"屏幕，这是幻灯片中经常用到的一种动画效果。这样可以使要显示的对象逐渐显示出来，从而产生一种动态效果。

下面以幻灯片中最常用的文本和图片对象为例，介绍制作"进入"式动画效果的方法。

打开演示文稿，定位到需要添加动画的幻灯片，选中要添加自定义动画的对象，如幻灯片中的文本对象"校园风光"；单击"动画"选项卡，在"动画"组中已显示出几种常用的"进入"动画效果，此时效果"无"被默认选中；单击"高级动画"组中的"动画窗格"按钮可在右侧显示"动画窗格"，此时为空。

单击"飞入"效果（如图 6.23 所示），即可为文本对象"校园风光"添加"飞入"动画效果，并可以看到这四个字从屏幕下方飞入。此时在所选对象左侧会出现编号"1"，右侧的"动画窗格"将显示刚添加的进入效果，编号为"1"。单击"效果选项"，可改变"飞入"的方向。

图 6.23　添加"进入"动画效果

调整"计时"组中的"持续时间"，可以改变"飞入"的速度；调整"延迟"，可以改变"飞入"到需要的位置之后停留的时间。

设置完成后，单击功能区左侧的"预览"按钮或者"动画窗格"中的"播放"按钮，可以看到已设置好的动画效果。

2．制作"强调"式的动画效果

"强调"式动画效果可以动态改变幻灯片中对象的形状、颜色等属性，可以为幻灯片中需要重点强调的对象应用这种效果，达到引人注意的目的。制作"强调"式动画效果的操作如下：定位到需要添加动画的幻灯片，选中要添加自定义动画的对象，如幻灯片中的图片对象"石雕"；单击"动画"组右下角的按钮▼，或单击"高级动画"组中的"添加动画"按钮，出现如图 6.24 所示的效果，选择"跷跷板"，可以看到"石雕"图片像跷跷板一样晃动。此时在"石雕"图片左侧会出现编号"2"，右侧的"动画窗格"将显示刚添加的强调效果，以"2"作为编号。

改变"计时"组中的"持续时间"，可以改变"跷跷板"的晃动频率；调整"延迟"，可以改变"跷跷板"停止晃动之后的停留时间。"动画"组中的"效果选项"为不可操作的灰色，说明"跷跷板"没有其他可选效果。

设置完成后，单击"预览"或"播放"按钮，可以查看动画效果。

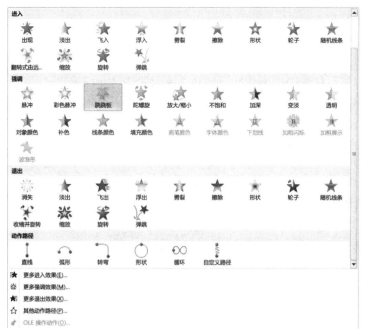

图 6.24　添加"强调"动画效果

3．制作"退出"式的动画效果

幻灯片中的某些对象，有时只是为了起到短暂的提醒作用，不需要在放映幻灯片过程中长时间存在。对于这些仅在放映幻灯片过程中短暂停留而后消失的对象，可以为其应用"退出"式动画效果。

仍以幻灯片中的图片对象"石雕"为例，希望在该对象"跷跷板"强调动画之前制作进入效果，让其以"跷跷板"的方式晃动 2 秒钟，再停留 1 秒钟，然后消失。制作"退出"式动画效果的操作如下：定位到需要添加动画的幻灯片，选中要添加自定义动画的对象，即图片对象"石雕"；单击"高级动画"组中的"添加动画"，在图 6.24 中选择"进入"效果组中的"形状"，可以看到"石雕"图片由四周向中间快速出现。此时在"石雕"图片左侧会出现编号"2"和编号"3"，右侧"动画窗格"的"3"对应刚添加的进入效果。

选择"动画窗格"中刚添加的进入效果，单击"计时"组中的"向前移动"，可以看到进入效果已经排在了强调效果之前。

选择"动画窗格"中的强调效果，此时编号已变为"3"。将"计时"组中的"持续时间"调整为 02.00，这样"跷跷板"会晃动 2 秒钟。

参照上面的方法，对"石雕"添加"擦除"退出效果，可以看到"石雕"图片从下向上被擦除。此时在"石雕"图片左侧会新增编号"4"，右侧的"动画窗格"显示刚添加的退出效果，以"4"作为编号。

选择"动画窗格"中的退出效果，其编号为"4"，将"计时"组中的"延迟"调整为"01.00"，这样在退出效果之前，"石雕"图片会被保留 1 秒钟。

在"动画窗格"中单击"进入效果"，按住 Shift 键再单击第 4 项"退出效果"，以选中第 2～4 项，将"计时"组中的"开始"选项更改为"上一动画之后"，使进入、强调和退出效果依次播放。这时"石雕"左侧的所有编号都变成"1"。

设置完成后，用 Shift+F5 组合键放映当前幻灯片观察动画效果。

4．利用"动作路径"制作动画效果

前面制作的动画效果都使用了 PowerPoint 预定的运动路径，如果用户希望自己指定动画的行进路径，可以使用"动作路径"来制作自定义路径。

在"校园风光"幻灯片中插入一副剪贴画"足球"，将其放在幻灯片左上方；选中"足球"，单击"动画"组中的按钮▼，在弹出的面板中选择"动作路径"组中的"自定义路径"，鼠标指针变为"十"字形，参照图 6.25，拖动鼠标画出需要的路径，双击鼠标，结束绘制。设置完成后，查看动画效果。

图 6.25　利用"动作路径"制作动画效果

5．动画刷

动画刷是 PowerPoint 2010 的新增功能，可以把一个对象的动画属性方便地复制到其他对象上，达到批量制作动画的目的。具体方法如下：如果希望对幻灯片右侧的图片对象"题词"添加与"石雕"相同的动画，可以先单击"石雕"图片，再单击"高级动画"组中的"动画刷"按钮，此时鼠标会变成带小刷子的样子 ▷ᵃ，再单击"题词"图片，即可把"石雕"图片的动画效果复制给"题词"图片。

如果希望把一个对象的动画属性批量复制给多个对象，可以双击"动画刷"，这样"动画刷"功能会一直有效，直到再次单击"动画刷"或按 Esc 键。

6.5.2　设置幻灯片间的切换效果

所谓幻灯片切换效果，是指在幻灯片的放映过程中前后两张幻灯片之间的"换片"效果，即当前页以何种方式消失，下一页以何种方式出现。PowerPoint 2010 的切换效果有细微型、华丽型和动态内容 3 类共 34 种，从而提供不同的效果选项。例如，"立方体""平移"等有很强的视觉冲击力。

单击"切换"选项卡，即可打开"切换"功能区，包含预览、切换到此幻灯片和计时三个组。设置幻灯片切换效果的具体方法为：选择要设置切换效果的一张或多张幻灯片，单击"切换"选项卡，切换到"切换"功能区，"切换"组中已经显示出几种常用的切换效果，此时效果"无"被默认选中。

单击"华丽型"中的"立方体"（如图 6.26 所示），即可为已选中的幻灯片添加"立方体"切换效果，并可以看到上一张幻灯片和当前幻灯片如同立方体一样在屏幕上旋转。

单击"效果选项"，可改变"立方体"的旋转方向；调整"持续时间"，可以改变"立方体"的旋转速度；调整"声音"，可以为"立方体"切换效果添加音效；单击"全部应用"，可以使

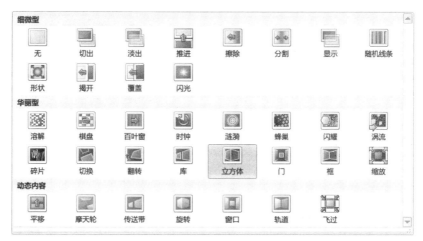

图 6.26　各种"切换"效果

"立方体"切换效果应用到所有的幻灯片；更改"换片方式"，可以选择单击时切换或者在一定时间之后自动切换。

设置完成后单击"预览"按钮或按 Shift+F5 组合键，可以观察切换效果。

6.5.3　超链接

PowerPoint 2010 提供了功能强大的超链接功能，可以在演示文稿中的任何对象之间、幻灯片之间、幻灯片与其他外界文件或程序之间、幻灯片与网络之间自由地跳转。激活超链接的方法可以是鼠标单击或移过链接点，也可以使用文本或对象将两个动作链接起来。例如，将鼠标移到某个对象上时播放声音，单击该对象时跳转到另一张幻灯片。

如果文本存在于图形之中，则可以为图形和文本分别设置超链接。代表超链接的文本下会自动添加下画线，并且显示为配色方案中指定的颜色。从超链接跳转到其他位置后，颜色将发生改变。因此，可以通过颜色分辨该超链接是否被访问过。

1．创建超链接

在 PowerPoint 2010 中创建超链接的方法很多，下面介绍几种常用方法。

（1）利用"动作设置"创建超链接

PowerPoint 2010 内置了一组动作按钮，可以执行"帮助""播放""下一项""前一项""开始"及"结束"等动作，如图 6.27 所示。在幻灯片放映中单击这些按钮，即可激活另一个程序、播放音/视频或跳转到其他幻灯片、文件及 Web 页中。

若要使用动作按钮创建超链接，可以按照下述步骤进行。

① 定位到要插入动作按钮的幻灯片，单击"插入"选项卡，切换到"插入"功能区，再单击"形状"按钮，弹出下拉列表，在最下方可以看到"动作按钮"功能组。

② 单击需要的动作按钮，鼠标指针变成十字形，拖动鼠标画出大小合适的动作按钮图标。

③ 添加完动作按钮后，弹出如图 6.28 所示的"动作设置"对话框，其中包含两个标签："单击鼠标"和"鼠标移过"，选择需要的标签。

④ 在"超链接到"列表框中选择跳转的目标，可以是列表框中已预定的固定目标，也可以是演示文稿中的任一页。若要给按钮添加文字说明，可以右键单击已添加的命令按钮，选择"编辑文字"。

图 6.28 "动作设置"对话框

图 6.27 "动作按钮"组

图 6.29 "链接"组

（2）利用"超链接"或"动作"按钮创建超链接

在"插入"功能区中有"链接"组，包括"超链接"和"动作"两个按钮，可以方便地创建超链接，如图 6.29 所示。

利用"超链接"按钮（"地球"图标）创建超链接是一种常用的方法，能通过鼠标单击的方式激活，在超链接的创建过程中，可以方便地选择要跳转的目标文件，并清楚地显示创建超链接的路径。具体方法如下：

定位到要插入超链接的幻灯片，选中需要插入超链接的对象，可以是文本、文本框、图片或 SmartArt 等对象；单击"超链接"按钮，或者右键单击对象，在弹出的快捷菜单中选择"超链接"，弹出"插入超链接"对话框；如果链接的是现有文件或网页，选中"链接到："中的"现有文件或网页"，然后选中需要的文件或网页，单击"确定"按钮，完成超链接的创建。

如果链接的是此文稿中的其他幻灯片，则选中"链接到："中的"本文档中的位置"，在"请选择文档中的位置"中单击要链接到的那张幻灯片（此时会在右侧的"幻灯片预览"框中看到所要链接到的幻灯片），然后单击"确定"按钮，即可建立超链接。

如果链接的是电子邮件地址，则选中"链接到："中的"电子邮件地址"，将需要的邮件地址填写到右侧的"电子邮件地址"文本框中。PowerPoint 会自动加上"mailto:"前缀。

利用"动作"按钮插入超链接的方法与方法（1）类似，选中需要插入超链接的对象后单击"动作"按钮，即弹出"动作设置"对话窗口，可参照方法（1）进行设置。

2．更改或删除超链接

① 更改超链接的目标。若更改超链接的目标，可在超链接的对象上单击右键，在弹出的快捷菜单中选择"编辑超链接"，出现"编辑超链接"对话框，输入新的目标地址或跳转位置。

② 删除超链接。若仅删除超链接的目标，可在超链接的对象上单击右键，在弹出的快捷菜单中选择"取消超链接"即可。

若希望删除超链接及所在的对象，直接删除对象即可。

6.5.4　幻灯片放映

制作演示文稿的最终目的是展示给观众，正确的放映方式能给观众能留下深刻的印象。一般来讲，产品展示设置成幻灯片自动放映，产品和课程讲解设置成演讲者放映。PowerPoint 2010 定义了多种放映方式，在设计上更加人性化，操作起来也更加简单方便。

单击"幻灯片放映"选项卡，可以打开对应的功能区，包含 3 个组："开始放映幻灯片""设置"和"监视器"。

1. 放映幻灯片

PowerPoint 2010 定义了多种幻灯片放映方式，可以在不同场合选择不同的方式。

① 从头开始播放。若要从头开始展示演示文稿，可单击"从头开始"，快捷键为 F5。

② 从当前幻灯片播放。若要从当前所在幻灯片开始播放，可单击"从当前幻灯片开始"按钮。在编辑幻灯片时经常使用该功能，对应的快捷键为 Shift+F5。

③ 广播幻灯片。广播幻灯片是 PowerPoint 2010 的新增功能，可以通过广播的方式将幻灯片共享到局域网或互联网的任何位置。网络上的任何用户通过浏览器就可以观看到幻灯片的放映。此功能要求共享者和受邀者有可用的互通的网络，并且共享者需要一个 Windows Live ID。

④ 自定义幻灯片放映。自定义放映幻灯片是根据已经做好的演示文稿自定义放映指定的幻灯片，并设置放映的顺序。有时需要在不同场合放映同一个演示文稿中的不同部分，或针对同一个演示文稿演讲不同长度的版本，这时可以选择自定义幻灯片放映，如图 6.30 所示。

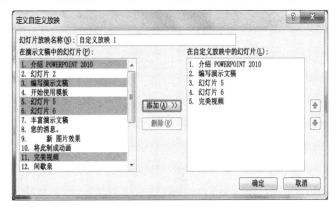

图 6.30 "定义自定义放映"对话框

进行幻灯片放映时，整个屏幕都被幻灯片占据，按 Esc 键退出幻灯片的放映。在放映过程中，如果用户需要在不退出当前放映的前提下使屏幕黑屏，在放映幻灯片的时候按 B 或者"."（句点）键，则屏幕切换到黑屏状态。如果需要恢复放映状态，只需再次按 B、"."或 Esc 键。

2. 设置幻灯片放映

除了多种幻灯片放映方式，PowerPoint 2010 还提供了更细致的设置选项，对幻灯片放映进行调整。这些调整操作使用"设置"功能组实现。

如果希望某些幻灯片不出现在最终的放映中，可以不必删除它们，而是选中这些幻灯片再单击"隐藏幻灯片"即可。

如果希望在幻灯片放映过程中自动切换到下一张，可使用"排练计时"功能。单击"排练计时"按钮，演示文稿会从第一张幻灯片开始播放，但屏幕左上角会显示"录制"工具栏，如图 6.31 所示。估计好每张幻灯片的播放时间，填入"幻灯片放映时间"文本框即可。也可以在播放过程中单击最左侧的"下一项"按钮，将当前幻灯片的已播放时间自动填入"幻灯片放映时间"文本框。

单击"设置幻灯片放映"按钮，会弹出如图6.32所示的对话框，从中可以设置是否全屏播放、是否循环播放、是否加旁白或动画、是否全部播放、是否自动换片以及是否启用多监视器播放等。如果计算机连接并识别出了两台显示器或投影仪，还可以设置两个显示器的播放不同内容，一个包含演示者视图用以提示演讲者，另一个正常播放给观众。

图 6.31 "录制"工具栏　　　　　　　　图 6.32 "设置放映方式"对话框

三种"放映类别"的具体含义如下。

① 演讲者放映（全屏幕）：最常用的放映方式，也是默认放映方式，在放映过程中以全屏显示幻灯片。演讲者能控制幻灯片的放映，暂停演示文稿，添加会议细节，还可录制旁白。

② 观众自行浏览（窗口）：可以在标准窗口中放映幻灯片。在放映幻灯片时，可以拖动右侧的滚动条，或滚动鼠标上的滚轮，实现幻灯片的放映。

③ 在展台浏览（全屏幕）：最简单的放映方式，多用于展会或会议中。这种方式将自动全屏放映幻灯片，并且循环放映演示文稿。在放映过程中，除了通过超链接或动作按钮进行切换，其他功能都不能使用。如果要停止放映，只能按 Esc 键终止。这种放映方式要求已经设置好"排练计时"功能，PowerPoint 会在设定好的时间结束后自动播放下一张幻灯片。

6.6　打印和输出演示文稿

演示文稿制作完后不但可以根据需要以不同方式放映，而且可以打印和输出演示文稿。

（1）打印演示文稿

通过打印设备可以将演示文稿打印在普通打印纸上，也可以将幻灯片打印在投影胶片上。单击"文件"的"打印"命令，可以打开打印设置窗口，如图6.33所示。

在"设置"组中可以选择打印全部或者部分幻灯片，也可以指定需要打印幻灯片的页数，如"1,3-5"（这里的逗号为西文逗号）。还可以选择在一页纸上打印多少张幻灯片，可以选择1张、2张、3张、4张、6张或9张。如果需要改变纸张方向，可以选择"纵向"或"横向"。打印多份时，"调整"表示打印机打印完一份之后再打印下一份，"取消排序"则表示打印完第一页的所有份数之后再打印第二页所有份数，以此类推。日常使用的打印机多数不是彩色打印机，这时可以选择"灰度"，以预览打印到打印机上的效果。

（2）输出演示文稿

PowerPoint 2010 提供了多种演示文稿的输出方式。可以选择将演示文稿直接发布到网络上

图 6.33　打印设置窗口

或者作为邮件附件发送，这需要有效的 Internet 连接。也可以选择将演示文稿转换成 PDF 文件、视频文件或者 Word 文档。如果需要在未安装 PowerPoint 2010 的计算机上进行演讲，还可以将演示文稿打包，这样即使脱离 PowerPoint 2010 环境也能够正常播放。与之前的版本不同，这个功能要求手动下载 PowerPoint Viewer 软件才可以实现。

　　所有这些功能都可以在"文件"的"保存并发送"窗口中设置，如图 6.34 所示。

图 6.34　保存并发送窗口

本章小结

本章对 PowerPoint 2010 的常用基本功能及其使用方法进行了较为详尽的讲解，介绍了演示文稿的建立和编辑，幻灯片的复制、移动、插入和删除等编辑方法，如何更改幻灯片的版式，如何使用幻灯片母版统一幻灯片整体布局，以及调整幻灯片色彩的方法。

在创建演示文稿时可以创建备注或讲义，以便在演示时能够向观众讲解得更加透彻。为了更好的演示效果，可以为演示文稿的文字、图片、SmartArt 图形等对象设置动画效果，可以添加音频来配合这些动画效果的展示。

用户可以在演示文稿中插入超链接，使文字和图片对象链接到其他多媒体对象，或者跳转到演示文稿中的特定幻灯片、另一个演示文稿、某个运行环境、某个 Word 文档、某个 Internet 网页或某个 E-mail 地址。用户可以进行演示文稿的打包和发布，并以不同的格式打印幻灯片演示文稿。

通过对本章的学习，大家只要熟练掌握 PowerPoint 2010 各功能区和各种工具的使用，加上自己的艺术创意，就可以创建出丰富多彩的演示文稿。

习 题 6

1. 设计并建立一个自己所在部门的幻灯片演示文稿，内容包括专业设置、实验室设置及设备、教师情况和科研成果等介绍。

2. 为题 1 中的幻灯片演示文稿编写备注和观众讲义，另存为 PDF 格式的文件。

3. 利用 SmartArt 创建所在学校的组织结构图。

4. 建立一个包含个人简历和家庭成员的演示文稿，文件名为 Personal.pptx，要求包含动画效果、排练计时和自动播放动能。

5. 建立一个自己所在宿舍及住宿者简介的演示文稿（要求名字应出现在第一位），文件名为 Dorm.pptx，要求有动画及音响效果，并进行排练计时和自动播放。

6. 利用"公式"按钮在演示文稿中插入一个积分公式。

7. 采用竖排方式输入两首著名诗词，并对诗词作者、写作背景及诗词所反映的主要内容、观点进行必要的演示说明。请配上循环播放的背景音乐。

8. 利用 PowerPoint 简要介绍计算机发展历史和趋势以及计算机特点、应用和分类。

9. 利用 PowerPoint 简要介绍计算机的硬件组成（并配图说明）及计算机软件的分类。

10. 利用 PowerPoint 简要介绍计算机多媒体技术。

11. 利用 PowerPoint 简要介绍计算机安全常识。

12. 将题 8、题 9 中所做的幻灯片演示文稿打包，并在另一台计算机上演示。

13. 在联网环境下将题 10、题 11 中所做的幻灯片演示文稿广播到其他计算机中。

第 7 章 数据库技术基础

数据库是一种管理数据的重要技术，产生于 20 世纪 60 年代末至 70 年代初，后得到快速发展，进而成为计算机科学领域的一个重要分支。在数据不断膨胀的今天，数据资源已经成为各企业和相关部门的重要财富，如何快速有效地管理和使用数据资源已成为各企业和相关部门生存和发展的重要条件。数据库技术为各企业和相关部门存储、处理数据资源提供了一种有效的手段。

7.1 数据库基础知识

7.1.1 数据库的基本概念

（1）数据库

数据库（DataBase，DB）是一种长期存储在计算机内、有组织的、可共享的大量数据的集合。数据库就是一种存放各种数据的仓库，只不过这个仓库是存在于计算机的存储设备中的。

数据库中的数据按一定的数据模型组织、描述和存储，具有较小的冗余度、较高的数据独立性和易扩展性，并可以为各类用户或应用程序提供数据共享服务。

例如，学校把学生的基本信息（如学号、姓名、性别、联系方式等）存放在一个学生信息表中，把课程信息（如课程编号、课程名称、课时等）存放在一个课程信息表中，把选课及成绩信息（如学号、课程号、学分、成绩等）存放在成绩信息表中，这三张信息表的有机结合组成了一个数据库。

（2）数据库管理系统及其功能

数据库管理系统（DataBase Management System，DBMS）是一种介于用户与操作系统之间，专门用于管理数据的软件，如图 7.1 所示。

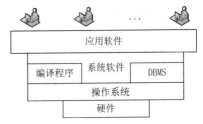

图 7.1 DBMS 在计算机系统中的位置

DBMS 可以实现"科学组织和存储数据，高效获取和处理数据"。用户可以通过 DBMS 访问数据库中的数据，数据库管理员也可以通过 DBMS 对数据库实现日常的维护工作。

为了便于管理数据，DBMS 提供了数据定义语言（Data Definition Language，DDL）、数据操纵语言（Data Manipulation Language，DML）。

DBMS 的主要功能体现在以下 5 方面：① 数据定义，DDL 用于对数据库、表、视图、索引及数据之间的联系进行定义；② 数据操纵，DML 用于对数据库中数据的查询、删除、插入和修改操作；③ 数据库运行管理，DBMS 的重要功能是对数据库的运行管理，具体包括数据的完整性、安全性、并发性控制及系统发生故障后的迅速恢复等；④ 数据库的建立与维护，数据库的建立主要包括数据对象的创建、初始数据的录入等；⑤ 数据库通信，DBMS 提供了数据库的访问方法，主要包括：与网络中其他软件系统的通信功能，DBMS 与其他 DBMS 或与文件系统之间的数据转换，异构数据库之间的互访或互操作等。

对已经建立好的数据库，DBMS 主要从以下 4 方面进行维护：数据库的转储和恢复，数据库的安全性、完整性控制，数据库性能的监督、分析和改造，数据库的重组织与重构造。

（3）数据库应用系统

直接使用数据库管理系统管理数据时，用户需要熟记一系列的操作步骤及命令，为非专业用户带来了很多不便。为此，数据库开发人员在 DBMS 的基础上，根据用户实际需要，开发出相应的数据库应用软件。有了数据库应用软件，一般的用户只需稍加培训就可以非常方便地管理数据。

（4）数据库系统及其组成

数据库系统（DataBase System，DBS）是指在计算机系统中引入数据库后的系统。DBS 包括 4 部分：数据库、数据库管理系统、数据库应用系统和数据库管理员。

7.1.2　数据库管理技术的发展

21 世纪以来，数据库技术已经渗透到社会的各个领域，成为各行各业不可缺少的数据管理手段。随着应用需求的增长及计算机软硬件技术的发展，数据管理可分为以下 3 个阶段。

（1）人工管理阶段（20 世纪 50 年代中期之前）

在本阶段，计算机主要用于科学计算，数据量不大。这个时期数据存储设备主要是卡片、磁带和纸带，没有专门的数据管理软件，数据需要人工管理。本阶段应用程序与数据之间的对应关系如图 7.2 所示。

（2）文件管理阶段（20 世纪 50 年代后期～60 年代中期）

在本阶段，计算机技术有了很大的发展，不仅用于科学计算，还被用于信息数据的处理。这个时期，数据存储设备主要是磁盘和磁鼓，数据与程序分开存放，数据可以直接在磁盘中进行存取，使用时再由程序调用数据文件。期间出现了操作系统，并使用专门的管理软件（文件系统）实施数据管理，使得外存数据更加易于管理。本阶段应用程序与数据之间的对应关系如图 7.3 所示。

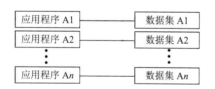

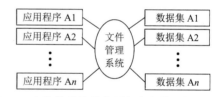

图 7.2　人工管理阶段应用程序与数据间的关系　　图 7.3　文件管理阶段应用程序与数据间的关系

（3）数据库管理阶段（20 世纪 60 年代后期）

随着计算机软件和硬件的发展、数据处理规模的扩大，计算机越来越多地应用于管理领域。20 世纪 60 年代后期出现了数据库技术。本阶段数据管理技术的特点如下：

① 数据结构化：数据库中的文件是相互联系的，总体上具有一定的结构形式。

② 数据共享性较高：数据库中包含了所有用户的数据，每个用户有时只使用其中部分数据，不同用户使用的数据有时是重叠的，同一数据可以被多个用户使用。

③ 数据冗余减少：一个数据可以从系统层面共享给不同的应用系统，不再面向单独的应用，多个应用系统的共享数据物理存储只有一次，从而减少了数据冗余。

④ 数据的安全性、可靠性和正确性有了保障：数据库管理系统提供数据的安全性、完整性、并发性控制和恢复能力。本阶段应用程序与数据之间的对应关系如图 7.4 所示。

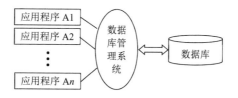

图 7.4　数据库管理阶段应用程序与数据间的关系

7.1.3　数据模型

数据模型是一种用来抽象、表示、处理现实世界中数据和信息的工具，满足三个要求：比较真实地模拟现实世界，容易被人理解，便于在计算机中实现。

根据数据模型抽象的三个层次，数据模型可分为概念数据模型、逻辑数据模型和物理数据模型。

1．概念数据模型

（1）基本概念

概念数据模型（Conceptual Data Model）用于信息世界的建模。数据管理的对象是客观事物，由于现实世界的复杂性，需要先把现实世界抽象为信息世界，建立信息世界中的数据模型，再将信息世界中的数据模型转化为可以在计算机中实现的、最终支持数据库系统的数据模型。

概念数据模型是信息世界对现实世界的第一层抽象，是数据库设计人员设计数据库的有力工具，是数据库设计人员与用户之间交流的语言。

最有名的概念数据模型的表示方法是 E-R 模型（Entity-Relationship Approach，实体-联系模型）。E-R 模型包含三个要素：实体、属性和实体间的联系。

① 实体：客观存在并可以相互区别的事物称为实体。实体可以是具体的事物，如一名教师、一名学生；也可以是抽象的概念和联系，如学生与班级的关系。

② 属性：用来描述实体的特性称为属性，如学生具有姓名、学号、性别等属性。不同的属性会有不同的取值范围。

实体名和属性名的集合可以构成一个实体型，如"学生(学号, 姓名, 性别, 班级)"就是一个实体型。

③ 实体间的联系：实体之间的对应关系称为实体间的联系，如学生与图书之间存在借阅关系。

（2）实体间的联系

两个实体之间的联系主要有以下 3 种。

① 一对一联系（1:1）：对于实体集 A 中的每个实体，实体集 B 中只有一个实体与之对应，反之亦然，则称实体集 A 和实体集 B 具有"一对一"的联系。例如，一个学院只有一个院长，而一个院长只在一个学院任职，院长与学院之间是一对一联系。

② "一对多"联系（1:n）：如果对于实体集 A 中的每个实体，实体集 B 中有多个实体与之对应；反之，对于实体集 B 的每个实体，实体集 A 中只有一个实体与之联系，则称实体集 A 与 B 存在"一对多"联系。例如，一个学院有多名学生，而一个学生只属于一个学院，学院与学生之间具有"一对多"联系。

③ "多对多"联系（$m:n$）：如果对于实体集 A 中的每个实体，实体集 B 中有 n 个实体与之对应，同时，对于实体集 B 的每个实体，实体集 A 中有 m 个实体与之联系，则称实体集 A

与实体集 B 存在"多对多"的联系。例如，一位教师可以讲授多门课程，而不同的课程可以被多位教师讲授，教师与课程之间具有"多对多"的联系。

（3）E-R 模型表示

E-R 模型包含了实体、属性和联系三要素。在 E-R 模型中，实体用矩形表示，在图形内部标注实体名，属性用椭圆表示，在图形内部标注属性名，联系用菱形表示，在图形内部标注联系名，使用无向边连接相关的对象。图 7.5 是实体与属性的一个实例。

图 7.5　实体与属性

2. 逻辑数据模型

逻辑数据模型（Logical Data Model）是用户从数据库所看到的模型，既要面向用户，又要面向系统，是具体的数据库管理系统所支持的数据模型，主要用于数据库管理系统的实现。常用的逻辑数据模型主要有三种：网状数据模型、层次数据模型和关系数据模型。这三种模型是按其数据结构命名的，前两种为格式化的结构，后一种为非格式化的结构。数据模型的构造方法决定了数据之间的联系方式以及数据库的设计方法。

网状模型（Network Model）是采用网状结构表示实体及其之间联系的模型，如图 7.6 所示。

层次模型（Hierarchical Model）是采用树型结构表示实体类型及实体间联系的数据模型，如图 7.7 所示。

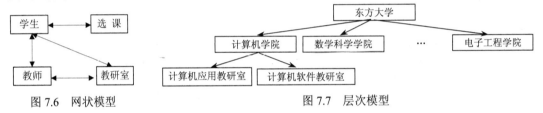

图 7.6　网状模型　　　　　　　　　　　图 7.7　层次模型

关系模型是数据库系统中最重要的一种数据模型，是一种采用二维表的形式表示实体和实体间联系的数据模型。关系模型的逻辑结构是二维表，一个关系对应一个二维表。

关系模型的特点是概念单一、规范化、以二维表格表示。目前的数据库管理系统几乎都支持关系模型。表 7.1 所示的"学生信息表"就是一个二维表。本书介绍的 Access 2010 就是一种典型的关系数据库管理系统。

表 7.1　学生信息表

学号	姓名	性别	年龄	专业代码号
201201001	王二	男	19	201
201201002	张三	女	20	201
201201003	李四	男	18	201

3. 物理数据模型

物理数据模型（Physical Data Model）是面向计算机物理表示的模型，与具体的数据库管理系统、操作系统及硬件有关，描述了数据在存储介质上的组织结构，大部分物理数据模型的实现工作由系统自动完成。每种逻辑数据模型实现时都有对应的物理数据模型。

7.2　关系数据库基础

基于关系数据模型建立的数据库就是关系数据库。在关系数据库中，数据被分散到不同数据表中，每个表中的数据都被记录一次，从而避免了数据的重复输入，减少了数据冗余。

7.2.1 基本概念

（1）关系

一个关系就是一张二维表，每个关系有一个关系名。在 Access 数据库中，关系名就是数据库中表的名称，如表 7.1 所示的学生信息表。

（2）元组

在一个二维表中，表中的行称为元组，每行是一个元组，也称为一条记录。表 7.1 所示的学生信息表中以"学号"为"201201001""201201002"标志的行都称为一条记录。

（3）属性

二维表中每列称为一个属性，每列有一个属性名，也称为字段名。如表 7.1 所示的学生信息表中的"学号""姓名""性别"等字段。

（4）域

属性的取值范围，即不同元组对同一个属性的取值所限定的范围。例如，在表 7.1 的学生信息表中，性别字段数据域为{男，女}。

（5）候选码、主码

在一张表中能唯一标识一条记录的字段或字段的组合，称为候选码。一张表中可能有多个候选码，从中选择一个为主码，也称为主键。例如，在学生表中，学生的学号可以唯一确定一个学生，所以学生的学号是这个关系的主码。

（6）外码

如果表中的一个字段不是本表的码，而是另一个表中的主码或候选码，这个字段称为外码，又称为外键。在关系数据库中，各数据表间可以通过此关键字建立相互联系，如表 7.1 和表 7.2 是通过"学号"建立联系的。

表 7.2　选课信息表

学号	课程号	成绩
201201001	TC301	90
201201002	TC301	85
201201003	TC302	79

（7）关系模式

对关系的描述称为关系模式，一个关系模式对应一个关系的结构。关系模式一般表示为：

关系名(属性名 1, 属性名 2, …, 属性名 n)

在 Access 中，关系模式表示为表结构，其格式为：

表名(字段名 1, 字段名 2, …, 字段名 n)

例如，表 7.1 学生信息对应的关系模式为"学生(学号, 姓名, 性别, 年龄, 专业代码号)"。

（8）关系的特点

❖ 每个属性必须是不可划分的数据项，表中不能再包含表。

❖ 每列的元素必须是同一类型的数据，来自同一个域。

❖ 在同一个关系中不能出现相同的属性名。

❖ 任意两个元组不能完全相同。

❖ 行的次序和列的次序无关紧要。

7.2.2 关系运算

按运算符的不同，关系的基本运算分为两类：传统的集合运算和专门的关系运算。传统的集合运算包含并、交、差和广义笛卡尔积；关系运算包含选择、投影、连接和除运算。

1. 集合运算

下面以两个相同结构的关系 R（如表 7.3 所示）和 S（如表 7.4 所示）为例，对常用的几种集合运算进行说明。

① 并运算：关系 R 和 S 进行并运算，就是指将两个关系中的所有元组合并，若存在相同的元组，只留下其中的一个元组，组成一个新的关系，称为这两个关系的并运算。关系 R 和 S 进行并运算的结果如表 7.5 所示。

② 交运算：关系 R 和 S 进行交运算，由既属于 R 又属于 S 的元组组成一个新的关系，称为这两个关系的交运算。关系 R 和 S 进行交运算的结果如表 7.6 所示。

③ 差运算：关系 R 和 S 进行差运算，是由属于 R 但不属于 S 的元组组成一个新的关系，称为这两个关系的差运算。关系 R 和 S 进行差运算的结果如表 7.7 所示。

表 7.3 关系 R

A	B	C
a1	b1	c1
a2	b2	c2
a3	b3	c3

表 7.4 关系 S

A	B	C
a1	b1	c1
a2	b3	c2
a3	b2	c3

表 7.5 R 与 S 的并

A	B	C
a1	b1	c1
a2	b2	c2
a3	b3	c3
a2	b3	c2
a3	b2	c3

表 7.6 R 与 S 的交

A	B	C
a1	b1	c1

表 7.7 R 与 S 的差

A	B	C
a2	b2	c2
a3	b3	c3

2. 关系运算

在关系数据库管理系统中，常用的关系操作有 3 种：选择运算、投影运算和连接运算。

① 选择（Selection）。选择是从行的角度对关系进行的运算，是从二维表中选择符合给定条件的所有元组。例如，从表 7.1 中选择学生性别为"男"的记录，结果如表 7.8 所示。

② 投影（Projection）。投影是从列的角度对关系进行的运算，从二维表中选出所需要的列。例如，从表 7.1 中找出学生的学号和性别，结果如表 7.9 所示。

表 7.8 选择运算

学号	姓名	性别	年龄	专业号
201201001	王二	男	19	201
201201003	李四	男	18	201

表 7.9 投影运算

学号	性别
1201001	男
1201002	女
1201003	男

③ 连接（Join）。连接是关系的横向结合，将两个二维表中的记录，按照给定条件连接起来得到一个新的关系，其中包含满足连接条件的记录。连接运算中有两类重要的运算：等值连接和自然连接。下面以关系 R（见表 7.3）和关系 M（见表 7.10）为例，说明两类连接运算。

等值连接：从关系 R 和 M 中分别选取一个属性列，如从两个关系中均选取 B 这个属性列，则等值连接是选取 B 属性列中值相等的那些元组。结果如表 7.11 所示。

自然连接：按照字段值对应相等的条件进行的连接操作称为等值连接。自然连接是去掉重复属性的等值连接。例如，现将关系 R 与 M 进行自然连接，结果如表 7.12 所示。

表 7.10 关系 M

B	D
b1	d1
b3	d2
b4	d3

表 7.11 R、M 等值连接

A	R.B	C	M.B	D
a1	b1	c1	b1	d1
a3	b3	c3	b3	d2

表 7.12 R、M 自然连接

A	B	C	D
a1	b1	c1	d1
a3	b3	c3	d2

7.2.3　关系的完整性

关系模型的数据完整性是保证数据库中数据的正确性和一致性的一种约束条件。数据库完整性包括实体完整性、参照完整性和用户定义完整性。

① 实体完整性规则。实体完整性是指关系的主码不能取空值和重复的值。如在表 7.1 所示的学生信息表中，将学号作为主码，那么，该列不能有空值并且不能有重复的值，否则无法对应具体的学生。

② 参照完整性规则。参照完整性定义了关系之间联系的主码与外码之间引用的规则，即外码要么取空值，要么等于相关关系中主码的某个值。例如：

学生(<u>学号</u>, 姓名, 性别, 专业代码, 年龄)

专业(<u>专业代码</u>, 专业名称, 院系代码)

其中，"学号"是"学生"信息表关系的主码，"专业代码"是外码，而"专业"信息表关系中"专业代码"是主码，则"学生"信息表关系中的每个元组的"专业代码"属性只能取如下值：空值，表示尚未给该学生分配专业；非空值，该值必须是"专业"信息表关系中某个元组的"专业代码"值。

③ 用户定义完整性规则。用户定义的完整性是根据应用环境，针对某一具体关系数据库制定的约束条件。例如，课程表中"成绩"这个属性取值范围为 0～100。

7.2.4　常用关系数据库简介

目前比较常用的关系数据库包括 SQL Server、Oracle、DB2、Access 等。还有一些开源数据库，如 MySQL、SQLite、PostgreSQL 等。

（1）SQL Server

SQL Server 是 Microsoft 公司推出的关系数据库。SQL Server 数据库具有高性能、可扩展、支持 Windows 图形化管理工具、事务处理及先进的系统管理等特点。

（2）Oracle

Oracle 是甲骨文公司最早提出的基于 SQL 数据库语言的关系数据库产品之一，自 1979 年问世以来，融汇了数据库的各种先进技术，在小型机及微型机的关系数据库系统领域，居于举足轻重的地位。

（3）DB2

DB2 是 IBM 公司研制的一种关系型数据库系统。DB2 主要应用于大型应用系统，具有较好的可伸缩性，可支持从大型机到单用户环境，应用于 OS/2、Windows 等平台下。

（4）Access

Microsoft Office Access 是由 Microsoft 发布的关联式数据库管理系统，是一种小型的关系数据库管理系统。Access 常用于开发简单的 Web 应用程序，或者作为客户-服务器系统中的客户端数据库。

（5）MySQL

MySQL 是瑞典的 MySQL AB 公司开发的一款功能强大、使用灵活、多用户、多线程的开源数据库管理系统。MySQL 为用户提供了丰富的应用程序接口和非常有用的功能集，是互联网中流行的 SQL 数据库服务器，很多软件开发人员和商业用户也在使用 MySQL 数据库。

（6）SQLite

SQLite 是一款轻型的、开源数据库管理系统，目前已经在很多嵌入式产品中使用。它占用的资源非常低，处理速度比 MySQL、PostgreSQL 快。

（7）PostgreSQL

PostgreSQL 数据库是以 Postgres 版本 4.2 为基础，由美国加州伯克利分校开发的一款开源关系型数据库管理系统。PostgreSQL 数据库支持事务、存储过程及并发控制，其性能优异。

（8）Visual FoxPro

Visual FoxPro 简称 VFP，是 Microsoft 公司在 FoxPro 2.5 的基础上推出的数据库开发软件。Visual FoxPro 源于美国 Fox Software 公司推出的数据库产品 FoxBase。其最高版本 Visual FoxPro 9.0 于 2007 年发布，是 VFP 的最后一个版本。

7.3　结构化查询语言 SQL

7.3.1　SQL 概述

SQL 是结构化查询语言（Structured Query Language）的缩写，是一种数据库查询和程序设计语言，用于存取数据及查询、更新和管理关系数据库系统。

目前，Oracle、SQL Server、MySQL、Access 等比较流行的关系数据库都支持 SQL。SQL 的主要功能是可以与各种数据库建立联系，进行沟通，从而达到操纵数据库数据的目的。SQL 语句可以用来执行各种各样的操作，如更新、删除及查询数据库中的数据。SQL 是一种功能比较齐全的关系数据库语言，包含以下 4 部分。

① 数据定义语言（Data Definition Language，DDL）：负责数据结构与数据库对象的定义，主要包括以 CREATE、ALTER 和 DROP 开头的语句。

② 数据查询语言（Data Query Language，DQL）：进行数据查询而不会对数据本身进行修改。保留字 SELECT 是使用最多的动词，与 SELECT 配合使用的保留字有 WHERE、ORDER BY、GROUP BY 和 HAVING。

③ 数据操纵语言（Data Manipulation Language，DML）：实现对数据库的基本操作，包括以 INSERT、UPDATE、DELETE 开头的语句。

④ 数据控制语言（Data Control Language，DCL）：用来设置或者更改数据库用户或角色权限，包括以 GRANT、DENY、REVOKE 等开头的语句。

7.3.2　数据定义

SQL 的数据定义通过提供创建、修改和删除语句完成对模式、基本表、视图和索引的定义。基本表、视图和索引都是 SQL 模式中的元素，创建 SQL 模式就是定义一个保存这些元素的物理空间。多数关系数据库管理系统创建 SQL 模式就是创建数据库。

由于视图是一种虚表，索引是依附于基本表的，因此 SQL 通常不提供修改视图和索引定义的操作。用户如果想修改视图定义或索引定义，只能先将它们删除，再重建。

1．数据库的创建与删除

创建数据库的基本格式为：

　　　　CREATE DATABASE 数据库名称

【例 7-1】　创建名为"图书管理"的数据库。

　　　　CREATE DATABASE 图书管理

删除数据库的基本格式为：

      DROP DATABASE 数据库名称[, … n]

2．表的定义、删除与修改

（1）表的定义

建立数据库的第一步是定义数据表，数据表是数据库中一个非常重要的对象，定义数据表的语法格式如下：

    CREATE TABLE <表名>(<列名 1> <数据类型> [列级完整性约束]

                  [, <列名 2> <数据类型> [列级完整性约束] …] [, <表级完整性约束>]);

① 表名：要定义的基本表的名称，包含一个或多个属性（列）。

② 数据类型：指字段的类型，通常的形式是"类型(长度)"。定义表的各属性时需要指明其数据类型及长度，SQL 提供的数据类型有：

❖ SMALLINT：半字长二进制整数。

❖ INTEGER 或 INT：全字长二进制整数。

❖ FLOAT：双字长浮点数。

❖ CHARTER(n)或 CHAR(n)：长度为 n 的定长字符串。

❖ DECIMAL(p, q)：十进制数，共 p 位，其中小数点后有 q 位，$0 \leqslant q \leqslant p \leqslant 15$。

❖ VARCHAR(n)：最大长度为 n 的变长字符串。

❖ DATE：日期型，格式为"YYYY-MM-DD"。

❖ TIME：时间型，格式为"HH.MM.SS"。

③ [列级完整性约束]：定义字段的完整性约束，用于输入数据时对字段进行有效性检查。取值有 NULL（空）、UNIQUE（取值唯一），NOT NULL UNIQUE 表示取值唯一，不能取空值。其展开格式为：

    [NOT NULL| NULL] | [DEFAULT 字段] | [{PRIMARY KEY|UNIQUE}] |

    [[FOREIGN KEY] REFERENCES <表名>] | CHECK(条件)

④ [表级完整性约束]：主要有 PRIMARY KEY（定义主码）、FOREIGN KEY（定义外码）、CHECK 三个子句。其展开格式为：

    [, PRIMARY KEY(<列名>…)]

    [, FOREIGN KEY [外码名] (<列名> …) REFERENCES <表名>] [, CHECK(条件) …]

【例 7-2】建立图书表 Book，由 Bno（图书编号）、Title（书名）、Author（作者）、Press（出版社）、Price（定价）五个字段构成，其中 Bno 不能为空且其值是唯一的。

    CREATE TABLE Book (Bno CHAR (8) NOT NULL UNIQUE, Title CHAR (20),

                Author CHAR(10), Press CHAR(20), Price FLOAT);

（2）修改基本表

修改基本表的命令为 ALTER TABLE，格式如下：

    ALTER TABLE <表名> [ADD <新列名> <数据类型> [完整性约束]]

    [DROP <完整性约束>]

    [MODIFY] <列名> <数据类型>]

① 表名：要修改的基本表。

② ADD：用于增加新的属性和新的完整性约束条件。

③ DROP：用于删除指定的完整性约束条件。

④ MODIFY：用于修改原有的列定义，包括修改列名和数据类型。

【例 7-3】 从图书表 Book 增加 ODate（借出日期）列：

    ALTER TABLE Book
    ADD ODate DATE;

（3）删除基本表

当某个基本表不使用时，可用 DROP TABLE 命令进行删除。基本表一旦删除，表中的数据和在表上建立的索引将自动删除。格式为：

    DROP TABLE <表名>

7.3.3 数据操纵

数据操纵包括数据查询和数据更新。数据查询可以实现对基本表中数据记录的查询，而数据更新可以实现在表中插入数据、修改数据、删除数据操作。

1. 数据查询

查询数据的格式如下：

    SELECT [ALL | DISTINCT] <目标列表达式 1> [, <目标列表达式 2>] …
    FROM <表名或视图名列表>
    [WHERE <条件表达式>]
    [GROUP BY <分组属性名> [HAVING <组选择条件表达式>]]
    [ORDER BY <排序属性名>] [ASC | DESC];

整个 SELECT 语句的含义是从指定的表或视图中查找出符合条件的记录。

① SELECT：要查询的数据，一般指列名或表达式。

② FROM：数据的来源，一般指表或视图。

③ WHERE：查询的条件。

④ GROUP BY：对查询的结果进行分组。

⑤ HAVING：限定分组的条件。

⑥ ORDER BY：对查询结果按某一个字段进行排序。

⑦ ASC：表示升序。

⑧ DESC：表示降序。

WHERE 子句的条件表达式可以使用下列运算符。

❖ 算术比较运算符：=、<>、<、>、<=、>=、BETWEEN_AND、NOT BETWEEN_AND。

❖ 逻辑运算符：AND、OR、NOT。

❖ 集合元素包含运算符：IN、NOT IN。

❖ 集合运算符：UNION、MINUS、INTERSECT。

❖ 存在量词：EXISTS、NOT EXISTS。

❖ 字符匹配：LIKE、NOT LIKE。

下面以例 7-1 创建的"图书管理"数据库为例说明 SELECT 语句的用法。

【例 7-4】 查询作者为"王五"的全部图书的价格。

    SELECT Price
    FROM Book
    WHERE Author='王五';

2．数据更新

（1）插入数据

插入数据的功能是向指定表中添加记录并给新记录的字段赋值，或者将某个查询结果插入指定表中。数据插入语句是 INSERT INTO。基本格式如下：

  INSERT INTO<表名>[(<属性 1>，<属性 2>，…)]
  VALUES(<常量 1>，<常量 2>，…);

其功能是将新元组插入到指定表中，属性 1 的值为常量 1，属性 2 的值为常量 2……

【例 7-5】 向图书表 Book(图书编号，书名，作者，出版社，定价)中插入一条新图书记录。

  INSERT INTO Book
  VALUES('20120018', '数学分析', '王三', '人民出版社',80);

（2）修改数据

修改指定表中符合条件的记录，并使用指定的表达式修改对应字段的值。在修改数据的命令中可以使用 WHERE 子句限定条件，对于满足条件的元组进行修改。若不写条件，则对所有元组进行修改。其格式如下：

  UPDATE <表名>
  SET <属性名 1>=<表达式 1> [, <属性名 2>=<表达式 2>, …]
  [WHERE <条件>];

【例 7-6】 将图书编号为"20120016"的作者修改为王五。

  UPDATE Book
  SET Author='王五'
  WHERE Bno=20120016;

（3）删除数据

删除数据先从指定表中找到需要删除的数据记录，然后从指定表中删除。其格式如下：

  DELETE FROM <表名>
  [WHERE <条件>]

【例 7-7】 从图书表中删除图书编号为"20120018"的记录。

  DELETE FROM Book
  WHERE Bno=20120018;

7.4 数据库应用 Access 2010

7.4.1 数据库的创建

Access 2010 将所有的数据库对象（数据表、查询、窗体、报表、宏、模块）存储在一个后缀名为 .accdb 的物理文件中，即数据库文件；Access 2003 将这些对象存储在后缀名为 .mdb 的数据库文件中。开发一个数据库管理系统相当于利用 Access 2010 创建数据库文件，并向数据库文件中添加数据库对象的过程。在 Access 2010 中，创建数据库的方法有多种，用户不仅可以利用模板创建，还可以直接创建空数据库、空白 Web 数据库。

1．利用模板创建数据库

首先，单击 Backstage 视图（后台视图，单击"文件"选项卡可查看 Backstage 视图）中的"新建"命令，再单击"样本模板"→"可用模板"，从中选择要使用的模板；然后，在"文件名"文本框中输入数据库的名称，并指定保存的位置；最后，单击"创建"按钮。

【例 7-8】 利用"罗斯文"样本模板创建一个名为"罗斯文"的数据库文件,并将它保存在"D:\My Documents"中。

方法如下:在 Backstage 视图中单击"罗斯文"模板,在"文件名"文本框中输入"罗斯文.accdb",并指定保存的位置,如图 7.8 所示;单击"创建"按钮,出现提示界面,按提示进行操作,出现如图 7.9 所示的主页窗体。

图 7.8 选择"罗斯文"数据库模板   图 7.9 主页窗体

单击导航窗格中的>>按钮,展开"罗斯文贸易"任务窗格,然后单击"罗斯文贸易"右侧的按钮,在弹出的"浏览类别"列表中选择"对象类型"项,如图 7.10 所示。选择对象类型后,任务窗格中将显示该数据库中已经创建的 6 类对象:表、查询、窗体、报表、宏、模块,如图 7.11 所示。

图 7.10 "浏览类别"列表   图 7.11 6 类对象

2. 创建空白数据库

使用模板创建数据库后,即可使用数据库。如果认为创建的数据库系统不符合自己的需求,可以通过增加或删除数据库对象等方式进行修改。如果所有的数据库模板都不能满足具体需求,那么用户可以从头开始创建空白数据库。

创建空数据库的过程与使用模版来创建数据库的过程类似,先选择 Backstage 视图的"新建"命令,再单击"空白数据库"或"空白 Web 数据库",输入文件名并指定数据库存放的具体位置,最后单击"创建"按钮。

【例 7-9】 创建一个名为"教学管理"的数据库文件。

方法如下:选择 Backstage 视图的"新建"命令,如图 7.12 所示,单击"空白 Web 数据库",在"文件名"文本框中输入"教学管理"并指定存放的位置;单击"创建"按钮后,将显示如图 7.13 所示的窗口。系统自动为"教学管理"数据库添加一个数据库对象,默认名为"表1"的数据表。通过窗口左下方显示的信息可知,当前显示的是"表1"的数据表视图。

图 7.12 创建"教学管理"数据库   图 7.13 新建的数据库

7.4.2 数据库对象

（1）数据表

数据表简称表，是收集和存储数据信息的基本单元，是数据库中最基本也是最重要的对象。表是由行和列组成的一个二维表，每行称为一条"记录"，每列称为一个"字段"。可以为表设置主键，使得每行数据拥有唯一的标识，也可以通过设置外键确定不同表中数据的彼此关联，从而建立表间关系。一个完整的表是由表结构和表内容共同组成的，表结构即为表的框架，而表的内容是由一条一条的记录构成的。

（2）查询

查询是数据库中使用最多的一种数据库操作，通常是指通过设置查询条件，从一个表、多个表或其他查询中选取全部或部分数据，以二维表的形式将符合查询条件的数据提供给用户。查询可以作为窗体、报表及其他查询的数据源。查询的结果以二维表的形式展示，但查询不是数据表。在 Access 2010 中，查询的对象可以是一个数据库中的一个表或多个表中存储的数据信息。

在 Access 2010 中，使用查询对象可以创建数据表、对表中的数据进行添加、删除和修改操作。Access 2010 支持 5 种查询：选择查询、参数查询、交叉表查询、操作查询和 SQL 查询。通常使用查询向导和查询设计按钮两种方法来创建查询。

（3）窗体

Access 2010 提供了可视化的操作界面来实现数据的输入、输出，即窗体对象。窗体是用于处理数据的界面，通常包含很多控件用于执行不同的命令，通过设置控件的属性和编写控件的事件来确定窗体需要显示的内容及应打开的窗体和报表。其数据来源可以通过键盘直接输入，也可以来自数据表或查询。如果数据来自数据表或查询，窗体中显示的数据将会随数据表或查询数据的变化而动态变化。

Access 2010 中的窗体对象有 6 种视图：窗体视图、数据表视图、数据透视表视图、数据透视图视图、布局视图、设计视图。不同的窗体视图有不同的作用和显示效果。

在数据库设计中，窗体扮演着非常重要的角色。Access 2010 中主要有单窗体、数据表窗体、分割窗体、多项目窗体、数据透视表窗体、数据透视图窗体、主/子窗体等类型。

（4）报表

报表主要用于数据的显示和打印，它的数据来源可以是表、查询，也可以是 SQL 语句。同窗体一样，报表本身也不存储数据，只是在运行报表时才将信息收集起来。

报表有 4 种视图：报表视图、打印预览、布局视图和设计视图。一般采用报表向导、报表设计按钮来创建报表。

（5）宏

宏是一个或多个宏操作命令组成的集合。宏的主要功能是让程序自动执行相关的操作。Access 2010 提供了大量的宏操作命令，每个宏操作命令都可以完成一个特定的操作。用户可以在窗体、报表、控件和模块中添加，并使用宏来完成特定的操作任务。

（6）模块

在 Access 2010 中，模块是一个非常重要的对象，它的功能比宏的功能更强大，不仅能完成操作数据库对象的任务，还能直接运行 Windows 的其他程序、进行复杂的计算、执行宏所不能完成的复杂任务。

7.4.3　表的创建

利用"表模板"可以创建数据表，如果利用"表模板"创建的数据表不能满足用户的需要，就可以对表结构进行修改。Access 2010 主要提供以下 6 种创建数据表的方法。

（1）利用"表格工具"的"字段"选项卡创建表

利用"表格工具"的"字段"选项卡创建表的方法如图 7.14 所示。

（2）利用"创建"选项卡中的"表格"组建立表，如图 7.15 所示

可以分别利用"表格"组中的"表""表设计"和"SharePoint 列表"创建表。其中，"表设计"是利用"表设计器"创建表，是在表的设计视图下创建表。利用"SharePoint 列表"创建表，是指创建从 SharePoint 列表中导入的表或者链接到 SharePoint 列表的表。

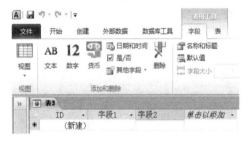

图 7.14　使用"字段"选项创建表

图 7.15　使用"表格"组建立表

（3）利用"外部数据"选项卡的"导入并链接"组建立表

可以通过导入数据创建数据表，导入的数据包括 Excel 表、Access 数据库、ODBC 数据库、XML、文本文件、SharePoint 列表、HTML 文档、dBASE 文件、Outlook 等。图 7.16 是用导入的 Excel 表格数据组建的数据表。

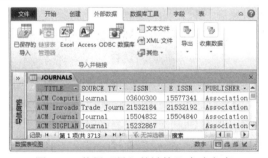

图 7.16　使用"导入并链接"来建立表

【例 7-10】　按照表 7.13 给出的表结构，在新建的"教学管理"数据库中使用输入数据的方法创建"课程表"。

表 7.13　课程表结构

字段名	课程号	课程名	课程类型	学分
字段类型	文本	文本	查阅向导（文本）	查阅向导（数字）
字段长度	4	12	选修课、必修课、指选课	1，2，3，4
说明	主键			

方法如下：

① 打开"教学管理"数据库，弹出如图 7.17 所示的窗口。"教学管理"数据库是通过创建空数据库的方法创建的，所以在打开数据库时，其中只有一个名为"表 1"的数据库对象。

② 选中 ID 字段列，在"表格工具"的"字段"选项卡的"属性"组中单击"名称和标题"，在弹出的"输入字段属性"对话框的"名称"中输入字段名"课程号"（如图 7.18 所示），然后单击"确定"按钮。

图 7.17　教学管理中的"表 1"对象

图 7.18　在新表中添加字段

③ 在"格式"组中设置"课程号"字段的数据类型为"文本"（如图 7.19 所示），在"属性"组中设置字段的大小为 4。此时，第一个字段设置完成。

④ 在图 7.17 的黄色区域中单击"单击以添加"，设置字段"课程名"，数据类型选择"文本"。

⑤ "课程类型"的数据类型是查阅向导类型，不能使用输入数据的方法创建。在图 7.18 中，单击黄色区域的"单击以添加"，数据类型选择"查阅和关系"。在弹出的"查阅向导"对话框中选择"自行键入所需的值"，然后单击"下一步"按钮。

图 7.19　数据类型

⑥ 在弹出的"查阅向导"对话框中输入 3 种课程类型（如图 7.20 所示），单击"下一步"按钮，系统给该字段一个默认标签"字段 1"，也可以对"字段 1"进行重命名，再单击"完成"按钮。

⑦ 重复步骤②和③，依次设置字段名为"课程类型"、大小为 5 和默认值。

⑧ 添加最后一个字段"学分"，其数据类型是"查阅向导"，添加本字段的步骤同⑤。

⑨ 将数据记录输入完毕后，注意保存文件。在"文件"选项卡中单击"保存"按钮，以保存表。关闭表后，在导航窗格选中该表并单击右键，在弹出的快捷菜单中选择"重命名"，可以实现对表的重命名。再次在数据表视图下打开"课程表"，如图 7.21 所示。

（4）利用字段模板创建表

利用 Access 2010 自带的字段模板可以创建数据库表。模板中已经设计好了各种字段的属性，所以可以直接使用模板中设置的字段。然后在"字段"选项卡的"添加和删除"组中单击相应的数据类型。

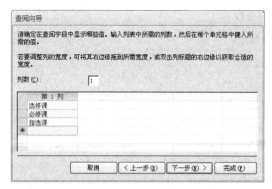

图 7.20 输入查阅字段中显示的值

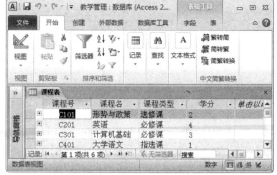

图 7.21 输入课程信息后的"课程表"

【例 7-11】 在"教学管理"数据库中，按照表 7.14 所示的表结构，创建名为"学生表"的表。

表 7.14 "学生表"的表结构

字段名	学号	姓名	性别	出生年月	班级
字段类型	文本	文本	文本	日期/时间	文本
字段长度	8	10	1	8	10
说明	主键，设置输入		默认值为"男"	设置有效性规则	

方法如下：

① 单击"创建"选项卡中的"表"，弹出与图 7.17 几乎相同的窗口，此时导航窗格中有两个表："课程表"和"表 1"，现在为"表 1"添加字段。

② 将 ID 字段修改为学生表的主键"学号"。

③ 通过单击"添加和删除"组中的"文本"，分别创建"字段 1"和"字段 2"，设置字段长度分别为 10 和 1，并命名字段名为"姓名"和"性别"，设置"性别"默认值为"男"。

④ 添加"出生年月"字段。单击"其他字段"的下拉按钮，设置字段名为"出生年月"，从弹出的字段类型列表（如图 7.22 所示）中选择"中日期"。

⑤ 添加"班级"字段，方法同步骤③。

⑥ 输入记录数据后，保存表，或直接关闭表，系统提示是否保存，若保存，则单击"是"按钮。将"表 1"命名为"学生表"，并向表中添加记录，如图 7.23 所示。

图 7.22 出生年月字段类型选择

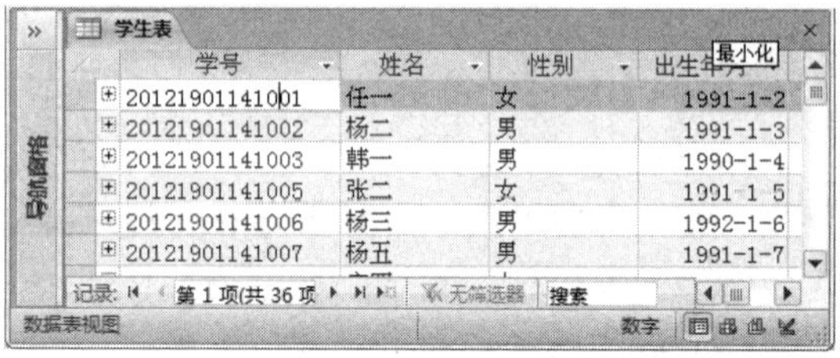

图 7.23 "学生表"数据表视图

（5）利用数据导入的方式创建表

Access 2010 可以导入数据或链接其他程序的数据。例如，用户可以导入 Excel 表、Access

数据库、ODBC 数据库、XML 文档、文本文档等其他数据源数据。由于数据源的类型不同，因此导入过程也不完全相同，但关键的一步就是，在"外部数据"选项卡的"导入和链接"组中单击要导入的文件类型。

【例 7-12】 按表 7.15 所示教师表的表结构设计，将一个存有教师信息的 Excel 文件作为导入数据源，在"教学管理"数据库中创建一个名为"教师表"的表。

表 7.15 教师表的表结构设计

字段名	教师编号	姓名	性别	出生年月	工作时间	职称	基本工资
字段类型	文本	文本	文本	日期/时间	文本	查阅向导（文本）	查阅向导
字段长度	4	10	1	8	8	5	4
说　明	主键		默认"男"	设置有效性规则	设置有效性规则	讲师，副教授，教授	3 档次

方法如下：

① 打开"教学管理"数据库，在"外部数据"选项卡的"导入并链接"组中单击"Excel"。

② 弹出"获取外部数据"对话框（如图 7.24 所示），单击"浏览"按钮，指定要导入的数据源。选择默认项"将源数据导入当前数据库的新表中"，然后单击"确定"按钮。

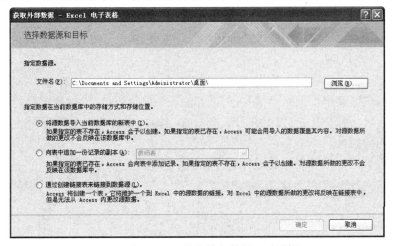

图 7.24 "获取外部数据"对话框

③ 在弹出的"导入数据表向导"对话框中，按照提示完成相应选择，单击"下一步"按钮。

④ 选择"我自己选择主键"，将"教师编号"作为主键，然后单击"下一步"按钮。

⑤ 在向导的最后一页指定要"导入到表"的名称，本例为"教师表"，然后单击"完成"按钮。

Access 2010 将数据导入新表"教师表"中，此时在导航窗格中新增了一个名为"教师表"的表对象。双击该表对象，出现如图 7.25 所示的"教师表"数据表视图，从中可以继续添加数据，如"出生日期"字段的值或者插入新记录。

图 7.25 "教师表"数据表视图

（6）利用表设计器创建表

利用表设计器创建表就是在设计视图中创建表。在设计视图中，首先创建表的结构，然后切换至数据表视图，再输入记录数据。

关键操作是单击"创建"选项卡的"表"组中的"表设计"。

7.4.4　编辑表和维护表

（1）表的复制

下面通过一个例子说明表复制的具体操作步骤。

【例 7-13】　将"教学管理"数据库中的"教师表"复制一份，命名为"教师表-原表"。

方法如下：打开"教学管理"数据库，选中"教师表"，分别按组合键 Ctrl+C 和 Ctrl+V 进行复制和粘贴，或者单击右键，在快捷菜单中选择"复制"和"粘贴"命令进行复制和粘贴；在如图 7.26 所示的对话框中输入"教师表-原表"，然后单击"确定"按钮。

在导航窗格中出现"教师表"的备份表，即"教师表-原表"。

（2）表的重命名

在导航窗格中选中要重新命名的表，然后单击右键，选择快捷菜单中的"重命名"命令，直接输入新的表名，最后按 Enter 键即可。

（3）修改表结构

在设计视图下可以实现对表结构的修改，是对数据库中表对象中的字段进行相关操作，如添加、修改、删除字段以及设置字段的属性等。

【例 7-14】　在"教学管理"数据库的"教师表"中增加两个字段："研究方向"和"联系方式"，数据类型均为"文本"。要求"研究方向"字段为 40，位于"工作日期"和"职称"字段之间。

方法如下：在"教学管理"数据库中打开"教师表"的设计视图；在"职称"字段上单击右键，在弹出的快捷菜单中选择"插入行"，并输入"研究方向"，设置字段的数据类型和相关属性；将光标移至"基本工资"字段的下一行，直接输入字段名称"联系方式"，并设置该字段的数据类型和相关属性。

修改表结构后的"教师表"的设计视图如图 7.27 所示。

字段名称	数据类型
教师编号	数字
姓名	文本
性别	文本
出生日期	日期/时间
工作时间	日期/时间
研究方向	文本
职称	文本
基本工资	数字
联系方式	文本

图 7.26　表复制方式和命名　　　　　　　图 7.27　教师表设计视图

（4）表的删除

在删除表之前，必须先关闭要删除的表对象。在导航窗格中选中该表并单击右键，然后选择快捷菜单中的"删除"，弹出确认删除的对话框，确认即可。

7.4.5　查询

如果查看一个表中的数据，可以利用记录筛选完成，也可以使用查找操作实现。在 Access 2010 中，可以利用"查询"选项组中的查询工具查看多个表中的数据，也可以从多个表中检索符合条件的组合数据。

查询是 Access 2010 数据库中的一个重要的数据库对象，是一种虚拟表，不会用来存储数据，而是按照一定的条件或准则从一个或多个数据表映射出的虚拟视图，其主要功能是按照不同的方式查看、更改、分析和统计数据。"查询"可以从一个或多个表中找出符合条件的记录，还可以执行数据计算、合并不同表中的数据，以及添加、更改或删除表数据。

1. 查询的类型

在 Access 2010 中，查询分为 5 类：选择查询、参数查询、交叉表查询、操作查询和 SQL 查询。

选择查询是一种常用的查询类型，可以从一个或多个表中找出满足特定规则的数据信息。用户可以使用选择查询对记录进行分组，进行数据汇总、计数、求平均值和其他类型的计算。

参数查询是利用对话框提示用户输入查询条件信息。例如，让用户输入一个日期段参数来检索处于这个日期段的所有记录。

交叉表查询可以计算并重新组织数据的结构，使用户更方便地分析数据。交叉表查询能够实现表中数据的汇总，如总计、平均值、计数或其他类型的计算。

选择查询、参数查询和交叉表查询不会改变数据源表或查询中的数据，而操作查询只需进行一次操作就可以对许多记录进行更改或移动。在 Access 2010 中，操作查询有如下 4 种。

① 追加查询：可以将一个或多个表中的一组记录添加到一个或多个表的末尾。

② 更新查询：可以对一个或多个表中的一组记录进行更新。

③ 删除查询：可以从一个表或多个表中删除一组记录。删除查询通常会删除整条记录。

④ 生成表查询：可以根据一个或多个表中的全部或部分数据来生成一个新表。

SQL 查询是用户使用 SQL 语句创建的查询。使用 SQL 可以查询、更新和管理 Access 的关系数据库。SQL 查询是在数据库系统中应用广泛的数据库查询语言。

在使用向导和设计视图创建查询时，Access 将在后台构造等效的 SQL 语句。

2. 查询的视图

在 Access 2010 中，查询有 5 种视图：数据表视图、SQL 视图、设计视图、数据透视图视图、数据透视表视图，其中数据表视图、SQL 视图和设计视图支持用户的操作。5 种视图的功能不同，适合不同应用的用户。

（1）数据表视图

数据表视图用于浏览查询的运行结果。该视图中的设计不是查询对象所包含的数据，而是根据 SQL 语句对相关表进行运算操作所得到的结果，所以在本视图中不可以对查询结果进行更新操作，如图 7.28 所示。

（2）SQL 视图

SQL 视图是用于显示和编辑查询对象所对应 SQL 字符串。在这种视图（如图 7.29 所示）中，用户可以直接编写 SQL 语句创建查询，也可以查看当前查询对应的 SQL 语句，还可以直接修改 SQL 语句，适用于高级用户。

图 7.28 查询的数据表视图

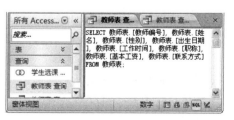

图 7.29 查询的 SQL 视图

（3）设计视图

设计视图是用于查询对象的字段结构与属性的窗口。在查询设计视图中，用户使用可视化的手段进行创建和修改查询，如图 7.30 所示。

图 7.30　查询的设计视图

从图 7.30 可以看出，设计视图分为上、下两部分。上部分称为字段列表区，显示了查询的数据源及其相应的字段。本例中，数据源只有一个，即"教师表"，可单击"查询工具"的"设计"选项卡，从"查询设置"组中选择"显示表"，然后选择要添加的表或其他查询。设计视图的下部分称为设计网格区，默认情况下由以下几行组成。

① "字段"行：用于设置查询操作中涉及的字段。用户可以直接从字段选择区选择字段，然后将其拖放至该行的某列上；或直接从该行的下拉列表中选择某个字段。

② "表"行：显示或选择字段所在的表名或查询名。

③ "排序"行：用于对查询结果按照该列字段指定的排序方式显示。

④ "条件"行和"或"行：用于设置查询条件。在"条件"行中，用户为"字段"行中的不同字段指定查询条件，并通过 AND 运算符组合在一起，在"条件"行和"或"行中指定的条件则通过 OR 运算符组合在一起。

（4）数据透视图视图

在数据透视图视图中，使用各种图形来表示数据。从如图 7.31 所示的视图类型中选择"数据透视图视图"，将设计视图切换为如图 7.32 所示的数据透视图视图。

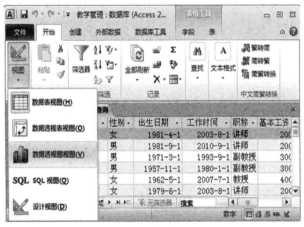

图 7.31　视图类型

（5）数据透视表视图

数据透视表是一种交互式表，可以快速合并和比较大量数据。从如图 7.31 所示的视图类型中选择"数据透视表视图"，将数据透视图视图切换为如图 7.33 所示的数据透视表视图。

图 7.32　数据透视图视图　　　　　　　　　　图 7.33　数据透视表视图

3．查询的创建方法

在创建查询之前，尤其是查询中的字段来自多个表（即多表查询）时，这些表应该事先建立好关系。创建查询的方法主要有以下 3 种。

① 利用查询向导：可以创建简单选择查询、交叉表查询、查找重复项查询和查找不匹配项查询。

② 利用查询设计视图：对于有条件的查询可以在查询设计视图下创建。该方法可以创建和修改各类查询，是创建查询的主要方法。

③ 使用 SQL 查询语句：在查询的 SQL 视图下直接输入 SQL 语句来编写查询命令。该方法可以创建所有类型的查询，尤其是在查询设计视图下无法实现的查询，如数据定义查询、联合查询和传递查询等。

4．使用 SQL 查询语句创建查询举例

（1）使用 SQL 语句创建无条件查询

【例 7-15】　在"教学管理"数据库的"教师表"中，查询教师"杜六"的基本工资。可以在"创建"工具组中选择"查询向导"或"查询设计"创建教师表查询。

使用的 SQL 查询语句如图 7.34 所示，查询结果如图 7.35 所示。

图 7.34　无条件 SQL 查询语句　　　　　　　图 7.35　无条件查询结果

（2）使用谓词 IN 或 NOT IN 创建条件查询

【例 7-16】　在"教学管理"数据库教师表中，查询教师"胡六""阿二"的性别和出生日期。

使用的 SQL 查询语句如图 7.36 所示，查询结果如图 7.37 所示。

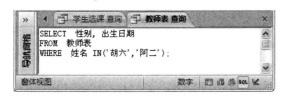

图 7.36　使用谓词 IN 创建条件查询 SQL 语句　　　图 7.37　使用谓词 IN 创建条件查询结果

谓词 IN 可以用来查找属性值属于指定集合的元组。与 IN 相对的谓词是 NOT IN，用于查找属性值不属于指定集合的元组。

（3）使用谓词 LIKE 创建条件查询

使用谓词 LIKE 创建条件查询的格式如下：

   [NOT] LIKE <匹配串>

其含义是查找指定的属性列值与匹配串相匹配的元组，匹配串中可以含通配符*和?。*代表任意长度（长度可以为 0）的字符串，?代表任意单个字符。

【例 7-17】 在"教学管理"数据库教师表中查询所有姓阿的教师的姓名、性别和出生日期。

使用的 SQL 查询语句如图 7.38 所示，查询结果如图 7.39 所示。

图 7.38 使用谓词 LIKE 创建条件查询 SQL 语句 图 7.39 使用谓词 LIKE 创建条件查询

（4）连接查询

如果查询目标涉及两个或几个关系，这时就需要进行连接查询。用户在 FROM 子句中指出关系名称，在 WHERE 子句中写明连接条件即可。

【例 7-18】 查询所有选了课程的学生的姓名和班级。

使用的 SQL 查询语句如图 7.40 所示，查询结果如图 7.41 所示。

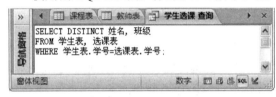

图 7.40 连接查询 SQL 语句   图 7.41 连接查询结果

如果不同关系中有相同的属性名，为避免混淆，应当在前面加上关系名，并用"."分开。

（5）嵌套查询

嵌套查询是指在 SELECT-FROM-WHERE 查询块内部再嵌入另一个查询块，称为子查询，并允许多层嵌套。由于 ORDER 子句是对最终查询结果的表示顺序提出要求，因此它不能出现在子查询中。在嵌套查询中，子查询的结果往往是一个集合，所以谓词 IN 是嵌套查询中最常使用的谓词。

【例 7-19】 用带有 IN 谓词的子查询查询与"杨五"选了相同课程（课程号：C601）的学生的"姓名"和"性别"。

使用的 SQL 查询语句如图 7.42 所示，查询结果如图 7.43 所示。

图 7.42 嵌套查询 SQL 语句   图 7.43 嵌套查询结果

（6）使用集函数查询

SQL 提供的常用统计函数称为集函数，这些集函数使检索功能进一步增强。

【例 7-20】 查询选了课程的总人数，如图 7.44 所示。

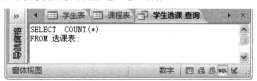

图 7.44 使用集函数查询 SQL 语句

（7）集合查询

关系是元组的集合，可以进行传统的集合运算。集合运算包括并（UNION）、交（INTERSECT）和差（MINUS），可以求一个 SELECT 子查询的结果与另一个 SELECT 子查询结果的并、交、差运算。集合运算是以整个元组为单位的运算。因此，这些子查询目标的结构与类型必须互相匹配，集合运算的结果将去掉重复元组。

【例 7-21】 查询选了课程号为 C301 的课程，或成绩高于 80 分的学生的信息。

使用的 SQL 查询语句如图 7.45 所示，查询结果如图 7.46 所示。

图 7.45 集合查询 SQL 语句

图 7.46 集合查询运行结果

7.4.6 导入和导出数据

1. 数据的导入

Access 2010 中提供了数据的导入功能，可以将 Excel、TXT、ODBC、dBASE、HTML、XML 等中的数据导入到 Access 表中，方法如下：在导航窗格中的表对象中任意选一个表，然后单击右键，在弹出的快捷菜单（如图 7.47 所示）中选择"导入"，接着单击要导入的文件类型。也可以单击如图 7.48 所示的"外部数据"选项卡的"导入并链接"组中的相应命令。启动导入向导，在弹出的对话框中选择数据源，然后单击"确定"按钮即可。

图 7.47 导入数据快捷菜单

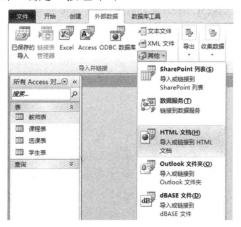

图 7.48 "导入并链接"组的命令

2. 数据的导出

Access 2010 不仅提供了数据的导入功能，还可以将表、查询、窗体、报表中可见的字段和记录导出到其他格式的文件中，如 Excel、Word、PDF、TXT、ODBC、HTML/XML 等。

数据导出的主要操作如下：

① 在导航窗格中选择要导出的表，然后单击右键，在如图 7.49 所示的快捷菜单中选择"导出"，单击要导出的文件类型。也可以单击"外部数据"选项卡（如图 7.50 所示）的"导出"组中的相应命令。

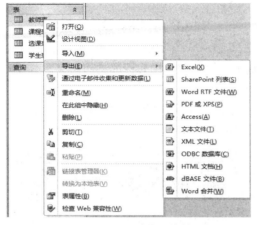

图 7.49　导出数据的快捷菜单　　　　　　　　图 7.50　导出数据

② 启动导出向导，在弹出的对话框中输入要保存的目标文件名、存储位置和文件格式，并指定导出选项，然后单击"确定"按钮即可。

③ Access 还会在导出向导的最后一页询问是否保存导出步骤。如果经常进行表的导出，可以保存导出步骤，在下次表导出时无须再使用向导，可自动执行导出操作。

本章小结

本章先介绍了数据库的基本概念、数据模型、数据库管理系统等基础理论知识，然后介绍了关系数据库的基本概念、关系运算、关系的完整性和常用关系数据库系统等知识，再详细介绍了 SQL 的功能和使用方法，最后简要介绍了 Microsoft Access 2010 的基本使用方法，其中包括：Microsoft Access 2010 数据库的 6 个数据对象、数据库的创建方法、表的创建及编辑和维护方法、查询的概念及类型和查询的创建方法、Microsoft Access 2010 数据的导入和导出。

习 题 7

1. 什么是数据库、数据库管理系统、数据库系统？三者有什么区别？
2. 试述实体、属性、码的概念。
3. 实体间的三种联系分别是什么？
4. 关系模型完整性规则有哪几类？简述每一类的主要内容。
5. 表示概念模型最常用的方法有哪些？
6. 数据库管理系统的主要功能是什么？
7. 在关系数据库中，关系的特点是什么？
8. 简述 SQL 的特点。

9. 简述 SQL 的定义功能。

10. 简述创建表的方法和特点。

11. 数据表视图和设计视图有什么区别？

12. 查询与表的主要区别是什么？

13. 创建查询的方法有哪些？简述每种方法中的关键操作。

14. 简述查询的类型。

15. 请写出各种操作查询对应的 SQL 语句的基本形式。

16. Access 2010 有哪几个数据对象？

第8章 多媒体技术基础

多媒体技术是伴随着计算机技术迅速发展起来的热点技术，它的出现极大地改变了人们的生活方式。进入21世纪以来，信息技术迅速发展，高清晰度电视、摄像机、智能手机、智能终端、高速通信网络和计算机技术进一步融合，多媒体技术成为继印刷术、电报电话、广播电视、计算机、移动通信之后人类处理信息手段的新的里程碑。多媒体技术的广泛应用给人们的学习、工作、生活和娱乐带来了深刻的变革。

本章通过具体实例紧密结合实际操作，使读者了解多媒体技术的基本知识，掌握文本、图形、图像、音频、视频等多媒体素材的处理方法。

8.1 多媒体技术的基本概念

1. 媒体、多媒体和多媒体技术

（1）媒体（Medium）

在计算机技术领域，媒体一般是指携带信息的载体，用于储存、呈现、处理、传递信息的实体。媒体有多种表现形式，如文本、图形、图像、动画、音频、视频等。

国际电话电报咨询委员会（CCITT）把媒体分成如下5类。

① 感觉媒体（Perception Medium）：直接作用于人的感觉器官，使人产生直接感觉的媒体，如引起听觉反应的声音、引起视觉反应的图像等。

② 表示媒体（Representation Medium）：传输感觉媒体的中介媒体，即用于数据交换的编码，如图像编码（JPEG、MPEG等）、文本编码（ASCII、GB2312等）和音频编码等。

③ 表现媒体（Presentation Medium）：用于信息输入和输出的媒体，如键盘、鼠标、扫描仪、话筒、摄像机等为输入媒体，显示器、打印机、喇叭等为输出媒体。

④ 存储媒体（Storage Medium）：用于存储表示媒体的物理介质，如硬盘、U盘、移动硬盘、光盘、ROM及RAM等。

⑤ 传输媒体（Transmission Medium）：传输表示媒体的物理介质，如电缆、光缆等。

（2）多媒体（Multimedia）

多媒体是指在计算机系统中，融合两种或两种以上媒体的一种人机交互式信息交流与传播媒体。在计算机技术领域通常认为，多媒体中连续变化的媒体信息（音频、视频）是人与计算机交互的最自然的媒体，多媒体技术就是对存储在多种媒体上的信息进行处理和加工的技术，多媒体系统是利用计算机和数字通信技术对多媒体信息进行处理和控制的系统。

（3）多媒体技术

多媒体技术是将多种媒体组合在一起，实现信息存储与传播的技术，现在一般特指使用计算机技术、网络技术等将音频、视频、图像等媒体信息集成到同一数字环境中，是多种学科、多种技术交叉的全新技术。目前，多媒体技术的研究和应用开发主要有以下方向。

① 多媒体信息表示技术。多媒体信息表现形式多样，根据各种媒体的不同特点，在计算机中的表示方法不尽相同。多媒体中的一些连续媒体，如音频、影视等，数据量很大，为解决这类媒体的存储、传输问题，需要使用数据压缩、解压缩技术等。

② 多媒体创作和编辑工具开发。为更加方便地操作与制作多媒体信息，人们开发了许多多媒体创作和编辑工具，并不断改进。例如，Adobe Photoshop、Flash、AuthorWare、GoldWave、Ulead Video Studio（会声会影）等多媒体创作和编辑开发工具。

③ 多媒体数据的存储技术。多媒体数据一般数据量很大，特别是音频、视频数据更是海量数据，目前存储这类数据的存储介质多为大容量硬盘、光盘等。大容量硬盘和光盘存储技术的开发与利用对多媒体的发展起到了非常重要的作用。

2．多媒体计算机和多媒体计算机系统

多媒体计算机是能够对音频、图像、视频等多种媒体信息进行综合处理的计算机。

多媒体计算机系统是一个复杂的软件、硬件结合的系统，可以将音频、视频、图像等多种媒体与计算机系统结合在一起，实现多媒体信息的输入、处理、输出等功能，是数字化处理的有机体。

多媒体计算机系统的硬件设备较多，常见的设备包括话筒、扬声器、投影仪、触摸屏、扫描仪、数码照相机、数码摄像机、数字手套、数据衣、手写板、三维鼠标等。

多媒体计算机系统的软件比较多，常见的图像处理软件包括 Adobe Photoshop、ACDSee Photo Editor、CorelDRAW、美图秀秀等，常见的音频处理软件有 GoldWave、Cool Edit、Audition、Audio Music Editor 等，常见的视频处理软件有 Adobe Premiere、Ulead Media Studio Pro、Ulead Video Studio（会声会影）、Sony Vegas 等。

3．多媒体的基本元素

① 文本（Text）：由语言文字和符号字符组成的数据文件，如 ASCII、存储汉字的文件。

② 图像（Image）：点位图，即由一幅图像的全部像素信息组成的数据文件。

③ 图形（Graph）：矢量图，即用数学方法（算法和特征描述），如由点、线、圆函数等生成的数据文件。一般可将图形看成是图像的抽象，即图像由若干图形构成。

④ 动画（Animation）：将静态的图像、图形及连环图画等按一定时间顺序显示而形成连续的动态画面。

⑤ 音频（Audio）：音频信号，即人类听觉可感知范围内的频率。多媒体中使用的是数字化音频。

⑥ 视频（Video）：可视信号，即计算机屏幕上显示的动态信息，如动态图形、动态图像。

4．多媒体的特点

与传统媒体相比，多媒体具有以下特点。

① 集成性，能够对信息进行多通道统一获取、存储、组织与合成。一方面，多媒体技术将多种性质不同的媒体有机地组合成完整的具有较高交互性能的多媒体信息；另一方面，多媒体技术把不同的媒体设备集成在一起形成多媒体系统。

② 实时性。当用户给出操作命令时，相应的多媒体信息都能够得到实时控制。尤其多媒体信息中的音频、视频信息是随时间变化的，这就要求多媒体技术能支持实时处理。

③ 交互性。交互性是多媒体应用有别于传统信息交流媒体的主要特点之一。传统信息交流媒体只能单向地、被动地传播信息，而多媒体技术可以实现人对信息的主动选择和控制。

5．多媒体技术的应用

多媒体技术的应用和发展正处于高速发展的过程中，多媒体应用开发技术是近年的热门技术之一。当今，多媒体技术在多媒体数据库、嵌入式多媒体系统、视频点播、远程教育、远程

医疗、远程会议系统、网络购物等方面都有广阔的应用前景。

多媒体的应用领域已涉足诸如广告、艺术、教育、娱乐、工程、医药、商业、交通监控及科学研究等行业。多媒体技术还广泛应用于数字图书馆、数字博物馆等领域。

8.2 多媒体图像处理技术

多媒体图像处理技术在多媒体技术快速发展的今天，被应用到越来越多的领域，下面介绍常见的图像文件和多媒体图像处理软件。

8.2.1 图像文件

多媒体计算机最常用的图像有图形、静态图像和动态图像（视频），其中多媒体视频技术将在 8.4 节介绍。

（1）图像文件分类

图像文件一般分为两大类：位图和矢量图。这两种图像文件也各有优缺点。

位图是由称为像素（图片元素）的单个点组成的，每个像素点都可以是任意颜色。位图图形文件中所涉及的图形元素均由像素点表示。

矢量图根据几何特性来绘制图形，矢量可以是一个点或一条线，由软件生成。

位图与矢量图最明显的区别是：位图放大时，放大的是每个像素点（所以看到的是模糊的图片），图像会失真；而矢量图形无论如何放大，依然清晰，图像不会失真。矢量图和分辨率无关，文件占用空间较小，适用于图形设计、文字设计和一些标志设计、版式设计等。

（2）图像文件

图像文件分为静态图像文件和动态图像文件（视频文件）。常见的静态图像文件格式及其特点见表 8.1。

除了上述文件格式，较常用图像的文件格式还有 PSB、TGA、RAW 和 EPS 等。

表 8.1　常见的静态图像文件格式

文件格式	文件格式特点
BMP（Bitmap）	一种与设备无关、最原始的静态图像文件格式，其存储容量较大
GIF（Graphics Interchange Format）	采用无损压缩存储，在不影响图像质量的情况下可以生成很小的文件，支持透明色，可以使图像浮现在背景之上，可以制作动画
JPG	也可表示为 JPEG，此格式文件压缩比高，一般可压缩到 BMP 图像大小的 1/10，且对图像质量影响小。目前，网络上图像文件格式多采用 JPG 文件格式
PNG（Portable Network Graphics）	一种新兴的网络图像格式，是无损压缩，用于在网络上显示图像。其缺点是不支持动画应用效果
TIF（Tag Image File Format）	标签图像文件格式，一种最佳质量的图形存储方式，可存储多达 24 个通道的信息，包含的图形信息最全，几乎所有的软件都支持这种格式
PSD	Adobe PhotoShop 默认的文件格式，能够支持几乎所有图像模式的文件格式，还可以保存图像中的辅助线、Alpha 通道和图层，便于再次调整和修改

8.2.2 图像处理软件及图像的获取

（1）图像处理软件

计算机系统中常见的图像处理软件有 Adobe Photoshop、ACDSee、CorelDRAW、美图秀秀等。根据图像文件分类可以选择不同的图像处理工具，具体可以分为以下两类：① 适于处理位图的工具，如 Ulead Photo Express、Photoshop、ACDSee、Paint Shop Pro；② 适于处理矢量图的工具，如 CorelDraw、Fireworks、AutoCAD。

（2）图像的获取

通常，图像的获取可采用以下方法：

① 通过相应的软件绘制而成，可使用鼠标或者光笔直接进行绘制。

② 通过数码相机、数字摄像机、摄像头获取。

③ 通过扫描仪获取，扫描仪可以将纸质图片或者照片的内容扫描并转换成所需要格式的图像文件。

④ 通过图像素材光盘获取，可以获取光盘中网页素材的内容图等。

⑥ 通过教学资源库获取，目前学校常用的教学资源库中附带大量的素材，可以从中获取相当一部分与教学内容相关的素材图。

⑦ 通过网络获取，网络是一个巨大的资源库，充分利用网络能够查找到大量的图片素材。

⑧ 通过抓图工具获取。

8.2.3　图像处理软件 Photoshop

Photoshop 软件是 Adobe 公司开发的一个跨平台的平面图像处理软件，能够在 Windows 操作系统或 Mac 操作系统下运行，是专业设计人员的首选。该软件集图像设计、扫描、编辑、合成以及高品质输出功能于一体，具有易学易用的特点，深受计算机设计人员的青睐，是目前最优秀的平面图形图像编辑软件之一，广泛应用于平面设计、网页设计、数码暗房、建筑效果图后期处理及影像创意设计等方面。

2003 年，Adobe 公司将 Adobe Photoshop 8 更名为 Adobe Photoshop CS。Adobe Photoshop CS6 是 Adobe Photoshop 的一个重要版本，是 Adobe 公司历史上最大规模的一次产品升级，集图像扫描、编辑修改、图像制作、广告创意于一体。

1. Photoshop CS6 的工作界面和菜单栏

Photoshop 的界面由菜单栏、工具选项栏、工具箱、文件操作窗口、面板（浮动调板）、状态栏等构成。Photoshop 的菜单栏将其操作分为 9 类，包括：文件、编辑、图像、图层、文字、选择、滤镜、视图、窗口。

2. 文件操作

① 新建文件。选择"文件"→"新建"命令，弹出"新建"对话框，根据需要，可以从中设置图像的大小、分辨率、颜色模式和背景内容等参数值，如图 8.1 所示。

② 打开图像文件。选择"文件"→"打开"命令，弹出"打开"对话框，从中选择图像文件路径，单击"打开"按钮即可。

③ 保存图像文件。选择"文件"→"存储"命令，弹出"存储为"对话框，选择保存图像文件所要求的文件格式，单击"保存"按钮即可。

④ 使用 Bridge 管理图像文件。选择"文件"→"在 Bridge 中浏览"命令，弹出 Bridge 窗口。Bridge 的功能非常强大，可以用于组织、浏览和寻找所需的图像文件资源，并且可以直接对选择的图像文件进行操作。

Bridge 常用的功能包括标记文件、为文件标星级、查看相片元数据（获取相片拍摄时采用的光圈、快门时间、白平衡及 ISO 数据）、输出照片为 PDF 或照片画廊等。

在 Bridge 窗口中可以对一批图像文件进行重命名，选择"工具"→"批重命名"命令（如

图 8.2 所示），在"批重命名"设置窗口中设置文件命名规则即可。

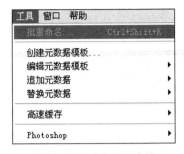

图 8.1 新建文件参数设置 图 8.2 "批重命名"命令

3. 选区操作

在进行图像处理操作时，需要通过"选区操作"选定要进行调整和编辑的图像区域，以避免对图像其他区域执行误操作。由此看来，在图像处理工作中，"选区操作"是一个非常重要的步骤。

（1）创建规则选区

常见的规则选区工具有 4 种，如表 8.2 所示。

表 8.2 常见的规则选区工具

名　称	特　点	对应工具参数的特点
矩形选框工具	创建矩形选区	可进行选区的羽化和调整边缘操作
椭圆选框工具	创建椭圆选区	可进行选区的羽化、调整边缘和消除锯齿操作
单行选框工具	创建单行选区	进行单行选区填充和处理
单列选框工具	创建单列选区	进行单列选区填充和处理

例如，将一张相片裁剪为规定尺寸。具体的操作方法：首先，在规则选区工具中选择"矩形选框工具"（如图 8.3 所示）；其次，单击"矩形选框工具"，并且选择工具预设按钮 ，在弹出的下拉列表中选择"显示所有工具预设"；最后，选择需要裁剪的规定尺寸（如图 8.4 所示），在原相片中按下鼠标左键并拖动滑过需要选择的区域即可。

图 8.3 规则选区工具菜单 图 8.4 裁剪的规定尺寸选项菜单

（2）创建不规则选区

建立图像不规则选区，可以使用不规则选区工具实现。常见的创建不规则选区工具包括套索工具、多边形套索工具、磁性套索工具，如图 8.5 所示。

【例 8-1】 利用套索工具在图像中建立任意选区的操作。

① 打开需要编辑的图像文件。

② 在工具箱中单击"套索工具" 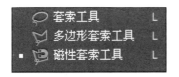，将鼠标光标移到图像内按下左键，使用拖动方法，在画布内选择想要选定的区域，使其形成一个闭合的区域（如图 8.6 所示），释放鼠标即可建立一个选区。

图 8.5　创建不规则选区的工具　　　　　图 8.6　套索工具建立选区

在创建不规则选区时，除了上述 3 种工具，还可以使用魔棒工具、快速选择工具和"色彩范围"命令。在创建选区的时候，可以结合羽化功能，使得选区边缘模糊，产生渐变晕开的柔和效果。

【例 8-2】　修饰图像中一朵花中心区域的颜色。

① 在 Photoshop 中，打开选定一幅花朵的图片，如图 8.7 所示。

② 使用魔棒工具，选取当前图片中指定花朵的花心区域，再使用删除操作，删除选定区域的颜色，如图 8.8 所示。

图 8.7　原花朵的图片　　　　　　图 8.8　使用魔棒处理的花朵的图片

注意：在创建选区后，还可以对选区进行适当的编辑和调整，具体操作可以通过单击"选择"菜单中的相应命令进行。

4. 图像的修饰操作

Photoshop 中的图像修饰功能众多，提供的工具可以修复破损的照片，使模糊的图像变得清晰，对图像局部的污点和划痕进行修复处理等。下面介绍几种常用的图像修饰工具。

（1）仿制图章工具

仿制图章工具用于从图像中取样，然后将样本应用到其他图像或同一图像的其他位置。各项参数含义如下。

① 模式：用于设置画笔绘制图像时与原图像重叠的模式，不同的模式产生的复制效果也不同。

② 不透明度、流量：用于设置复制图像时的透明效果，值越小复制出来的图像颜色越淡。

③ 对齐：选中此项，则一次复制只能产生一个源图像。

仿制图章工具取样操作方法：将光标移到图像窗口中的取样位置，并按住 Alt 键。

（2）污点修复画笔工具

污点修复画笔工具的特点是不需要定义任何源图像，在有瑕疵的地方单击即可进行修复。各项参数含义如下。

① 近似匹配：选中该选项，可以使用选区边缘周围的像素，查找要作为选取区域修补的图像。

② 创建纹理：选中该选项，将使用选区的所有像素创建一个用于修复该区域的纹理。

（3）修复画笔工具

修复画笔工具可以根据修改点周围的像素及色彩对图像进行修复，其操作对象可以是有皱纹或雀斑等污点的人物相片，也可以是有污点和划痕的图像。在操作时，需要首先按住 Alt 键并在完好的图像区域单击，以定义修复的源图像，然后在需要修复的区域进行单击或涂抹。

（4）修补工具

修补工具可以用其他区域或图案中的像素来修复选中的区域。各项参数含义如下。

① 修补：在此列表中，选择"正常"选项时，将按照默认的方式进行修补；选择"内容识别"选项时，将自动根据修补范围周围的图像进行智能修补。

② 源：作用是将选区定义为想要修复的区域。

③ 目标：作用是将选区定义为进行取样的区域。

④ 透明：用于使被修饰图像区域内的图像呈半透明效果。

5．选色与绘图工具

（1）工具箱选择颜色

PhotoShop 在工具箱底部提供了用于基本颜色设置的操作按钮（如图 8.9 所示），单击此按钮可以打开"拾色器"对话框（如图 8.10 所示），分别设置前景色与背景色。

图 8.9　前景、背景色选项按钮　　　　　　　图 8.10　"拾色器"对话框

（2）吸管工具

在 PhotoShop 中除了使用工具箱选择颜色，使用较多的还有吸管工具 ，可以读取图像的颜色，并将取样颜色设置为前景色。

（3）画笔工具

画笔工具能够绘制各类线条，在绘制操作中使用最频繁。用户可以根据绘画编辑的需要自定义不同的参数值，从而提高工作效率。各项参数含义如下。

❖ 画笔：在此下拉列表中选择合适的画笔大小。

❖ 模式：设置用于绘图的前景色与作为画纸的背景之间的混合效果。

❖ 不透明度：设置绘图颜色的不透明度，数值越大，绘制的效果越明显，反之则越不明显。

❖ 流量：设置拖动光标一次所得图像的清晰度，数值越大，越清晰。

6．图像的擦除操作

① 橡皮擦工具：在进行图像的背景层擦除时，被擦除的区域将被填充背景色；若进行非背景层内容的擦除，被擦除的区域将变为透明。

② 魔术橡皮擦工具：在进行擦除操作时，可以把当前图层中同一颜色的像素都擦除掉。

7．图层操作

图层是非常重要的一个工具，可以理解为一张透明纸。每个图层都是相对独立的，图像的编辑处理是在每个图层上进行的。实质上，每个图层都有各自的图像对象，将它们叠放在一起，就形成了一幅完整的图像。各图层之间既相互联系，又相互独立，用户可以根据需要对这些图层进行任意的组合，也可以对不同图层的图像对象进行单独编辑处理，这不会影响到其他图层内的图像。图层操作的面板如图 8.11 所示。

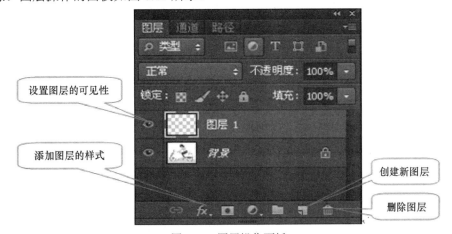

图 8.11　图层操作面板

图层操作面板的主要功能如下。

① 创建图层：单击图层面板下方的"创建新的图层"按钮 。

② 复制图层：在图层面板中，直接将选中的图层拖到图层面板下方"创建新的图层"按钮上，或者选择图层面板弹出菜单中的"复制图层"。

③ 删除图层：选择需要删除的图层，直接拖到面板上的"删除图层"按钮 ，或者选择弹出菜单中的"删除图层"。

④ 显示或隐藏图层：需要显示或隐藏某个图层，可以在图层面板中单击"图层可见性按钮" 进行。

⑤ 调整图层顺序：图层的叠放顺序会直接影响图像的显示效果。上面的图层总是会遮盖下面的图层，可以通过图层面板来改变图层的顺序。选取要移动的图层，使用鼠标直接在图层面板拖动来改变图层的顺序。

⑥ 添加图层样式：可以针对图层使用多种图层特效。

⑦ 合并图层：在一幅图像中，图层越多，文件尺寸也越大。可以将一些基本不用改动的图层或一些影响不大的图层合并，以减少磁盘的使用空间，提高操作效率。选择要合并的图层，然后在图层面板右侧的下拉菜单中选择合并方式。合并图层的方式有 3 种："向下合并""合并可见图层"和"拼合图层"。

8. 效果滤镜

效果滤镜简称"滤镜"，是一组包含各种算法和数据，实现特定视觉效果功能的程序。适当地改变程序的控制参数，可得到不同的效果。如果希望对图像局部施加效果，可使用"矩形选框工具""椭圆选框工具"或者"磁性套索工具"等划定图像范围，再进行效果处理。使用计算机处理图像，大多数情况是制作图像的某种特殊效果。

8.3 多媒体音频技术

8.3.1 常见的音频文件

在计算机中，所有的信息均以数字（0 和 1）表示，声音信号也用一组数字表示，被称为数字音频，其格式主要分为如下两类。

① 无损格式：采用一定压缩比，在解压时不会产生数据/质量上的损失，解压产生的数据与未压缩的数据完全相同，如 WAV 音频文件格式。

② 有损格式：基于声学心理学模型，除去人类很难或根本听不到的声音，如 MP3 音频文件格式。

音频文件格式主要有 MIDI、WAV、MP3、AUDIO、REALAUDIO、AIF、VOC 等，如表8.3 所示。

表 8.3 常见的音频文件（部分）

文件格式	特　点
MIDI（*.mid）	Musical Instrument Digital Interface（音乐设备数字接口）的缩写，这种文件记录的是一些描述乐曲演奏过程中的指令，因此占用的存储空间要比 WAV 文件小得多
WAV（*.wav）	称为波形文件，来源于对声音模拟波形的采样，是 Microsoft 公司的音频文件格式，被 Windows 平台应用程序广泛支持。其缺点是文件体积较大，不适合长时间记录
MP3（*.mp3）	根据 MPEG-1 视频压缩标准中，对立体声伴音进行三层压缩得到的声音文件。MP3 保持了 CD 激光唱盘的立体声高音质，压缩比高达 12:1
AUDIO（*.au）	SUN 公司推出的一种经过压缩的数字声音格式。AU 文件原先是 UNIX 操作系统下的数字声音文件，如今 AU 格式的文件也是网络中常用的声音文件格式

8.3.2 多媒体音频处理软件

目前，有很多软件能够实现对音频录制、播放、编辑及转换格式处理。常见的多媒体音频处理软件的特点如表 8.4 所示。下面主要介绍使用 GoldWave 对音频处理的方法。

表 8.4 常见的音频处理软件

软件名称	软件介绍
Cool Edit	著名的数字音频软件制作公司 Syntrillium 开发的一款功能十分强大的数字音频处理软件；不但能处理多种声音文件的格式，还能直接从 CD 或 VCD 中摘录声音，处理后的声音可以以各种格式输出
All Editor	不仅是一款超级强大的录音工具，还是一个专业的音频编辑软件；提供了多达 20 余种音频效果，自带一个多重剪贴板，用来进行更复杂的复制、粘贴、修剪、混合操作。All Editor 中可以使用两种方式录音，边录边存或者是录音完成后再保存
Total Recorder	High Criteria 公司出品的一款优秀的录音软件，其功能强大，支持的音源极为丰富；可以录制几乎所有通过声卡和软件发出的声音，包括来自 Internet、音频 CD、麦克风、游戏和 IP 电话语音的声音
GoldWave	一款功能强大的音频编辑软件，可以对音频进行录制、播放、编辑及转换格式等处理；体积小巧，功能却不弱，能够打开的音频文件很多，还可以从 CD、VCD、DVD 或其他视频文件中提取声音；包含丰富的音频处理特效，从一般特效如多普勒、回声、混响、降噪到高级的公式计算

8.3.3　音频处理软件 GoldWave 的应用

1. 程序启动

双击桌面上的 GoldWave 图标，或者选择"开始"→"所有程序"→"GoldWave"，即可运行 GoldWave。第一次启动时会出现一个提示对话框，单击"是"即可，自动生成一个当前用户的预置文件。

GoldWave 启动之后的界面如图 8.12 所示。由两个面板组成，左侧的大面板是编辑器，右侧的小面板是控制器。在编辑器里可以完成对声音波形的各种编辑操作，在控制器里可以控制声音的录制、播放和一些其他操作设置。

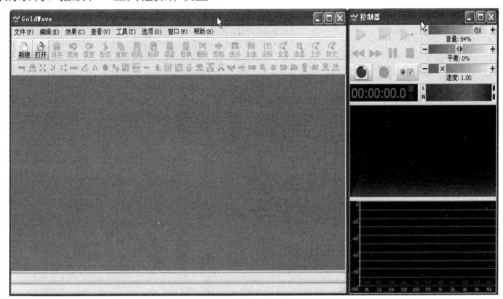

图 8.12　GoldWave 界面

2. 声音的播放和录制

（1）声音的播放

选择"文件"菜单的"打开"命令或者单击工具栏的"打开"按钮，在弹出的"打开"对话框中选择一个声音文件并打开。此时，编辑器中出现声音的波形，并且分为上下两个窗格，上窗格较大，可以只显示部分声音波形，下窗格显示全部音频文件波形。每个窗格下方有时间标尺，显示当前声音的时间长度。如果打开的声音文件为立体声，则上窗格又分为上下两个波形，上部分绿色波形为左声道，下部分红色波形为右声道。

控制器中的按钮也变为彩色，可以使用。其中，绿色三角是播放按钮，蓝色方块是停止，两道竖线是暂停按钮，红色圆点是录音按钮，音量滑块调节音量大小，平衡调节左右声道，速度调节声音播放的速度。

单击"播放"按钮，可以播放声音文件，在波形窗口中出现一条移动的指针，表示当前播放的位置，右边的控制器里显示精确的时间，视觉效果器也播放相应的动态效果。

（2）声音的录制

声音的录制即建立一个 GoldWave 文件，选择"文件"菜单的"新建"命令或者单击工具栏的"新建"按钮，弹出"新建声音"对话框，如图 8.13 所示。

在对话框中设置声道数为 2 声道（立体声），采样速率为 22050，初始化长度为录制声音的长度，输入值按 HH:MM:SS.T 的格式，HH 表示小时数，MM 表示分钟数，SS 表示秒数，以冒号为分界。没有冒号的数字就表示秒；有一个冒号，前面为分钟后面为秒；有两个冒号，最前面为小时。如长度"1:0"表示 1 分钟。新建声音文件的时间长度会比初始化长度长一些，目的是方便后期的编辑。

选择"选项"菜单的"控制器属性"命令，在弹出的"控制属性"对话框中选择"音量"选项卡（如图 8.14 所示），在面板中间的输入设备中选择"麦克风"，即从麦克风中录音，取消其他选项的选择，单击"确定"按钮。此时，在 GoldWave 右侧控制面板上，单击红色圆点的"录音"按钮●，就可以对着麦克风录音了。在录音过程中，单击红色的方块按钮■，可以停止录音，单击两条竖线的暂停录音▌▌按钮，可以暂停录音。

图 8.13　新建声音

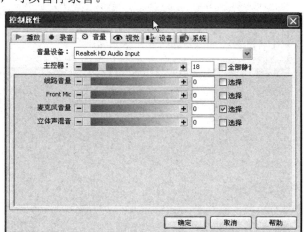

图 8.14　控制属性设置

3．声音的编辑

GoldWave 虽然体积较小，但是它对音频文件的编辑功能非常丰富。GoldWave 既能够完成对音频文件的普通编辑，如复制、删除、调节音量、声道分离等，也能实现很多特殊效果，如回声、淡入淡出、混响等。下面介绍 GoldWave 对声音的编辑操作。

（1）声音波形的选择、删除和剪裁

选择一段波形，可以通过以下操作实现。

① 在波形上单击，此时波形发生如图 8.15 所示变化，该操作可以设置波形段的起始点。

② 在需要结束的位置单击右键，在弹出的快捷菜单中选择"设置结束标记"，此时出现一段蓝色背景的波形区域为需要选择的一段波形，其余黑色背景的波形为未被选中的波形，如图 8.16 所示。

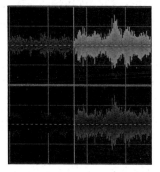

图 8.15　波形设置开始标记示意

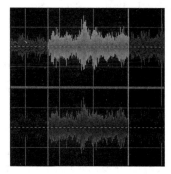

图 8.16　波形被选中示意

③ 如果想调整被选中波形的长度，将鼠标移动到选中波形的左右边界线时，鼠标会变成一个竖条状，这时按下鼠标左键拖动，可以改变边界线的位置。

④ 如果知道被选择波形的详细开始和结束位置，还可以选择"编辑"菜单的"标记"→"设置"命令，在弹出的"设置标记"对话框中进行具体的设置来实现。

波形文件被选中后，可以进一步完成复制、删除、剪切、剪裁操作，其中需要强调的是剪切与剪裁操作的区别：剪切，将当前选中的波形剪切到系统剪贴板中；剪裁，将当前被选中波形以外的其余波形删除。

在两段波形文件之间延长时间间隔可以通过插入静音的方法实现，具体操作如下：选好准确的插入点后，选择"编辑"菜单的"插入静音"命令，弹出"插入静音"对话框（如图 8.17 所示），"静音持续时间"可以从右框中选择，也可直接输入数值。

图 8.17　插入静音

【例 8-3】 将"钢琴曲.mp3"开始标记为 1:30、结束标记为 2:0 的声音保存为"片段.mp3"。

① 打开"钢琴曲.mp3"。

② 选择"编辑"菜单的"标记"→"设置"命令，在弹出的对话框的"开始"中输入 1:30，在"结束"中输入 2:0，如图 8.18 所示。单击"确定"按钮，此时波形被选中。

③ 选择"编辑"菜单的"复制"命令，或单击工具栏中的"复制"按钮，将选中声音波形复制到剪贴板中。

④ 选择"文件"菜单的"新建"命令或单击工具栏的"新建"按钮，在弹出的"新建声音"对话框中输入相应参数，如图 8.19 所示。单击"确定"按钮，完成声音文件的新建。

图 8.18　设置标记

图 8.19　新建声音

⑤ 在新建的空白声音文件中，选择"编辑"菜单的"粘贴"命令，或单击工具栏的"粘贴"按钮，将选中声音波形粘贴到波形窗口中。

⑥ 新建的声音文件会比设置的参数长度长，选择工具栏的"剪裁"按钮，将多余空白区域删除，只保留有波形区域。

⑦ 选择"文件"菜单的"保存"命令，在弹出的"保存"对话框中选择保存文件类型为"*.mp3"，在文件名中输入"片段"，选择合适的保存路径。

（2）波形的查看

图 8.20　"查看波形"命令按钮

如果打开的声音文件较长，为了方便编辑，往往会放大显示波形。此时在编辑器的上窗口中无法显示全部波形，GoldWave 提供了很多用于帮助查看波形的命令按钮，如图 8.20 所示。

选示：选择显示部分，在下窗口中选中当前所显示的波形段。

全选：选择全部波形。

设标："查看"菜单的"指定部分"命令，上窗口只显示指定的开始和结束标记范围内的波形。

全显："查看"菜单的"全部"命令，与"选显"相对，在上窗口显示全部波形。

选显：查看选择部分，在上窗口只显示所选中的波形，效果如图 8.21 所示。

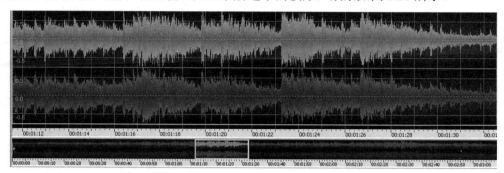

图 8.21　查看部分波形

查看波形文件的放大和缩小可以通过"查看"菜单的"放大"和"缩小"命令或单击工具栏的"放大""缩小"按钮来实现。除此之外，GoldWave 还可以在上窗口指定显示 1 秒、10 秒、1 分钟、10 分钟的内容，分别选择"查看"菜单中的相应命令来实现。

GoldWave 既能够在水平方向对波形进行放大和缩小，也可以在垂直方向对波形进行相同的操作，"查看"菜单的"垂直方向放大""垂直方向缩小"即能实现该操作。图 8.22、图 8.23 分别为波形垂直方向放大之前和放大之后的效果。

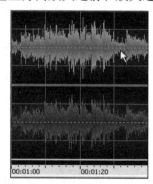

图 8.22　波形垂直方向放大前

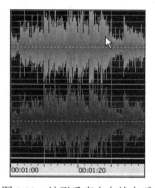

图 8.23　波形垂直方向放大后

（3）声道编辑

GoldWave 可以对立体声的单声道单独编辑，选择"编辑"菜单的"左声道"或"右声道"命令，可以单独选中左声道波形或右声道波形，并进一步操作，如制作朗诵配乐。

（4）声音的特殊效果

混音效果：将两个声音文件在指定位置进行混音，混音对话框如图 8.24 所示，从中可以设置混音的起始时间，并调节音量，选择绿色的三角按钮试听效果。

音量调整：选择"效果"菜单的"音量"→"更改音量"命令，在对话框中拖动滑块或选择"预置"项目来调整音量，如图 8.25 所示，调整后可以单击旁边绿色三角按钮进行试听。

添加回声：选择"效果"菜单中"回声"命令，在"回声"对话框中设置相应的参数达到需要的回声效果，如图 8.26 所示。参数的设置既可以通过拖动滑块设定，也可以通过在后面的文本框中输入数值设定。其中，"回声"设置回声的次数；"延迟"设置回音与主音或两次回音

图 8.24 "混音"对话框

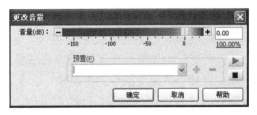

图 8.25 "更改音量"对话框

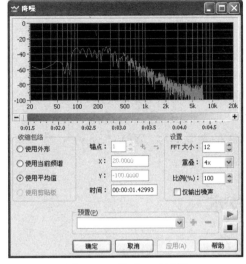

图 8.26 "降噪"对话框

之间的间隔，单位为秒；"音量"设置回音的衰减量，以分贝为单位；"反馈"设置回音对主音的影响。

降噪处理：选择"效果"菜单的"滤波器"→"降噪"命令，在弹出的对话框中选择"收缩包络"选项，如图 8.27 所示，单击"确定"按钮，可以消除声音波形中的锯齿杂音。如果使用"使用剪贴板"选项，则先要选择声音文件中的噪声波形，并复制到剪贴板中。

淡入淡出：选择"效果"菜单的"音量"→"淡入"和"淡出"命令，分别调节声音开始和结束时的音量效果，达到声音淡入和淡出效果。"淡入"对话框如图 8.28 所示。

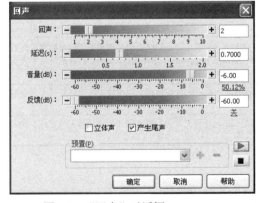

图 8.27 "回声"对话框

图 8.28 "淡入"对话框

时间弯曲：选择"效果"菜单的"时间弯曲"命令，在弹出的对话框中通过设置"变化"或"长度"参数值来调整声音的播放时间和播放速度。

调整频率：选择"效果"菜单的"滤波器"→"均衡器"命令，在弹出的对话框中可以调整不同频率的音调，达到特殊的听觉效果。各频率的滑块初始值为 0 分贝。这个值是相对值，0 分贝表示不变，如果需要把某段频率音域提升就将相应滑块向上拖，否则向下拖。

混响：选择"效果"菜单的"混响"命令，在弹出的对话框中设置参数。"混响时间"是指混响逐渐衰减过程持续的时间，以秒为单位，一般在 1～2 间选择；"混响音量"是一个比例值，以分贝为单位，0 分贝为音源值，其值为–30～–10；"延迟深度"可调节延迟余音的大小，其中的数值是与混响音量的比例，值为 1 是以混响音量为标准。

4．音频格式的转换

GoldWave 支持的常见音频文件类型有 WAV、MP3、WMA、AIF、VOC 等，能够对不同类型的声音文件进行格式转换。

【例 8-4】 对不同类型的声音文件进行格式转换。

打开要转换格式的声音文件"music.mp3"，选择"文件"菜单的"另存为"命令，在"保存声音为"对话框中设置"保存类型"为"WAV(*.wav)"，输入要保存的文件名，单击"保存"按钮即可。

8.4 多媒体视频技术

8.4.1 常见的视频文件

在各种多媒体素材中，视频（也称为动态图像）因为其表现的信息内容丰富、表现力较强，在多媒体作品中常常被采用。视频文件的类型主要有 AVI、MPEG、ASF、MKV、FLV、MOV、MP4、RMVB、SWF 等，如表 8.5 所示。

表 8.5 常见的视频文件格式（部分）

文件类型	文件特点
AVI	微软公司于 1992 年推出了 AVI 技术及其应用软件 VFW。AVI 将音频和视频信号混合交错地存储在一起，采用帧内压缩，可用一般的视频编辑软件进行编辑或处理
MPEG	MPEG 标准包括 MPEG 视频、MPEG 音频和 MPEG 系统（视频、音频同步）三部分，包括 MPEG-1、MPEG-2 和 MPEG-4 多种视频格式。CD/VCD、Super VCD（SVCD）和 DVD 中的影像文件都采用 MPEG 技术
ASF	一种高级流格式，是 Microsoft 为了与 Real Player 竞争而发展出来的一种可以直接在网络上观看视频节目的压缩格式文件。使用了 MPEG-4 的压缩算法，压缩比率和图像的质量都很好，图像质量要比 VCD 差一点
MKV	Matroska 的一种媒体文件，将多种不同编码的视频及 16 条以上不同格式的音频和不同语言的字幕流封装到一个 Matroska Media 文件中。常见的 AVI、VOB、MPEG 格式都属于这种类型。MKV 是目前网站主流高清视频之王
FLV	Macromedia 公司利用 Sorenson 公司的编码技术开发出自己的视频格式。现在视频分享网站基本上采用了该解决方案
SWF	Macromedia 公司的动画设计软件 Flash 的专用格式，是一种支持矢量和点阵图形的动画文件格式，被广泛应用于网页设计，动画制作等领域，也称为 Flash 文件

8.4.2 多媒体视频处理软件

目前，有很多多媒体视频编辑软件能够对视频重新进行分割、合并、调整、添加效果，还可以利用文字、音频等素材制作精美的片头、特效，添加字幕，制作出完整的视频作品。常见的用于视频处理的软件如表 8.6 所示。

表 8.6　常见的视频处理软件

软件名称	软件介绍
Adobe Premiere	Adobe 公司推出的一种专业化视频编辑软件，可配合多种硬件进行视频捕捉和处理，并能产生广播级质量的视频文件。其基本功能体现在对视频、声音、动画、图片、文本进行编辑和处理，并最终生成电影文件。应用于广告制作和电视节目制作中
会声会影（Ulead Video Studio）	友立公司出品的功能强大的视频编辑软件，具有图像抓取和编修功能。它可以抓取和转换 MV、DV、V8、TV 和实时记录抓取画面文件，并提供多种编制功能与效果，可制作 DVD、VCD，支持多种编码
Movie Maker	Windows 附带的一个影视剪辑小软件，功能比较简单，可以组合镜头、声音，加入镜头特效，适合家用摄像后的一些小规模处理。在 Windows 7 中，中文名为"Windows Live 影音制作"

8.4.3　视频处理软件 Windows Live 影音制作的应用

1．Windows Live 影音制作介绍

选择"开始"→"所有程序"→"Windows Live 影音制作"，启动 Windows Live 影音制作程序。Windows Live 影音制作界面如图 8.29 所示。其中，"影音制作按钮"提供用于创建、打开和保存项目文件的菜单命令。默认状态下，有"开始""动画""视觉效果""项目""查看"5 个选项卡，每个选项卡的功能区提供了相应的命令按钮。中间分为左、右两个窗格，左窗格为视频播放器，右窗格为素材库。

图 8.29　Windows Live 影音制作界面

使用 Windows Live 影音制作工具制作电影有 4 个步骤：捕获视频 → 导入素材 → 编辑项目 → 完成电影。

Windows Live 影音制作中文件的保存分为项目的保存和电影的保存两种。

① 项目保存：对当前影音文件的保存。选择"影音制作"→"保存项目"，在"保存项目"对话框中输入文件名，当前保存类型为"影音制作项目"。这种保存方式支持二次编辑。

② 电影保存：将制作的项目文件保存为电影类型。选择"影音制作"→"保存电影"，然后选择一种显示设备，在弹出的对话框中输入文件名，当前保存类型为 Windows Media Video 文件。

2．视频的获取

Windows Live 影音制作中的视频可以通过以下两种方式获取。

① 通过视频捕获设备将视频捕获到计算机上。在进行录制视频之前，确保视频捕获设备与计算机连接，并且能够正常使用，单击 Windows Live 影音制作面板"开始"选项卡的"网络

摄像机视频"按钮，启动视频捕获设备进行视频录制。

② 通过单击"添加视频和照片"按钮。单击"开始"选项卡的"添加视频和照片"按钮，将现有的视频文件导入到软件中。导入文件时可以一次导入一个视频文件，也可以同时导入多个视频文件。

图 8.30　添加视频和照片选项卡

3．素材的导入和移除

① 素材的导入：单击"开始"选项卡的"添加视频和照片"和"添加音乐"按钮，实现对素材的导入，如图 8.30 所示；或者在素材库中单击右键，在弹出的快捷菜单中选择"添加视频和照片"。

② 素材的移除：单击"开始"选项卡的"编辑"功能区的"移除项"按钮；或者在素材库中选中需要移除的素材，单击右键，在弹出的快捷菜单中选择"移除"。

4．素材的编辑

（1）素材的调整

选择"开始"选项卡的"编辑"功能区中的"向左旋转 90º"或"向右旋转 90º"，对素材的方向进行调整。

（2）添加动画和视觉效果

① 添加动画。选择"动画"选项卡中的功能为素材添加动画效果，有"过渡特技""平移和缩放"两类，如图 8.31 所示，如果单击"全部应用"按钮，则会将当前选中的动画效果应用到素材库中的素材上。

图 8.31　"动画"选项卡

② 制作视觉效果。"视觉效果"选项卡的功能区提供了视觉效果的修饰功能，如图 8.32 所示。选择要添加效果的素材，将鼠标移动到视觉效果列表中的某一种效果上，可以在素材库中预览该素材的这种视觉效果。

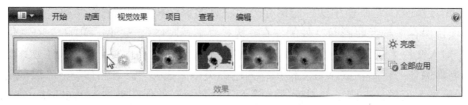

图 8.32　"视觉效果"选项卡

③ 添加主题：单击"开始"选项卡的"轻松制片主题"按钮，对当前所有素材自动添加动画和视觉效果，不用对素材一一设计。

（3）音乐的编辑

音乐文件导入后，Windows Live 影音制作窗口上出现"选项"选项卡，其功能区提供了对声音编辑的所有命令按钮，如图 8.33 所示，在选项卡名称上方出现绿色背景的提示条"音乐工具"，表明该选项卡的功能区提供的是编辑声音的工具。

图 8.33 "选项"选项卡

该选项卡中各按钮的含义如下。

① 音乐音量：对声音的音量大小进行调节。单击"音乐音量"按钮，弹出调节音量的滑块，拖动滑块可以调节音量大小。

② 淡入淡出：调节声音，达到淡入淡出的效果，有慢速、中速、快速三种效果。

③ 拆分：在时间线停留位置，将声音文件拆分为两部分。

④ 设置开始时间：在电影播放到当前时间线的位置，开始播放声音。

⑤ 设置起始点：对选定的音乐进行剪裁，将当前时间线位置设为起始位置。

⑥ 设置终止点：对选定的音乐进行剪裁，将当前时间线位置设为结束位置。

除此之外，还可以在后面的文本框中输入确定的值来设置开始时间、起始点和终止点。

（4）视频的编辑

当导入视频文件后，Windows Live 影音制作窗口上出现"编辑"选项卡，其功能区提供了对视频编辑的所有按钮，如图 8.34 所示，在选项卡名称上方出现黄色背景的提示条"视频工具"，表明功能区提供的是编辑视频的工具。

该选项卡中各命令按钮的含义如下。

① 视频音量：对视频的音量进行调节。单击"视频音量"按钮，弹出调节音量的滑块，拖动滑块调节音量大小。

② 淡入淡出：能够修饰视频的声音效果，达到淡入淡出的效果，有慢速、中速、快速三种效果。

③ 速度：调节当前视频的播放速度，可以增速或减速。

④ 拆分：在选定位置将当前视频拆分为两个。

⑤ 剪裁工具：通过剪裁视频，隐藏不需要的部分。单击之后，打开"剪裁"选项卡，如图 8.35 所示，该功能区提供剪裁视频的命令按钮。

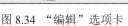

图 8.34 "编辑"选项卡

图 8.35 "剪裁"选项卡

⑥ 设置起点：将选定位置设为起始位置对视频进行剪裁。

⑦ 设置终止点：将选定位置设为结束位置对视频进行剪裁。

（5）制作字幕、片头和片尾

单击"开始"选项卡的"添加片头""添加字幕""添加片尾"按钮，会在当前时间线所在的位置插入字幕，或者片头、片尾，同时打开"格式"选项卡，其功能区中提供了本文编辑的命令按钮，如图 8.36 所示。在选项卡名称上方出现红色背景的提示条"文本工具"，表明该选项卡的功能区提供的是编辑文本的工具。

图 8.36 "格式"选项卡

5. 项目编辑

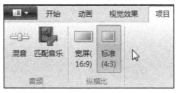

图 8.37 "项目"选项卡

"项目"选项卡的功能区提供了对项目文件整体的编辑命令，如图 8.37 所示，其中各项命令按钮的含义如下。

① 混音：如果对现有视频和声音文件编辑时，可以设置视频中声音和声音文件中声音的关系，单击"混音"按钮，弹出声音调节滑块，拖动滑块可以设定声音。

② 匹配音乐：制作的电影中，照片显示长度与背景音乐长度不一致时，选择该项，自动调整照片的时长，使电影和音乐同时结束。

③ 纵横比：可以设定电影输出为"宽屏"或"标准"。

除此之外，Windows Live 影音制作还提供了快照功能，能够拍摄项目当前帧的快照，方法如下：单击"开始"选项卡的"快照"按钮，在弹出的对话框中保存该帧为 PNG 图片格式。

6. 视频格式的转换

随着流媒体的快速发展及视频的广泛应用，视频文件格式逐渐增多，很多时候需要对视频格式进行转换，以满足需求，常见的视频转换工具如表 8.7 所示。

表 8.7 常见的视频转换工具

软件名称	软件介绍
狸窝全能 视频转换器	功能强大、界面友好的全能型音/视频转换及编辑工具，可以在所有流行的视频格式之间相互转换；又是一款简单易用的音视频编辑器，用户可以 DIY 自己拍摄或收集的视频，还可以将不同的视频文件合并成一个文件
格式工厂	支持几乎所有类型多媒体格式转换，转换过程中可以修复某些损坏的视频文件；支持 iPhone/iPod/PSP 等多媒体指定格式；转换图片文件支持缩放、旋转、水印等功能；DVD 视频抓取功能，轻松备份 DVD 到本地硬盘；支持多种国家语言
暴风转码	暴风影音推出的一款帮助用户实现所有流行音/视频格式文件的格式转换软件，用户可以将计算机上任何音/视频文件转换成各类手机、各种 MP4/MP3 播放器、iPod、PSP 等掌上设备支持的视频格式
快乐影音转换器	针对苹果的 iPhone/iPod、索尼的 PSP 游戏机以及各种智能手机设计，支持双核、四核 CPU，保证转换速度达到最快，体积最小，在所有转换器中效果最佳

本章小结

本章对多媒体的基础知识及多媒体处理软件的使用方法进行了讲解，介绍了媒体、多媒体、多媒体技术、多媒体计算机的有关概念，多媒体的基本元素、多媒体的特点及应用，多媒体图像技术的基础知识与图像处理软件 Photoshop 的使用方法，多媒体音频技术的基础知识以及使用音频处理软件 GoldWave 编辑音频文件的方法，多媒体视频技术的基础知识及视频处理软件 Windows Live 影音制作的应用。

通过本章的学习，读者能掌握多媒体的基础知识，也能够熟练使用图像、音频及视频处理软件对多媒体素材加工，从而为多媒体作品的制作奠定基础。

习 题 8

1. 媒体、多媒体技术的概念。
2. 简述多媒体技术的主要特点。
3. 什么是多媒体计算机？
4. 多媒体关键技术有哪些？
5. 多媒体有哪些基本元素？它们各有什么特点？
6. 常见的静态图像文件格式有哪些？
7. 使用 Windows Media Player 播放 MP3 格式音乐或一个 DVD。
8. 请分别简述 Photoshop 中的套索工具、画笔工具、油漆桶工具、文字工具和吸管工具的用途。
9. 描述 Photoshop 图层操作的基本思想。
10. 简述效果滤镜的功能。
11. 常见的音频文件有哪些？
12. GoldWave 有什么特点？
13. 利用 GoldWave 如何制作配乐诗朗诵？
14. GoldWave 能对哪些音频文件进行格式转换？
15. 常见的视频文件有哪些？
16. 利用 Windows Live 影音制作软件如何制作电子相册？
17. 常见的视频格式转换工具有哪些？

第 9 章　计算机网络基础

计算机网络技术是计算机技术和通信技术紧密结合的产物，为现代信息技术的发展做出了巨大贡献。计算机网络已经成为人们社会生活中不可缺少的一个重要组成部分，并不断改变着人类的生存方式。从某种意义上讲，信息技术与网络的应用已成为 21 世纪衡量综合国力与企业竞争力的重要标志，很多国家纷纷制定各自的信息高速公路建设计划。Internet 对推动全世界科学、经济和社会的发展有着不可估量的作用，全球信息化的发展趋势呈不可逆转之势。

9.1　计算机网络基础知识

9.1.1　计算机网络概述及组成

计算机网络是按照特定的通信规则，利用通信设备和通信线路将地理上分散的、具有独立功能的多个计算机系统连接起来，进而实现信息交流和资源共享的系统。其中，资源共享是指在网络系统中的各计算机用户均能享受网络内部其他各计算机系统中的全部或部分资源。在计算机网络系统中，每台计算机都是独立的，任何一台计算机都不干预其他计算机的工作，任何两台计算机之间没有主从关系，它们之间的关系建立在通信和资源共享之上。

1. 计算机网络的形成与发展

计算机网络的发展经历了从简单到复杂、从单机到多机、从终端与计算机之间的通信到计算机与计算机之间的直接通信的演变过程。其发展经历了四个阶段。

第一阶段：远程联机阶段。这一阶段以单个计算机为中心，面向终端形成远程联机系统。计算机技术与通信技术相结合，形成了计算机网络的雏形。

第二阶段：计算机互连阶段。这一阶段完成了网络体系结构与协议的研究，可以将不同地点的计算机通过通信线路互连，形成计算机的网络。网络用户可以通过计算机访问其他计算机的资源，实现了计算机资源共享的目的。

第三阶段：形成网络体系结构阶段。广域网、局域网与公用分组交换网迅速发展，网络技术国际标准化，国际标准化组织（International Organization for Standardization，ISO）定义的开放系统互连（Open System Interconnection，OSI）模型成为新一代计算机网络的参考模型，数据传输的可靠性得以保障。

第四阶段：Internet 深入全社会，宽带网络广泛应用。Internet 是一个庞大的覆盖全世界的计算机网络，实现了全球范围的电子邮件（E-mail）、WWW（World Wide Web）信息浏览和语音图像通信等功能。

2. 计算机网络的组成

典型的计算机网络分为资源子网和通信子网两部分。资源子网是信息资源的提供者，由计算机系统、终端控制器和连网设备等共同组成，各站点具有访问网络信息资源和处理数据的能力。通信子网提供了通信线路的功能，由网络节点、通信链路和信号变换设备等共同组成。公用的通信子网由国家电信部门统一组建与管理，一般用户单位无权干涉。资源子网和通信子网关系示意图如图 9.1 所示。

图 9.1 资源子网和通信子网关系示意

9.1.2 计算机网络的主要功能和分类

1. 计算机网络的功能

计算机网络的产生与发展对人类社会的各方面产生了极其深刻的影响，它突破了地域的界限与障碍，能够实现高速、准确无误和高可靠性的信息传递和资源共享。具体来说，计算机网络的功能包括以下 6 方面。

① 资源共享。在计算机网络系统中，相距很远的人们之间能够进行通信，并且各相连的计算机中的程序、数据和设备可供网络上的每个人使用，而这些使用者不必知道这些程序、数据和设备的实际位置，使用时就像它们在本地一样。

② 数据信息的快速传输。计算机网络是现代通信技术与计算机技术相结合的产物，分布在不同地区的计算机系统可以及时、高速地传递各种信息。随着多媒体技术的应用，这些信息不仅包括文字，还可以是声音、图像等。

③ 数据信息的集中和综合处理。分散在各地的计算机中的数据资料可以适时集中或分级管理，并经综合处理后形成各种报表，提供给管理者或决策者分析和参考。例如，政府部门的计划统计系统、银行财政及各种金融系统、地震资料收集与处理系统等。

④ 均衡负载，相互协作。通过网络系统可以缓解资源缺乏的矛盾，并可对各种资源的忙与闲进行合理调节，以达到系统负载均衡调节的目的。

⑤ 提高系统的可靠性。在计算机网络系统中，由于采用了结构化和模块化分析及加工技术，系统将大的、复杂的任务分别交给几台计算机处理，使用多台计算机提供冗余，从而大大提高了其可靠性。当某台计算机发生故障时，不会影响整个系统中其他计算机的正常工作，损坏的数据和信息也能得到恢复。

⑥ 分布式处理。对于综合性的大型问题可采用合适的算法，将任务分散到网络中不同的计算机上进行分布式处理。

2. 计算机网络的分类

计算机网络系统是非常复杂的系统，技术含量高，综合性强，由于各种计算机网络系统所采用的技术不同，因而反映出的特点也不同。从不同的角度划分网络系统，观察网络系统，有利于全面地了解网络系统的特性。

（1）按地域划分

按地域划分，计算机网络分为以下 3 类。

① 广域网（Wide Area Network，WAN）：又称为远程网，通常是指所覆盖的地理范围为几十千米到几千千米的网络，甚至可以覆盖一个国家、地区或横跨几大洲的远程网络。

② 局域网（Local Area Network，LAN）：通常是指所覆盖的地理范围为几米到几千米的网络，如一个实验室、一幢大楼、一个校园的各种计算机、终端与外部设备的网络，其传输速率

较高。

③ 城域网（Metropolitan Area Network，MAN）：通常是指所覆盖的地理范围在广域网与局域网之间，如覆盖一个地区或城市，地理范围为 5～50 km。

（2）按通信所用媒体划分

按通信所用媒体划分，计算机网络分为以下 2 类。

① 有线网：采用同轴电缆、双绞线、光纤等物理媒体来传输数据的网络。

② 无线网：采用微波等形式传输数据的网络。

（3）按通信传播方式划分

按通信传播方式划分，计算机网络分为以下 2 类。

① 点对点式网络：以点对点的连接方式把每个计算机连接起来。一条通信线路只连接一对节点，如果两个节点之间没有直接连接的线路，那么它们可以通过中间节点转接。用该方式连接多台计算机的线路结构可能构成复杂的“网状结构”，从源节点到目的节点可能存在多条路径。

② 广播式网络：用一个共同的传播媒体把各计算机连接起来，所有连网的计算机都共享一个公共通信信道。当一台计算机发送报文（即数据传输的单位，亦称包）时，网络上所有其他计算机都会“收听”到这个报文。由于发送的报文中带有目的地址与源地址，每个收听到报文的计算机都将检查目的地址与本机地址是否相同。若相同，则接收该报文，否则不接收。

（4）按使用范围划分

按使用范围划分，计算机网络分为以下 2 类。

① 公用网：为公众提供各种信息服务的网络系统，如因特网和我国的电信网、广电网、联通网等。公用网指的是只要符合网络拥有者的要求就能使用的网络。

② 专用网：为一个或几个部门所拥有，它只为拥有者提供服务，不向拥有者以外的人提供服务，如银行系统建设的金融专用网络。

9.1.3 网络拓扑结构

计算机科学家通过采用从图论演变而来的“拓扑”（topology）方法，抛开网络中的具体设备，把工作站、服务器等网络单元抽象为“点”，把网络中的电缆等通信介质抽象为“线”。这样，从拓扑学的观点看计算机和网络系统，就形成了由点和线组成的几何图形，从而抽象出了网络系统的具体结构。这种采用拓扑学方法抽象出的网络结构称为计算机网络的拓扑结构。拓扑是一种研究与大小形状无关的点、线、面关系的方法。

网络拓扑结构是指网络中的线路和节点的几何或逻辑排列关系，反映了网络的整体结构及各模块间的关系。网络拓扑可以进一步分为物理拓扑和逻辑拓扑两种。物理拓扑是指介质的连接形状，逻辑拓扑是指信号传递路径的形状。常见的局域网的拓扑结构有星型、总线型、环型以及它们的混合型。

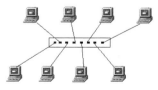

图 9.2　星型拓扑结构

星型拓扑结构（Star topology）也叫集中型结构，如图 9.2 所示，由一个中心节点与它单独连接的其他节点组成。现在常用交换机（Switch）作为中心节点。

星型拓扑结构的优点：结构简单，容易增加或减少节点。由于所有的通信都要通过中央节点，故中央节点的处理能力往往成为影响网络性能的主要因素。

星型拓扑结构的缺点：电缆总的长度较长，增加了投资；对中心节点的依赖性很强，中心节点一旦有故障，则整个网络就会停止工作。

9.1.4　网络传输介质和网络设备

1. 网络传输介质

传输介质是数据传输中连接各数据终端设备的物理介质。信息的传输是指从一台计算机传输给另一台计算机，或从一个节点传输到另一个节点，都是通过通信介质实现的。常用的网络传输介质分为有线和无线两种。常用的有线传输介质有双绞线、同轴电缆和光缆等。

① 双绞线。双绞线是用两根绝缘铜线扭在一起的通信介质。双绞线抗干扰能力较强，在电话系统中双绞线被普遍采用。

双绞线分为非屏蔽双绞线（Unshielded Twisted Pair，UTP）和屏蔽双绞线（Shielded Twisted Pair，STP）两种，常用的是非屏蔽双绞线。非屏蔽双绞线中不存在物理的电气屏蔽，既没有金属箔，也没有金属带缠绕在其中。非屏蔽双绞线的线对之间的串线干扰和电磁干扰是通过其自身的电能吸收和辐射抵消完成的。屏蔽双绞线外部包有铝箔或铜丝网，如图 9.3 所示。

ISO 已公布的非屏蔽双绞线有 1～5 类、超 5 类、6 类、7 类。3～7 类双绞线分别可提供 16Mbps、20Mbps、100Mbps、175Mbps（超 5 类）、1000Mbps 的带宽。局域网中目前主要使用超 5 类或 6 类 8 芯双绞线，分成 4 对（橙、白橙，绿、白绿，蓝、白蓝，棕、白棕），最大无损传输距离达 100m，两端使用标准的 RJ-45 连接头（水晶头），如图 9.4 所示。

② 同轴电缆。同轴电缆（如图 9.5 所示）由内导体铜制芯线、绝缘层、外导体屏蔽层及塑料保护外套构成，具有较强的抗干扰能力，其抗干扰能力优于双绞线。

图 9.3　屏蔽双绞线

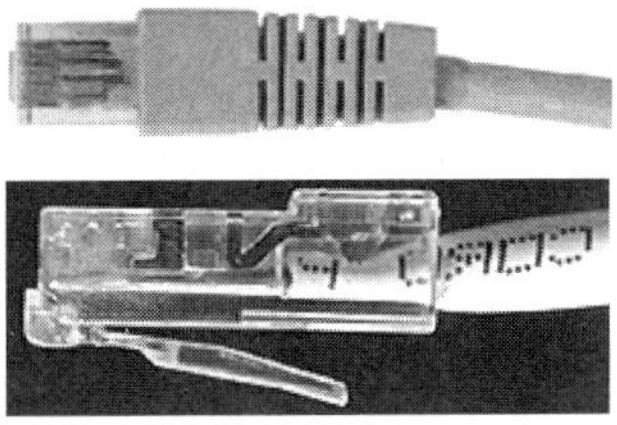

图 9.4　RJ-45 连接头

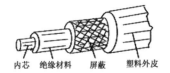

内芯　绝缘材料　屏蔽　塑料外皮

图 9.5　同轴电缆结构

内外导体之间根据绝缘介质不同主要分为泡沫绝缘电缆和空气绝缘电缆。泡沫绝缘电缆的绝缘体是由物理发泡聚乙烯材料构成，一般用在电信行业。空气绝缘是指内外导体之间的绝缘介质为空气，内导体是依靠与外导体之间的一种绝缘固体介质螺旋支撑起来，一般用于各种大功率的射频传输。

根据外导体形状，同轴电缆又分为波纹同轴电缆和直壁同轴电缆。一般来说，波纹电缆具有比较好的灵活性和可靠性，弯曲半径性能相比直壁更好。因此，行业内主要都采用波纹管外导体同轴电缆。

根据外导体材质不同，同轴电缆主要分为铜馈线和铝馈线两大类。国际铜材价格波动巨大，而铝的价格浮动比较小，因此铝电缆具有比较好的成本优势。由于铝电缆的内导体仍采用铜作为传播介质，所以其电气性能与铜外导体电缆相当。

③ 光缆。光缆（即光纤）是用极细的玻璃纤维或极细的石英玻璃纤维作为传输媒体。光缆传输利用激光二极管或发光二极管在通电后产生的光脉冲信号，这些光脉冲信号经检测器在光缆中传输。光导纤维被同轴的塑料保护层覆盖，光缆的基本结构如图 9.6 所示。

光缆有两种：单模光缆和多模光缆。单模光缆的纤芯直径很小，在给定的工作波长上只能以单一模式传输，传输频带宽，传输容量大。多模光缆在给定的工作波长上，能以多个模式同时传输的光纤。与单模光纤相比，多模光纤的传输性能较差。

光缆具有传输距离远、传输速率快、频带宽、不受电磁干扰、衰减较小等优点，是数据传输中最有效的一种传输介质。

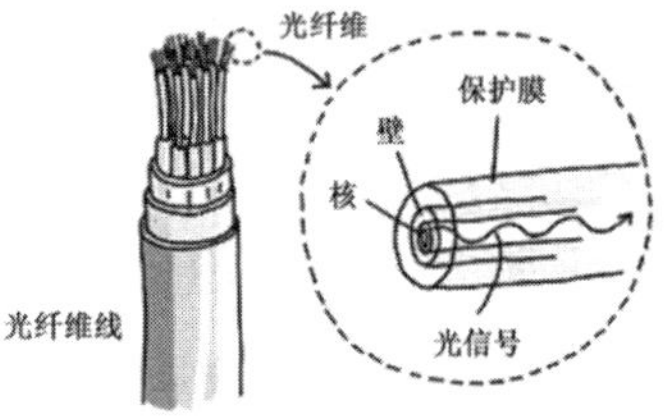

图 9.6　光纤的基本结构

2．常用的网络互连设备

网络互连设备是网络通信的中介设备。连接设备的作用是把传输介质中的信号从一个链路传送到下一个链路。网络互连设备一般都配置两个以上的连接器插口。目前，常用的网络互连设备有交换机、路由器、网关、中继器、网桥、集线器等。

交换机（Switch）是目前构建网络非常重要的设备，具有先存储、后定向转发功能，如图9.7 所示。从物理上看，它与集线器（Hub）类似，与集线器的主要区别在于交换机具有并行性。集线器在共享带宽的方式下工作，多台计算机通过集线器的端口连接到集线器上时，它们只能共享一个信道的带宽，即相当于单台计算机通过局域网段发送数据的速率；而交换机是模拟网桥方式连接每个网络，交换机每个端口连接一台计算机，相当于都在一个网段。

如何到达目的地的算法称为路由。实现数据分组转发并能查找和选用最优路径的网络设备称为路由器（Router），如图9.8 所示，是实现不同类型网络（即异构网络）互连的重要设备。

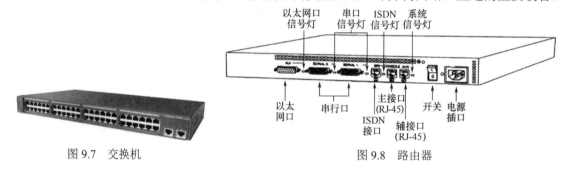

图 9.7　交换机　　　　　　　　　　　　　　图 9.8　路由器

路由器最大的特点是具有选择信息包传送路径的功能，即路径选择功能。事实上，路由器可以根据其内部的路由表选择最佳的传送路径，将信息包传送到目的地。

在绘制计算机网络拓扑图时，网络设备用图形符号表示，不同厂商采用的图形符号可能不同，图9.9 给出了一些图形符号及所表示的网络设备。

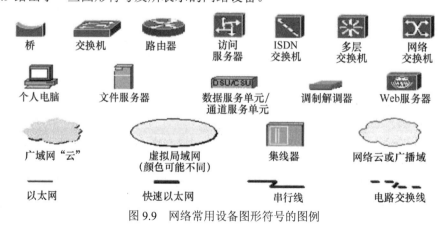

图 9.9　网络常用设备图形符号的图例

234

9.1.5　网络协议与体系结构

1．网络协议

为了使网络中相互通信的两台计算机高度协调地交换数据，每台计算机都必须在有关信息内容、格式和传输顺序等方面遵守一些事先约定的规则。

网络协议指为进行网络中数据通信而建立的规则、标准或约定。网络协议的实质是计算机间通信所使用的一种语言，是计算机网络不可缺少的组成部分。

由于计算机网络协议十分复杂，故将其分层，这样做的主要优点在于：

① 各层之间相互独立。某层只需了解下一层通过接口所提供的服务，而不需了解其实现细节。

② 灵活性好。若某层的内容发生变化，只要接口关系不变，上下层均不受影响，也便于程序的实现、调试和维护。

③ 标准化程度高。由于结构上分割成较小部分，各层都可以选择最适合的实现技术。此外，各层的功能和所提供的服务都有精确说明，便于人们理解和实现。

2．OSI 模型

国际标准化组织（ISO）早在 1984 年就提出了开放系统互连（OSI）模型。这里的"开放"是指：凡遵守 OSI 标准的系统都可以互连，彼此都能开放式地进行通信。

OSI 模型采用的是一个包含 7 层的体系结构，如图 9.10 所示。

OSI 模型为网络复杂的硬件和协议族之间的关系提供了一个简单明了的解释。根据分层模型设计一个网络协议时，协议软件将按照层次组织，即计算机上的协议软件被划分成若干模块，每个模块分别对应着分层模型中的一层。一般来说，当协议软件发送或接收数据时，每个模块仅同它紧邻的上一层或下一层模块进行通信。

3．TCP/IP 体系结构

TCP/IP（Transmission Control Protocol/Internet Protocol）是 Internet 所采用的体系结构，成为事实上的国际标准。TCP/IP 具体包括了 100 多个协议，TCP 和 IP 是其中最重要的两个协议，因此 TCP/IP 成为这个协议族的代名词。TCP/IP 从底至顶分为网络接口层、网际层、传输层和应用层 4 层，比 OSI 少了表示层和会话层，并且对数据链路层和物理层没有做出强制规定，因为其设计目标之一就是要做到与具体的物理传输介质无关。TCP/IP 体系与 OSI 模型的对比如图 9.11 所示。

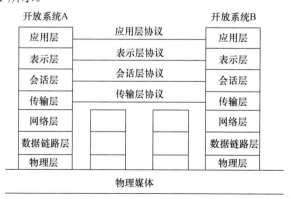

图 9.10　OSI 层参考模型

图 9.11　TCP/IP 体系与 OSI 模型的对比

9.1.6 数据通信基础

计算机网络是计算机技术与通信技术相结合的产物。在计算机网络中主要应用的是数据通信，所以有必要了解一些数据通信的基础知识。

1. 通信系统模型

通信是把信息从一个地方传送到另一个地方的过程，用来实现通信过程的系统称为通信系统。通信系统形式多样，所使用的相关设备和提供的业务功能各不相同，对各种通信系统进行抽象和概括后，可用如图9.12所示的模型来表示。通信系统必须具备信源、传输介质、信宿三个基本要素。信源是发出各种信息（文字、图像等）的信息源，可以是人，也可以是机器。信宿是信息的接收端。

图 9.12　通信系统模型

为了把信息从一个地方传到另一个地方，通信系统首先要把描述信息所使用的符号即数据转换成信号，信号从信源出发，经信道到达信宿，信宿再将信号复原成数据。转换器完成将信源发出的信息变换成适合在信道上传输的信号。反转换器的功能与转换器相反。在传输过程中，信号常因受内、外干扰源的干扰而影响通信质量。通信系统的基本任务就是确保信源的信息能迅速、安全、可靠地传递到接收者。

2. 数据通信的基本概念

（1）信号与信道

信号是数据的物理（电或电磁）表示形式。数据通信中的"信号"是指数据的电编码或电磁编码，分为模拟信号和数字信号两种。

信道是传输信号的通道，由传输介质和通信设备组成。根据传输介质的不同，物理信道可分为有线信道和无线信道。根据信道中传输的信号类型，信道可分为模拟信道和数字信道。模拟信道传输模拟信号，如调幅或调频波。数字信道直接传输脉冲信号。

（2）模拟信号和数字信号

模拟信号是在一定的数值范围内可连续取值的信号，是连续变化的电信号，如图9.13所示。数字信号是离散的电信号，用恒定的电压值表示1和0在传输介质上传输，如图9.14所示。

图 9.13　模拟信号　　　　　　　　　　　图 9.14　数字信号

模拟信号和数字信号都可以在合适的传输介质上传输，两者在传输方式上有一定的差别。模拟传输不考虑信号内容，传输一定距离后会衰减和畸变，经过放大器可以增强信号的能量，同时放大了信号中的噪声分量，结果是信号质量越来越差。数字传输与信号的内容有关，传输一定距离后也会衰减和畸变，可以使用中继器放大信号，同时进行整形恢复，再将信号以本来的面目继续传送下去。目前，计算机网络中的信号传输主要使用数字传输。

数字信号可以转换成模拟信号，在模拟通信系统中传输，到达接收端后再将模拟信号转换成数字信号。将数字信号转换成模拟信号的过程称为调制（Modulate），将已调制的模拟信号转换成数字信号的过程称为解调（Demodulate）。把这两个功能结合在一起的设备称为调制解调器（Modem）。通过普通的电话线上网需要借助于 Modem，先把数字信号转换为模拟信号，然后在普通的电话线上传输，在接收端，再将信号解调为原来的数字信号。当然，模拟信号也可以转换为数字信号，再通过数字通信系统进行传输，如 IP 电话。

（3）带宽

在模拟通信中，以带宽表示信道传输信息的能力。带宽是指信道所能传送的信号的频率宽度，也就是可传送信号的最高频率与最低频率之差，其单位是 Hz（赫兹）。例如，电话信道的带宽一般为 3kHz。在计算机网络中，带宽是指网络可传输的最高数据传输率，即每秒传输多少比特（比特/秒，bps）。在实际应用中，在描述带宽时常常将"比特/秒"省略，如 ADSL 的带宽达 1M，实际上是 1Mbps。

3．数据的传输方式

（1）基带与频带传输

数据传输按照其在通信信道上是否经过调制处理再进行传输，可分为基带传输和频带传输。将数字信号直接在通信信道上传输称为基带传输，基带传输一般用于短距离的数据传输，如在局域网中用基带同轴电缆作为传输介质的数据传输。将数字信号转换成一定频率范围内的模拟信号，在某一频带内传送的方式称为频带传输。例如，采用频分复用技术将多路信号通过调制技术调制到各自不同载波频率上，在各自的频段范围内进行传输，从而实现在一个信道中同时传播音频、视频和数据等信息，使系统具有多种用途，如电视信号使用的就是频带传输。

（2）并行传输与串行传输

在数据通信中，按每次传送的数据位数，可将通信方式分为并行传输和串行传输。并行传输是指一次可以同时传输多位（8 位、16 位等）二进制数据，从发送端到接收端需要多根传输线。串行传输一次只传送 1 位二进制数据，从发送端到接收端只需要一根传输线。并行传输速率高，但传输设备复杂、造价较高，所以一般用于近距离范围内要求快速传输的地方；串行传输的速率虽然低，但设备造价比较便宜，适用于在较长距离连接中可靠地传输数据，是网络中普遍采用的方式。

（3）异步传输与同步传输

在数据通信过程中，通信最基本的要求是发送端与接收端之间必须遵循同一规程，这种规程分为异步传输和同步传输两种。异步传输以字符为单位进行传输，特点是低速、可靠，如主机和终端之间进行的通信。同步传输以数据块为单位进行传输，速率较高。局域网中经常采用同步传输的方法传送数据帧。

4．通信线路的通信方式

根据数据在线路上的传输方向，通信方式可分为单工通信、半双工通信与全双工通信。

单工通信：数据只能在一个固定方向上传输。如监视器、打印机、电视机等均属于单工通信接收信息的设备。

半双工通信：允许数据在两个方向上传输，但在某一时刻信息只能在一个方向上传输。如双向无线对讲机，既可以发送信息，也可以接收信息，但发送和接收必须轮流进行。

全双工通信：允许数据同时在两个方向上传输。多数计算机终端都是全双工通信设备。

9.2　局域网技术

局域网技术是当前计算机网络技术领域中非常重要的一个分支。局域网作为一种重要的基础网络，在企业、机关、学校等单位和部门都得到了广泛的应用。局域网还是建立互联网的基础网络。

9.2.1　局域网概述

局域网（Local Area Network，LAN）是一个数据通信系统，在一个适中的地理范围内，把若干个独立的设备连接起来，通过物理通信信道，以适中的数据速率实现各独立设备之间的直接通信。

1．局域网的特征

局域网与广域网有着重要的区别，主要表现在以下几方面。

① 作用范围：局域网的网络分布通常在一座办公大楼或集中的办公区内，为一个部门所拥有，涉及范围一般只有几千米。

② 通信介质：选用的通信介质通常是专用的同轴电缆、双绞线和光纤等专用线。

③ 通信方式：使用的通信介质通常是用来对数字信号进行传输的专用线路，所以局域网通信通常采用的是数字通信方式。

④ 通信管理：局域网信息传输延时小，信息响应快，所以局域网的通信管理相对简单。

⑤ 通信效率：局域网信息传输效率高，传输误码率低，一般为 $10^{-8}\sim10^{-11}$。

⑥ 服务范围：局域网的服务对象是一个或几个拥有网络管理和使用权的特定用户，它不是一种公用的或商用的设施。通常，局域网是为某个部门或单位的特殊业务工作的需要而建造的网络，所以它是具有专用性质的专用网络。

⑦ 网络性能：局域网侧重共享信息的处理。

⑧ 投资：局域网投资少，不需要很高的运行费用。

2．常见局域网类型

常见的局域网包括以太网（EtherNet）、ATM（异步传输模式）局域网、无线局域网等。

以太网是目前使用最广泛的局域网，最早由 Xerox（施乐）公司创建，1980 年由 DEC、Intel 和 Xerox 三家公司联合制定了第一个标准。在整个 20 世纪 80 年代，以太网与 PC 同步发展，其传输率从 80 年代初的 10 Mbps 发展到 90 年代的 100 Mbps，目前已出现 10 Gbps 以太网产品。以太网支持的传输介质从最初的同轴电缆发展到双绞线和光缆。星型拓扑结构的应用使以太网技术上了一个新台阶，获得了更迅猛的发展，从共享型以太网发展到交换型以太网，全双工以太网技术使以太网的带宽以十倍百倍地增长，并保持足够的系统覆盖范围。

以太网是应用最广泛的局域网，包括标准以太网（10 Mbps）、快速以太网（100 Mbps）、千兆以太网（1000 Mbps）和 10 Gbps 以太网，都符合 IEEE 802.3 系列标准规范。

① 快速以太网。随着网络数据流量的不断增长，标准以太网技术已不能满足需求。1995年 3 月，IEEE 宣布了 IEEE 802.3u 100BASE-T 快速以太网（Fast Ethernet），宣告了快速以太网时代的开始。快速以太网标准包括 100BASE-TX、100BASE-FX 和 100BASE-T4 三个子标准。快速以太网能有效保护用户在原布线上的投资，支持双绞线及光缆连接，能有效利用现有的设施。当网络负载较重时，快速以太网的效率会降低，可采用交换技术进行弥补。

② 千兆、万兆以太网。千兆以太网的传输速率高达 1000 Mbps，采用光缆、6 类 UTP 连接组网，包括 1000BASE-T（使用 4 对 5 类线，传输距离为 25～100 m）、1000BASE-SX（采用多模光纤和 850 nm 激光器，传输距离为 300～550 m）、1000BASE-LX（采用单模光纤或多模光纤和 1300 nm 激光器，单模光纤传输距离为 3 km，多模光纤传输距离为 300～550 m）。万兆以太网的传输速率高达 10 Gbps，主要用于主干网。

3．局域网的协议

常见的局域网协议有 TCP/IP、IPX/SPX 协议、NetBEUI 协议等。用户如果访问 Internet，必须在网络协议中添加 TCP/IP。

TCP/IP 协议已经成为网络协议的代名词，广泛应用于各种规模的网络中。TCP 称为传输控制协议，负责数据从端到端的传输。IP 称为网际协议，负责网络互连。TCP 和 IP 是其中最重要的两个协议，还包括其他多种协议，如文件传输协议 FTP（File Transport Protocol）、电子邮件协议 SMTP（Simple Mail Transfer Protocol）等。

TCP/IP 具有很强的灵活性，可以支持任意规模的网络。使用 TCP/IP，不仅可以组建对等网，而且可以非常方便地接入其他服务器。

4．局域网的工作模式

局域网的工作模式由局域网中各计算机的配置、位置及局域网要实现的功能决定。目前，常见的局域网工作模式主要有客户—服务器和对等网两种。

（1）客户—服务器模式（Client/Server，C/S）

客户—服务器是一种基于服务器的网络。其中一台或几台性能较高和容量较大的计算机集中进行共享数据库的管理和存取，称为服务器。而将其他应用处理工作分散到网络中的客户机去做，构成分布式的处理系统。服务器控制管理数据的能力已由文件管理方式上升为数据库管理方式。因此，C/S 模式中的服务器也称为数据库服务器。数据库服务器能够做到仅将其处理后用户所需的那部分数据而不是整个文件传送到客户机去，从而减轻了网络的传输负荷。这种模式主要注重数据定义及存取安全、数据备份及还原、并发控制及事务管理，执行检索、索引、排序等数据库管理功能。C/S 模式是数据库技术与局域网技术相结合的结果。

（2）对等网（Peer-to-Peer Networks）

对等网是指同一台计算机既是客户机又是服务器。每个用户都是自己计算机的管理员，并负责本机的安全。在对等网中没有特定的计算机作为服务器，每台计算机当它使用网络中的某种资源时就是客户机，当它为网络的其他用户提供某种资源时，就是服务器。

对等网也称为工作组网络，其组建和维护简单，不需架设专用服务器，价格低廉，也不需要过多的专业知识，使用方便，工作站上的资源可直接共享。但由于在对等网中资源没有集中管理，所以安全性和保密性较差。基于这些特点，对等网一般应用于计算机数量较少、分布比较集中、网络规模增长不快并对网络安全要求不高的小型网络，如小型办公室、实验室和家庭等。对网络安全要求较高时，就不能使用对等网，而应使用基于服务器的网络。

9.2.2 局域网的硬件组成

计算机网络由硬件系统和软件系统构成。硬件系统一般包括服务器和客户机、传输介质和网络连接设备等。网络连接设备分为网络接口设备和网络互连设备。软件系统一般包括网络操作系统、网络应用软件和网络协议等。网络硬件种类繁多，性能各异，下面介绍一些典型的局域网硬件方面的知识。

1．服务器与工作站

在网络系统中，服务器是指应其他计算机的请求提供服务，使其他计算机通过它共享系统资源的计算机。服务器是网络运行、管理和提供服务的中枢，直接影响着网络的整体性能。服务器一般采用性能高并配有大容量硬盘、较大容量内存、运算速度较快的大、中、小型计算机或微型机，其上安装有大量的网络软件，如网络操作系统、大型数据库管理系统、数据备份软件、网络杀毒软件、防火墙系统、电子邮件系统和 Web 系统等。按其作用，服务器可分为文件服务器、数据库服务器、打印服务器；在 Internet 上，还有 DNS、FTP、Web、E-mail 和 Internet 代理等服务器。

在网络系统中，工作站是指只向服务器提出请求或共享网络资源而不为其他计算机提供服务的计算机。工作站是网络的前端窗口，用户通过工作站访问网络的共享资源。工作站一般由 PC 担任，也可以由输入/输出终端担任，对工作站性能的要求主要根据用户需求而定。工作站可以有自己的操作系统，它能独立工作，并通过运行工作站上的网络软件访问服务器的共享资源，并与网络上的其他计算机通信。

2．网络接口卡

在局域网中，网络接口卡（即网卡）起着通信控制处理机的作用，实现了工作站或服务器连接到网络，网络资源的共享和相互通信。

网络接口卡（Network Interface Card，NIC）又称为网络适配卡（NAC）或网卡，是互连计算机与网络的重要设备，如图 9.15 所示。任何一台计算机要想连接到网络中必须配备网卡。网卡通常插入主机的主板扩展槽中，目前有些主板集成了网卡。

图 9.15　网络接口卡

（1）网络接口卡分类

网卡的种类很多，按照工作速率，可以分为 10 Mbps、100 Mbps、10/100 Mbps 自适应和 1000 Mbps 以太网卡；按接口类型，可以分为 ISA 接口网卡、PCI 接口网卡及在服务器上使用的 PCI-X 总线接口网卡。笔记本电脑使用的网卡为 PCMCIA 接口类型。现在还有 USB 总线接口网卡和无线网卡。

（2）网络接口卡的基本功能

① 数据转换。由于数据在计算机内都是并行传输，而数据在计算机之间的传输是串行传输，所以网卡要有对数据进行并/串和串/并转换的功能。

② 数据缓存。在网络系统中，工作站与服务器对数据进行处理的速率通常是不一样的，为此网卡内必须设置数据缓存，以防止数据在传输过程中丢失并实现数据的传输控制。

③ 通信服务。网卡实现的通信服务包括 OSI 参考模型的任一层协议。但在大多数情况下，网卡中提供的通信协议服务是在物理层和数据链路层上。这些通信协议软件通常都被固化在网卡内的只读存储器中。

9.2.3　网络操作系统

网络操作系统（Network Operating System，NOS）是用户与计算机之间的接口，其基本任务是屏蔽本地资源与网络资源的差异，为用户提供各种基本的网络服务功能，并完成网络资源的管理和提供网络系统安全。局域网操作系统的种类很多，如 Windows Server 2003 /2008/2012、UNIX、Linux 和 NetWare 等。

1. Windows Server 2008/2012

Windows Server 2008 是 Microsoft 公司开发的网络操作系统，在虚拟化工作负载、应用程序支持和网络保护等方面向用户提供高效的服务。它为开发和可靠地承载 Web 应用程序和服务提供了一个安全、易于管理的平台。从工作组到数据中心，Windows Server 2008 都提供了令人兴奋且很有价值的新功能，对基本操作系统做了重大改进。

Windows Server 2012 是一套基于 Windows 8 开发出来的服务器版操作系统，引入了 Metro 界面，增强了存储、网络、虚拟化、云等技术的易用性，让管理员更容易控制服务器。

2. UNIX/Linux

UNIX 是一种通用的交互式操作的多用户多任务网络操作系统，绝大部分程序使用 C 语言编制，可移植性良好。UNIX 具有良好的安全性和可靠性，作为最流行的操作系统之一，几乎所有的关键性网络应用都采用了 UNIX 作为服务器的操作系统平台。UNIX 系统作为主要网络应用服务器，也被广泛用于 Web 服务器和数据库服务器，许多高层 C/S 应用程序也把 UNIX 作为它们的服务器。UNIX 有许多流派，如 Sun Solaris UNIX、SCO UNIX、IBM UNIX 等。我国也在积极研制自己的 UNIX 操作系统，如长城 UNIX。

Linux 脱胎于 UNIX，是一套免费使用和自由传播的类 UNIX 操作系统，也是一个多用户、多任务、支持多线程和多 CPU 的操作系统。Linux 能运行主要的 UNIX 工具软件、应用程序和网络协议，支持 32 位和 64 位硬件。Linux 继承了 UNIX 以网络为核心的设计思想，是一个性能稳定的网络操作系统。

9.3 无线网络

无线网络既包括允许用户建立远距离无线连接的全球语音和数据网络，也包括为近距离无线连接进行优化的红外线技术及射频技术。与有线网络的用途十分类似，最大的不同是传输介质，无线网络利用无线电技术取代网线，可以与有线网络互为备份。

9.3.1 无线局域网网络设备

无线局域网（Wireless Local Area Network，WLAN）是一种通过无线介质发送和接收数据的网络访问形式。无线局域网的基础还是传统的有线局域网，是有线局域网的扩展和替换，只是在有线局域网的基础上通过无线集线器、无线访问节点、无线网桥、无线网卡等设备使无线通信得以实现。与有线网络一样，无线局域网同样需要传送介质，只是无线局域网采用的传输媒体不是双绞线或者光纤，而是红外线或者无线电波，且以使用后者居多。

除了传输介质有别于传统局域网外，无线局域网技术区别于有线接入的特点之一就是标准不统一，不同的标准有不同的应用，目前比较流行的有 802.11 标准（包括 802.11a、802.11b 及 802.11g 等标准）、蓝牙（Bluetooth）标准、HomeRF（家庭网络）标准等。

在无线局域网里，常见的设备有无线网卡、无线网桥、无线天线等。

（1）无线网卡

无线网卡的作用类似于以太网中的网卡，作为无线局域网的接口，实现与无线局域网的连接。无线网卡根据接口类型的不同，主要分为 3 种：PCMCIA 无线网卡、PCI 无线网卡和 USB 无线网卡。

PCMCIA 无线网卡仅适用于笔记本电脑，支持热插拔，可以非常方便地实现移动无线接入，如图 9.16 所示。

PCI 无线网卡适用于普通的台式计算机。其实 PCI 无线网卡只是在 PCI 转接卡上插入一块普通的 PCMCIA 卡，如图 9.17 所示。

USB 接口无线网卡适用于笔记本和台式机，支持热插拔，如果网卡外置有无线天线，那么，USB 接口就是一个比较好的选择，如图 9.18 所示。

图 9.16　PCMCIA 无线网卡　　　　图 9.17　PCI 无线网卡　　　　图 9.18　USB 无线网卡

（2）无线网桥

无线网桥是在链路层实现无线局域网互连的存储转发设备，能够通过无线（微波）进行远距离数据传输。无线网桥工作方式有 3 种：点对点、点对多点、中继连接，可用于固定数字设备与其他固定数字设备之间的远距离（可达 20 km）、高速（可达 11 Mbps）无线组网。从作用上理解，无线网桥可用于连接两个或多个独立的网段，这些独立的网段通常位于不同的建筑内，相距几百米到几十千米，广泛应用在不同建筑物间的连接。根据协议不同，无线网桥可以分为两种：2.4 GHz 频段的 802.11b 或 802.11，5.8 GHz 频段的 802.11a 无线网桥。

（3）无线天线

当计算机与无线访问节点（Access Point，AP）或其他计算机相距较远时，或者根本无法与 AP 或其他计算机之间通信，或者随着信号的减弱，其传输速率明显下降，此时必须借助无线天线对所接收或发送的信号进行增益（放大）。

无线天线有多种，常见的有两种：一种是室内天线，优点是方便灵活，缺点是增益小、传输距离短；一种是室外天线。室外天线的类型比较多，一种是锅状的定向天线，一种是棒状的全向天线，其优点是传输距离远，比较适合远距离传输。

（4）无线接入点

无线接入点即无线 AP 是指一个无线网络的接入点，主要包括路由交换接入一体设备和纯接入点设备。一体设备执行接入和路由工作，通常是无线网络的核心；纯接入设备只负责无线客户端的接入，并作为无线网络扩展使用，与其他 AP 或者主 AP 连接，以扩大无线覆盖范围。

无线接入点也称为无线网桥、无线网关，即所谓的"瘦"AP。其传输机制相当于有线网络中的集线器，在无线局域网中不停地接收和传送数据。

"胖"AP 的学名为无线路由器。无线路由器与纯 AP 不同，除无线接入功能外，一般具备 WAN、LAN 两个接口，多支持 DHCP 服务器、DNS 和 MAC 地址克隆，以及 VPN 接入、防火墙等安全功能。

9.3.2 无线网卡安装与配置

无线网卡安装需要两个步骤。

（1）硬件安装

USB 无线网卡插入计算机 USB 接口，或者使用延长线插到计算机 USB 接口。

PCI 无线网卡在计算机启动前插入主板的 PCI 插槽上。

Cardbus 无线网卡插入笔记本电脑的 Cardbus 接口。

硬件安装完毕，进行驱动程序安装。

（2）驱动安装

Windows 7 系统自带大部分无线网卡驱动，这些网卡硬件安装完毕后，无需手动进行驱动安装即可使用。系统自动搜索安装驱动过程如下：Windows 7 系统检测到无线网卡，自动安装驱动程序，如图 9.19 所示。

图 9.19 安装驱动程序

如果不想用系统自带驱动或者系统安装驱动失败，用户可以手动安装无线网卡驱动。但驱动程序需要提前从相关产品网站进行下载。安装时，在桌面图标"计算机"上右键单击，在快捷菜单中选择"管理"命令，打开"计算机管理"窗口，选择"设备管理器"，在黄色标识设备上单击右键，在快捷菜单中选择"更新驱动程序软件"命令，在弹出的对话框中选择"浏览计算机以查找驱动程序软件"，找到驱动程序所在文件夹，再单击"确定"按钮。驱动程序成功安装后，网络适配器中将会显示此无线网卡设备，如图 9.20 所示。

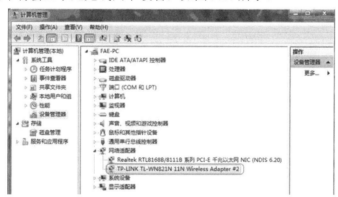

图 9.20 显示无线网卡安装成功窗口

9.3.3 无线路由器的连接与配置

1. 无线路由器连接

接入电源，然后准备两根网线，一根网线连接路由器的 WAN 端口和宽带接入端口，另一根网线连接计算机和路由器的 LAN 端口，如图 9.21 所示。

2. 无线路由器基本配置

无线路由器连接完成后，在 IE 浏览器地址栏中输入厂家配置的无线路由器 IP 地址（如192.168.1.1）。在登录窗口的"用户名"和"密码"处输入初始用户信息，单击"确定"按钮，进入配置界面。

无线路由器一般提供了向导式基本配置方法，在打开配置界面首页的同时也启动了配置向导。建议初次配置采用向导方式进行，它可以配置最基本的选项，以简便的方式使无线路由器正常进行工作，如图 9.22 所示。

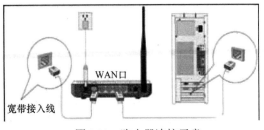

图 9.21　路由器连接示意

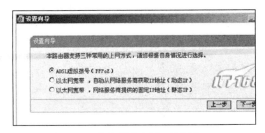

图 9.22　路由器上网方式选择

无线路由器一般支持 3 种上网方式：虚拟拨号 ADSL、动态 IP 以太网接入和固定 IP 以太网接入。

① 虚拟拨号 ADSL。一般家庭采用的是 ADSL 虚拟拨号上网。选择"ADSL 虚拟拨号（PPPoE）"后，就可以为所指定的虚拟拨号 ADSL 上网方式配置相应的账号，如图 9.23 所示。

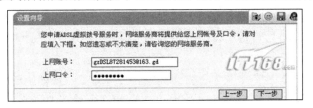

图 9.23　配置 ADSL 账号

② 动态 IP 以太网接入。选择"以太网宽带，自动从网络服务商获取 IP 地址（动态 IP）"，则会直接进入到"无线设置"对话框，如图 9.24 所示，从中进行无线接入点 AP 的设置。首先，在"无线功能"下拉列表中选择"开启"选项，开启它的无线收、发功能。然后，在 SSID 号后面的文本框中输入 SSID 号（相当于有线网络的工作组名），一般任意取一个即可。

③ 固定 IP 以太网接入。选择"以太网宽带，网络服务商提供的固定 IP 地址（静态 IP）"选项，则进入为专线以太网接入方式配置 IP 地址、网关等设置对话框，如图 9.25 所示。

图 9.24　无线设置

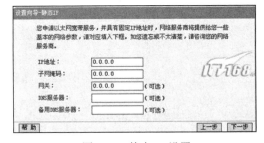

图 9.25　静态 IP 设置

3．无线路由器高级配置

（1）无线安全设置

无线路由器都有无线加密功能，这是无线路由器的重要保护措施，通过对无线电波中的数据加密保证数据信息传输的安全。AP 或一般的无线路由器都具有 WEP（Wired Equivalent Privacy，有线等效加密）加密和 WPA（Wi-Fi Protected Access，Wi-Fi 网络安全接入）加密功能。WEP 一般包括 64 位和 128 位两种加密类型，只要分别输入 10 个或 26 个十六进制的字符串作为加密密码，就可以保护无线网络。WEP 是对两台设备间无线传输的数据进行加密的方式，用于防止非法用户窃听或侵入无线网络，但 WEP 密钥一般保存在 Flash 中，所以有些黑客可以利用网络中的漏洞轻松进入网络。

WEP 加密出现的较早，现在基本上都已升级为 WPA 加密。WPA 是一种基于标准的可互操作的 WLAN 的安全性增强解决方案，可大大增强现有无线局域网系统的数据保护和访问控制水平；WPA 加强了生成加密密钥的算法，黑客即便收集到分组信息并对其进行解析，也几乎无法计算出通用密钥。WPA 的出现使得网络传输更加安全、可靠。设置 WPA-PSK/WPA2-PSK AES 加密的方法如图 9.26 所示。

图 9.26　路由器安全设置

（2）关闭 DHCP

DHCP 即 Dynamic Host Configuration Protocol（动态主机分配协议），其主要功能是帮助用户随机分配 IP 地址，省去了用户手动设置 IP 地址、子网掩码及其他所需 TCP/IP 参数的麻烦。一般的路由器 DHCP 功能默认情况是开启的，所有在信号范围内的无线设备都能自动分配到 IP 地址，这带来了极大的安全隐患，攻击者可以通过分配的 IP 地址轻易得到用户的路由器的相关信息，因此，禁用 DHCP 功能非常必要。

（3）关闭 SSID 广播

SSID（Service Set Identifier，服务集标志）可以简单理解为用户为自己的无线网络取的名字。在开放式的无线网络环境下，用户的网络名字会显示在搜索结果中。一旦攻击者利用通用的初始化字符串连接无线网络，极易入侵用户的无线网络，因此建议用户关闭 SSID 广播。

（4）IP 过滤和 MAC 地址列表

每个网卡的 MAC 地址是唯一的，可以通过设置 MAC 地址列表提高安全性。在启用了 IP 地址过滤功能后，只有 IP 地址在 MAC 列表中的用户才能正常访问无线网络，其他不在列表中的用户无法接入网络。另外，在"过滤规则"中一定要选中"仅允许已设 MAC 地址列表中已生效的 MAC 地址访问无线网络"选项，否则无线路由器将会阻止所有用户接入网络。对于家庭用户来说，这个方法非常实用，家中有几台计算机就在列表中添加几台，这样既可以避免邻居"蹭网"，也可以防止攻击者的入侵。

9.4　Windows 7 网络功能

Windows 7 具有优良的网络性能。利用 Windows 7 组建网络不需要专用服务器的支持，支持 TCP/IP、NWLink IPX/SPX 及 NWLink NetBIOS 等协议，可以提供文件共享、打印机共享和 WWW 等服务。另外，特殊的协议和服务可以由用户专用程序添加。

Windows 7 的网络功能分为以下几种基本形式。

①　作为网络工作站，为客户机提供操作系统平台。Windows 7 可以连接到 Windows Server 2003/2008/2012 等服务器。

②　建立对等网络。由于对等网的功能内置于 Windows 7 中，不需要投入新增费用就可以实现文件服务的功能，充分体现了 Windows 7 的网络简易性。

③　访问 Internet。Windows 7 提供访问 Internet 资源的常用工具，如 FTP、Telnet、E-mail

和 IE 浏览器等。

④ 作为网络服务器创建服务，如 Web 服务、E-mail 服务等。

9.4.1 在局域网环境下的网络设置

如果要接入局域网，或通过代理服务器接入 Internet，在微机上必须安装网卡。本节介绍利用网卡将计算机连接到局域网环境的方法。

1. 安装网卡

关闭计算机电源，打开机箱，将网卡插到主板的扩展槽中。

Windows 7 支持即插即用功能，所以开机后系统会显示找到新硬件的提示。如果 Windows 7 带有所安装网卡的驱动程序，系统自动复制所需的程序。如果 Windows 7 没有所安装网卡的驱动程序，则需要手动安装，可以用网卡附带的驱动程序盘进行安装。方法如下：

打开"控制面板"窗口，如图 9.27 所示，在"硬件和声音"下单击"添加设备"，出现"添加设备"对话框，如图 9.28 所示，找到所需的网卡后单击"下一步"按钮，根据安装向导的提示，完成驱动程序的安装。

图 9.27　"控制面板"窗口

图 9.28　"添加硬件向导"对话框

如果网卡安装成功，在"开始"菜单中右键单击"网络"，在快捷菜单中选择"属性"，打开"网络和共享中心"窗口，单击"更改适配器设置"，在窗口中将出现"本地连接"图标。

2. 安装与设置网络组件

安装网卡之后，只是完成了组建网络的基本硬件要求。要使计算机加入局域网络，还需安装并设置网络组件即客户端、服务和协议。要实现不同网络间的通信，必须使用至少一种相同的网络协议。例如，与 Internet 通信必须使用 TCP/IP，一般还需要需要添加 NWLink IPX/SPX 协议、NWLink NetBIOS 协议、网络上的文件与打印服务和 Microsoft 网络客户端。

安装网络协议的方法如下：

① 打开"控制面板"窗口，单击"网络和 Internet 连接"，打开"网络和 Internet 连接"窗口，再单击"网络和共享中心"，打开"网络和共享中心"窗口。

② 单击"更改适配器设置"，右键单击"本地连接"，在弹出的快捷菜单中选择"属性"，打开"本地连接属性"对话框。

③ 单击"安装"按钮，打开"选择网络功能类型"对话框，如图 9.29 所示。

④ 单击"协议"，打开"选择网络协议"对话框。在"网络协议"列表框中选择要安装的网络协议，或单击"从磁盘安装"，然后单击"确定"按钮。

⑤ 重复步骤①～④，继续安装其他网络协议。

⑥ 若要使计算机以"Microsoft 网络客户端"的身份共享网络上的资源，在"本地连接属性"对话框中选中"Microsoft 网络客户端"。

⑦ 若要使计算机成为网络服务器的一部分，则在"本地连接属性"对话框中选中"Microsoft 网络的文件和打印机共享"选项。

只有安装了"网络服务"，其他计算机上的用户才能使用该计算机上的共享资源。同样，只有安装了"网络客户端"，本地计算机上的用户才能使用网络中其他计算机（网络服务器）上的共享资源。

3．将局域网接入 Internet

要使网络内的计算机能够连入 Internet，需要对计算机的 Internet 属性进行配置，包括 TCP 协议、IP 地址和 DNS 等。接入 Internet 的前提是申请并获得 IP 地址。

设当前本机 IP 地址为 202.201.243.123，掩码为 255.255.255.0，使用的 DNS 服务器 IP 地址为 202.201.252.1。操作方法如下：

① 打开"本地连接属性"对话框，选中"Internet 协议版本 4（TCP/IP）"，单击"属性"按钮，打开"Internet 协议版本 4（TCP/IPv4）属性"对话框，如图 9.30 所示。

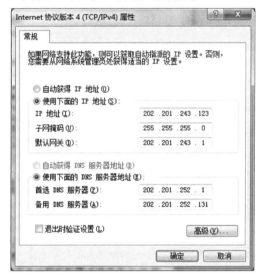

图 9.29　选择网络功能类型　　　　　　图 9.30　Internet 协议（TCP/IP）设置

② 如果需要修改，在相应的项目中填入正确的 IP 地址、子网掩码和 DNS 服务器地址，并单击"确定"按钮，则 Windows 7 自动进行组件调整，最后重新启动计算机。

在"Internet 协议（TCP/IP）属性"对话框中，如果单击"高级"按钮，将打开"高级 TCP/IP 设置"对话框，其中有"IP 设置""DNS""WINS"和"选项"4 个选项卡。

在"IP 设置"选项卡中可以添加、编辑或删除原先设定的 IP 地址和网关地址，可以将本计算机配置成具备多个 IP 地址和网关地址的多址计算机，以满足网络服务的需要。同样，在"DNS"和"WINS"选项卡中可以对 DNS 服务器和 WINS（Windows Internet Naming Server，Windows 域名服务）服务器地址进行相应的设置。

9.4.2 访问共享资源

Windows 7 简化了网络应用，用户可以方便地在局域网上共享资源。在 Windows 7 中访问局域网上的共享资源，就像浏览自己计算机中的资源一样。可以利用"网络和共享中心"，访问局域网中的计算机，具体方法如下：在"控制面板"窗口中单击"网络和 Internet"，在打开的窗口中单击"查看网络计算机和设备"，在打开的窗口中将显示已经连上局域网的计算机，如图 9.31 所示；双击需要访问的计算机图标，该计算机上所有被共享的资源立即被显示出来，这时就可像操作本地计算机中的文件夹或文件一样操作使用共享资源（当然，将受权限设置的制约）。

除了通过上述方法访问共享资源，还可以使用以下方法快速显示局域网中某台计算机中的共享资源：

- ❖ 在"资源管理器"地址栏中输入"\\计算机名"或"\\对方计算机的 IP 地址"。
- ❖ 在 IE 地址栏中输入"\\计算机名"或"\\对方计算机的 IP 地址"。
- ❖ 选择"开始"→"所有程序"→"附件"→"运行"，在打开的"运行"对话框中输入"\\计算机名"或"\\对方计算机的 IP 地址"。

9.4.3 设置共享资源

Windows 7 的用户可以把自己的资源（硬盘、文件夹或打印机）共享到局域网上，供其他节点的计算机用户使用。但出于安全性考虑，一般只将需要的文件夹共享给网络上的其他用户。设置共享文件夹的方法如下：在桌面上双击"计算机"图标，打开"计算机"窗口；选择要设置共享的文件夹并单击右键，在弹出的快捷菜单中选择"属性"，打开"文件夹属性"对话框；选择"共享"选项卡，单击"高级共享"按钮，打开"高级共享"对话框，如图 9.32 所示；从中可以添加共享名，设置共享的用户名数量限制，设置权限和缓存。

图 9.31 "查看工作组计算机"窗口

图 9.32 "高级共享"对话框

9.4.4 映射网络驱动器

在 Windows 7 中，使用其他计算机上的文件或文件夹就像使用自己计算机上的一样，如果需要频繁地访问某计算机上的一个共享文件夹，可以分配一个虚拟驱动器，如用"K:"或"S:"来代表该共享文件夹。在"计算机"或"Windows 资源管理器"中访问该盘，就像访问该共享文件夹一样。

操作方法如下：在网络和共享中心中，找到共享的文件夹资源；单击"映射网络驱动器"

命令，打开"映射网络驱动器"对话框，如图 9.33 所示；单击"驱动器"下拉列表，选择"K:"；单击"确定"按钮，打开"计算机"窗口，查看网络驱动器名称，如"K:"。

图 9.33 "映射网络驱动器"对话框

9.5 因特网基础

因特网（Internet）是由 ARPANET 发展起来的。1973 年，英国和挪威加入 ARPANET，首次实现了 ARPANET 的跨洲连接。20 世纪 80 年代，随着个人计算机的出现、局域网的发展、计算机价格的大幅度下跌，掀起了一场 ARPANET 热，各学术研究机构希望把自己的计算机连接到 ARPANET 上的要求越来越强烈。可以说，20 世纪 70 年代是 Internet 的孕育期，而 20 世纪 80 年代是 Internet 的发展期。

9.5.1 Internet 的发展与现状

1. Internet 的发展阶段

Internet 的形成与发展，经历了试验研究网络、学术性网络及商业化网络 3 个历史阶段。

（1）试验研究网络

1969 年，美国国防部的国防高级科研计划局（Advanced Research Project Agency，ARPA）建立了一个采用存储转发方式的分组交换广域网——ARPANET，该网络仅有 4 个节点，分别建在加州大学洛杉矶分校（UCLA）、斯坦福研究所（SRI）、加州大学圣塔芭芭拉分校（UCSB）、犹他大学（UTAH），该网络是为了验证远程分组交换网的可行性而进行的一项试验工程，以防止核战争爆发引起大量电话业务中断，导致军事通信瘫痪的局面出现。ARPANET 就是今天 Internet 的前身。

1972 年，首届国际计算机通信会议（ICCC）上首次公开展示了 ARPANET 的远程分组交换技术。在总结最初的建网实践经验的基础上，开始了被称为网络控制协议（NCP）的第二代网络协议的设计，ARPA 随后又组织有关专家开发了第三代网络协议——TCP/IP，该协议于 20 世纪 70 年代中期由斯坦福大学的 Vinton Cerf 和 BBN 的 Robert Kahu 开发，1983 年正式在 ARPANET 上启用，这是 Internet 发展过程中的一个重要的里程碑。

（2）学术性网络

1986 年，美国国家科学基金会（U.S. National Science Foundation，NSF）建立了以 ARPANET 为基础的学术性网络，即 NSFnet，它是 Internet 发展的先驱。1990 年，大部分 ARPANET 已被 NSFnet 所取代。1994 年，NSF 宣布不再给予 NSFnet 运行、维护上的经费支持，并由 MCI、Sprint 等公司运行和维护。1995 年，NSFnet 结束了它作为 Internet 主干网的历史使命，Internet 从学术性网络转变为商业性网络。

（3）商业化网络

随着各国信息基础设施建设步伐的加快，Internet 网络规模与传输速率的不断扩大，在网上的商务活动也日益增多，一些大公司纷纷加入 Internet 的行列，同时出现了专门从事 Internet 活动的企业。

2．Internet 现状

在 40 多年的时间里，Internet 从研究试验阶段发展到用于教育、科研的学术性阶段，进而发展到商业化阶段，连接到 Internet 上的计算机数量迅猛增加，这一历程充分体现了 Internet 的发展迅速，以及技术和应用的日益成熟。

9.5.2　Internet 在中国

1．中国的大型互连网络

进入 20 世纪 90 年代后，中国开始投入巨资进行国内的计算机网络建设。1990 年，中国第一个跨园区的光纤互连计算机网络——北京中关村地区教育与科研示范网络（NCFC）开始建设，该网络把清华大学、北京大学的校园网以及中科院在中关村地区的众多研究所通过光纤连成一体，接着通过租用专线的方式建立了一条从中科院网络中心到美国的国际线路。Internet 组织把 NCFC 国际线路开通的时间定为中国加入 Internet 的时间，即 1994 年 5 月。

目前，中国已经建成的大型互连网络主要有：由教育部管理的中国教育与科研计算机网（CERNET），由中国科学院管理的中国科技网（CSTNET），由工业和信息化部管理的中国公用计算机互联网（CHINANET）和中国金桥网（CHINAGBN）。上述大型互连网都是经国务院批准，与 Internet 相连的 4 个国家级互连网络，国内其他网络作为接入单位与上述互连网络之一相连，通过它们实现与 Internet 的连接。

2．中国 Internet 的发展历程

以与 Internet 有关的重要时间为线索，这里仅从一个侧面向读者展示中国 Internet 的发展历程，有关详细内容请进入中国互联网信息中心（CNNIC）的网站（www.ccinc.com.cn）查询。

1993 年 3 月 2 日，中国科学院高能物理研究所租用 AT&T 公司的国际卫星信道接入美国斯坦福线性加速器中心的 64K 专线正式开通。这条专线是中国部分连入 Internet 的第一根专线。1993 年 4 月，中国科学院计算机网络信息中心召集网络专家，在调查各国域名体系的基础上，提出并确定了中国的域名体系。1994 年 10 月，中国教育和科研计算机网（CERNET）开始启动。1995 年 5 月，中国电信开始筹建中国公用计算机互联网（CHINANET）全国骨干网。1997 年，CHINANET 实现了与中国其他 3 个互连网络，即中国科技网（CSTNET）、中国教育和科研计算机网（CERNET）、中国金桥网（CHINAGBN）的互连互通。

根据中国互联网信息中心（CNNIC）的统计报告，截至 2018 年，中国内地网民已经达到 8.02 亿。

9.5.3　Internet 的组成

Internet 是一种分层网络互连群体的结构。从不同角度看，互联网的组成有不同的内容。从用户的角度，可以把 Internet 作为一个单一的大网络来对待，这个大网络可以被认为是允许任意数目的计算机进行通信的网络，如图 9.34 所示。

事实上，Internet 的结构是多层网络群体结构，如图 9.35 所示。

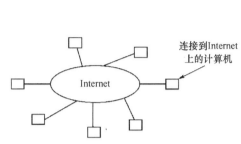

图 9.34　Internet 逻辑结构示意

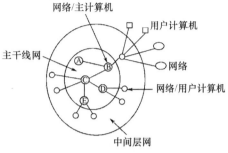

图 9.35　Internet 物理结构示意

在美国，Internet 主要由如下 3 层网络构成。

① 主干网。主干网是 Internet 的最高层，是由 NSF（美国国家科学基金会）、MIL（美国国防部）、NSI（美国国家宇航局）及 ESNET（美国能源部）等政府部门提供的多个网络互连构成的。主干网是 Internet 的基础和支柱网层。

② 中间层网。中间层网由地区网络和商业用网络构成。

③ 底层网。底层网处于 Internet 的最下层，主要由大学和企业的网络构成。

从硬件组成结构上看，Internet 由以下几部分组成。

① 通信线路。通信线路将 Internet 中的计算机、路由器等设备连接起来，是 Internet 的基础设施，如光缆、铜缆、卫星和无线等。通信线路带宽越宽，传输速率越高，传输能力就越强。

② 路由器。路由器是网络中最重要的设备，实现 Internet 中各种异构网络间的互连，并提供最佳路径选择、负载平衡和拥塞控制等功能。

③ 终端设备。接入 Internet 的终端设备可以是普通微机、服务器、巨型机等，是 Internet 中不可缺少的设备。终端设备分为服务器和客户机两大类，服务器是 Internet 服务和信息资源的提供者，如 WWW（World Wide Web）服务器、电子邮件（E-mail）服务器、文件传输（FTP）服务器等，为用户提供 Internet 上的信息服务。客户机是 Internet 服务和信息资源的使用者。

9.5.4　Internet 地址和域名

1. IP 地址

连接到 Internet 上的每台计算机都由授权单位分配一个唯一的地址，称为 IP 地址。IP 地址由 32 位二进制数值组成，即 IP 地址占 4 字节。为了书写方便，习惯上采用"点分十进制"表示法，即：每 8 位二进制数为一组，用十进制数表示，并用小数点隔开。

例如，二进制数表示的 IP 地址 11011010 11000011 11110111 11100111，用"点分十进制"表示为 218.195.247.231。IP 地址中每个十进制数值的取值范围是 0～255。

2. IP 地址的分类

IP 地址采用层次方式按逻辑网络的结构进行划分。IP 地址由网络地址和主机地址两部分组成。网络地址标志了主机所在的逻辑网络，主机地址用来标志该网络中的一台主机。

IP 地址中的网络地址由 Internet 网络信息中心统一分配。IP 地址分为 A、B、C 基本类，如图 9.36 所示，其规模如表 9.1 所示。

图 9.36 IP 地址的格式

在两级结构的 IP 地址中，一个网络上的节点数很多，实际的节点数会受到物理网络中的主机数量限制，或者网络管理人员为了便于管理，往往希望将主机分组。因此，可以将一个网络划分成若干个子网，通过主机地址的部分位来表示子网地址，此时 IP 地址格式变为三级结构，如图 9.37 所示。

表 9.1 IP 地址的规模

网络类型	首字节数值范围	网络数	最大节点数
A 类网络	1～126	126	16 384 064
B 类网络	128～191	16 256	64 516
C 类网络	192～223	2 064 512	254

网络号	子网号	节点号

图 9.37 划分子网的 IP 地址格式

3．子网掩码

当没有划分子网时，IP 地址是两级结构，划分子网后就变成了三级 IP 地址结构。子网掩码（Mask）可以从一个 IP 地址中提取出子网号，子网掩码中的 1 表示在 IP 地址中网络号和子网号的对应比特，而子网掩码中的 0 表示在 IP 地址中主机号的对应比特。

例如，对于 IP 地址 152.32.5.22，其子网掩码为 11111111 11111111 11111111 00000000，用点分十进制表示法可表示成 255.255.255.0。这个子网掩码说明此 IP 地址是一个划分了子网的 B 类 IP 地址，其网络号为 152.32，子网号为 5，主机号为 22。

4．静态 IP 与动态 IP

IP 地址是一个 32 位二进制数的地址，看似是一个很大的地址空间（2^{32}），但由于 IP 地址的结构、历史原因和技术发展的差异，目前 A 类地址和 B 类地址几乎分配殆尽，能够供世界各国各组织分配的只有 C 类地址。因此，IP 地址实际上非常短缺。而对于大多数通过拨号上网的用户，由于其上网时间和空间的离散性，为每个用户分配固定的 IP 地址（静态），将造成本来就短缺的 IP 地址的浪费，因此，这些用户通常会在每次拨通 ISP（Internet Service Provider，Internet 服务提供商）后，拨通时自动获得一个每次不一定相同的 IP 地址（动态 IP）。当然，该地址不是任意的，而是该 ISP 申请的合法 IP 地址区间中的某个地址。尽管拨号用户任意两次连接时的 IP 地址可能不同，但是在每次连接时间内的 IP 地址是不变的。

5. IPv6

随着 Internet 的不断扩张和应用的普及，其本身许多固有缺陷也随着用户数量的激增和多媒体的应用日渐暴露出来。其中最严重的是 IP 地址不够用，无法满足高带宽占用型应用的需要，并且由于其体系的不够完善存在着大量的安全隐患。针对这些问题，从 1996 年起世界各国陆续启动了下一代高速互联网及其关键技术的研究，提出了很多新的替代协议。其中 IPv6 被认为是下一代因特网的核心，相对于现在使用的 32 位 IPv4，IPv6 几乎无限制地增加了 IP 地址数量，拥有巨大的地址空间。由于 IPv6 地址空间由 IPv4 的 32 位扩大到 128 位，因此地址空间达到了 2^{128}。IPv6 所提供的 IP 地址数可算是天文数字，这个数字的 IP 地址可以使全球的每个人都可拥有 10 个以上的 IP 地址，这么多的 IP 地址相信再也不会出现 IPv4 那样除了美国，各国的 IP 地址都出现短缺的现象，这将极大地满足出现的网络智能设备对地址增长的需求。此外，IPv6 还能实现 IP 层的网络安全，提供更好的服务质量，支持组播等。

6. 域名

一台主机的 IP 地址是用 4 字节数字表示的，这种地址不便于记忆，很难推广，于是出现了用域名代替 IP 地址的方案。域名是用字符表示的一台主机的字符串通信地址。一个完整域名的一般格式是"主机名.单位名.机构.国别或地区"。域名可以表现出主机所在位置的社会氛围，如清华大学的域名称是 www.tsinghua.edu.cn。其中，www 表示主机，tsinghua 代表清华大学，edu 代表国家教育机构部门，cn 表示中国。

在 Internet 上访问一台主机，既可以使用它的域名，也可以使用它的 IP 地址。域名中常用的缩写及含义如表 9.2 所示。

表 9.2　域名对照表

分类	缩写	代表意义	分类	缩写	代表意义
组织或行业性域名	COM	商业组织	国家或地区域名	CN	中华人民共和国
	EDU	教育机构		AG	南极大陆
	GOV	政府机构		AU	澳大利亚
	INT	国际性组织		HK	中国香港特区
	MIL	军队系统机构		IT	意大利
	NET	网络技术组织		DE	德国
	ORG	研究或非商业机构		UK	英国

9.5.5　Internet 的接入方式

1. 接入方式与 ISP

普通用户（或小规模用户）将计算机接入 Internet 的常见方式有：通过局域网接入，通过电话线接入，通过有线电视电缆接入及通过 xDSL 接入。对于大规模用户如政府网、企业网、校园网、ISP 网络主要有 X.25 公共分组交换网接入、帧中继网接入、光纤接入等。随着现代通信技术的发展，又出现了一些 Internet 接入方式，如无线接入、卫星接入等。

接入 Internet 的最简单的方法是通过 Internet 服务提供商（Internet Service Provider，ISP）来实现。一些专门的商业机构，它们先投资架设或租用从某一地区到 Internet 主干线路的数据专线，把位于本地区的主机（称为 Internet 接入服务器）与 Internet 主干线路连通。这样，本地区的用户就可以通过价格低廉的拨号电话线进入 Internet 接入服务器，然后通过该服务器进入

Internet。ISP 指提供上述 Internet 接入服务的商业机构。

2．通过局域网接入

用户的计算机连接到一个局域网，同时局域网已经通过路由器连接到 Internet。例如，如果一个公司或一个校园的局域网已经接入 Internet，那么该单位用户的计算机便可以通过所在的局域网访问 Internet，如图 9.38 所示。

图 9.38　局域网用户连入 Internet

3．通过有线电视电缆接入

电缆调制解调技术是通过电缆接入 Internet 的基本方法，其基础设施是有线电视（Community Antenna Television，CATV）的电缆系统和电缆调制解调器。采用该技术能提供比电话线路更高的速率，而且不易受到电磁干扰。事实上，由于 CATV 电缆系统的设计容量远远高于当前可用的电视频道容量，未被使用的频道可用来传输数据。

按照目前电缆调制解调器的标准，电缆调制解调技术所支持的数据传输率分别为：下行速率 3～36 Mbps，上行速率 1～10 Mbps。

在利用电缆提供双向通信的技术中，混合光纤电缆是一种有发展前途的技术。该系统是光纤和同轴电缆的结合体，其中光纤用于中央设备，同轴电缆则用于个人用户。

4．xDSL 接入

xDSL（Digital Subscriber Line，数字用户线）是一种以铜质电话线作为传输介质的高速数字化传输技术，通过对现有的模拟电话线路进行改造，使之能够承载各种宽带业务。字母 x 表示有多种不同的 DSL 技术，包括 ADSL、HDSL、RADSL、VDSL 等，统称为 xDSL。其中 VDSL、ADSL 和 RADSL 属于非对称式传输。所谓"非对称"，是指与 Internet 的连接具有不同的上行和下行速率。上行是指用户向 Internet 发送信息，下行是指 Internet 向用户发送信息。

VDSL 技术是 xDSL 技术中最快的一种，在一对铜质双绞电话线上，上行数据的速率为 1.5～2.3 Mbps，下行数据的速率为 13～52 Mbps。但是，VDSL 的传输距离只能在几百米以内，VDSL 可以成为光纤到家庭的具有高性价比的替代方案。

ADSL 在一对铜线上支持上行速率 640 kbps～1 Mbps，下行速率 1～8 Mbps，有效传输距离为 3～5 km。ADSL 因其下行速率高、频带宽、性能优、安装方便、不需交纳电话费等特点而深受广大用户的喜爱，成为继 Modem、ISDN 之后的又一种全新的、更快捷、更高效的接入方式，是一种能够通过普通电话线提供宽带数据业务的技术。在现有的电话线上通过申请改造，安装 ADSL Modem 后就可实行宽带接入 Internet，如图 9.39 所示。安装 ADSL 接入网络，不会影响普通电话正常通话。ADSL 采用输入用户名和口令就可上网（虚拟拨号方式）的方式，并不通过电话交换机，所以不会产生话费，但电信部门要收取 ADSL 月租费。

RADSL 能够提供的速率范围与 ADSL 基本相同，但它可以根据双绞铜线质量的优劣和传输距离的远近，动态地调整用户的访问速率，所以也称为速率自适应 DSL。正是 RADSL 的这些特点，使 RADSL 成为用于网上高速冲浪、视频点播、远程局域网访问的理想技术。因为在这些应用中，用户下载的信息往往比上传的信息要多得多。

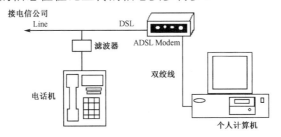

图 9.39　ADSL 安装原理

9.6　Internet 上的信息服务

9.6.1　WWW 信息资源

1．WWW 与超媒体

WWW 是 World Wide Web（万维网）的缩写，也可以简写成 W3 或 3W 等。它开始于 1989 年 3 月，由位于瑞士的欧洲量子物理实验室的主从结构"分布式超媒体系统"发展而来。

为了利用 Internet 实现在世界上任何地方的计算机都可以使用同种方式共享信息资源，WWW 的发明人 Tim Berners-Lee 在 1984 年提出了 WWW 所依存的超文本数据结构。

所谓超文本数据结构，是一种用计算机实现链接相关文档的结构，该链接以高亮单词或图像的形式嵌入在文档的文字中。当被激活时，便立即检索连接的文档并显示出来，在被链接的文档中又可以嵌套别的链接，如此多重嵌套，以至无穷。

超文本数据结构也称为超文本，这里的文本主要是文字信息。随着多媒体技术的发展，在超文本结构中，除文字外还可以链接图形、视频、声音等多媒体信息，因此引出了超媒体概念，即超媒体=超文本+多媒体。

WWW 是建立在 Internet 上的信息组织方式与表现形式，是一组分布式通信应用程序和系统软件。可见，WWW 并不等于 Internet。

2．WWW 的基本特点

WWW 具有以下基本特点：

① WWW 采用的是客户—服务器（Client/Server）结构。

② WWW 通常采用 TCP/IP。

③ WWW 能够理解 HTML（HypeText Markup Language，超文本标记语言）。

④ WWW 采用客户—服务器的双向数据通信、信息收集和资源服务模式。

⑤ WWW 通过 URL（Uniform Resource Location，统一资源定位符）进行文档和资源的访问。

⑥ WWW 允许客户程序访问各种类型的多媒体信息。

3．统一资源定位符 URL

利用 WWW 获取信息时，需要标明信息资源所在地，它用 URL 来定义。URL 也可以理解为 Web 页的地址。

URL 由三部分构成：协议、主机名（域名或 IP 地址）、路径及文件名，具体格式如下：

　　　协议://主机名[:端口号][路径名/.../文件名]]

根据具体情况，[ ]中的内容可以省略。

① HTTP 的 URL。使用 HTTP 访问超文本信息资源，如

　　　http://www.peopledaidy.com.cn/channel/welcome.htm

表示访问主机名（域名）为 www.peopledaidy.com.cn 的一个超文本文件（也称 HTML 文档），该文件位于 channel 目录下，文件名为 welcome.htm；而 http://www.edu.cn 表示访问主机名为 www.edu.cn 的 WWW 服务器的主页。

② FTP 的 URL。使用文件传输协议 FTP，可以访问 FTP 服务器上的信息资源。例如，ftp://ftp.westnetinc.com 表示访问主机名为 ftp.westnetinc.com 的 FTP 服务器的主页。

9.6.2　浏览网页

WWW 服务采用了客户—服务器工作模式，信息资源以页面的形式存储在 Web 服务器中，用户查询信息时执行一个客户端的应用程序，简称客户程序，也称为浏览器（Browser）程序。客户程序通过 URL 找到相应服务器，并与之建立联系和获取信息。

常用的 Web 浏览器有 Microsoft 的 Internet Explorer（IE）、Mozilla 的 Firefox、Opera 和 Safari 等。下面介绍 IE 浏览器。

IE 是一个著名的浏览器，是一种多线程的 Windows 应用程序，支持同时下载。在图形显示方面，IE 采用了"渐近显示"方法，根据用户需要，可以在显示图像之前先显示所有的文字，再显示图像。通常在安装 Windows 操作系统时可同时安装 IE 浏览器，或者可以从 http://windows.microsoft.com/en-us/internet-explorer/download-ie 下载 IE 浏览器。

1．启动 IE 浏览器

在 Windows 7 中，启动 IE 浏览器有 4 种方法，用户可以选择其中一种。

❖ 双击桌面上的"Internet Explorer"图标。

❖ 单击"开始"按钮，在开始菜单中单击"Internet Explorer"选项。

❖ 单击任务栏上的"IE"图标。

❖ 双击桌面上的一个指向网页的快捷方式。

2．IE 浏览器的使用

IE 浏览器主要包括标题栏、菜单栏、工具栏、地址栏、链接栏、水平与垂直滚动条、状态栏等。

在地址栏中可以输入世界各地计算机的 URL 地址，打开对方的 Web 页面，IE 具有功能丰富的工具栏。例如，单击"历史"按钮 ，可以一边浏览已访问"历史记录"，一边查看显示在浏览器窗口中的网页。单击"搜索"按钮" "，将打开搜索栏，以便用户搜索所需的 Web 站点。例如，在 IE 浏览器地址栏中输入 http://www.edu.cn，可以连接到中国教育和科研计算机网的主页。

（1）设置 IE 的默认首页

打开某一网站的主页，如打开中国教育和科研计算机网的主页，选择"工具"菜单的"Internet 选项"，打开"Internet 选项"对话框（如图 9.40 所示）。在"常规"选项卡中单击"使用当前页"命令，然后单击"确定"按钮。

设置完成，以后启动 IE 时，都将首先打开中国教育和科研计算机网的主页。

（2）复制保存网页中的文本

可以只把当前页中的文本复制到文档文件中，方法如下：选择要复制的文字（呈高亮反白），

要复制整页文字，可选择"编辑"菜单的"全选"命令；选择"编辑"菜单的"复制"命令，把所选文字复制到剪贴板中；用文字编辑软件 Word，通过粘贴操作即可得到所需文本。

也可以选择"文件"菜单的"另存为"命令，指定所保存文件的名称和位置。如果需要在文件中包括 HTML 标记，可将文件类型格式设置为 HTML，单击"确定"按钮。

（3）下载网页上的图片

可以采用以下方法只保留页面上的某个图片：用鼠标指向网页中的图片，单击右键，在弹出的快捷菜单中选择"图片另存为"命令，打开"另存为"对话框，选择正确的文件夹路径和文件名后，单击"确定"按钮。

图 9.40　"Internet 选项"对话框

3．收藏网页

用户可以把经常访问的 Web 页收录到收藏夹，以后可以直接单击"收藏"菜单，快速打开该 Web 页，免除用户记忆复杂的 Internet 地址。方法如下：当看到一个好的 Web 站点时，在网页的空白处单击右键，在弹出的快捷菜单中选择"添加到收藏夹"即可。

4．利用超链接浏览

超链接是网页中的一段文字或图像，通过单击这段文字或图像，可以跳转到其他网页或网页中的另一个位置。在网页中，超链接被广泛应用，是一种方便、快捷地访问网页的重要手段。光标停留在具有超链接功能的文字或图像上时会变为 形状，单击可以进入链接目标。

9.6.3　信息查询

Internet 的广泛应用和发展，使世界范围内的信息交流、信息资源的共享成为可能，它打破了时空的限制，使我们可以从网络中及时、准确地获取所需的信息。通常，获取信息的方法是使用各种类型的信息搜索工具。

1．搜索引擎的使用方法

以百度搜索引擎为例，在其主页上，用户可以在文本框中输入想要查询的关键词，回车（或者单击"搜索网页"按钮）即可。

输入多个词语搜索（不同字词之间用一个空格隔开），可以获得更精确的搜索结果。如果想进一步缩小搜索范围和结果，可通过"结果中找"来实现。

每个搜索引擎都有使用帮助，关于搜索引擎的高级搜索语法的详细使用方法，用户可以查看相关的帮助资料。

2．常用的搜索引擎

Internet 的发展迅速带来了信息量的爆炸式增长，这些信息分散在无数的网络服务器上，若要在 Internet 上快速有效地查找所需信息，必须使用搜索引擎。

搜索引擎非常多，常用的搜索引擎如表 9.3 所示。

表 9.3 常用的搜索引擎

搜索引擎名称	搜索引擎网址	搜索类型	说　明
百度	http://www.baidu.com	关键词型	中文搜索引擎
Google	http://www.google.com.hk/	关键词型	中英文搜索引擎
搜搜	http://www.soso.com/	关键词型	中文搜索引擎
搜狗	http://www.sogou.com/	关键词型	中文搜索引擎
搜狐	http://www.sohu.com	分类目录	中文搜索引擎

9.6.4 电子邮件（E-mail）

1．E-mail 的地址格式

在 Internet 上，E-mail 地址是指某个用户的电子邮件地址，它们都有同样的格式：

用户标识符+@（@是 "at" 符号，表示 "在" 的意思）+域名

2．E-mail 的协议

根据为不同用户提供 E-mail 发送和接收服务的不同，邮件服务器可以分为发送邮件服务器和接收邮件服务器。发送邮件服务器对应有邮件发送协议，现在常用的是 SMTP；接收邮件服务器对应有接收邮件协议，常见的是 POP3 协议。

（1）简单邮件传输协议 SMTP

SMTP（Simple Mail Transfer Protocol）是 Internet 传送 E-mail 的基本协议，也是 TCP/IP 协议族的成员。SMTP 解决了如何通过一条链路，把邮件从一台机器传送到另一台机器。SMTP 既适用于广域网，也适用于局域网。SMTP 具有良好的可伸缩性，是它成功的关键。

（2）邮局协议 POP3

POP3（Post Office Protocol）是 Internet 接收 E-mail 的基本协议，也是 TCP/IP 协议族的成员。POP3 既允许向 E-mail 用户发出 E-mail，也可以接收来自 SMTP 服务器的 E-mail。

3．申请免费电子邮箱

要想通过 Internet 收发电子邮件，必须拥有电子邮箱。电子邮箱有免费邮箱和收费邮箱两种。免费邮箱一般容量较低，服务也比较少，可以到提供免费邮箱的网站上申请。收费邮箱必须向 ISP 机构支付一定的费用，但可以让用户得到更好的服务，无论在安全性、方便性还是邮箱的容量上都有更好的保障。申请收费邮箱与申请免费邮箱的步骤基本相同。

申请邮箱的过程为：登录到提供电子邮箱服务的网站，选择申请或注册邮箱；输入申请邮箱的账号；接受服务商的服务条款；输入相关个人资料；提交输入信息，系统接受申请，注册成功。

4．Web 方式收发邮件

用户收发电子邮件可采用两种方式：一种是在 ISP 提供的 Web 页面中直接登录，这种方式称为 Web 方式；另一种方式是通过电子邮件客户端软件收发电子邮件。Web 方式收发电子邮件是一种常用的方法，是用户登录到邮箱提供商的 Web 页面上收发电子邮件的方式。

9.6.5 即时通信服务

即时通信（Instant Messenger，IM）是在联网用户之间，发送方发送的信息接收方几乎在同

时可以收到的通信方式。作为一项新兴的因特网服务，即时通信现已成为联网用户几乎不可或缺的联络工具，其使用频率仅次于电子邮件。通过即时通信软件，用户可以进行文字聊天，甚至可以轻松实现语音、视频的交流，可以即时传送文件、图片、音乐等多种类型的数据。

即时通信软件的种类众多，一般都具有下列基本功能：

❖ 上网用户在网上使用文字或语音与通信方聊天。

❖ 上网用户在网络上快速查找通信朋友和工作伙伴。

❖ 允许多人同时通信，如一起讨论问题、玩网络游戏等。

有些即时通信软件还集成了短信收发、电子邮件检查、文件、语音、视频信息传等功能，若有摄像机支持，还可以召开视频会议。

1. QQ

腾讯 QQ 是由深圳市腾讯计算机系统有限公司开发的基于 Internet 的即时通信软件。使用 QQ 和好友进行交流，可以即时发送和回复信息，具有收发及时、功能全面的特点。此外，QQ 还具有语音视频聊天、手机短信、聊天室、文件传输服务、网络硬盘和电子邮件等诸多功能。QQ 不是简单意义上的即时通信软件，它与传统移动电话的短信息系统互连，是目前全球拥有用户最多的即时通信工具。

腾讯 QQ 是一个免费软件，在其官方网站上可以免费下载。

登录到腾讯 QQ 软件中心页面 http://im.qq.com，找到下载链接，下载软件，保存到本地计算机硬盘的文件夹中。QQ 的安装包采用单一文件形式分发，下载完毕，运行安装程序即可，其安装过程采用全程中文向导，在安装向导的引导下，用户可轻松完成 QQ 软件的安装。

软件安装完毕 QQ 会自动启动，出现 QQ 软件登录界面。双击桌面或"开始"菜单下的"所有程序"快捷方式，可进入登录界面。单击"申请号码"，可以登录到 QQ 号码申请页面，根据向导可以申请免费的 QQ 号码。

在登录界面中输入已经申请到的 QQ 号码和密码，即可登录到 QQ 软件（如图 9.41 所示）；单击"查找"按钮，可以搜索网友、显示在线网友，根据 QQ 号码、姓名等关键词来搜索网友，并可添加为好友。添加完成后，此网友会出现在"我的好友"面板中，当好友在线时，其头像会显示为在线状态。双击好友头像，会打开如图 9.42 所示的文字聊天窗口。窗口下方是文字输入框，用户可以从中输入文字、图片等，然后单击"发送"按钮发送给对方。如果对方在线，就可以立即查看该信息，如果不在线，对方登录 QQ 的时候，该信息会立即显示。

图 9.41　QQ 主界面

图 9.42　聊天窗口

QQ 还有很多功能，如视频聊天、语音聊天、传送文件等，在此不再详述。若有兴趣，可以从网上搜索相关的资料，或者与网友交流取经。

2．微信

微信是腾讯公司于 2011 年推出的一款通过网络快速发送语音短信、视频、图片和文字，支持多人群聊的手机聊天软件。用户可以通过微信与好友进行形式上更丰富的类似短信、彩信等方式的联系。微信具有零资费、跨平台、拍照发给好友、发手机图片、移动即时通信等功能。

微信已经发布 iPhone 版、Android 版。如果手机通过 GPRS 或 Wi-Fi 的方式接入网络，即可免费下载和使用。

9.7 网页设计技术简介

随着 Internet 的迅速发展，计算机应用也发生了革命性的变化，基于网络的各种商业需求和个人需求迅速增长，每个人都希望能够快速、方便地建立自己的网站，各种网络服务的实现都是基于 Web 编程技术。

Web 系统所发布的网页包括文本、声音、图像和视频等多种媒体形式，从界面形式和艺术效果赢得了用户。最初的运行模式是在服务器端安装 Web 服务，发布 HTML 文档，在客户端使用浏览器解析 HTML 文档，从而使用户看到丰富多彩、层次分明的信息界面。

9.7.1 网页基本概念

网页是构成网站的基本元素，是承载各种网站应用的平台。通俗地说，网站就是由网页组成的。网页一般是一个文件，存放在世界某个位置的某一台计算机中，而这台计算机必须与互联网相连。网页经由网址（URL）识别与存取，通过网页浏览器阅读。

1．超文本和超媒体

超文本（Hypertext）和超媒体（Hypermedia）是 WWW 的信息组织形式，是 WWW 实现的关键技术。文字信息的组织通常采用有序的排列方法。随着计算机技术的发展，对信息组织方式也不断提出新的要求，以便满足人们对各种信息的访问，超文本就是其中之一。

所谓超文本，是指它的信息组织形式不是简单地按顺序排列，而是通过使用指针，对不同来源的信息加以链接，以形成复杂的网状方式组织信息。通常，这种链接关系称为超链接。可以链接的信息类型有文本、图像、动画、声音或影像等，包含了多种媒体类型的信息媒体又称为超媒体。

2．网页和网站

网页（Web Page）是通过 WWW 发布的包含有文本、图片、声音和动画等多媒体信息的页面，它是 WWW 最基本的组成单位。一个网页实际上就是一个普通的文本文件，其文件扩展名通常为 .htm 或 .html。在 IE 浏览器中打开一个网页时，选择"查看"菜单中的"源文件"命令，就会打开一个记事本窗口，显示该网页的源文件内容。

网页所使用的格式被称为超文本，其中除了包含页面中的文字信息，还带有大量使用尖括号括起来的 HTML 标记，用于设置文本格式、标记非文本信息如图片及动画的存放位置等，使页面变得丰富多彩。特别是包含了指向其他网页或某一特定位置的超链接，用户只需单击超链接，就可以实现网页之间的切换。

WWW 网页根据其生成方式大致可以分为静态网页和动态网页两种。

静态网页是指该网页文件中不含程序代码，只有 HTML 标记，一经生成，内容就不会再变化，不管何人何时访问，显示的内容都是一样的。如果要修改有关内容，就必须修改源代码，然后重新上传到服务器。单位简介、个人介绍等一般用静态网页实现。

动态网页是指该网页文件不仅含有 HTML 标记，而且含有程序代码，采用的程序设计语言不同，网页的后缀也不相同。动态网页能够根据不同的时间、不同的来访者显示不同的内容，如常见的 BBS、留言板、聊天室通常是用动态网页实现的。

一般来说，静态网页制作简单，利用网页制作软件可以方便地生成，如 FrontPage、Dreamweaver 等。动态网页制作相对复杂，需要使用专门的动态网页设计语言编程，如 ASP、PHP、JSP、ASP.NET 等。

网站是一系列网页文件和其他相关联的网页、图形、文档、多媒体等文件的集合，存储在 Web 服务器的共享目录中。这些网页和文件通常存储在一个总文件夹内，在文件夹内部再把网页和其他文件按照网页之间的逻辑关系分门别类地存储在各子文件夹内，以便对整个网站进行组织和管理。

3. 主页

主页（Home page）又称为首页，是指用户使用 WWW 浏览器访问 Internet 上的任何 WWW 服务器（即 Web 主机）所看到的第一个页面。主页是一个网站中最重要的网页，通常包含最新的信息及指向其他网页的超链接，通常将其命名为"index.htm"、"index.html"、"default.htm"或"default.html"。

通过主页可以最大限度地宣传和展现自己，是人们通过 Internet 了解一所学校，一个公司、政府部门、团体或组织的重要手段。用来宣传和展现一个公司或单位信息的主页称为公司或单位主页，用来宣传和展现个人信息的主页称为个人主页。

9.7.2 HTML 基础

网页的本质就是超文本标记语言（HyperText Markup Language，HTML），通过结合使用其他 Web 技术（如脚本语言、公共网关接口、组件等），可以创造出功能强大的网页。

HTML 是一种用于网页制作的排版语言，是 Web 页面（Page）最基本的构成元素。

HTML 是用来表示网上信息的符号标记语言。使用"标记"指明文档的不同内容，把文档分成不同的逻辑部分：标题、段落、表格和表单等。

HTML 是最基本的网页制作工具，其他专用网页制作工具，如 FrontPage、Dreamweaver 等，都是以 HTML 为基础的。

1. HTML 的主要功能

HTML 能制作出精美的网页效果，作为一种网页编辑语言，易学易懂。其主要功能如下：

① 格式化文本，如设置标题、字号、字体、颜色、文本段落、对齐方式等。

② 创建列表，将信息以一种易读的方式展示出来。

③ 插入图像，使页面图文并茂，还可设置图像的各种属性，如布局、大小、边框等。

④ 创建表格。表格为浏览者提供了快速找到所需信息的方式，还可用表格进行页面布局。

⑤ 加入多媒体。可在页面中加入音频、视频、动画等多媒体信息，还能设定其播放的时间

和次数。

⑥ 建立超链接。只需单击鼠标，就可以转到指定目标。

⑦ 提供交互式窗体等。实现用户与 WWW 服务器之间的信息交互。

3．HTML 的编辑环境

用 HTML 编写的网页是纯文本文件不受平台和环境的约束，可以用任何文本编辑器进行编辑，如记事本、写字板、Word 等。在存盘时，一定要用纯文本方式存盘，其文件扩展名为 .htm 或 .html。若要查看设计的网页效果，需要安装浏览器，如 Internet Explorer 等。

与一般程序设计语言不同，HTML 具有跨平台处理能力，即只要有适当的浏览器，不管使用何种操作系统，都能制作、浏览 HTML 文件。

4．HTML 语法

HTML 文件是一种纯文本文件，通过浏览器可以读取并解释 HTML 文件。

（1）HTML 的基本语法

HTML 文件由标记、文本和 URL 组成。

标记（Tag）是 HTML 的基本元素，可以说，一个 HTML 文件大部分都是由字符信息加上一些标记呈现出来的。使用标记能够产生所需的各种效果就像一个排版程序，将网页排成理想的效果。

各种标记产生的效果各不相同，但总的表示形式大同小异，大多数成对出现，格式为：

  <标记> 受标记影响的内容 </标记>

标记大多采用相应的英文单词首字母或缩写，如 P 表示 Paragraph（段落）、IMG 为 Image（图像）的缩写。标记用"<>"括起，以表示这是 HTML 代码而非普通文本，标记不区分大小写，如<P>、<h3>。注意，"<"与标记之间不能留有空格或其他字符。

在标记前加上符号"/"便是其结束标记，表示这种标记内容的结束，如</BODY>。

极少数标记也有不用</标记>结尾的，称为单标记。

标记只是规定了显示的信息，但这些信息如何显示，则需要在标记后面加上相关的属性来控制。标记通过属性来制作出各种效果，格式为：

  <标记属性 1=属性值　属性 2=属性值 … > 受标记影响的内容 </标记>

例如，字体标记<FONT>有属性 size 和 color 等。属性 size 表示文字的大小，属性 color 表示文字的颜色。如<FONT size=3 color="red">属性示例</FONT>

（2）HTML 文件的基本结构

HTML 文档通常以<!DOCTYPE>声明开始，主要由头部（HEAD）和主体（BODY）组成。头部用来定义页面的标题等信息，主体用来定义页面的内容。

HTML 文件的基本结构一般可描述如下：

  <HTML>
  <HEAD>
  <TITLE> 网页的标题 </TITLE>
  </HEAD>
  <BODY>
  网页的内容
  </BODY>
  </HTML>

其中，<!DOCTYPE>标记用于声明 HTML 文件的版本信息。<HTML>和</HTML>标记用于识别 HTML 文件，若文件中有<!DOCTYPE>标记，则<HTML>标记可以省略不写。考虑到有不支持<!DOCTYPE>标记的浏览器，因此通常加上这个标记。<HTML>标记要放在<!DOCTYPE>标记的后面，而且要成对出现，即必须加上结束标记</HTML>。<HEAD>和</HEAD>表示网页的头部，用来说明文件命名和与文件本身相关的信息，可以包括网页的标题部分<TITLE>…</TITLE>，一个网页只能有一个标题。<BODY>和</BODY>表示网页的主体即正文部分。

HTML 并不要求在书写时缩进，但为了便于阅读，建议制作者在设计时，使标记的首尾对齐，内部的内容向右缩进几格。

下面通过一个实例了解以上每个标记在 HTML 文档中的布局或所使用的位置。

【例 9-1】 创建 Web 页面，标题为"显示在浏览器最上边蓝色条中的文本"，正文为"白色背景、黑色文本"。

① 使用记事本输入标记文本，如图 9.43 所示，并以 h1.htm 作为文件名存盘，为了保证文件名的正确，在输入文件名时请加引号，如"h1.htm"。加双引号的目的是强制使用该文件名，否则记事本将增加扩展名".txt"。

② 在资源管理器中找到文件 h1.htm 并双击，打开 h1.htm，页面浏览效果如图 9.44 所示。

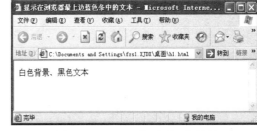

图 9.43　正在编辑 Web 页的记事本窗口　　　　图 9.44　h1.htm 的页面浏览效果

除了上述标记，HTML 还有很多标记，HTML 标记的数量和规则还处于不断发展变化中，如用来定义子标题（<Hn>…</Hn>）、水平线（<Hr>）、换行（<P>）、超链接和图像等标记。随着可视化网页自动制作工具的迅速普及，用户在并不了解 HTML 的前提下也能制作出精美的网页，但在编写很复杂的网页时仍然需要 HTML 的支持。

9.7.3　网页制作工具简介

工欲善其事，必先利其器，要高效快捷地制作网页和开发网站，必须掌握功能完善的各类软件工具。在网页设计和网站开发中最常用的软件，主要有可视化网页设计工具、图像动画设计处理工具、服务器端脚本语言、代码辅助编写工具等。

（1）可视化网页设计工具

可视化网页设计一般是指无须编写代码，仅通过简单直观的图形化操作即可完成网页界面的设计工作，高效快捷地制作出漂亮的网页。这类软件大多用于静态页面的设计制作，其代表主要有 Dreamweaver 和 FrontPage。

Dreamweaver 是由 Macromedia 公司开发的一款所见即所得的专业网站设计开发工具，目前已被 Adobe 公司收购。Dreamweaver 是建立 Web 站点和应用程序的专业工具，将可视布局工具、应用程序开发功能和代码编辑功能融为一体，功能强大，使得各层次的开发人员和设计人员都能够快速创建吸引人的网站和应用程序界面。Dreamweaver 提供了专业人员在一个集成、高效的环境中所需的工具，支持基于CSS的设计的和手工编码，开发人员可以使用Dreamweaver及所选择的服务器技术创建功能强大的 Internet 应用程序，从而使用户能连接到数据库、Web服务和旧式系统。

FrontPage 是微软公司出品的一款网页制作入门级软件。FrontPage 使用方便简单，会用Word 就能做网页，具有所见即所得的特点，结合了设计、程式码、预览三种模式。微软在 2006年年底前已停止提供 FrontPage 软件，取而代之的是三款全新的网页编辑/软件开发工具：Microsoft Office SharePoint Designer（企业级 IT 开发者）、Microsoft Expression & Web Designer（专业网络设计师）和 Microsoft Visual Studio（Web 开发者）。

（2）图像动画设计处理工具

制作图文并茂的网页，需要使用图像处理工具对图像进行编辑、修饰、优化、图形文件格式转换等处理，常用的图像动画处理软件有 Photoshop、Fireworks、Flash 等。

（3）服务器端脚本语言

脚本语言是一种编程语言，又被称为扩建的语言或者动态语言。脚本通常以文本（如 ASCII）保存，用来控制软件应用程序，只在被调用时由相应的脚本引擎解释执行。目前常用的脚本语言主要有 CGI、JavaScript、ASP、PHP、JSP、Perl 等。

本章小结

本章从网络的形成和发展历史开始，首先介绍了网络的基本知识，包括计算机网络的基本概念、组成、分类、网络的拓扑结构、网络传输介质和网络设备、网络协议与体系结构，数据通信的基本知识和基本技术等；然后介绍了局域网技术，包括局域网的基本知识、局域网的工作模式、组成、常见的网络操作系统等，并在此基础上介绍了 Windows 7 的网络功能；最后介绍了 Internet 的基本知识与基本应用，包括 Internet 的组成、IP 地址、接入方式、浏览器（IE）的使用、搜索引擎的使用、电子邮件收发和即时通信软件的使用等。

Internet 是一个建立在网络互联基础上的网际网，是一个巨大的全球性的信息资源库。它缩短了人们之间的距离，把世界变成了一个"地球村"。互联网信息主要以网页的形式呈现给用户，本章介绍了网页设计所涉及的超文本、超媒体、HTML 及各类专业网页设计工具。

习 题 9

1. 计算机网络的发展可以划分为几个阶段？每个阶段都有什么特点？
2. 资源子网与通信子网的主要功能是什么？它们分别主要由哪些部分组成？
3. 局域网、城域网与广域网的主要特征是什么？
4. 什么是计算机网络拓扑？局域网的拓扑结构主要有哪几种？
5. 网络中常用的传输介质有哪些？各有什么特点？
6. 什么是网络协议？为什么它在网络中是必不可少的？
7. TCP/IP 体系结构由哪几层构成？
8. 简述数据通信的一般过程。
9. 局域网有哪几种工作模式？
10. Internet 经历了哪几个发展阶段？
11. IP 地址是如何分类的？子网掩码的作用是什么？

12. Internet 的基本服务功能有哪些？

13. WWW 浏览器是什么？试列出流行的 WWW 浏览器。

14. 什么是统一资源定位符 URL？

15. 简述常用的连接 Internet 的方法。

16. 如何使用 Web 页面上的搜索引擎？如何下载网页信息？

17. 即时通信软件的基本功能主要有哪些？

18. 网页主要包括哪些基本元素？

19. HTML 的主要功能有哪些？

20. 简要说明你所知道的网页设计工具。

第 10 章　常用工具软件

工具软件是安装在计算机上，满足用户某类特定需求的专用软件。工具软件的针对性和实用性强，能帮助人们更方便、快捷地操作计算机，使计算机发挥出更高的效能。工具软件占用空间小，绝大多数可以从网络上直接获得，这为计算机用户学习、工作提供了极大的方便，许多看似复杂烦琐的工作通过专用的工具软件可以轻易地解决。工具软件是计算机技术中不可或缺的组成部分，对工具软件熟练使用的程度是衡量用户计算机应用技术水平的一个重要标志。本章将对常用的工具软件及其使用方法作简要介绍，以期读者对这些软件有一个整体的认识，并能够运用这些工具软件解决计算机应用过程中所遇到的实际问题。

10.1　压缩解压缩软件

压缩主要是为了减小文件的大小，节省存储空间，但不会改变文件的内容。压缩后的文件一般叫做压缩包，使用不同的压缩工具，文件压缩的格式也不同。使用压缩包文件进行网络传输，可以省时，节约网络资源。许多小文件打成压缩包后，也便于处理。解压缩是压缩的逆过程，使压缩文件恢复到被压缩前的格式和大小。

压缩可以分为无损压缩和有损压缩两种。无损压缩使压缩后的数据与原始数据精确一致，常见的有 RAR、ZIP 格式；有损压缩过程中会丢失个别的数据，但不会对文件造成太大影响，多应用于动画、声音和图像文件中，其典型代表是视频文件格式 MPEG、音频文件格式 MP3 和图像文件格式 JPG。

目前流行的压缩解压缩软件有 WinRAR、WinZip、360 压缩、2345 好压等，衡量各软件性能的主要指标是压缩率和压缩时间。

WinRAR 是一款功能强大的压缩解压缩软件，最新版本是 WinRAR 5.0。WinRAR 界面友好，使用方便，压缩率高，速度也比较快，支持 RAR、ZIP 压缩文件格式，同时兼容其他多种压缩格式。在开始压缩前，WinRAR 可以预测压缩后的文件大小和压缩时间，具有良好的修复功能，尤其是对 RAR 文件的修复。

360 压缩是一款永久免费的软件，通过多线程、优化算法两种方法提高压缩速度，简化了压缩的设置过程，其功能简洁易用，打开文件时自动扫描木马病毒，实现了与 RAR 格式的无缝对接，并可以将文件压缩为 EXE 格式的自解压文件。

快压是国内第一款具备自主压缩格式的软件，可以将文件压缩成多个小的文件，生成的压缩包为独立的特殊压缩包。特殊压缩包只有使用快压才能进行正常解压。

好压现已改名为"2345 好压"，占用的系统资源很少，压缩率很高，可以当做虚拟光驱使用，挂载光盘镜像，首创了无需解压即可查看压缩包内图片的功能。

下面以 WinRAR 软件为例，介绍压缩软件的使用方法。

1. 快速创建压缩文件

一般情况下，安装完成 WinRAR 软件后，只需右键单击要压缩的文件或文件夹，在弹出的快捷菜单中有"添加到压缩文件"和"添加到*.rar"两种快捷压缩方法。

【例 10-1】 为 C 盘下的"图片"文件夹新建一个压缩文件。

① 右键选择"图片"文件夹,在快捷菜单中选择"添加到压缩文件"(如图 10.1 所示),打开"压缩文件名和参数"对话框,如图 10.2 所示。

② 在压缩文件名中输入"新的图片.rar",压缩文件格式选择"RAR",压缩方式默认为"标准",改为"较快",这样压缩率会降低,但是压缩时间会减少;更新方式为"添加并替换文件",单击"确定"按钮,压缩开始,如图 10.3 所示。

如果不需要原始文件,也可在压缩选项中选择"压缩后删除源文件",完成后可以看到 C 盘中新建了一个名为"新的图片.rar"的压缩包,而且源文件"图片"文件夹已经被删除。

图 10.1 选择要压缩的文件

图 10.2 "压缩文件名和参数"对话框

图 10.3 "正在创建压缩文件"对话框

2．解压缩文件

压缩文件不能直接使用,需要先进行解压缩操作。

【例 10-2】 对 C 盘下的文件"新的图片.rar"解压缩。

打开 WinRAR 程序,选择需要解压缩的文件"新的图片.rar",单击"解压到"按钮,打开"解压路径和选项"对话框,如图 10.4 所示;更改目标路径为"C:\新的图片\解压缩的图片文件",或者单击"新建文件夹"按钮,更改新建文件夹为"解压缩的图片文件",更改方式设置为"解压并替换文件",覆盖方式默认为"覆盖前询问",单击"确定"按钮,将完成文件的解压缩。

图 10.4 "解压路径和选项"对话框

3．管理压缩文件

为方便用户的使用,WinRAR 还提供了一些其他管理功能。例如,出于保护的需要,可以为压缩文件设置密码。如果考虑到接收压缩文件后可能会因为没有安装 WinRAR 而不能打开压缩包,也可以在压缩的时候将压缩工具 WinRAR 加入压缩文件,创建自解压文件。还可以向压缩包内再添加一些文件,或者删除压缩包内的个别文件,解压时允许只解压包内的一部分文件等,这些都不影响压缩包内其他文件的使用。

(1)为压缩文件设置密码

打开"压缩文件名和参数"对话框,如图 10.5 所示,在"高级"选项卡中单击"设置密码",打开如图 10.6 所示的对话框,输入密码并确认后,单击"确定"按钮即可。以后再解压缩这个文件，需要先输入正确的密码，否则不能解压文件。

图 10.5 给压缩文件设置密码

图 10.6 输入解压缩密码

（2）创建自解压文件

在"压缩文件名和参数"对话框的"常规"选项卡中勾选"创建自解压格式压缩文件"，压缩后将生成一个可执行文件，执行时将自解压，即使没有安装压缩/解压缩工具。

（3）在压缩文件中添加、删除文件

双击需要添加文件的压缩包，打开 WinRAR，单击"添加"按钮，打开"请选择要添加的文件"对话框，如图 10.7 所示，选择一个或多个要加入压缩包的文件后，单击"确定"按钮，弹出如图 10.8 所示的对话框。完成后，刚才选择的文件已经加入到压缩包中。

图 10.7 "请选择要添加的文件"对话框

图 10.8 "正在更新压缩文件"的对话框

双击需要删除文件的压缩包，打开 WinRAR，选择要删除的文件，单击"删除"按钮，在弹出的"删除"对话框中单击"是"按钮。完成后，刚才选择的文件已从压缩包中删除。

10.2 电子阅读软件

目前，网络上各种电子书和电子资料成为人们获取信息的重要途径之一，文件格式包括 TXT、CHM、HLP、PDF、PDG、CAJ 等，不同的文件格式需要不同的电子阅读软件打开。

TXT 格式目前最常用于电子小说，也就是文本文档。

CHM 格式同 HLP 格式一样，都是帮助文件，支持多种视频/音频格式，让电子书更生动。

CAJ 为 China Academic Journals（中国学术期刊全文数据库）的缩写，CAJ 格式是中国学术期刊全文数据库中文件的一种，可以使用 CAJ 全文浏览器阅读。

超星公司把扫描后的书籍存储为 PDG 数字格式，并统一放在超星数字图书馆中，阅读这些电子图书，必须使用超星阅览器（Superstar Reader），而且需要先注册。

PDF（Portable Document Format）是 Adobe 公司开发的电子文件格式，与操作系统平台无关，可以在存储、打印中保存原设计时的版式，且限制对电子资料的复制、编辑，这些优点使它成为在网络上进行数字化信息传播的理想文档格式，是使用最广泛的电子书格式，已成为一个事实上的数字化信息工业标准。PDF 文档可以与 Office 文档实现互相转换，实现无缝对接。

用户可以使用 Adobe Reader、Foxit Reader、安卓 PDF 等阅读器打开 PDF 文档。

Adobe Reader 是美国 Adobe 公司推出的一款优秀的免费 PDF 阅读软件，可以查看、打印和管理 PDF 文档。

1. 打开 PDF 文件

启动 Adobe Reader，将打开如图 10.9 所示的窗口，单击"打开"按钮或选择"文件"→"打开"命令，在"打开"对话框中找到需要打开的 PDF 文件，单击"打开"按钮，即可打开 PDF 文件，如图 10.10 所示。欢迎界面上也会列出最近打开的 PDF 文件，直接双击欲打开的 PDF 文件，也可以打开 PDF 文档。

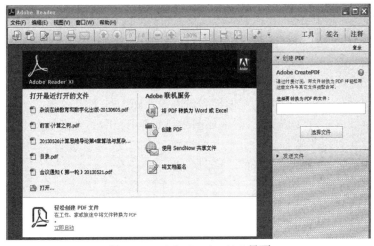

图 10.9　Adobe Reader 11.0 界面

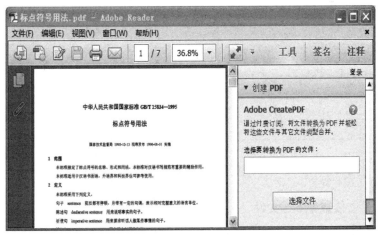

图 10.10　打开的 PDF 文档窗口

如果文档设置了打开密码，需要输入正确的密码才可以完成打开文档的操作。出于保护文件的需要，有时候还会设置文档编辑的密码，即在复制、修改文档时才需要输入的密码。以下操作都是在文档没有设置任何密码的情况下完成的。

2. 管理 PDF 文件

（1）复制文档内容

Adobe Reader 提供两种复制文档内容的操作。第一种是针对文本的，当选择内容是文本时，其复制操作同 Word；第二种是针对图片的，也叫"快照"，按住鼠标一直拖动，会画出一个蓝色的方框，松开鼠标，即完成选择，可以复制、粘贴选区图片内容，也可选择"编辑"菜单中的"拍快照"命令，完成上述操作。

图 10.11　签名选项

（2）阅读文档工具

Adobe Reader 提供了很多有用的工具（在"视图"菜单中），如缩放、页面显示、签名、批注等工具，可以帮助用户更好地阅读。

【例 10-3】 在 PDF 文档上添加签名。

单击窗口右侧功能区中的"签名"（如果没有显示，可以选择"视图"菜单的"签名"打开），单击"放置签名"（如图 10.11 所示），打开"放置签名"对话框，在"选择签名选项"下选择"绘制我的签名"（如图 10.12 所示），在下面绘制区中拖动鼠标写好签名，单击"接受"按钮，鼠标下出现刚写好的签名，放到合适位置，并保存文档。

（3）打印文档

在 Adobe Reader 中打印 PDF 文档时，不但可以完成日常的打印设置，还可以方便地设置在一页纸打印多页内容。例如，要在一张纸上打印两页内容，可以在"打印"对话框（如图 10.13 所示）中的"调整页面大小和处理页面"中选择"多页"，在"每张纸打印的页数"中选择"自定义"，并设置为"2×1"，页面顺序设置为"纵向"，"方向"设置为"横向"，打印效果同预览图一致。

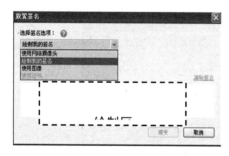

图 10.12　"放置签名"对话框

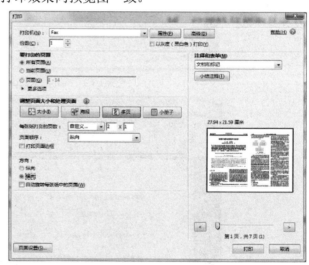

图 10.13　"打印"对话框

3. PDF 文件转换成 Word 文件

PDF 文件不能修改，所以在需要编辑文档内容时，没有 Word 文件方便，现在有很多工具可以完成 PDF 文件到 Word 文件的转换，如易捷、ABBYY FineReader、Solid Converter PDF、AnyBizSoft PDF to Word 等，还有一些网站提供在线转换。

【例 10-4】 使用 ABBYY FineReader 把一篇 PDF 文档转换为 Word 文件。

启动 ABBYY FineReader，打开欢迎界面（如图 10.14 所示），选择"Microsoft Word"下的

"文件（PDF/图像）至 Microsoft Word"，接下来选择要打开的文件，等待处理；处理结束后，文档自动以 Word 格式打开，保存即可。

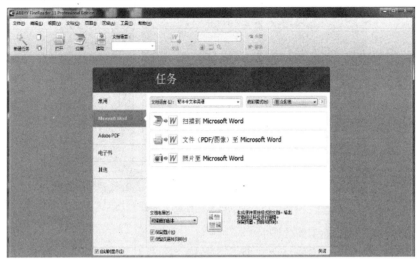

图 10.14　ABBYY FineReader 欢迎界面

10.3　看图软件

在计算机上浏览图片离不开看图工具软件，可以用 Windows 7 系统自带的 Windows 图片和传真查看器浏览图片，但是支持的格式有限，如在 Windows XP 下支持的 GIF 动画格式在 Windows 7 下并不支持。ACDSee、豪杰大眼睛、美图看看、看图精灵、光影看看等工具软件支持的图像格式较多，一般除了图片浏览外，还提供编辑和管理等功能。

ACDSee 拥有良好的操作界面，简单的人性化操作，优质快速的图像解码及强大的图像文件管理功能，能够浏览图片并能从数码相机输入图像、影像，支持丰富的图像格式，这些优点使它成为目前计算机上非常流行的看图工具之一。ACDSee 还提供许多影像编辑功能，如以幻灯片的方式浏览图片、转换图像格式、一键设置桌面背景，还有方便的电子相册制作、播放音频/视频、批量处理图像文件名等，但对系统配置的要求比较高。下面以 ACDSee 14 为例介绍看图软件的使用方法。

1. 图片浏览

（1）浏览图片

打开 ACDSee，可以看到在窗口的右上角、菜单栏的后部有"管理""查看""编辑""在线" 4 种模式选择，默认情况下处于"管理"模式（如图 10.15 所示）。在左侧选中图片所在的文件夹，在中间的浏览图片窗口双击要打开的图片，图片下方的工具栏上提供了一些按钮，如向左旋转、向右旋转、放大、缩小、上一张、下一张等，用户还可以利用"自定义"功能重排这些按钮和位置。

打开图片后，ACDSee 处于"查看"模式，选择"管理"，则回到"管理"模式。

（2）全屏查看较大图片

打开图片，按 Ctrl+Shift+F 组合键，这时窗口的边框、菜单栏、工具栏、状态栏等被隐藏起来，图片全屏显示，再按一次 Ctrl+Shift+F 组合键，即可恢复到正常显示状态。按下鼠标的中键（或者先按下鼠标左键不放，再按鼠标右键），也可以完成图片的全屏显示。

图 10.15　ACDSee "管理" 界面窗口

（3）以幻灯片的方式连续播放图片

选中图片所在文件夹，再选择 "工具" 菜单的 "幻灯片放映"，就可以开启幻灯片播放功能。幻灯片播放时，界面下部的工具栏（如图 10.16 所示）可以实现调整播放速度的快慢、暂停、循环播放的开启/关闭、无序状态的开启/关闭、音频的开启/关闭、退出幻灯播放等操作。幻灯片方式播放图片操作的快捷键是 Ctrl+S，或者选择其中一幅图片后单击右键，从弹出的快捷菜单中选择启动幻灯片播放方式。

图 10.16　幻灯片放映的工具栏

2. 图片编辑

ACDSee 提供多种图片编辑功能。打开需要编辑的图片，在窗口右上角选择 "编辑" 模式，打开 "编辑工具" 窗口，其中包括 "选择"、"修复"、"添加"、"几何形状"、"曝光/光线"、"颜色"、"细节" 等操作。

【例 10-5】　给图片添加边框。

选中欲添加边框的图片，进入 "编辑" 模式，选择 "添加" 中的 "边框" 操作，设置边框大小为 "27"，选择 "纹理" → "纹理 5"，保存后的效果如图 10.17 所示。

ACDSee 可以一次处理多张图片，包括转换文件格式、翻转/旋转、调整大小、调整时间标签、调整曝光度、重命名等操作。

【例 10-6】　批量调整图片大小。

选中多个图片文件，选择 "工具" → "批量" → "调整大小"，打开 "批量调整图像大小" 对话框，如图 10.18 所示，选择 "以像素计的大小"，设置宽度为 "800"，设置高度为 "600"，单击 "开始调整大小"。调整完成后，多个图片的大小统一。

3. 制作 HTML 相册

利用 ACDSee，仅需经过三个步骤就可以制作 HTML 相册，非常方便快捷。

【例 10-7】　制作 HTML 相册。

选中要制作相册的图片，单击工具栏中的 "创建" → "创建 HTML 相册"，打开如图 10.19 所示的对话框，选择 "相册样式 2"，单击 "下一步" 按钮，打开如图 10.20 所示的对话框，设

图 10.17　图片添加边框效果

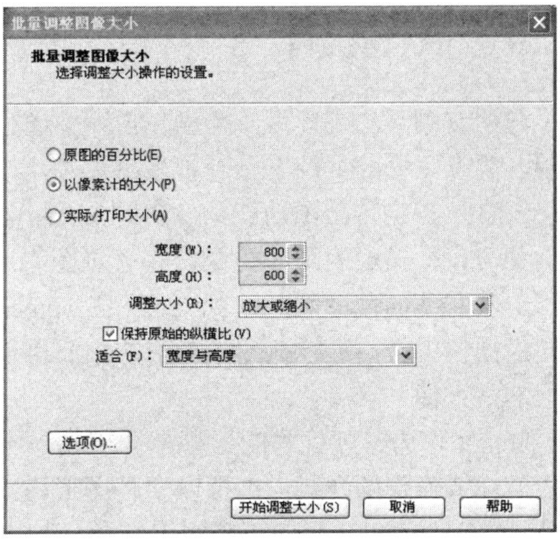

图 10.18　批量调整图像大小

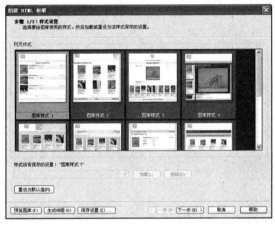

图 10.19　样式设置

图 10.20　自定义图库设置

置"图库标题"为"我的图库标题栏文本"，保持"页眉"、"页脚"设置；单击"下一步"按钮，打开如图 10.21 所示的对话框，保持"略图与图像"的相关设置；单击"下一步"按钮，打开"HTML 相册制作完成"对话框，单击"完成"按钮，即可完成 HTML 相册的制作。

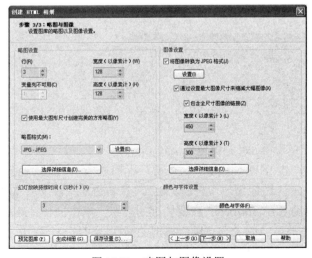

图 10.21　略图与图像设置

10.4 截图软件

与朋友聊天，或者写一个操作说明，通过抓取截图以图代文是个不错的办法，让表达更加直观、明了。好的截图工具使抓取截图事半功倍。

Windows 自带截图功能，按 PrintScreen 键可以抓取整个桌面，按 Alt+PrintScreen 键抓取当前活动窗口，抓取的画面要保存在"画图"或者其他文档中，没有后期编辑和设置功能。

一些专业的截图软件，如 Snagit、HyperSnap、SuperCapture、PicaLoader、UltarSnap、红蜻蜓抓图精灵等，进行抓图操作后，画面可以直接保存，一般还带有图像编辑、连续抓图等功能，非常方便。

Snagit 作为一款优秀的屏幕抓图工具，不仅能抓取桌面程序、窗口和特定区域，还能录制一段游戏或操作的视频，支持以多种图形格式保存图片，操作简单，可以用快捷键或自动定时器从屏幕上抓图。Snagit 还有很多特色，如丰富的图片编辑功能、添加特效等，界面友好，操作方便。

1．设置屏幕捕捉热键

为了操作更快、更方便，先设置捕捉热键。设置全局捕获快捷键的过程为：在 Snagit 11 界面（如图 10.22 所示）中选择菜单"工具"→"程序首选项"命令，出现如图 10.23 所示的对话框，选择"热键"选项卡，从中设置"全局捕获"快捷键为 Ctrl+Shift+A，其他参数保持默认，关闭对话框。

图 10.22　Snagit 11 界面窗口

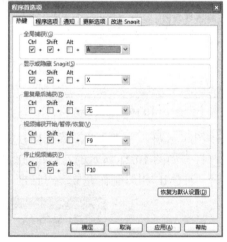

图 10.23　热键设置

2．屏幕捕捉

Snagit 11 可以抓取到窗口、区域、滚动区域等不同类型的屏幕截图。

（1）捕捉窗口

【例 10-8】 抓取窗口截图，并把图像缩小到 75%。

先打开要捕捉的窗口，启动 Snagit 11，在窗口下部选择"配置设置"→"捕捉类型"→"窗口"，再选择"效果"→"图像缩放"→"75%"，在右边的捕获文件类型选择"图像"，单击"捕获"按钮或按快捷键 Ctrl+Shift+A，在要捕捉的屏幕上单击鼠标，Snagit 11 即可将该窗口截图抓取到，而且大小是原窗口的 75%。以前捕捉的截图会以缩略图的形式出现在下边的窗口栏中，方便用户选用。

（2）捕捉用户选择的区域

【例 10-9】 抓取文档区域截图，并转换为可编辑的文字。

打开一篇文本文档，在"捕捉类型"（见图 10.22）中选择"区域"，在捕获文件类型中选择"文本"，单击"捕获"按钮或按快捷键 Ctrl+Shift+A，鼠标会变为十字形，在需要捕捉的文字区域左上角单击鼠标，拖动鼠标到区域右下角，松开鼠标，即选定捕捉区域。在自动打开的 Snagit 11 编辑器中，刚才选定的区域已经转换为可编辑的文本文字（如图 10.24 所示），非常方便。

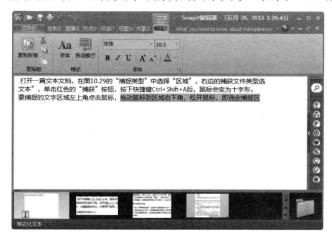

图 10.24　屏幕捕捉的结果

3. 连续捕捉图像

【例 10-10】 每隔 1 秒捕捉一张图像，并以 JPG 格式保存在"C:\pic"文件夹中。

启动 Snagit 11，在主界面中选择"捕获"→"共享"→"属性"，打开"共享属性"对话框（如图 10.25 所示）；在"图像文件"选项卡中勾选"文件名"下的"自动文件名"选项，默认文件名为"SNAG-0000"。也可单击"选项"，打开"自动文件名"对话框（如图 10.26 所示），从中设置文件名的格式，再单击"确定"按钮。

选中"文件夹"下的"总是使用这个文件夹"，选择捕获图像的保存位置，这里选择路径"C:\pic"，选择图像保存的格式为 JPG 格式，单击"确定"按钮。

图 10.25　"共享属性"对话框

图 10.26　"自动文件名"对话框

然后在主界面中选择菜单"工具"→"定时器设置"，在出现的对话框中选择"捕获定时器"选项卡，选择"启用定时器激活捕获"，在"执行捕获的间隔时长"后输入时间，如"1"，在"频率"中选择"秒",即让 Snagit 每 1 秒钟捕捉一幅画。再单击"确定"按钮。

按下捕获快捷键,开始连续捕获截图,如果停止,只需再次按下捕获快捷键。

4．处理捕捉图片

如果能对抓取到的图片先进行编辑,再粘贴到文档或网页上就更方便了,如加图标和注释等。在 Snagit 编辑器(如图 10.27 所示)中选择"绘制""图像""热点"选项卡中的相应工具,可以实现图片的剪裁、加文本标注、图案、调整大小、旋转、边缘、加热点等操作。图 10.28 为对图像进行"文本标注"和"热点"操作后的效果。

图 10.27 Snagit 编辑器

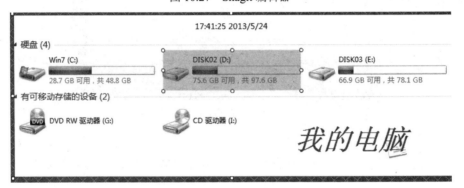

图 10.28 对图片加文字标注和热点

10.5 系统优化软件

操作系统运行过程中会产生许多临时文件、备份文件、磁盘碎片等,安装、运行应用程序也会使注册表项越来越臃肿,它们占用了宝贵的系统资源,降低了系统和程序的运行效率,用户会感觉系统运行速度变慢,等待的时间变长。

注册表是计算机中保存操作系统、硬件、应用程序的控制信息、参数、配置等的核心数据库,必须使用专门的编辑工具才能进行修改。

系统优化工具软件能为用户提供友好界面,实现一键式优化服务,如减少执行进程、删除临时文件、清理注册表中的垃圾文件、阻止程序自动运行等,以便空出更多的资源,优化响应过程,加快计算机的执行速度。

Windows 操作系统的注册表编辑工具是 Regedit.exe,它直接打开注册表,使用时必须具备一定的专业知识,如果修改错误或者误删除,都会影响系统的正常运行。

Windows 优化大师是一款功能全面的系统工具软件,能够帮助用户了解计算机软件、硬件信息,优化操作系统设置,清理系统内的垃圾,提升计算机运行效率,提供了系统检测、系统优化、系统清理、系统维护 4 方面的优化操作。

同类的软件还有超级魔法兔子、Advanced SystemCare、360 优化大师等。

下面以 Windows 优化大师 7.99 操作为例,介绍系统优化工具软件的使用方法。

1．系统检测

系统检测功能方便用户查看计算机基本信息，如 CPU 和主板的信息、存储系统的信息、操作系统的信息、显卡的信息等。

启动 Windows 优化大师（如图 10.29 所示），在左窗格的"系统检测"中选择"系统信息总览"（如图 10.30 所示），其中显示本台计算机软件、硬件信息。选择列表中其他选项，可以查看更多软件、硬件的详细信息。

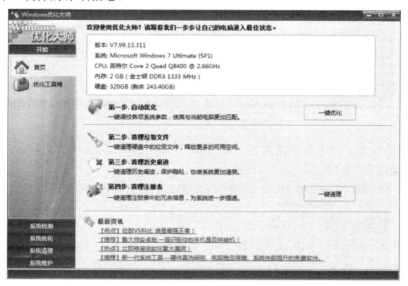

图 10.29　Windows 优化大师 7.99 界面

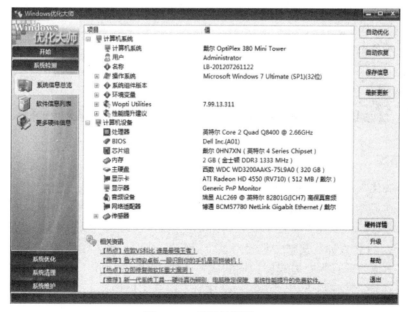

图 10.30　系统检测窗口

2．系统优化

系统优化包括磁盘缓存优化、桌面菜单优化、文件系统优化、网络系统优化、开机速度优化、系统安全优化和系统个性设置等。例如，在"开机速度优化"中可以选择"启动信息停留时间"和"开机不自动运行的项目"等（如图 10.31 所示），以加快系统启动的时间。

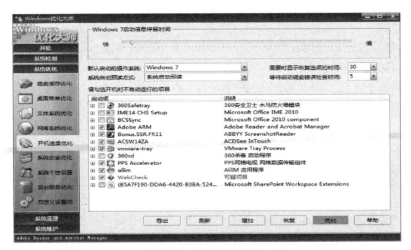

图 10.31 开机速度优化

注意：所有设置完毕，需要重新启动计算机，所有的优化设置才能生效。

"系统安全优化"的各选项如图 10.32 所示。

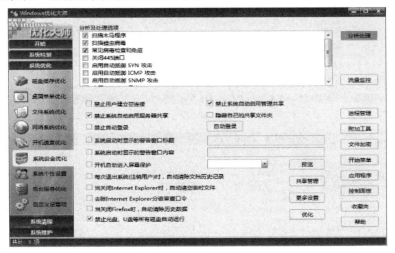

图 10.32 系统安全优化

3. 系统清理

Windows 优化大师具有系统清理功能，特别是清理和维护注册表信息。注册表的信息比较重要，如果不确定是否是垃圾信息，最好不要清理掉，以免误删，导致系统不能启动，或某些程序不能正常运行。可以先备份注册表，再开始注册表垃圾信息的清理操作。

在 Windows 优化大师左窗格中选择"系统清理"，从中选择"注册信息清理"，在中间窗格的"请选择要扫描的项目"中勾选要扫描的内容（如图 10.33 所示），再单击右侧的"扫描"按钮，扫描的结果显示在窗口下方，这些就是注册表中的垃圾信息。

扫描完成，勾选要删除的信息，单击"全部删除"按钮，就从注册表中删除选中的信息，清理完成。

4. 系统维护

系统维护包括系统磁盘医生、磁盘碎片整理、驱动智能备份、系统维护日志和其他设置等操作。

图 10.33　注册表的清理窗口

10.6　驱动程序软件

令计算机用户常常感到头痛的是重装系统后还要为每个硬件逐一安装驱动程序。若本机的驱动程序有备份，则安装很方便。专业的驱动程序软件，如 DriverGenius、驱动人生、驱动程序备份专家、优化大师等软件，能够检测到用户计算机的硬件设备，并自动备份它们的驱动程序，还能将备份驱动程序安装到计算机上，方便快捷。

DriverGenius 的中文名字叫驱动精灵，是一款小巧便捷的驱动程序管理工具，提供的功能主要有两个：备份驱动程序和恢复驱动程序。DriverGenius 根据检测出的计算机设备，可以将全部或部分硬件的驱动程序提取和备份，其备份、还原操作通过一键自动完成。

下面以 DriverGenius 2013 软件操作为例，介绍系统驱动程序工具软件的使用方法。

DriverGenius 2013 的主界面如图 10.34 所示，单击"立即检测"按钮，开始检测计算机上所有设备的驱动程序，显示检测到的结果，同时会提示备份或者升级驱动程序。

1.　备份驱动程序

在主界面中选择"驱动程序"菜单，其中包括"标准模式""玩家模式""驱动微调""驱动备份"和"驱动还原"等选项卡（如图 10.35 所示）。选择"驱动备份"选项卡（如图 10.36 所示），窗口分类显示计算机上所有需要驱动的硬件设备，勾选要备份驱动程序的硬件设备；单击右下角的"路径设置"，可以选择文件备份的位置。单击"开始备份"按钮，开始备份。备份完成后，在 DriverGenius 默认位置或者刚才指定的保存位置，可以找到本计算机所有的驱动程序备份文件。

2.　恢复驱动程序

恢复驱动程序就是将驱动备份文件安装到系统中，选择"驱动还原"选项卡，在设备列表中选择需要安装或者还原驱动程序的设备，单击"开始还原"按钮，开始提取驱动程序，并安装到计算机上。

图 10.34　DriverGenius 2013 主界面

图 10.35　"驱动程序"选项卡

图 10.36　DriverGenius 开始备份驱动

3．其他功能

DriverGenius 还提供了系统补丁、软件管理及硬件检测等多项服务。

10.7 光盘管理软件

虽然计算机硬盘空间越来越大，但光盘依然是数据保存和信息传播的常用办法。刻录光盘除了需要有刻录功能的光驱，还需要刻录软件。常用的光盘刻录软件有 Nero、Adaptec Easy CD Creator、DiscJuggler 等。

另外，刻录光盘时如果需要保存启动信息，需要先把数据制作成光盘镜像文件，再刻录。光盘镜像文件也叫光盘映像文件，是将资料和程序结合而成的文件，形式上只有一个文件，存储格式和光盘文件相同，可以真实反映光盘的内容。镜像工具可以将刻录资料进行格式转换后，生成与目的光盘内容完全一样的镜像文件保存在硬盘上，再将这个文件刻入光盘中，从而大大减少了刻坏的几率。在制作映像文件之前建议先整理硬盘资料。直接读镜像文件需要使用虚拟光驱。

常见的镜像文件格式如下。

① ISO 是以 ISO-9660 格式保存的光盘镜像文件，由国际标准化组织制定，是最通用的光盘镜像格式，能够被大多数刻录软件及虚拟光驱软件所支持，如 UltraISO、WinISO 等。

② VCD 是由 FarstoneVirtualDrive 虚拟光驱软件创建的光盘镜像文件，较常见。

③ GHO 是 GHOST Systemechic 创建的镜像文件格式。

④ NRG 是由最流行的刻录软件 Nero Burning Rom 创建的光盘镜像文件。

⑤ BIN 是 CDRWin 刻录软件所使用的、流行的光盘镜像文件格式。

⑥ MCD 是软件 Discindisk（碟中碟）专用的光盘镜像文件。

10.7.1 Nero 的使用方法

Nero 是一款功能强大的刻录软件，拥有完善的刻录功能，操作方便，支持数据光盘、音频光盘、视频光盘、启动光盘、硬盘备份及混合模式光盘刻录，可以刻录多种文件格式，如音频文件格式 WAV、MP3、MPA 等，视频文件格式 MPG、AVI、DV、DAT、MP4 等，但不支持RMVB 格式，如果要刻录，需要转换为支持的格式。而且，准备刻录的数据和所选类别不一致时，Nero 会自动检测文件，并提示该文件的资料格式不正确，避免错误的数据刻录。

1．刻录 DVD 光盘

DVD 类型的刻录光盘常用格式有 DVD-ROM（UDF）、DVD 副本、DVD 视频、DVD-ROM（启动）等。下面介绍 DVD-ROM（UDF）格式的刻录过程。

运行 Nero 程序，打开经典界面 Nero Burning ROM（如图 10.37 所示），在左上角格式下拉列表中选择"DVD"，默认为"DVD-ROM (UDF)"刻录，即可以选择将任何格式的数据刻录到光盘中。在右边的"多区段"选项卡中有 3 种选择："启动多重区段光盘""继续多重区段光盘刻录"和"无多重区段"。选择"启动多重区段光盘"，表示在本次刻盘时把光盘初始化成区段光盘，这样可以多次往未满的光盘里写数据，这次写入一部分，下次可以继续往光盘写入数据，下次再写数据时就得选择"继续多重区段光盘刻录"；"无多重区段"是不管有多少数据，光盘只能刻录这一次。

打开"刻录"选项卡（如图 10.38 所示），在"操作"方式下选择"写入"，从中选择刻录

图 10.37　Nero 主界面　　　　　　　　　　　　　图 10.38　"刻录"选项卡

的速度和刻录方式。刻录的速度有 16x、8x、4x、2.4x，值越大，刻录速度越快，但是数据的不稳定性也相对越高。如果不需要设置，可以保持默认设置。

设置完成后单击"新建"按钮，打开选择刻录数据的窗口，如图 10.39 所示。将要刻录的文件和文件夹从右边"文件浏览器"中拖放到左边"光盘内容"下，单击"开始刻录"按钮，出现如图 10.40 所示的对话框后，放入一张 DVD 光盘到刻录光驱中，刻录开始。

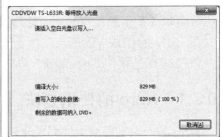

图 10.39　选择刻录数据　　　　　　　　　　　　图 10.40　放入光盘

2. 刻录 CD 光盘

CD 类型的光盘常用的格式有 CD-ROM（UDF）、音乐光盘、混合模式 CD、CD 副本等。在主界面的格式下拉列表选择"CD"，刻录操作方法与 DVD 光盘类似，只是写入速度有 48x、32x、24x、16x、12x、8x 及 4x 的选择。建议在刻录音乐文件时不要选用太高的速度，太高的速度会导致数据丢失，对刻录光盘的播放影响较大。

10.7.2　UltraISO 的使用方法

UltraISO 是一款方便实用的光盘镜像文件制作工具，可以进行镜像文件的制作、编辑和格式转换等操作，也可以直接从镜像中提取文件，从 CD-ROM 制作光盘镜像，最常用的功能是将硬盘上的数据制作成 ISO 文件。下面以 UltraISO Premium 9 软件的操作为例，介绍光盘映像工具软件的使用方法。

1. 将硬盘数据制作成 ISO 文件

启动 UltraISO 9（如图 10.41 所示），在左下角的"本地目录"窗格中选择路径，在其右窗格中选择要制作的文件或文件夹，拖放到"光盘目录"窗格，会产生一个以当前日期为名字的默认 ISO 文件。注意窗口顶端的"大小总计"数据，避免超出光盘容量的限制。单击工具栏的"保存"按钮，在弹出的"ISO 文件另存"对话框中选择 ISO 文件保存路径，也可以更改 ISO 文件名称和类型。单击"保存"按钮，将显示制作进度的对话框，开始制作镜像文件。完成后，可以在目标位置看到刚制作的 ISO 文件。

2．提取文件

UltraISO 可以不需要虚拟光驱，直接从光盘或镜像中提取出文件，保存在硬盘上。系统光盘或一些游戏光盘可以在启动时引导系统，其中包含了系统引导信息，可以将这些引导信息保存起来，跟其他数据一起刻录，刻录的光盘也将会在启动时引导系统。

① 在镜像中提取数据。打开一个 ISO 文件，在右上方的窗格中选择需要提取的文件并单击右键，在弹出的快捷菜单中选择"提取到"，再选择目标位置，单击"确定"按钮即可。或者选择提取文件后，在下方的窗格中选择路径，直接拖入。

图 10.41　UltraISO 9 主窗口

② 在光盘中提取引导文件。将有引导功能的光盘放入光驱，选择菜单"启动"→"从 CD/DVD 提取引导文件"命令，弹出"提取引导文件"对话框（如图 10.42 所示），为引导文件命名后，单击"制作"按钮。

图 10.42　"提取引导文件"对话框

3．格式转换

刻录软件都有自己的镜像文件格式，可以先将无法处理的格式转换成 ISO、BIN 或 NRG 等格式，再刻录光盘。

启动 UltraISO 9，选择菜单"工具"→"格式转换"命令，弹出"转换成标准 ISO"对话框（如图 10.43 所示），为转换文件指定路径、命名、选择输出格式后，单击"转换"按钮。

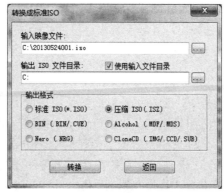

图 10.43 "转换成标准 ISO"对话框

4．编辑镜像文件

已经制作好的镜像文件仍然可以进行增加、删除、重命名文件的操作。下面以向镜像文件中添加引导文件为例，介绍编辑镜像文件的方法。

打开一个 ISO 文件，选择"启动"→"加载引导文件"命令，打开"加载引导文件"对话框，选择要加载的引导文件，单击"打开"按钮，完成添加。

本章小结

本章介绍了精选的 7 种常用工具软件，内容涵盖压缩/解压缩软件、看图软件、电子阅读软件、屏幕截图软件、系统优化软件、驱动管理软件、光盘管理软件等。软件介绍图文并茂，力求讲解清晰，语言通俗易懂，突出实践性和可操作性，这为学习和使用这些工具软件提供了方便，提高了效率。

习 题 10

1．常用的压缩解压缩软件有哪些，各有何特点？

2．使用 WinRAR 压缩文件的主要步骤有哪些？

3．常见的电子图书格式有哪些？都用什么工具阅读？

4．举例说明 ACDSee 制作电子相册的步骤。

5．使用 Snagit 11 连续抓图时需要注意什么？

6．使用 Windows 优化大师可以做什么？清理注册表时需要注意什么？

7．软件 DriverGenius 可以实现什么功能？

8．用 Nero 刻录 DVD 光盘时，选择 DVD-ROM（UDF）、DVD 副本、DVD-ROM（启动）、DVD 视频有什么不同？为什么要制作光盘镜像文件？

第11章 信息安全技术基础

随着科技的飞速发展，以计算机和通信技术为代表的信息技术和相关产业已经成为社会发展的重要保障。网络与信息技术的广泛应用使信息安全问题正面临着前所未有的挑战。信息安全已发展成为一个新兴的研究学科，作为一个综合工程，其重要性正随着全球信息化步伐的加快而变得越来越重要。

11.1 信息安全基础

11.1.1 基本概念

信息安全是一个广泛而抽象的概念，主要包括信息的保密性、真实性、完整性、未授权复制和寄生系统的安全性五方面内容。不同领域不同方面对其概念的阐述有所不同。其定义分为两大类：一是具体信息系统的安全，信息系统安全是信息安全的一部分，信息安全具有更普遍、更广泛的含义；二是某一特定信息体系（如一个国家的金融系统、军事指挥系统等）的安全。

信息安全是一个国家的信息化状态和信息技术体系不受外来的威胁与侵害，保护信息和信息系统不被未经授权的访问、使用、泄露、中断、修改和破坏。

信息安全包括以下 5 个基本要素或特性。

① 保密性：信息不泄露给非授权的个人、实体，不供非授权使用。常用的保密技术有防帧收、防辐射、信息加密、物理保密等。

② 完整性：数据和资源未被改变，真实可靠。保障信息完整性的常用方法有协议、纠错编码、密码校验、数字签名、公证等。

③ 可用性：授权用户可以根据需要随时访问所需信息。

④ 可靠性：系统在规定的条件和时间内完成规定功能的概率。

⑤ 不可抵赖性：也称为不可否认性，是指面向通信双方（人、实体或进程）的信息真实同一，且收发双方均不可抵赖。

信息安全的目标致力于保障以上 5 个特性不被破坏。由于这 5 个特性既相互独立，又彼此重叠，互相制约，因此，如何在这些特性中寻找一个平衡点，以构建安全的信息系统，是信息安全面临的一个重要挑战。

11.1.2 常用信息安全防御技术

信息安全首先是实体的安全。实体安全是指对机房、网络设备、线路和主机等的安全防范。信息安全防御技术包括被动防御技术和主动防御技术。

1. 被动防御技术

被动防御技术主要是在网络层（IP）设防，在外围对非法用户和越权访问进行封堵，以达到防止外部攻击的目的。这种技术手段只能被动地检测攻击，而不能主动地把变化莫测的威胁阻止在网络或计算机系统之外。其防护能力是静态的，设备的功能完全依靠人工配置实现。

（1）防火墙技术

防火墙是一种特殊网络互连设备，用来加强网络之间的访问控制安全，按照一定的安全策略，对两个或多个网络之间传输的数据包和连接方式进行检查，以决定是否允许网络之间的通信。防火墙是建立在内、外网络边界上的过滤封锁机制，其作用是防止不希望的、未经授权的通信进出被保护的内部网络。通常，内部网络被认为是安全和可信赖的，而外部网络（通常是Internet）被认为是不安全和不可信赖的，通过边界控制达到强化内部网络安全的目的。

防火墙的主要功能如下。

① 访问控制功能。这是防火墙最基本也是最重要的功能，通过禁止或允许特定用户访问特定的资源，保护网络的内部资源和数据。

② 内容控制功能。根据数据内容进行控制，如防火墙可以从电子邮件中过滤垃圾邮件等。

③ 全面的日志功能。防火墙需要完整地记录网络访问情况，包括内、外网进出的访问，需要记录访问在什么时候进行了什么操作，以检查网络访问情况，一旦网络发生了网络入侵或遭到破坏，就可以对日志进行审计和查询。

④ 集中管理功能。防火墙是一种安全设备，针对不同的网络情况和安全需要，需要制订不同的安全策略，并在防火墙上实施。

⑤ 自身的安全和可用性。防火墙自身具有一定的抗攻击能力。

防火墙采用了如下两种基本技术。

① 包过滤技术。包过滤技术是指在防火墙的网络层中根据数据包中的包头信息有选择地实施允许信息通过或阻断。这种技术在防火墙上的应用非常广泛，其优点是简单、灵活。

② 代理服务器（Proxy Server）技术。代理服务器作用在应用层，是运行在防火墙主机上的专门的应用程序或者服务器程序，代理服务器代替连接并且充当服务的网关，以接受用户对Internet 的服务请求（如 FTP 和 Telnet），并按照一定安全策略将它们转发到实际的服务中。

防火墙技术的缺点如下：

① 防火墙不能防止病毒的攻击。

② 防火墙不能防止内部攻击。

③ 防火墙不能防止 IP 欺骗类型的攻击。

（2）入侵检测技术

入侵检测技术是一种能够及时发现并报告系统中非授权行为或异常现象的技术，用于检测计算机网络中违反安全策略的行为，从而保证计算机系统的安全。入侵检测的软件与硬件的组合便是入侵检测系统（Intrusion Detection System，IDS），主要分为基于主机和基于网络两种。入侵检测系统是防火墙的合理补充，是一种旁路部署设备。

入侵检测系统的工作过程分为三步：信息收集、信息分析和结果处理。

① 信息收集：收集内容包括系统、网络、数据及用户活动的状态和行为，由放置在不同网段的传感器或不同主机的代理来收集，如系统和网络日志文件、网络流量、非正常的目录和文件改变、非正常的程序执行。

② 信息分析：将收集到的信息送到驻留在传感器中的检测引擎进行分析，当检测到某种误用模式时，产生一个告警信息并发送到控制台。一般通过三种技术手段进行信息分析：模式匹配、统计分析和完整性分析。

③ 结果处理：根据告警，控制台按照预先定义的响应采取相应措施，如重新配置路由器或防火墙、终止进程、切断连接、改变文件属性等，也可以只是简单的告警。

入侵检测主要有如下两种技术模型。

① 异常检测模型（Anomaly Detection）：检测与可接受行为之间的偏差。首先总结正常操作应该具有的特征，当用户活动与正常行为有重大偏离时即被认为是入侵。这种检测模型漏报率低，误报率高。

② 误用检测模型（Misuse Detection）：检测与已知的不可接受行为之间的匹配程度。如果可以定义所有的不可接受行为，那么每种能够与之匹配的行为都会引起告警，收集非正常操作的行为特征，建立相关的特征库，当监测的用户或系统行为与库中的记录相匹配时，系统就认为这种行为是入侵。

除了防火墙技术、入侵检测技术，被动防御技术还有口令验证、安全扫描器、审计跟踪、物理保护与安全管理等。

2．主动防御技术

主动防御技术就是在增强和保证本地网络安全性的同时，及时发现正在进行的网络攻击，预测和识别未知攻击，并主动采取措施，使攻击者不能达到目的的技术手段。主动防御已成为网络安全防护技术的重要发展方向。

（1）入侵防御技术

入侵防御系统（Intrusion Prevention System，IPS）是一种新的计算机安全技术，采取积极主动的措施阻止外部的攻击，克服了入侵检测系统只能发现和报告已经发生的攻击行为，但不能主动抵御入侵的局限性。入侵防御技术逻辑上可以看成基于特征匹配的安全技术（如入侵检测技术和病毒防治）与源于网络的保护方案（如防火墙技术）的总和。入侵防御系统是一种串接部署设备，与入侵检测系统一样，也分为基于主机和基于网络两种。

入侵防御系统不仅具备侦测与预防的能力，还具有响应与管理的能力。它部署在网络的进出口处，当检测到攻击企图后，会自动将攻击包丢掉或采取措施将攻击源阻断。它通过一个端口接收来自外部系统的流量，经过检查，确认其中不包含异常活动或可疑内容后，再通过另一个端口将它传输到内部系统中，这样，有问题的数据包以及所有来自同一数据流的后续数据包都能在 IPS 设备中被清除掉。

（2）虚拟专用网络技术

虚拟专用网络（Virtual Private Network，VPN）是指在公用网络上建立专用网络的技术。之所以称为虚拟网，主要是因为整个网络的任意两个节点之间的连接并不需要传统网络所需的端到端的物理链路，而是架构在公用网络服务商所提供的网络平台（如 Internet）之上的逻辑网络，用户数据在逻辑链路中传输。虚拟专用网络主要采用隧道技术、加解密技术、密钥管理技术和使用者与设备身份认证技术。

虚拟专用网络的实现有多种方法，常用的有以下 4 种。

❖ VPN 服务器：在大型局域网中，可以在网络中心通过搭建 VPN 服务器的方法来实现。

❖ 软件 VPN：可以通过专用的软件实现。

❖ 硬件 VPN：可以通过专用的硬件实现。

❖ 集成 VPN：很多硬件设备，如路由器，防火墙等，都含有 VPN 功能。

除入侵防御技术、VPN 技术，主动防御技术还采用数据加密、存取控制、权限设置等技术。

11.1.3　网络安全

网络安全是一门涉及计算机科学、网络技术、通信技术、密码技术、信息安全技术、应用数学、数论、信息论等学科的综合性学科。网络安全是指网络系统的软件、硬件及系统中的数据受到保护，不因偶然的或者恶意的原因遭受破坏、更改和泄露，系统能够在网络服务不中断的情况下连续可靠正常地运行。其实质就是计算机网络上的信息安全。

1. 网络安全威胁

网络安全威胁主要包括两类：渗入威胁和植入威胁。渗入威胁主要有假冒合法用户、旁路控制、非授权访问、病毒与恶意攻击等，植入威胁主要有特洛伊木马、陷门。

2. 网络安全措施

网络安全措施主要包括以下几方面。

① 物理措施：如保护网络关键设备（如交换机、大型计算机等）及安装不间断电源（UPS）等措施。

② 访问控制：对用户访问网络资源的权限进行严格的认证和控制。例如，进行用户身份认证，对口令加密、更新和鉴别，设置用户访问目录和文件的权限，控制网络设备配置的权限等。

③ 数据加密：加密是保护数据安全的重要手段，加密的作用是保障信息被恶意截获后不能被解读。

④ 防止计算机网络病毒：安装网络防病毒系统。

⑤ 其他措施包括：信息过滤、容错、数据镜像、数据备份和审计等。

近年来，围绕网络安全问题提出了许多解决办法，如数据加密技术和防火墙技术等。数据加密是对网络中传输的数据进行加密，到达目的地后再解密还原为原始数据，目的是防止非法用户截获后盗用信息。其他安全技术包括密钥管理、数字签名、认证技术、智能卡技术和访问控制等。

11.2　计算机病毒及防治

随着计算机技术的迅速发展和计算机应用领域的日益扩大，计算机病毒已成为社会的一大公害，了解计算机病毒，认识其危害性，掌握计算机病毒的防治措施，将是每个计算机用户的必修课。

11.2.1　计算机病毒的概念与特征

计算机病毒是人为制造的、在计算机运行中对计算机系统或信息起破坏作用的程序。计算机病毒可以通过复制、修改自身来感染其他程序，破坏计算机功能或者毁坏数据，影响计算机的使用。

计算机病毒主要具有以下特征。

① 非授权可执行性：计算机病毒具有正常程序的一切特性，隐蔽在合法的程序或数据中，当用户运行正常程序时，病毒伺机窃取系统控制权，先于正常程序执行。

② 广泛传染性：计算机病毒通过各种渠道，从已经被感染的文件扩散到其他文件，从已

经被感染的计算机扩散到其他计算机，这就是病毒的传染性。传染性是衡量一种程序是否为病毒的首要条件。

③ 潜伏性：计算机病毒的潜伏性是指病毒隐蔽在合法的文件中的寄生能力。

④ 可触发性：病毒的发作一般都有一个激发条件，即一个条件控制。一个病毒程序可以按照设计者的要求在某个点上激活并对系统发起攻击。

⑤ 破坏性：病毒最根本的目的是攻击和破坏目标，干扰计算机系统正常运行或恶意的修改数据。

⑥ 衍生性：计算机病毒可以被攻击者模仿，对计算机病毒的几个模块进行修改，使之成为一种不同于原病毒的计算机病毒。

⑦ 攻击的主动性：为了表明自己的存在并达到某种目的计算机病毒迟早要发作。

⑧ 隐蔽性：病毒的存在、传染和对数据的破坏过程不易为计算机操作人员发现，又是难以预料的。

⑨ 寄生性：计算机病毒是一种可直接或间接执行的文件，是没有文件名的秘密程序，它不能以独立文件形式存在，必须附着在现有的软件或硬件资源上。

11.2.2　计算机病毒的分类与常见症状

1. 计算机病毒的分类

按照传染方式，计算机病毒分为引导型病毒、文件型病毒和混合型病毒。

① 引导型病毒：嵌入磁盘主引导记录（主引导区病毒）或引导记录（引导区病毒）中，当系统引导时就进入内存，从而控制系统，进行传播和破坏活动。

② 文件型病毒：指病毒将自身附着在一般的可执行文件上，以感染文件。目前绝大多数的病毒都属于文件型病毒。

③ 混合型病毒：一种既可以嵌入到磁盘引导区中又可以嵌入可执行程序中的病毒。

按连接方式分，计算机病毒又可以分为源码型病毒、入侵型病毒、操作系统型病毒、外壳型病毒。

① 源码病毒。源码病毒较为少见，亦难编写。它要攻击高级语言编写的源程序，在源程序编译之前插入其中，并随源程序一起编译、连接成可执行文件。此时刚刚生成的可执行文件已经被感染。

② 入侵型病毒。入侵型病毒可用自身代替正常程序中的部分模块或堆栈区，因此只攻击某些特定程序，针对性强，一般情况下难以被发现，清除起来也比较困难。

③ 操作系统病毒。操作系统病毒可以其自身部分加入或替代操作系统的部分功能。因其直接感染操作系统，这类病毒的危害性也较大。

④ 外壳病毒。外壳病毒将自身附在正常程序的开头或结尾，相当于给正常程序加了外壳。

2. 计算机中病毒的常见症状

不同的病毒类变种和原病毒可能导致计算机感染病毒的症状不同。常见的症状有：操作系统无法正常启动，关闭计算机后自动重启；经常无缘无故地死机；运行速度明显变慢；能正常运行的软件，运行时却提示内存不足；打印机的通信发生异常，无法进行打印操作，或打印出来的是乱码；未使用软件，但自动出现读写操作。

11.2.3 计算机病毒传播方式和途径

计算机病毒主要通过文件复制或传送以及程序运行等方式进行。它的传播方式和传播途径主要分为移动媒介和网络传播。

移动媒介包括以下几种。

① 光盘媒介：因为光盘容量大，存储了海量的可执行文件，大量的病毒就有可能藏身于光盘。当前，盗版光盘的泛滥给病毒的传播带来了很大的便利。

② U 盘媒介：一般是 U 盘被插入一台已感染病毒的计算机上，而感染的计算机上的 U 盘病毒趁机植入 U 盘，而用户将该 U 盘再插入其他计算机，其他计算机就中毒了。

③ 硬盘传播：带病毒的硬盘在本地或移动到其他地方使用或维修等，被病毒传染并将其扩散。

网络传播主要包括以下几种。

① 电子邮件。病毒制作者将病毒放在电子邮件的附件中寄给受害者，引诱受害者打开电子邮件附件而传染病毒。

② 蠕虫病毒。蠕虫病毒是一种常见的网络病毒，它利用网络进行复制和传播。

③ 漏洞型病毒。即使你没有运行非法软件、没有打开邮件浏览，然而只要你连接到网络中，漏洞型病毒就会利用操作系统的漏洞进入你的计算机。

④ 网页病毒。网页病毒主要是利用软件或系统操作平台等的安全漏洞，通过执行嵌入在 HTML 网页中的 Java Applet 小应用程序、JavaScript 脚本语言程序、ActiveX 软件部件以及网络交互技术支持的可自动执行的代码程序而入侵计算机。

⑤ 局域网传播：组成局域网的每台计算机都能连接到其他计算机，如果发送方的数据感染了计算机病毒，接收方的计算机将自动被感染，因此有可能在很短的时间内感染整个网络中的计算机。

⑥ 通过即时通信软件传播：由于即时通信软件的用户数量众多及软件本身的安全缺陷，使得病毒可以方便地获取传播目标，使其成为病毒的攻击目标。

11.2.4 系统安全软件

目前，计算机系统安全软件一般分为杀毒软件和系统防御软件。

1. 杀毒软件

前期的杀毒软件主要都是被动防御型的，即采用传统的"特征码技术"，根据从病毒体中提取的该病毒特有的特征码，逐个与程序文件比较，从而识别出已知病毒。当下流行的杀毒软件均具有主动防御功能，就是根据程序的行为主动分析其是否有威胁。

目前，市面上杀毒软件很多，国产的有 360 杀毒、瑞星、金山毒霸、腾讯电脑管家二合一杀毒等，国外的主要有诺顿、卡巴斯基等杀毒软件。

2. 系统防御软件 360 安全卫士的使用

360 安全卫士是当前功能比较全面，用户普遍使用的上网安全软件。目前 4.2 亿中国网民中，首选安装 360 的已超过 3 亿。360 安全卫士拥有查杀木马、清理插件、修复漏洞等计算机病毒防治功能，具备开机加速、垃圾清理等多种系统优化功能，可加快计算机运行速度，内含的 360 软件管家还可帮助用户轻松下载、升级和强力卸载计算机上的软件。下面介绍 360 安全卫士的主要功能。

（1）电脑体验

打开 360 安全卫士，如图 11.1 所示，在"电脑体检"选项卡中单击"立即体检"按钮，体验开始，如图 11.2 所示。通过"电脑体检"可以全面、快速地了解计算机情况，并且会提醒用户进行一些必要的维护，如木马查杀、垃圾清理、漏洞修复等。

图 11.1　360 安全卫士

图 11.2　电脑体检

（2）木马查杀

在"木马查杀"选项卡中可以运行木马检测，定期进行木马查杀。木马查杀按照系统区域位置划分，分为快速扫描、全盘完整扫描、自定义区域扫描三种扫描模式，如图 11.3 所示。单击"快速扫描"按钮，检测进程如图 11.4 所示，扫描结束后若出现疑似木马，可以选择删除或加入信任区，木马查杀可以有效保护各种系统的账户安全。

（3）漏洞修复

系统漏洞可以被不法分子或者黑客利用，通过植入木马、病毒等方式攻击或控制整个计算机，从而窃取计算机中的重要资料和信息，甚至破坏系统，因此应该及时修复系统漏洞，以保证系统安全。在"系统漏洞"选项卡中可对系统进行漏洞检测。

图 11.3　木马查杀

图 11.4　快速扫描

图 11.5　系统修复

（4）系统修复

浏览器主页、"开始"菜单、桌面图标、文件夹、系统设置等出现异常时，可以使用系统修复功能，找出出现问题的原因并修复它。系统修复有"常规修复"和"电脑门诊"两项。单击"常规修复"，系统将进行扫描，出现如图 11.5 所示的结果，选择需要修复的项目后单击"立即修复"。

（5）电脑清理

"电脑清理"功能主要用于清除计算机中的垃圾文件。垃圾文件是指系统工作过程中产生的临时或剩余文件，虽然每个垃圾文件所占系统资源并不多，但是垃圾文件长时间堆积会使计算机的运行速度和上网速度变慢，浪费硬盘空间。在"电脑清理"选项卡中选择"清理垃圾"，然后勾选需要清理的选项，单击"开始扫描"按钮，扫描的结果如图 11.6 所示。如果不清楚哪些文件该清理，哪些文件不该清理，可单击"推荐选择"，让 360 安全卫士来选择。

图 11.6　清理垃圾

（6）优化加速

优化加速是 360 安全卫士中能够帮助全面优化计算机系统并提升计算机速度的一个重要功能。切换到"优化加速"选项卡，软件会自动检测可优化项目，出现如图 11.7 所示的结果，单击"立即优化"按钮，即可进行优化。

图 11.7　优化加速

11.3　网络攻击防范

11.3.1　黑客概述

"黑客"即 hacker，原意是开辟、开创，意即黑客是开辟道路的人。黑客起源于 20 世纪 70 年代麻省理工学院的实验室，通常会去寻找网络中漏洞，但往往并不会盗取数据或者信息，也不会破坏计算机系统。他们以工作为生活的乐趣，以科学成就来评定自身价值，并且相信自由及共享主义。人们现在普遍观念中的"黑客"对应的英文应该是"cracker"，往往会通过计算机系统漏洞侵入系统。他们也具备广泛的计算机知识，但他们以破坏为目的。有人将其翻译成"骇客"。现在 Hacker 和 Cracker 已经混为一谈，人们通常将入侵计算机系统的人统称为黑客。

在信息技术飞速发展的今天，信息和网络已经成为社会发展的重要保证，许多涉及商业经济信息、股票证券、科研数据等重要信息，其中不乏敏感信息甚至国家机密，难免会引来世界各地的各种人为攻击（如信息泄露、信息窃取、数据删除与添加、计算机病毒等）。网络上黑客的攻击手段越来越丰富，令人防不胜防，对网络安全造成了很大的威胁。因此，有必要通过学习相关知识提高对黑客和网络攻击的认识、掌握防范以及应对网络攻击的措施。

11.3.2 网络攻击常用方式

攻击泛指任何非授权行为，攻击范围从简单地使服务器无法提供正常服务到完全被破坏或被控制。能使一个系统或者网络受到破坏的所有行为都被认定为攻击。

黑客攻击的主要目的：① 获取口令；② 获得超级用户权限；③ 控制中间站点；④ 窃取信息。在网络上成功实施的攻击级别依赖于黑客采用的技术或设备及用户采用的安全措施。

黑客的攻击目标主要有两类：系统和数据，所对应的安全性也涉及系统安全和数据安全两方面。从比例上分析，针对系统的攻击占了攻击总数的 30%，造成损失的比例也占到了 30%；针对数据的攻击占攻击总数的 70%，造成的损失也占 70%。

按攻击目标分类，黑客攻击可分为系统型攻击和数据型攻击。

系统型攻击的特点是攻击发生在网络层，破坏系统的可用性，使系统不能正常工作，可能留下明显的攻击痕迹，用户将会发现系统不能工作。

数据型攻击的特点是攻击发生在网络的应用层，面向信息，主要目的是窜改和偷取信息，不会留下明显的痕迹。

1. 网络攻击的分类

① 探测类攻击：主要收集目标系统中各种与网络安全有关的信息，为下一步入侵提供帮助，主要包括扫描技术、体系结构刺探、系统信息服务收集等。

② 阻塞类攻击：企图通过强制占有信道资源、网络连接资源及存储空间资源，使服务器崩溃或资源耗尽，无法对外继续提供服务。拒绝服务攻击（Denial of Service，DoS）是典型的阻塞类攻击。

③ 控制类攻击：是一类试图获得对目标机器控制权的攻击，最常见的有 3 种：口令攻击、特洛伊木马攻击、缓冲区溢出攻击。

④ 欺骗类攻击：包括 IP 欺骗和假消息攻击。IP 欺骗是指通过冒充合法网络主机骗取敏感信息，假消息攻击主要通过配置或设置一些假信息来实施欺骗攻击。欺骗类攻击主要包括 ARP 缓存虚构、DNS 高速缓存污染、伪造电子邮件等。

⑤ 漏洞类攻击：系统硬件或软件存在某种形式的安全漏洞，这种脆弱性的存在将直接导致允许非法用户未经授权获得访问权或提高其访问权限。

⑥ 破坏类攻击：指对目标计算机的各种数据与软件实施破坏的一类攻击，包括计算机病毒、逻辑炸弹等攻击手段。

2．网络攻击的一般模型

网络攻击遵循同一种行为模型，都要经过收集信息、获取权限、消除痕迹和深入攻击等阶段。然而一些高明的入侵者会把自己隐藏得更好，利用"傀儡机"来实施攻击，入侵成功后还会把入侵痕迹清除干净，并留下后门，为以后实施攻击提供方便。

（1）收集信息

收集信息是攻击前的侦查和准备阶段，攻击者在发动攻击前了解目标的网络结构，收集目标系统的各种信息。通常情况下，黑客在进行攻击之前都需要对目标进行全方位分析，当分析出的数据达到攻击条件之后，黑客便会主动攻击，并在最短时间内攻破目标。越成熟的黑客在信息收集上花费的时间就越多，攻击成功的几率就越大，因此黑客攻击前的信息收集的工作是最重要的，往往需要几小时甚至几十小时。

（2）锁定目标

网络上有许多主机，攻击者的首要工作就是寻找并确定目标主机。

① 了解目标的网络结构。确定要攻击的目标后，攻击者就会设法了解其所在的网络结构信息，包括网关路由、防火墙、入侵检测系统（IDS）等。在这一阶段，攻击者对某一组织机构的网络结构、网络容量和目录及安全状态都有大致了解，并设计出能绕过安全装置的方案。

② 收集各种系统信息。在了解了网络结构信息之后，攻击者会对主机进行全面的系统分析，以寻求该主机的操作系统类型、版本、所提供的服务、开放的端口以及安全漏洞或安全弱点（如管理员登录口令（包括弱口令）、安装应用软件的漏洞，甚至需要调查管理员的私人信息，如电话、生日、姓名等）。

（3）获取权限

利用探测阶段提供的目标系统访问数据，分析目标系统存在的弱点和漏洞，利用系统配置错误和弱点选择合适的入侵方法。

权限获取和提升过程中的密码破解通常有口令猜解、字典攻击和暴力攻击。

① 口令猜解：很多人使用自己或家人的生日、电话号码、房间号码、简单数字或者身份证号码中的几位，这样黑客可以很容易通过猜想得到密码。

② 字典攻击：如果猜解简单口令的攻击失败，黑客会试图采用字典攻击，即利用程序尝试字典中的单词的每种可能组合。

③ 暴力攻击：同字典攻击类似，黑客尝试所有可能的字符组合方式。一个由 4 个小写字母组成的口令可以在几分钟内被破解，而一个较长的由大、小写字母组成的口令，包括数字和标点，其可能的组合达 10 万亿。

（4）消除痕迹

一般入侵成功后，为了能长时间地保留和巩固他对系统的控制权，且不被管理员发现，攻击者往往会企图掩盖他们的踪迹，清除入侵痕迹。这一阶段的主要动作是清除事件日志并隐藏其遗留下来的文件。因为日志往往会记录一些攻击者实施攻击的蛛丝马迹，所以为了不留下这些"犯罪证据"，以便日后可以不被察觉地再次进入系统，攻击者会更改某些系统设置，如对日志重新进行配置，使之恢复初始设置。

（5）深入攻击

消除入侵踪迹之后，攻击者开始下一步的行动，窃取主机上的各种敏感信息，如软件资料、客户名单、财务报表、信用卡账号等。攻击者甚至会在系统中植入特洛伊木马，利用这台已经被攻陷的主机去进行下一步的攻击（如继续入侵内部网络），或利用这台主机发动拒绝服务攻击（Denial of Service，DoS），使网络瘫痪。

DoS 攻击是一种针对 TCP/IP 的缺陷进行网络攻击的手段，体现了现存网络脆弱的一面。DoS 攻击降低了资源的可用性，攻击的结果是停止服务，甚至造成主机系统和网络瘫痪。

分布式拒绝服务攻击（Distributed Denial of Service，DDoS）是一种基于分布式、协作的大规模拒绝服务攻击。DDoS 攻击是在传统 DoS 攻击基础上产生的一类攻击方式。

分布式反射拒绝服务攻击（Distributed Reflection Denial of Service Attack，DRDoS）是新一代的 DDoS 攻击。入侵者利用带有请求的 SYN（synchronize，TCP/IP 建立连接时使用的握手信号）数据包对网络路由器进行洪水攻击。这些数据包带有虚假的 IP 地址，这些地址都是某网站的。路由器以为这些 SYN 数据包是从该网站发送过来的，所以便对它们发送 SYN/ACK（acknowledge）数据包，作为三次握手过程的第二步，并根据请求的该网站 IP 地址返回 SYN/ACK 包。恶意的数据包反射到该网站的主机上后，就形成了洪水攻击，造成带宽资源的耗尽，最终导致拒绝服务。

特洛伊木马程序技术是黑客常用的攻击手段之一，被黑客使用，以方便进入被攻击的系统。它通过在目标系统隐藏一个会在系统启动时运行的服务器/客户机式程序，从而达到在上网时控制目标主机的目的。木马程序不能算是一种病毒，越来越多的杀毒软件已可以查杀一些木马，因此也有人称木马程序为黑客病毒。现在流行的很多病毒也都带有黑客性质，黑客利用木马窃取目标系统的口令、浏览目标系统的驱动器、修改文件、登录注册表等，很多用户稍不注意就可能在不知不觉中遗失重要信息，如流传极广的冰河木马，以及影响面极广的"Nimda"、"求职信"病毒等。

11.3.3 网络攻击常用防范技术

实现信息网络安全不仅靠先进的技术，也需要严格的安全管理、安全教育和法律约束等。先进的网络安全技术是网络安全的根本保证，用户对自身面临的威胁进行风险分析和评估，决定所需要的安全服务种类，选择相应的安全机制，然后集成先进的安全技术，形成全方位的安全系统。

1. 密码技术

用户在网络的信道上相互通信，其主要危险是被非法窃听。例如，采用搭线窃听，对线路上传输的信息进行截获；采用电磁窃听，对用无线电传输的信息进行截获等。因此，对网络传输的报文进行数据加密，是一种很有效的反窃听手段。密码技术不仅可以保证信息的机密性，还可以保证信息的完整性和正确性，防止信息被窜改、伪造或假冒。计算机密码工作者沿用传统密码学的基本观念，即解密是加密的简单逆过程，有的可以简单地互相推导，通常加密和解密算法的操作都是在一组密钥控制下完成的，分别称为加密密钥和解密密钥。因此，无论加密密钥还是解密密钥都必须严格保密。

2. 认证技术

认证技术是一种防止对系统进行主动攻击的技术，如伪造、窜改的重要技术手段，主要包括主要数字签名技术、身份识别技术和信息的完整性校验技术等。一个安全的认证体制应满足以下要求：

① 消息的接收者能够检验和证实消息的合法性、真实性和完整性。

② 消息的发送者对所发的消息不能抵赖，有时要求消息的接收者不能否认所收到的消息。

③ 除了合法消息发送者，其他人不能伪造合法的消息。

验证体制中，通常存在一个可信中心或可信第三方，用于仲裁、颁发证书或管理某些机密信息。

（1）数字签名

现今大多数电子交易采用两个密钥，即公开密钥 PK（Public Key）和秘密密钥 SK（Secrete key）。发送数据时，将发送的数据采用传统加密方法（如 DES（Data Encryption Standard）算法）加密得到的密文和用来解码的密钥一起发送，但发送的密钥本身必须用公开密钥密码算法的公开密钥 PK 加密。到达目的地后，先令一个密钥 SK 解开传统加密方法中的密钥，再用该密钥解开密文。这种组合加密被称为数字签名，它有可能成为未来电子商务中首选的安全技术。以往的书信或文件是根据亲笔签名或印章证明其真实性的，在计算机网络中传送的报文则由数字签名证明其真实性。

数字签名的特点如下：① 接收者能够核实发送者对报文的签名；② 发送者事后不能抵赖对报文的签名；③ 接收者不能伪造对报文的签名。一般采用公开密钥算法实现数字签名。

（2）身份识别

正确的身份识别是通信和数据系统的安全保证。身份识别涉及计算机的访问和使用、安全出入放行及出入境管理。身份识别技术能够识别出识别者的真正身份，从而确保识别者的合法权益。

在传统意义上，人是通过身份证来识别的。在信息技术时代，采用生物信息识别技术，如指纹、掌纹、视网膜等的识别，代价较高，使用密码技术特别是公钥密码技术，能够设计出安全性较高的识别方法。基于密码技术的身份识别有两种方式：通行字方式和持证方式。

（3）数字证书技术

数字证书如同我们日常生活中使用的身份证，是持有者在网络上证明自己身份的凭证。证书是一个经证书授权中心数字签名的包含公开密钥拥有者信息及公开密钥的文件。一方面，证书可以用来向系统中的其他实体证明自己的身份，另一方面，由于每份证书都携带着证书持有者的公钥，所以证书也可以向接收者证实某人或某机构对公开密钥的拥有，同时具有公钥分发的作用。

3. 密钥管理技术

密钥的管理关系到密码系统的安全，而且会涉及系统的可靠性、有效性和经济性。密钥管理包括密钥的产生、存储、装入、分配、保护、丢失、销毁及保密等内容。其中，解决密钥的分配和存储是最关键的技术难点。

密钥管理、密钥分配协议与密钥协定有关。密钥分配协议是一种机制，即系统中的一个成员先选择一个秘密密钥，然后将它发送给另一个成员。密钥协定是一个协议，通过两个或多个成员在一个公开的信道上建立一个秘密密钥，而在一个密钥协定方案中，密钥的值是由两个成员提供的一个函数。

11.4 职业道德规范与知识产权保护

11.4.1 职业道德规范

随着社会的进步与科技发展，计算机越来越离不开人们的生活了，计算机网络正在改变着人们的行为方式、思维方式乃至社会结构，对信息资源的共享起到了无与伦比的作用，并且蕴藏着无尽的潜能。但是计算机网络的作用不是单一的，在它广泛的积极作用背后，也有使人堕落的陷阱，这些陷阱产生着巨大的反作用。网络诱发着不道德和犯罪行为；网络的神秘性"培养"了计算机"黑客"。仅靠制定法律制约人们的所有行为是不可能的，也是不实际的，依靠社会道德规定人们普遍认可的行为规范，在使用计算机时应该抱着诚实的态度、无恶意的行为，并要求自身在智力和道德意识方面取得进步。

1．计算机从业人员职业道德的最基本要求

法律是道德的底线，计算机职业从业人员职业道德的最基本要求就是国家关于计算机管理方面的法律法规。我国的计算机信息法规制定较晚，目前还没有一部统一的计算机信息法，但是全国人大、国务院和国务院的各部委等具有立法权的政府机关还是制定了一批管理计算机行业的法律法规，比较常见的有《全国人民代表大会常务委员会关于维护互联网安全的决定》《计算机软件保护条例》《互联网信息服务管理办法》《互联网电子公告服务管理办法》等，这些法律法规应当被每位计算机职业从业人员牢记，严格遵守这些法律法规正是计算机专业人员职业道德的最基本要求。

2．计算机职业从业人员职业道德的核心原则

任何一个行业的职业道德都有其最基础、最具行业特点的核心原则，计算机行业也不例外。世界知名的计算机道德规范组织 IEEE-CS/ACM 软件工程师道德规范和职业实践（SEEPP）联合工作组曾就此专门制订过一个规范，根据此项规范计算机职业从业人员职业道德的核心原则主要有以下两项。

原则一：计算机专业人员应当以公众利益为最高目标。

原则二：客户和雇主在保持与公众利益一致的原则下，计算机专业人员应注意满足客户和雇主的最高利益。

3．计算机职业从业人员职业道德的其他要求

除了以上基础要求和核心原则，作为一名计算机职业从业人员还有一些其他职业道德规范应当遵守，比如：

① 按照有关法律、法规和有关机关团体的内部规定建立计算机信息系统。

② 以合法的用户身份进入计算机信息系统。

③ 在工作中尊重各类著作权人的合法权利。

④ 在收集、发布信息时尊重相关人员的名誉、隐私等合法权益。

11.4.2　计算机犯罪

公安部计算机管理监察司对"计算机犯罪"给出的定义是，"所谓计算机犯罪，就是在信息活动领域中，利用计算机信息系统或计算机信息知识作为手段，或者针对计算机信息系统，对国家、团体或个人造成危害，依据法律规定，应当予以刑罚处罚的行为。"

我国现行的有关法律规定的计算机违法犯罪行为主要有以下几种。

① 非法侵入计算机信息系统罪，是指违反国家规定，侵入国家事务、国防建设、尖端科学技术领域的计算机信息系统的行为。

② 破坏计算机信息系统罪，是指违反国家规定，对计算机信息系统功能进行删除、修改、增加、干扰，造成计算机系统不能正常运行，以及对计算机信息系统中存储、处理或者传输的

数据和应用程序进行删除、修改、增加的操作，或者故意制作、传播计算机病毒等破坏性程序，影响计算机系统正常运行，后果严重的行为。

③ 计算机违法行为除了我国刑法明文规定的上述两种计算机犯罪行为，还有许多以计算机为工具或者以计算机的资产为侵害对象的活动和行为，这些行为尽管不构成犯罪，但同样是违法的，即属于计算机违法行为。

与一般的违法行为相比较，除了共同具有的社会危害性，计算机违法行为还具有自己的特殊性，即隐蔽性、高智能性等。实施了计算机违法行为的行为人将承担相应的法律责任。有的由公安机关处以警告或者一定数额的罚款，有违法所得的可以没收违法所得并处以违法所得 1～3 倍罚款；对构成违反治安管理的行为，依照我国《治安管理处罚条例》的有关规定处罚；对给国家、集体或者他人财产造成损失的，依照民法的有关规定处理。应当指出的是，对于利用计算机实施上述两种犯罪以外的有关犯罪行为，如利用计算机实施盗窃、诈骗、贪污等行为，依照我国的《刑法》相关的条文规定予以定罪处罚。

总体来讲，以"预防为主，打防结合"的方针为主，从管理、技术、法律、教育、惩处几方面着手，才能有效打击和防范网络违法犯罪活动。

11.4.3　知识产权保护

知识产权是人类历史发展到一定程度的产物，是随着商品的生产而产生的，并随商品经济的发展而不断发展。

1. 知识产权的概念

知识产权（Intellectual Property），即知识财产权、知识所有权，又被称为"精神产权""智力成果产权"，是指人们对一定的知识成果所依法享有的专有权利。

知识产权的范围十分广泛，对于广义的知识产权保护，世界知识产权组织（World Intellectual Property Organization，WIPO）给出了如下 8 类规定。

① 文学、艺术和科学产品。
② 表演艺术家的演出、录音录像制品和广播电视节目。
③ 科学发现。
④ 人类在各个领域的发明。
⑤ 工业产品外观设计。
⑥ 商标、服务标志、商品名称，以及其他商业标志。
⑦ 禁止不正当竞争。
⑧ 一切在工业、科学、文学或艺术领域由于智力活动而产生的其他权利。
狭义的知识产权保护包括工业产权和版权两部分。

2. 我国的知识产权保护现状

我国建立知识产权法律制度起步较晚，但知识产权保护发展较快，真正建立知识产权制度并逐步完善还是从 20 世纪 80 年代改革开放之后开始的。在立法上，先后制定和完善了多部相关法律，如《中华人民共和国专利法》《中华人民共和国商标法》《中华人民共和国反不正当竞争法》《中华人民共和国著作权法》《集成电路布图设计保护条例》《植物新品种保护条例》等，还加入了多项国际公约，使知识产权保护成为现实。

3. 计算机软件知识产权保护

计算机的发展与普及也带来了计算机软件产品的盗版问题。软件开发是一项技术含量很高的工作，需要软件开发商大量的前期投入，因此软件开发成本也比较高。由于计算机软件极易被复制，一些不法商贩用极低的成本即可进行大量的盗版软件生产。盗版软件大量流入市场，使软件开发商们蒙受了巨大的经济损失，甚至破产倒闭，严重影响了软件产业的发展。

计算机软件是知识产权保护的新领域。计算机软件保护主要有以下两点。

① 软件知识产权内容。一项已开发完成的软件可包含软件的著作权，软件中包含的专利权和营业秘密所有权，以及软件商标专用权三方面的知识产权。

② 我国的计算机软件保护。《计算机软件保护条例》于 1991 年 6 月颁布，2001 年对该条例进行了修改，并于 2001 年 12 月 20 日颁布，2002 年 1 月 1 日执行。修订后的条例共分为 5 章 32 条，包括总则、软件著作权、软件著作权的许可使用和转让、法律责任和附则。

盗版的唯一受益者是软件盗版商，而购买盗版软件的用户最终会因那些没有服务、没有安全保障、没有技术支持的软件也成为受害者。因此，我们应当自觉抵制盗版软件，扶植国产软件产业，不给不法分子以可乘之机。

本章小结

本章首先介绍了信息安全的相关概念和常用防御技术，然后介绍了计算机病毒的概念与特征、分类与常见症状、传播方式和途径及系统保护软件的使用方法，接着介绍了有关黑客的概念、其常用的攻击方式及常用的防御技术，最后介绍了职业道德规范和知识产权保护方面的知识。

信息安全并不是单纯的一项技术、一种手段或一种管理措施，而是一个相互关联又相互制约的体系，是十分复杂也十分重要的课题。在信息化与人们生活联系越来越紧密的同时，信息安全也越来越引起人们的关注，已经成为世界性的现实问题，信息安全与国家安全、民族兴衰和战争胜负息息相关。

习 题 11

1. 简述信息安全的五个基本要素。
2. 简述信息安全、信息系统安全与网络安全的区别与联系。
3. 计算机病毒的特征有哪些？
4. 计算机病毒有哪些传播方式？
5. 简述防范黑客的常用技术。
6. 计算机从业人员职业道德的最基本要求是什么？
7. 什么是计算机犯罪？
8. 什么是知识产权保护？

第12章 微机组装与维护

随着计算机与信息技术的普及，计算机已经成为人们日常生活中不可缺少的助手，学习和掌握计算机的基本组装与维护技术，对于更好地使用计算机有着积极意义。

12.1 微机的组装

目前，随着电子器件集成度的飞速提升，计算机的硬件结构发生了巨大的变化，硬件部件采用了更多的防呆设计（又称为防错法，是指任何用来消除人为错误的方法），接口部件也更容易插拔。因此，在不具备任何电工知识的前提下就可以组装一台微机，使得组装微机趋向简单化。本节主要介绍微机组装的方法。

12.1.1 装机的准备

在组装微机前，需要检查各重要部件的搭配关系、主板上的跳线和开关情况，并阅读主板说明书，做好以下准备工作。

1. 准备工具

① 十字螺丝刀：又称为螺丝起子或改锥，可用于拆卸和安装螺钉的工具，一般需要配备永磁性的螺丝起子。

② 镊子：通常用来夹取螺钉、跳线帽及其他一些零碎东西。

③ 散热膏：盒装 CPU 的原配风扇上都涂有散热膏，更换风扇时需要购买散热膏。

2. 准备材料

① 装机所用的配件：CPU、主板、内存、显卡、硬盘、光驱、机箱电源、键盘、鼠标、显示器、各种数据线/电源线等。

② 电源插座：由于计算机不只一个设备需要供电，因此需要准备万用多孔型插座，以方便测试机器时使用。

③ 器皿：计算机在安装和拆卸的过程中，需要随时取用一些螺丝钉和小零件，准备一个小器皿，用来盛装这些东西，以防止丢失。

④ 工作台：为了方便进行安装，需要配备一个高度适中的工作台，可以是桌子，只要满足需求即可。

3. 装机过程中的注意事项

① 防止静电：由于穿着的衣物会相互摩擦，很容易产生静电，这些静电有可能将集成电路内部击穿造成设备损坏。因此，最好在安装前用手触摸一下接地的导电体或洗手，以释放掉身上携带的静电荷。

② 防止液体进入计算机内部：在安装计算机元器件时，要严禁液体进入计算机内部的板卡上。因为这些液体都可能造成短路而使器件损坏，不要将液体摆放在机器附近。

③ 使用正确的安装方法，不可粗暴安装：在安装的过程中一定要注意采用正确的安装方

法，不清楚、不明白的地方要仔细查阅说明书，不要强行安装，稍微用力不当就可能使引脚折断或变形。

④ 不能带电操作：带电插拔就是在计算机处于加电状态下插拔元器件、扩展卡及插头接线等，这种操作对元器件的损害很大，在对计算机进行插拔操作时应先关掉电源，然后进行插拔操作。

⑤ 测试前，建议只装必要的部件，如主板、处理器、散热风扇、硬盘、光驱及显卡，其他配件如声卡、网卡等，确定没问题的时候再安装。第一次安装好后，可只把机箱盖盖好，运行没有问题后，再安装螺丝。

12.1.2 硬件的组装

一台微机系统通常由主机和外部设备组成。主机内有主板、内存储器、中央处理器（CPU）、硬盘、光驱、显卡、声卡等部件；外部设备通常有显示器、键盘、鼠标及音箱等输入/输出设备。进行硬件组装时，通常先安装主机内部的部件，再进行外部设备的连接。下面着重介绍主要部件的安装方法。

1. 安装 CPU

目前，Intel CPU 采用触点式设计，AMD CPU 采用针脚式设计。下面以 Intel CPU 为例介绍 CPU 的安装方法。在安装 Intel CPU 时，CPU 上设计了两个凹槽，如图 12.1 所示，在主板的 CPU 底座上会设计两个突起的部分与之对应，将 CPU 上的凹槽与主板上 CPU 底座上的凸槽对应，再将 CPU 轻放，CPU 就可以顺利地嵌入到 CPU 底座上了。

图 12.1　CPU 外观（正面与背面）

步骤如下：将 CPU 底座旁的拉杆和底座上的金属顶盖拉起，如图 12.2 所示；利用 CPU 底座上的两个凸点来确定 CPU 的安放位置，对应凹凸槽，将 CPU 轻放在 CPU 底座上，如图 12.3 所示；盖好扣盖，并反方向微用力扣下拉杆，则 CPU 已安装好。

图 12.2　打开 CPU 底座拉杆和金属顶盖　　　　图 12.3　安装 CPU

2．安装散热风扇

一般来说，不同品牌的 CPU 散热风扇外观也不尽相同，但安装方法大致相同。下面以 Intel CPU 原装风扇为例，介绍主要安装步骤。

在安装散热风扇前，需要在 CPU 表面均匀涂上一层导热硅脂（原装风扇本身自带硅脂，因此可以直接安装，不需再次涂抹），这有助于热量由 CPU 传导至散热装置上，在涂抹硅胶时用手指涂抹。Intel 原装风扇采用下压式风扇设计，安装时将散热风扇四个角上的扣具对准 CPU 插槽附近的 4 个扣孔，慢慢下降轻放在 CPU 的核心上，然后压下四角扣具，直到固定卡在 CPU 底座的凹槽中，如图 12.4 所示。固定好散热风扇后，再将散热风扇的电源线接到主板的供电接口上，如图 12.5 所示，由于主板的风扇电源插头采用了防呆设计，反方向无法插入，因此安装起来相当方便。

图 12.4　安装散热风扇

图 12.5　安装散热风扇电源

3．安装内存条

安装内存条之前可通过阅读主板说明书，确认内存条是否与主板匹配，选用的主板可以安装的内存条插槽数目、主板所支持的最大内存容量等。

安装内存条时，先将内存条插槽两端的扣具打开，如图 12.6 所示，将内存条与插槽上的缺口对准，将内存条平行放入内存插槽中，用拇指轻压内存条两端，听到"啪"的一声，即说明内存条安装到位。

目前主板都支持双通道内存，如图 12.7 所示。通常将两条内存条安放在同一颜色的内存插槽上，可激活双通道工作模式，提高性能。选购内存条时尽量选择两根同规格的内存，安装在两个颜色相同的内存条插槽上，从而组成双通道。

图 12.6　安装内存条

图 12.7　双通道的内存插槽

4．安装主板、硬盘、光驱

将机箱侧面的盖子打开，将机箱平稳地放在桌子上，然后将机箱后面的 I/O 接口挡板去除，换上附赠的挡板，对于普通的机箱，将主板斜入式放入机箱，对准并放下有 I/O 接口的一边，再放下另一边，确保机箱后侧各输出口都正确对准位置，如图 12.8 所示，螺丝钉旋入主板的定位孔内，拧紧螺丝，主板

图 12.8　机箱后侧输出口

的安装工作结束。

安装硬盘时，将硬盘放入机箱的硬盘托架上，拧紧螺丝，如图 12.9 所示，安装光驱时，需要将机箱托架前的面板拆除，将光驱插入对应的位置，拧紧螺丝使其固定，如图 12.10 所示。

图 12.9　安装硬盘　　　　　　　　　　　图 12.10　安装光驱

5．安装电源

先将电源放进机箱里的电源位置，通常在光驱后侧，然后将电源上的螺丝固定孔与机箱上的固定孔对正，先拧上一颗螺钉固定电源，再将其他 3 颗螺钉在对应位置拧紧即可。

6．安装显卡、网卡、声卡等扩展卡

显卡、声卡、网卡有集成和独立之分，独立的一般比集成的性能要好，但价格较贵。一款独立显卡如图 12.11 所示。如果选购了独立的显卡、声卡和网卡（USB 接口除外），需要将这些卡插入主板对应的接口槽内。PCI-E 系列插槽如图 12.12 所示。PCI-E X16 插槽可用于目前主流的显卡，PCI-E X1 插槽可用于现在较新的网卡、声卡等，PCI 插槽可用于主流的网卡和声卡。

图 12.11　独立显卡　　　　　　　　　　图 12.12　PCI-E 系列插槽

在主板 PCI-E X16 插槽位置，去除机箱后面挡板位置的铁皮挡板，将 PCI-E 显卡的金手指部分垂直对准主板的 PCI-E X16 插槽，平稳地往下压，直至显卡的金手指部分完全进入到插槽即可，然后拧紧机箱上的固定螺丝钉，将它固定在主板上即可。

根据需要安装网卡、声卡等其他扩展卡，它们与显卡的安装方法相同，安装好所有的扩展卡后，可进一步固定这些配件的螺丝，完成安装工作。

7．连接和整理连线

（1）连接机箱电源

连接主板电源接口，主板供电接口及安装分两部分：先插 24 针供电接口，如图 12.13 所示，通常在主板的外侧；再插辅助的 4/8 针电源接口，如图 12.14 所示，通常在 CPU 插座附近，对准插下去即可。

（2）连接硬盘和光驱的数据线和电源线

目前，主流的硬盘和光驱与主板连接所用数据线如图 12.15 所示，与电源连接所用电源线如图 12.16 所示。

连接硬盘数据线时，将数据线的一端插入主板的 SATA 插槽中，另一端接入硬盘的数据接口中即可。连接电源时，只要将电源线插头插入硬盘的电源接口即可，如图 12.17 所示。

图 12.13 连接机箱电源

图 12.14 连接 4 针的电源接头

图 12.15 SATA 硬盘和光驱数据线

图 12.16 SATA 硬盘和光驱电源线

图 12.17 SATA 硬盘数据线和电源线的连接

光驱接口采用 SATA 接口时，数据线和电源线的连接方法与硬盘的连接方法类似，在此不再叙述。

（3）机箱控制连线

机箱前置面板上有多个开关和信号灯，对应的连线有电源开关（POWER SW）、复位开关（RESET SW）、电源指示灯（POWER LED+/-）、硬盘指示灯（H.D.D LED）和扬声器（SPEAKER）等。一般情况下，这些连接线的接头都有英文标注，连接线上的英文标注可能有所不同，但一般能从标注中识别其中的含义，如图 12.18 所示。电源开关和复位开关是最重要的，负责微机的开关和重启。

在主板的右下角区域（主板装入机箱），一般会有 F_PANEL 标志，有 9 个引脚，如 PWR_LED、HDD_LED、PWR_SW、RESET_SW，如图 12.19 所示。

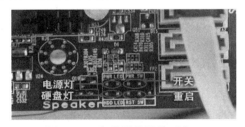

图 12.18 机箱的连接线   图 12.19 机箱跳线连接示意

其中，PWR_LED 针脚是电源指示灯，HDD_LED 针脚是硬盘指示灯，PWR_SW 针脚是电源开关，RST_SW 针脚是复位开关。前面板开关连线和指示灯连线与这些针脚连接时，按照图 12.19 所示对应插入即可。其中，电源开关连线（PWR_SW）和复位开关（RST_SW）连线不分正负极，而两个指示灯连线需要区分正负极，指示灯连线中白线或者黑线表示连接负极，彩色线（一般为红线或者绿线）表示连接正极，正极连在靠近第一针的方向也就是有印刷粗线的方向。

（4）连接前置 USB 接口

USB 针脚的接线，如图 12.20 所示，一般都是整体连接，连接较容易。USB 连接插座上共计 10 个针脚位，其中 1 个是空余的，而机箱提供的插头也是 10 个插孔，其中 1 个插孔是封住的，这种防呆设计可以帮助用户正确连接。

（5）连接前置音频接口

同 USB 插座类似，前置音频插座同样是 10 个插针设计并空出一个防呆设计，音频接口的连线一般都是整体的，如图 12.21 所示，用户只要正确识别其中的方向，把接口插好即可。

图 12.20　USB 接口的防呆设计　　　　图 12.21　主板前置音频接口

（6）连接外部设备

主机与外设的连接，根据主板挡板上的接口特点，对准插上即可。

键盘接口和鼠标接口在主板的后部，键盘接口是一个紫色圆形的接口，鼠标接口是一个绿色的圆形接口，如果是 USB 接口，可以直接插入任意 USB 接口。

将显示器的信号线接到机箱后部挡板的显示器接口上，它是一个 15 孔的三排接口，插好后，拧紧接头两侧的螺丝，显示器的电源线一般都是单独连接电源插座的。

依次连接音箱的音源线接头、网卡接头和电源接头等，整个连接工作结束。

（7）整理内部连线和合上机箱盖

使用塑料缠线将机箱内部的信号线、电源线及音频线分类理顺，远离 CPU 风扇，扎好。整理好内部连线，不仅有利于机箱散热，也方便日后添加或拆卸硬件等工作。

进行简单的测试无误后，就可以合上机盖，上好螺丝，一台微机就成功地组装好了。

12.2　VMware 虚拟机及 Windows 7 系统安装

12.2.1　VMware 虚拟机

虚拟机是虚拟计算机的简称，是指通过软件模拟具有完整硬件系统功能的、运行在一个完全隔离环境中的完整计算机系统。用户利用它能够在自己的计算机上模拟出若干台虚拟的机器，这些机器可以独立运行，而且各台机器之间互不干扰。目前，虚拟机软件有多种，常用的是 VMware 和 Virtual PC。VMware 根据使用者的不同可以分为客户端桌面和服务器端虚拟机，这里主要介绍 VMware Workstation，它是一个针对个人用户的虚拟机软件。

1. VMware 虚拟机主要功能

① 不需要分区或重新开机，就能在同一台计算机上使用两种以上的操作系统。

② 与虚拟机之外的操作系统完全隔离，并且能保护不同类型的操作系统的操作环境以及所有安装在系统中的应用软件和资料。

③ 在不同的操作系统之间还能相互操作，如外设、网络、文件的共享及复制、粘贴。

④ 具有复原（Undo）功能。

⑤ 能够随时改变操作系统的操作环境，如内存、硬盘空间、外设等。

2. VMware Workstation 与 Windows 7 的安装

（1）安装 VMware Workstation

用户可到网站 http://www.vmware.com/cn 中下载 VMware 软件。一般来说，先进行英文原版的安装，输入注册码，再安装中文汉化包，即可完成安装。

安装完成后，启动 VMware Workstation，弹出"许可协议"对话框，选择"我同意许可协议中的条款"，单击"确定"按钮，弹出"VMware Workstation"工作窗口，如图 12.22 所示。

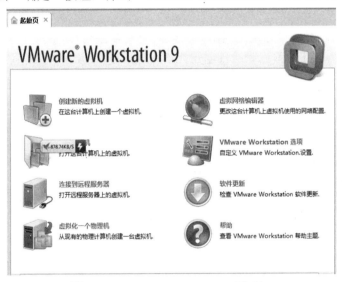

图 12.22　VMware Workstation 工作窗口

（2）虚拟机中安装操作系统

使用 VMware 安装操作系统时，需要创建一个虚拟机，对虚拟系统进行硬件配置，下面以安装 Windows 7 操作系统为例，介绍在虚拟机中安装操作系统的方法。

① 在工作窗口中选择"文件"菜单的"新建"→"虚拟机"命令，弹出"新建虚拟机向导"对话框。

② 对话框中显示"你想要什么类型配置？""标准"和"自定义"，选择"标准"单选按钮，单击"下一步"按钮，弹出"选择客户机操作系统的安装"对话框。

③ 客户机操作系统的安装方式有两种，分别为光盘安装和镜像文件安装。如果选择镜像文件安装，选中"安装镜像文件(iso)(M)"单选按钮，单击"浏览"按钮，选择 Windows 7 的镜像文件，如图 12.23 所示，单击"继续"按钮，弹出设置"Windows 产品密钥"的对话框。

④ 在对话框中分别设置"Windows 产品密钥"和"个性化 Windows 设置"，单击"继续"按钮，弹出"命名虚拟机"对话框。

⑤ 输入虚拟机的名称，单击"浏览"按钮，弹出"浏览文件夹"对话框，设置虚拟机的保存位置，如图 12.24 所示，单击"继续"按钮，弹出"指定磁盘容量"对话框。

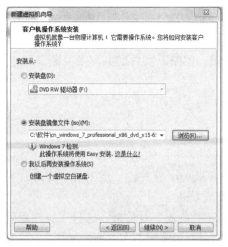

图 12.23 客户机操作系统安装

图 12.24 命名虚拟机

⑥ 根据操作系统对硬盘容量的要求和物理机的硬盘容量的情况，在对话框中设置磁盘的大小。单击"继续"按钮，弹出"准备创建就绪"对话框，单击"完成"按钮，窗口底部出现"正在进行 Easy 安装 Windows 7"信息提示，接着呈现 Windows 7 操作系统安装的初始界面，开始安装操作系统，并显示安装进度，如图 12.25 所示。此界面中的前 4 个步骤在首次重新启动之前完成，后续还需要设置网络位置等操作。设置完毕后，完成安装。

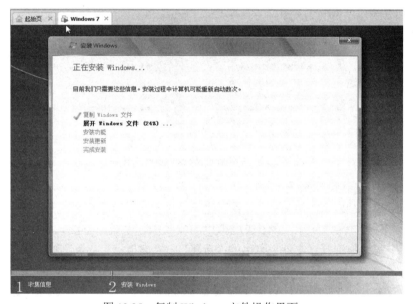

图 12.25 复制 Windows 文件操作界面

（3）安装 VMware Tools

VMware Tools 是 VMware 虚拟机中自带的一种增强工具，进行 Easy 安装 Windows 7 时会自动安装 VMware Tools。只有在 VMware 虚拟机中安装好了 VMware Tools，才能实现主机与虚拟机之间的文件共享，同时可支持自由拖曳功能，鼠标也可在虚拟机与主机之间自由移动（不用再按 Ctrl+Alt 组合键），且虚拟机屏幕也可实现全屏化。

安装 VMware Tools 的步骤是：打开 VMware WorkStation，选择"虚拟机"菜单的"安装 VMware Tools"命令，稍等片刻，即可完成"VMware Tools"的安装。

（4）使用虚拟机上网

VMWare 提供了 3 种连网模式：bridged（桥接模式）、NAT（Network Address Translation，网络地址转换模式）和 host-only（主机模式）。选择 bridged（桥接模式）时，需要为虚拟机配置 IP 地址、子网掩码等，而且要求与宿主机处于同一网段。

如果更改连网模式，选择"虚拟机"菜单的"设置"命令，弹出"虚拟机设置"对话框，在"硬件"选项卡中选择"网络适配器"，在右侧"网络连接"中选择其他网络连接模式。

12.2.2 备份和还原

备份是指为应付文件、数据丢失或损坏等可能出现的意外情况，将计算机的存储设备中的数据复制到其他大容量存储设备中。备份包括系统备份和数据备份。系统备份是指用户操作系统因磁盘损伤或损坏、病毒或人为误删除等原因造成的系统文件丢失，从而造成计算机操作系统不能正常引导，而将操作系统事先存储起来，用于故障后的后备支援；数据备份是指用户将数据包括文件、数据库、应用程序等存储起来，用于数据恢复时使用。

还原是指将已经备份的文件还原到备份的时候，通常包括系统还原和数据还原。

在计算机使用过程中，常常会因为病毒或某些软件与系统不兼容，造成无法正常使用计算机。如果对系统进行了备份，就可以通过系统还原，恢复到备份时的状态，从而保证系统的正常运行。一般情况下，建议备份文件最好不要与原文件存放在同一个磁盘中，可以存放在其他的移动存储设备中。

1. 常用的备份还原软件

① 系统自带的备份软件：Windows 7 系统自带组件，可以对硬盘中的数据进行备份，并且在系统出现问题时，还原到备份前的状态。

② 系统自带的还原软件：也是 Windows 7 系统自带组件，可以为系统创建还原点，并且可以根据创建的还原点恢复系统到以前的状态。

③ 一键 Ghost 备份还原工具：Ghost 工具是一款专业的系统备份工具软件，可以将操作系统备份成为一个映像文件。当系统出现问题时，可以通过还原映像文件的方法来恢复系统。

④ 一键还原精灵：一款比较简单的系统备份软件，可以对系统进行备份，并且能够实现一键还原，操作非常简单。

2. 一键 GHOST 备份还原工具的使用

（1）备份系统

安装完一键 GHOST 软件后，选择"开始"→"所有程序"→"一键 GHOST"→"一键 GHOST"命令，在弹出的对话框中选中"一键备份系统"（若没有 GHO 文件，系统会自动跳到该选项上），如图 12.26 所示。点击"备份"按钮，系统会重新启动，启动过程中会出现 GRUB4DOS 菜单、MS-DOS 一级菜单、MS-DOS 二级菜单，菜单选项通常按照默认选择，最后出现"一键备份系统"对话框，按 K 键开始备份，系统自动对 C 盘进行备份，等进入桌面后，系统备份成功。

（2）还原系统

选择"开始"→"所有程序"→"一键 GHOST"→"一键 GHOST"命令，一键 GHOST 自动定位到"一键恢复系统"选项，如图 12.27 所示，单击"恢复"按钮，系统重新启动，依次出现 GRUB4DOS 菜单、MS-DOS 一级菜单、MS-DOS 二级菜单，最后出现"一键恢复系统

（来自硬盘）"对话框。按 K 键，开始恢复，几分钟过后，微机系统又与上次初装的系统一样。

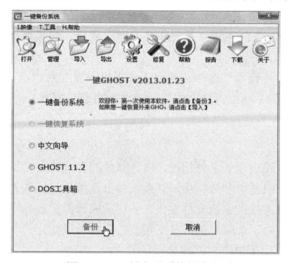

图 12.26　一键备份系统操作界面

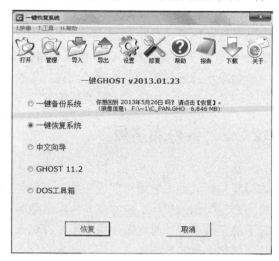

图 12.27　一键恢复系统操作界面

12.3　CMOS 设置

　　计算机各部件正确连接后，形成的只是一台裸机，还需要对系统的一些重要参数进行设置，计算机将根据设定的信息控制整个系统的运行。因此，正确、合理地设置好 CMOS 参数才能有效地使用硬件资源，充分发挥计算机各部件的功能。

1．认识 CMOS

　　CMOS（Complementary Metal Oxide Semiconductor）即互补金属氧化物半导体存储器，是固定在计算机主板上的一块可读写的 RAM 芯片，主要用于存储计算机系统的时钟信息和硬件配置信息。在计算机开机时，CMOS 靠主机电源供电；关机时，由主板内的充电电池供电，保证信息不会丢失。CMOS 用于存储系统参数，而 BIOS 完成系统参数的设置（主要是通过 BIOS 系统设置程序实现）。因此，可以简单地理解为用 BIOS 设置程序对 CMOS 参数进行设置。

　　通常，不同 BIOS 厂商提供的 CMOS 设置程序界面会略有不同，但设定的项目大同小异。在每隔一段时间后，BIOS 厂商都会推出升级程序，实现对新硬件支持或完善原有 BIOS 存在的漏洞。所以，及时升级主板 BIOS 程序是确保计算机正常、高效工作的必要条件。

2．设置 CMOS

　　目前，市场上主流 BIOS 芯片主要有 Phoenix BIOS、Award BIOS 和 AMI BIOS，其内容和功能基本一致。其中，Phoenix 和 Award 已经合并，二者的技术也互有融合。下面以 Award Software 公司开发最新的 CMOS 设置程序为例，介绍各项功能。

　　计算机进入 CMOS 时按 F1 或 F2 键进入，具体由主板厂商决定，一般开机画面会有提示，这主要看主机用的是什么 BIOS，因为不同的 BIOS 有不同的进入方法。一般台式机开机启动时，按 Delete 键，即可进入 CMOS 设置程序界面，如图 12.28 所示。若需要修改 CMOS 的设置，则可以通过按编辑键↑、↓来选择相应项目。各项目功能如表 12.1 所示。

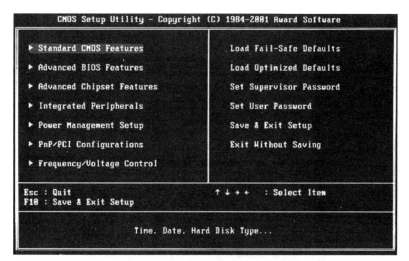

图 12.28 CMOS 设置程序界面

表 12.1 CMOS 项目功能表

序号	项　　目	功　　能	序号	项　　目	功　　能
1	Standard CMOS Features	标准 CMOS 设置	8	Load Fail-Safe Defaults	加载默认设置
2	Advanced BIOS Features	高级 BIOS 功能	9	Load Optimized Defaults	加载最佳默认设置
3	Advanced Chipset Features	高级芯片组设置	10	Set Supervisor Password	管理员密码设置
4	Integrated Peripherals	集成设备管理	11	Set User Password	普通用户密码设置
5	Power Management Setup	电源管理设置	12	Save & Exit Setup	存盘退出
6	PnP/PCI Configuration	即插即用设备/外围设备设置	13	Exit Without Saving	不存盘退出
7	Frequency /Voltage Control	频率与电压控制	—	—	—

3．CMOS 选项功能

在进行设置时，可以用编辑键移动光标到你想要设置的项目上，按 Enter 键后，屏幕上会出现下一级子菜单，仍然要用编辑键移动光标到你想修改的项目上进行设置。设置时随时可按 F1 键获得帮助，在子菜单中设置完毕，按 Esc 键可返回到主菜单。

① Standard CMOS Features（标准 CMOS 设置）：保存当前系统的硬件配置，用户对某些参数设定，包括日期、时间、内存设置、软硬件的参数、内存的工作频率、显示器的模式等。

② Advanced BIOS Features（高级 BIOS 功能设置）：设置 BIOS 提供的高级功能，如设置病毒保护、CPU、设备启动优先级和键盘等。

③ Advanced Chipset Features（高级芯片组设置）：用于改变主板芯片组内寄存器的内容，这些内容与硬件关系密切，如果设置不当，会使主板运行不稳定或无法正常开机，所以不熟悉的用户一般建议使用默认设置。

④ Power Management Setup（电源管理设置）：设置控制能源管理的开/关状态。

⑤ PnP/PCI Configuration（即插即用设备与外围设备设置）：设定 PCI 总线及内置的输入和输出中断信号、IRQ、通信口地址及其他参数。

4．CMOS 应用举例

计算机系统出现问题，修复的方法有多种。可用光盘启动进入修复控制台，也可用光盘直接启动，重新安装系统。

如果计算机设置硬盘为第一启动盘，现要将光驱设置为启动盘，其设置的方法如下：进入

BIOS 设置界面，选择"Advanced BIOS Features"，然后按 Enter 键，出现如图 12.29 所示的界面；选择"First Boot Device"选项，按 Enter 键，光标定位至 CDROM 处，出现如图 12.30 所示的界面；按 Enter 键确认，然后按 F10 键保存退出，即完成了从光驱启动计算机的设置。

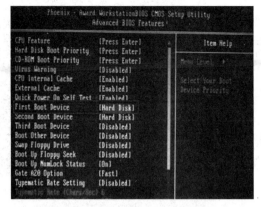

图 12.29　Advanced BIOS Features

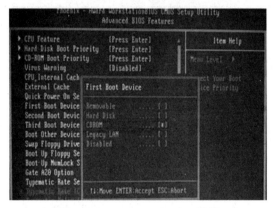

图 12.30　First Boot Device 设置

以上介绍的是用光驱启动计算机，还可以设置用硬盘、U 盘或其他设备启动，设置方法基本一样，只是选项顺序发生变化。不同主板的 CMOS 设置界面会有所不同，但大同小异，关键是掌握各选项的功能。

12.4　故障的判断与处理

本节讲述计算机故障基本概念及分类，结合实例介绍计算机常见故障的诊断思路及方法。只要了解各种配件的特性及常见故障的性质，就能比较容易地找出故障的起因，然后迅速排除。

12.4.1　故障的分类

在使用计算机的过程中，引起故障的因素错综复杂，故障类型也多种多样，但总体来说主要分为硬故障和软故障两类。

硬故障是指计算机硬件系统使用不当或硬件物理损坏所造成的故障。由于硬件自身的质量、用户维护不当和使用寿命等原因，硬件故障在所难免，但硬件故障的现象一般比较明显。例如，主机无电源显示、显示器无显示、显示器提示出错信息但无法进入系统、主机喇叭鸣响且无法使用等。硬故障又可分为"真"故障和"假"故障两种。

"真"故障是指各种板卡、外设等出现电气故障或机械故障，属于硬件物理损坏，一般主要由硬件自然老化或产品质量低劣、外界环境、操作不当等原因引起的。

"假"故障是指计算机主机部件和外设均完好无损，由于日久自然形成的接触不良、用户粗心或操作不当、BIOS 设置错误、电源的功率不足或 CPU 超频使用等原因导致整机不能正常运行或部分功能丧失的故障。"假"故障一般与硬件安装、设置不当或外界环境等因素有关。

软故障主要指由计算机软件和操作使用不当引起的故障，主要包括：软件与系统不兼容引起的故障，软件的版本与运行的环境及配置不兼容造成不能运行、系统死机、某些文件被改动或丢失、软件相互冲突产生的故障等。

12.4.2　故障的判断和常见故障的处理

计算机的维修主要围绕硬故障和软故障展开。排除故障的方法不胜枚举，但不可随意乱用，否则可能浪费大量的时间和精力，甚至引发新的故障。要准确而高效地排除故障，除了应掌握一定的知识，还应具备一定的逻辑分析和动手能力，一般应遵循先软后硬的原则，即先排除软故障的可能，再开始检测硬件的故障，一定不要盲目先拆卸硬件。

1．硬故障的基本定位方法

计算机硬故障涉及的硬件主要包括主板、CPU、内存、硬盘、板卡和显示器等。为了方便、快捷地找出硬件故障起因，图 12.31 给出了硬故障的检修流程。有些故障发生时会发出相应的报警声，通过系统报警声初步判断故障的所在位置是一种最快捷的方式。不同的 BIOS，开机自检响铃代码的含义有所不同，下面列举 Award BIOS 自检响铃的含义，如表 12.2 所示。

2．硬故障的诊断思路

计算机硬故障的维修重点在于故障的定位，即发现故障点，然后以相同或兼容的硬件将其替换，从而排除硬故障，使计算机恢复正常。下面介绍几种常见硬故障的定位方法。

① 加电自检法。每次计算机启动时，自检程序将主要的部件（如主板、内存、键盘、磁盘驱动器等）进行一次快速的检查测试。如检查通过，则扬声器发出非常短的"嘟"一声，然后开始引导系统；如检查未通过，可根据 BIOS 警示的响声数来判断错误。

② 观察法。通过观察板卡的插头、插座是否松动或接触不良，是否有异物掉进主板的元器件之间（容易造成短路）等来排除故障。

③ 替换法。这是目前用得较多的维修方法，在没有确定哪一部件被损坏时，应尽可能不动元器件。现在计算机的每个部件集成化程度都比较高，如果怀疑某个部件损坏，则可采用替换法来判断。可将同型号、功能相同的插件板或同型号芯片相互交换，根据故障现象的变化情况判断故障所在。若替换后故障现象依旧，说明原部件无故障；若交换后故障现象变化，则说明交换的芯片中有一块是坏的，可进一步通过逐块交换而确定部位。

④ 程序诊断测试法。随着各种集成电路的广泛应用，焊接工艺越来越复杂，仅靠一般的维修手段往往很难找出故障所在，通过随机诊断程序、专用维修诊断卡及根据各种技术参数（如接口地址），自编专用诊断程序来辅助检测，往往可以收到事半功倍的效果。程序测试的原理就是用软件发送数据、命令，通过读线路状态及某个芯片（如寄存器）状态来识别故障部位。此方法往往用于检查各种接口电路故障及具有地址参数的各种电路，但应用的前提是 CPU 及总线基本运行正常，能够运行有关诊断软件，能够运行安装于 I/O 总线插槽上的诊断卡等。

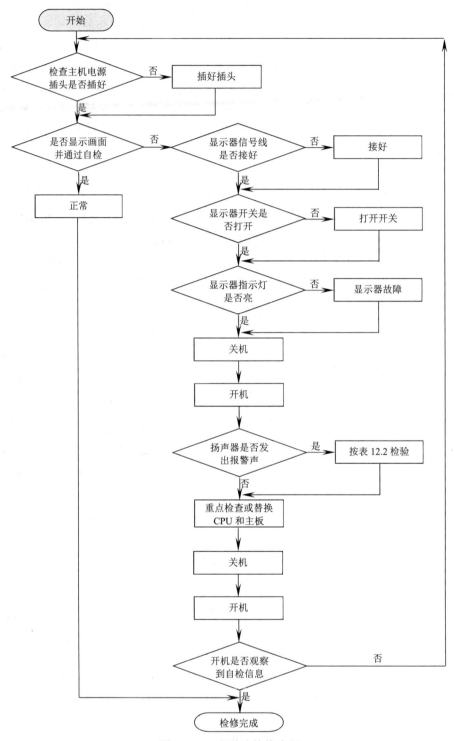

图 12.31 硬故障检修流程

表 12.2　Award BIOS 自检响铃含义

报警声	含　义	报警声	含　义
1 短	系统正常启动	1 长 9 短	主板 BIOS 损坏
2 短	常规错误，重新设置 CMOS 错误参数	长声不断	内存有问题
1 长 1 短	内存或主板出错	不停地响	电源、显示器或显卡接触问题
1 长 2 短	显示器或显卡错误	重复短响	电源故障
1 长 3 短	键盘控制器错误	无声响	CPU 或电源有问题

⑤ 插拔法。插拔法是通过将插件板或芯片"拔出"或"插入"寻找故障原因的方法。其基本做法是将故障系统中的插件板每块依次拔出，每拔出一块，开机测试计算机状态。若故障消除了，则可确定此功能卡有故障，换上新的，再进一步检查，直到故障排除。

⑥ 最小系统法。最严重的故障是计算机开机后无任何显示和报警信息，应用上述方法已无法判断故障产生的原因。这时可以采取最小系统法进行判断。最小系统法是保留系统能运行的最小环境，即只安装 CPU、内存、显卡和主板。启动计算机如果不能正常工作，则在这四个关键部件中采用替换法查找存在故障的部件；如果能正常工作，再接硬盘，以此类推，逐步加入其他部件扩大最小系统。在逐步扩大系统配置的过程中，若发现在加入某块部件后，系统由正常变为不正常，则说明刚刚加入的部件有故障，应更换该部件。

总之，在计算机硬故障的诊断中，大多数情况应该将多种故障定位方法结合起来使用，才便于准确、高效地查找出故障部件。一般情况应先采用直接观察法，然后结合具体情况使用其他的故障定位法，查出故障部件，进行更换维修。

3. 常见软故障的排查

软故障主要是由各种应用软件引起的故障。发生故障时只影响某个软件的使用，严重时也会导致死机，但一般不会对硬件设备造成损坏。一般软故障的排查主要从系统故障、程序故障和病毒影响三方面考虑。引发的主要原因有文件丢失、非法操作、内存不够、病毒感染、软件之间的冲突等引起故障，下面列举一些常见的软故障。

（1）应用程序在运行中发生故障

应用程序在启动或者运行过程中出现非正常中断退出、鼠标停止不动、窗口不动、键盘无法输入、屏幕出现"蓝屏"不能正常运行或死机现象。

【原因分析】首先，考虑操作系统或者其他应用软件不兼容；其次，可能是系统存在问题。

【处理方法】查看应用程序的帮助或者 readme 等文档，查看程序运行时对系统的要求，安装软件所需的操作系统。关闭所有其他正在运行的应用程序，然后启动出错的程序，看是否解决了问题，如果解决了，就能肯定是和某个软件引发了冲突，可以通过一个一个地启动进行测试，找出引发问题的软件，采取安装最新版本软件或从网上下载软件的补丁。如果问题依然存在，可考虑先卸载再重新安装，或者考虑病毒原因。如果仍然不能排除故障，则要考虑安装软件时是否更新了系统中的重要文件。对于这种情况，最好通过寻找替代品，最后考虑重新安装系统来解决问题。

（2）显示磁盘空间不够

【原因分析】一般考虑磁盘空间剩余不足、感染病毒等情况。

【处理方法】检查每个分区是否都有足够的剩余空间，通常每个分区至少要保留 100 MB 以上的剩余空间。如果没有足够的空间，则需释放一些空间。另外，要安装杀毒软件并及时升级，养成定期杀毒的习惯。

（3）安装驱动后导致计算机蓝屏，无法正常启动

启动问题是最难解决的问题之一，因为进不了系统，很多问题便无法通过 Windows 7 内置的"疑难解答工具"进行修复。

【原因分析】这种情况一般先考虑是驱动安装错误引起的。

【解决办法】重启计算机，按 F8 键进入安全模式，把误装的驱动卸载，然后按照所安装的驱动下载对应驱动程序，重新安装。

（4）Windows 7 启动时，卡在欢迎界面或启动时蓝屏，造成系统无法正常启动

【原因分析】如果系统无法正常启动，首先要做的是尝试能否以其他模式启动。

【解决办法】重启计算机，在通电自检完成后按 F8 键，就会提供若干启动选项，其中有一项是"最近一次的正确配置"，其含义是最后一次正常进入操作系统的配置，即重新加载已知的最后一次 Windows 正常工作时的配置信息，包括驱动等。

（5）病毒造成计算机运行故障

【原因分析】计算机病毒十分猖獗，而且具有破坏性和潜伏性，严重时会造成计算机彻底崩溃。对一些在正常模式下清除不了的病毒，可以考虑在安全模式下查杀。因为在安全模式下，系统只允许自带和默认安全的程序运行，所以安全模式下病毒无法运行。那么，病毒运行时所设定的用来躲避杀毒软件自我保护程序（加壳或者伪装外表）就无法启动，这样查杀病毒就会更彻底、更干净。

【解决办法】Windows 7 进入安全模式是在开机进入 Windows 系统启动画面之前按 F8 键，然后出现系统启动菜单，选择安全模式登录，然后进行病毒查杀。

本章小结

本章针对微机组装与维护，由浅入深地进行了较系统的介绍，主要介绍了微机中的 CPU、风扇、内存条、硬盘、光驱等部件的安装方法，以及 VMware Workstation 软件的使用、常用的备份还原软件的使用、CMOS 的设置、故障的分类及软硬件故障排查的思路和方法。

通过学习，读者可初步掌握各类故障的分析处理思路，熟悉常见故障处理方法，能独立解决计算机应用中常见的问题，大大节省时间和费用，增强对机器的维护能力，促进计算机应用水平的提高。若要进一步学习计算机组装与维护的知识，还需要参考相关的专题书籍。

习 题 12

1. 组装计算机前需要注意哪些事项？
2. 安装 CPU 需要注意哪些问题？
3. 如何连接前置 USB 接口和前置音频接口？
4. VMware 的主要功能有哪些？
5. 常用的备份还原软件有哪些？简述一键 GHOST 的基本方法。
6. 什么是 CMOS？CMOS 的设置方法？
7. 在 CMOS 中更改计算机启动的顺序。
8. 简述计算机故障的分类。
9. 常见硬故障和软故障排查的方法有哪些？

参考文献

[1] 教育部高等学校文科计算机基础教学指导委员会. 大学计算机教学基本要求（第6版）（2011年版）. 北京：高等教育出版社，2011.

[2] 中国高等院校计算机基础教育改革课题. 中国高等院校计算机基础教育课程体系2008. 北京：清华大学出版社，2008.

[3] 王崇国. 计算机应用技术基础（第3版）. 北京：电子工业出版社，2015.

[4] 李秀，安颖莲等. 计算机文化基础（第5版）. 北京：清华大学出版社，2005.

[5] 卢湘鸿. 计算机应用教程（第7版）. 北京：清华大学出版社，2011.

[6] 王崇国. 计算机应用基础教程（第2版）. 北京：电子工业出版社，2009.

[7] 陈跃新，李暾等. 大学计算机基础. 北京：科学出版社，2012.

[8] 迟春梅，孙丽凤等. 大学计算机基础——基础理论篇. 北京：电子工业出版社，2012.

[9] 吴宁. 大学计算机基础. 北京：电子工业出版社，2011.

[10] 陈国良. 计算思维导论. 北京：高等教育出版社，2012.

[11] 陈世红. Access 数据库技术与应用. 北京：清华大学出版社，2011.

[12] 陈丹儿，应玉龙. 计算机应用基础项目化教程. 北京：清华大学出版社，2010.

[13] 毛科技，陈立建. 大学计算机基础. 北京：机械工业出版社，2012.

[14] 周爱武，汪海威，肖云. 数据库课程设计. 北京：机械工业出版社，2012.

[15] 张玉洁，孟祥武. 数据库与数据处理 Access 2010 实现. 北京：机械工业出版社，2012.

[16] 唐全. 计算机信息技术教程. 北京：清华大学出版社，2005.

[17] 许骏. 计算机信息技术基础（第4版）. 北京：科学出版社，2005.

[18] 徐安东. 计算机与信息技术应用教程. 北京：清华大学出版社，2004.

[19] 潘晓南. 信息技术应用基础. 北京：中国铁道出版社，2006.

[20] 邵玉环. Windows 7 实用教程. 北京：清华大学出版社，2012.

[21] 郝胜男. Office 2010 办公应用入门与提高. 北京：清华大学出版社，2012.

[22] 杜彦辉. 信息安全技术教程. 北京：清华大学出版社，2013.

[23] 林果园，别玉玉. 信息系统安全. 北京：清华大学出版社，2012.

[24] 蔡永华. 计算机组装与维护维修实用技术. 北京：清华大学出版社，2012.

[25] 王诚君，杨全月. 新编电脑组装维修完全学习手册. 北京：清华大学出版社，2011.

反侵权盗版声明

电子工业出版社依法对本作品享有专有出版权。任何未经权利人书面许可，复制、销售或通过信息网络传播本作品的行为；歪曲、篡改、剽窃本作品的行为，均违反《中华人民共和国著作权法》，其行为人应承担相应的民事责任和行政责任，构成犯罪的，将被依法追究刑事责任。

为了维护市场秩序，保护权利人的合法权益，我社将依法查处和打击侵权盗版的单位和个人。欢迎社会各界人士积极举报侵权盗版行为，本社将奖励举报有功人员，并保证举报人的信息不被泄露。

举报电话：（010）88254396；（010）88258888

传　　真：（010）88254397

E-mail：　dbqq@phei.com.cn

通信地址：北京市万寿路 173 信箱

　　　　　电子工业出版社总编办公室

邮　　编：100036